机械设计手册

第6版

单行本

常用设计资料和数据

主　编　闻邦椿
副主编　鄂中凯　张义民　陈良玉　孙志礼
宋锦春　柳洪义　巩亚东　宋桂秋

机械工业出版社

《机械设计手册》第6版 单行本共26分册，内容涵盖机械常规设计、机电一体化设计与机电控制、现代设计方法及其应用等内容，具有系统全面、信息量大、内容现代、突显创新、实用可靠、简明便查、便于携带和翻阅等特色。各分册分别为：《常用设计资料和数据》《机械制图与机械零部件精度设计》《机械零部件结构设计》《连接与紧固》《带传动和链传动 摩擦轮传动与螺旋传动》《齿轮传动》《减速器和变速器》《机构设计》《轴 弹簧》《滚动轴承》《联轴器、离合器与制动器》《起重运输机械零部件和操作件》《机架、箱体与导轨》《润滑 密封》《气压传动与控制》《机电一体化技术及设计》《机电系统控制》《机器人与机器人装备》《数控技术》《微机电系统及设计》《机械系统概念设计》《机械系统的振动设计及噪声控制》《疲劳强度设计 机械可靠性设计》《数字化设计》《工业设计与人机工程》《智能设计 仿生机械设计》。

本单行本为《常用设计资料和数据》，主要介绍了常用符号和数据、计量单位和单位换算、常用数学公式、常用力学公式等内容。

本书供从事机械设计、制造、维修及有关工程技术人员作为工具书使用，也可供大专院校的有关专业师生使用和参考。

图书在版编目（CIP）数据

机械设计手册. 常用设计资料和数据/闻邦椿主编. —6版. —北京：机械工业出版社，2020.1（2025.1重印）

ISBN 978-7-111-64747-8

Ⅰ.①机… Ⅱ.①闻… Ⅲ.①机械设计-技术手册 Ⅳ.①TH122-62

中国版本图书馆CIP数据核字（2020）第024367号

机械工业出版社（北京市百万庄大街22号 邮政编码100037）
策划编辑：曲彩云 责任编辑：曲彩云 高依楠
责任校对：徐 强 封面设计：马精明
责任印制：常天培
固安县铭成印刷有限公司印刷
2025年1月第6版第2次印刷
184mm×260mm · 12.75印张 · 310千字
标准书号：ISBN 978-7-111-64747-8
定价：48.00元

电话服务
客服电话：010-88361066
010-88379833
010-68326294

网络服务
机 工 官 网：www.cmpbook.com
机 工 官 博：weibo.com/cmp1952
金 书 网：www.golden-book.com
机工教育服务网：www.cmpedu.com

出版说明

《机械设计手册》自出版以来，已经进行了5次修订，2018年第6版出版发行。截至2019年，《机械设计手册》累计发行39万套。作为国家级重点科技图书，《机械设计手册》深受广大读者的欢迎和好评，在全国具有很大的影响力。该书曾获得中国出版政府奖提名奖、中国机械工业科学技术奖一等奖、全国优秀科技图书奖二等奖、中国机械工业部科技进步奖二等奖，并多次获得全国优秀畅销书奖等奖项。《机械设计手册》已成为机械设计领域的品牌产品，是机械工程领域最具权威和影响力的大型工具书之一。

《机械设计手册》第6版共7卷55篇，是在前5版的基础上吸收并总结了国内外机械工程设计领域中的新标准、新材料、新工艺、新结构、新技术、新产品、新的设计理论与方法，并配合我国创新驱动战略的需求编写而成的。与前5版相比，第6版无论是从体系还是内容，都在传承的基础上进行了创新。重点充实了机电一体化系统设计、机电控制与信息技术、现代机械设计理论与方法等现代机械设计的最新内容，将常规设计方法与现代设计方法相融合，光、机、电设计融为一体，局部的零部件设计与系统化设计互相衔接，并努力将创新设计的理念贯穿其中。《机械设计手册》第6版体现了国内外机械设计发展的新水平，精心诠释了常规与现代机械设计的内涵、全面荟萃凝练了机械设计各专业技术的精华，它将引领现代机械设计创新潮流、成就新一代机械设计大师，为我国实现装备制造强国梦做出重大贡献。

《机械设计手册》第6版的主要特色是：体系新颖、系统全面、信息量大、内容现代、突显创新、实用可靠、简明便查。应该特别指出的是，第6版手册具有较高的科技含量和大量技术创新性的内容。手册中的许多内容都是编著者多年研究成果的科学总结。这些内容中有不少依托国家“863计划”“973计划”“985工程”“国家科技重大专项”“国家自然科学基金”重大、重点和面上项目资助项目。相关项目有不少成果曾获得国际、国家、部委、省市科技奖励、技术专利。这充分体现了手册内容的重大科学价值与创新性。如仿生机械设计、激光及其在机械工程中的应用、绿色设计与和谐设计、微机电系统及设计等前沿新技术；又如产品综合设计理论与方法是闻邦椿院士在国际上首先提出，并综合8部专著后首次编入手册，该方法已经在高铁、动车及离心压缩机等机械工程中成功应用，获得了巨大的社会效益和经济效益。

在《机械设计手册》历次修订的过程中，出版社和作者都广泛征求和听取各方面的意见，广大读者在对《机械设计手册》给予充分肯定的同时，也指出《机械设计手册》卷册厚重，不便携带，希望能出版篇幅较小、针对性强、便查便携的更加实用的单行本。为满足读者的需要，机械工业出版社于2007年首次推出了《机械设计手册》第4版单行本。该单行本出版后很快受到读者的欢迎和好评。《机械设计手册》第6版已经面市，为了使读者能按需要、有针对性地选用《机械设计手册》第6版中的相关内容并降低购书费用，机械工业出版社在总结《机械设计手册》前几版单行本经验的基础上推出了《机械设计手册》第6版单行本。

《机械设计手册》第6版单行本保持了《机械设计手册》第6版（7卷本）的优势和特色，依据机械设计的实际情况和机械设计专业的具体情况以及手册各篇内容的相关性，将原手册的7卷55篇进行精选、合并，重新整合为26个分册，分别为：《常用设计资料和数据》《机械制图与机械零部件精度设计》《机械零部件结构设计》《连接与紧固》《带传动和链传动　摩擦轮传动与螺旋传动》《齿轮传动》《减速器和变速器》《机构设计》《轴　弹簧》《滚动轴承》《联轴器、离合器与制动器》《起重运输机械零部件和操作件》《机架、箱体与导轨》《润滑　密封》《气压传动与控制》《机电一体化技术及设计》《机电系统控制》《机器人与机器人装备》《数控技术》《微机电系统及设计》《机械系统概念设计》《机械系统的振动设计及噪声控制》《疲劳强度设计　机械可靠性设计》《数字化设计》《工业设计与人机工程》《智能设计　仿生机械设计》。各分册内容针对性强、篇幅适中、查阅和携带方便，读者可根据需要灵活选用。

《机械设计手册》第6版单行本是为了助力我国制造业转型升级、经济发展从高增长迈向高质量，满足广大读者的需要而编辑出版的，它将与《机械设计手册》第6版（7卷本）一起，成为机械设计人员、工程技术人员得心应手的工具书，成为广大读者的良师益友。

由于工作量大、水平有限，难免有一些错误和不妥之处，殷切希望广大读者给予指正。

机械工业出版社

第 6 版前言

本版手册为新出版的第 6 版 7 卷本《机械设计手册》。由于科学技术的快速发展，需要我们对手册内容进行更新，增加新的科技内容，以满足广大读者的迫切需要。

《机械设计手册》自 1991 年面世发行以来，历经 5 次修订，截至 2016 年已累计发行 38 万套。作为国家级重点科技图书的《机械设计手册》，深受社会各界的重视和好评，在全国具有很大的影响力，该手册曾获得全国优秀科技图书奖二等奖（1995 年）、中国机械工业部科技进步奖二等奖（1997 年）、中国机械工业科学技术奖一等奖（2011 年）、中国出版政府奖提名奖（2013 年），并多次获得全国优秀畅销书奖等奖项。1994 年，《机械设计手册》曾在我国台湾建宏出版社出版发行，并在海内外产生了广泛的影响。《机械设计手册》荣获的一系列国家和部级奖项表明，其具有很高的科学价值、实用价值和文化价值。《机械设计手册》已成为机械设计领域的一部大型品牌工具书，已成为机械工程领域权威的和影响力较大的大型工具书，长期以来，它为我国装备制造业的发展做出了巨大贡献。

第 5 版《机械设计手册》出版发行至今已有 7 年时间，这期间我国国民经济有了很大发展，国家制定了《国家创新驱动发展战略纲要》，其中把创新驱动发展作为了国家的优先战略。因此，《机械设计手册》第 6 版修订工作的指导思想除努力贯彻“科学性、先进性、创新性、实用性、可靠性”外，更加突出了“创新性”，以全力配合我国“创新驱动发展战略”的重大需求，为实现我国建设创新型国家和科技强国梦做出贡献。

在本版手册的修订过程中，广泛调研了厂矿企业、设计院、科研院所和高等院校等多方面的使用情况和意见。对机械设计的基础内容、经典内容和传统内容，从取材、产品及其零部件的设计方法与计算流程、设计实例等多方面进行了深入系统的整合，同时，还全面总结了当前国内外机械设计的新理论、新方法、新材料、新工艺、新结构、新产品和新技术，特别是在现代设计与创新设计理论与方法、机电一体化及机械系统控制技术等方面做了系统和全面的论述和凝练。相信本版手册会以崭新的面貌展现在广大读者面前，它将对提高我国机械产品的设计水平、推进新产品的研究与开发、老产品的改造，以及产品的引进、消化、吸收和再创新，进而促进我国由制造大国向制造强国跃升，发挥出巨大的作用。

本版手册分为 7 卷 55 篇：第 1 卷　机械设计基础资料；第 2 卷　机械零部件设计（连接、紧固与传动）；第 3 卷　机械零部件设计（轴系、支承与其他）；第 4 卷　流体传动与控制；第 5 卷　机电一体化与控制技术；第 6 卷　现代设计与创新设计（一）；第 7 卷　现代设计与创新设计（二）。

本版手册有以下七大特点：

一、构建新体系

构建了科学、先进、实用、适应现代机械设计创新潮流的《机械设计手册》新结构体系。该体系层次为：机械基础、常规设计、机电一体化设计与控制技术、现代设计与创新设计方法。该体系的特点是：常规设计方法与现代设计方法互相融合，光、机、电设计融为一体，局部的零部件设计与系统化设计互相衔接，并努力将创新设计的理念贯穿于常规设计与现代设计之中。

二、凸显创新性

习近平总书记在2014年6月和2016年5月召开的中国科学院、中国工程院两院院士大会上分别提出了我国科技发展的方向就是“创新、创新、再创新”，以及实现创新型国家和科技强国的三个阶段的目标和五项具体工作。为了配合我国创新驱动发展战略的重大需求，本版手册突出了机械创新设计内容的编写，主要有以下几个方面：

（1）新增第7卷，重点介绍了创新设计及与创新设计有关的内容。

该卷主要内容有：机械创新设计概论，创新设计方法论，顶层设计原理、方法与应用，创新原理、思维、方法与应用，绿色设计与和谐设计，智能设计，仿生机械设计，互联网上的合作设计，工业通信网络，面向机械工程领域的大数据、云计算与物联网技术，3D打印设计与制造技术，系统化设计理论与方法。

（2）在一些篇章编入了创新设计和多种典型机械创新设计的内容。

“第11篇 机构设计”篇新增加了“机构创新设计”一章，该章编入了机构创新设计的原理、方法及飞剪机剪切机构创新设计，大型空间折展机构创新设计等多个创新设计的案例。典型机械的创新设计有大型全断面掘进机（盾构机）仿真分析与数字化设计、机器人挖掘机的机电一体化创新设计、节能抽油机的创新设计、产品包装生产线的机构方案创新设计等。

（3）编入了一大批典型的创新机械产品。

“机械无级变速器”一章中编入了新型金属带式无级变速器，“并联机构的设计与应用”一章中编入了数十个新型的并联机床产品，“振动的利用”一章中新编入了激振器偏移式自同步振动筛、惯性共振式振动筛、振动压路机等十多个典型的创新机械产品。这些产品有的获得了国家或省部级奖励，有的是专利产品。

（4）编入了机械设计理论和设计方法论等方面的创新研究成果。

1）闻邦椿院士团队经过长期研究，在国际上首先创建了振动利用工程学科，提出了该类机械设计理论和方法。本版手册中编入了相关内容和实例。

2）根据多年的研究，提出了以非线性动力学理论为基础的深层次的动态设计理论与方法。本版手册首次编入了该方法并列举了若干应用范例。

3）首先提出了和谐设计的新概念和新内容，阐明了自然环境、社会环境（政治环境、经济环境、人文环境、国际环境、国内环境）、技术环境、资金环境、法律环境下的产品和谐设计的概念和内容的新体系，把既有的绿色设计篇拓展为绿色设计与和谐设计篇。

4）全面系统地阐述了产品系统化设计的理论和方法，提出了产品设计的总体目标、广义目标和技术目标的内涵，提出了应该用IQCTES六项设计要求来代替QCTES五项要求，详细阐明了设计的四个理想步骤，即“3I调研”“7D规划”“1+3+X实施”“5（A+C）检验”，明确提出了产品系统化设计的基本内容是主辅功能、三大性能和特殊性能要求的具体实现。

5）本版手册引入了闻邦椿院士经过长期实践总结出的独特的、科学的创新设计方法论体系和规则，用来指导产品设计，并提出了创新设计方法论的运用可向智能化方向发展，即采用专家系统来完成。

三、坚持科学性

手册的科学水平是评价手册编写质量的重要方面，因此，本版手册特别强调突出内容的科学性。

（1）本版手册努力贯彻科学发展观及科学方法论的指导思想和方法，并将其落实到手册内容的编写中，特别是在产品设计理论方法的和谐设计、深层次设计及系统化设计的编写中。

（2）本版手册中的许多内容是编著者多年研究成果的科学总结。这些内容中有不少是国家863、973计划项目，国家科技重大专项，国家自然科学基金重大、重点和面上项目资助项目的研究成果，有不少成果曾获得国际、国家、部委、省市科技奖励及技术专利，充分体现了本版手册内容的重大科学价值与创新性。

下面简要介绍本版手册编入的几方面的重要研究成果：

1）振动利用工程新学科是闻邦椿院士团队经过长期研究在国际上首先创建的。本版手册中编入了振动利用机械的设计理论、方法和范例。

2）产品系统化设计理论与方法的体系和内容是闻邦椿院士团队提出并加以完善的，编写者依据多年的研究成果和系列专著，经综合整理后首次编入本版手册。

3）仿生机械设计是一门新兴的综合性交叉学科，近年来得到了快速发展，它为机械设计的创新提供了新思路、新理论和新方法。吉林大学任露泉院士领导的工程仿生教育部重点实验室开展了大量的深入研究工作，取得了一系列创新成果且出版了专著，据此并结合国内外大量较新的文献资料，为本版手册构建了仿生机械设计的新体系，编写了“仿生机械设计”篇（第50篇）。

4）激光及其在机械工程中的应用篇是中国科学院长春光学精密机械与物理研究所王立军院士依据多年的研究成果，并参考国内外大量较新的文献资料编写而成的。

5）绿色制造工程是国家确立的五项重大工程之一，绿色设计是绿色制造工程的最重要环节，是一个新的学科。合肥工业大学刘志峰教授依据在绿色设计方面获多项国家和省部级奖励的研究成果，参考国内外大量较新的文献资料为本版手册首次构建了绿色设计新体系，编写了“绿色设计与和谐设计”篇（第48篇）。

6）微机电系统及设计是前沿的新技术。东南大学黄庆安教授领导的微电子机械系统教育部重点实验室多年来开展了大量研究工作，取得了一系列创新研究成果，本版手册的“微机电系统及设计”篇（第28篇）就是依据这些成果和国内外大量较新的文献资料编写而成的。

四、重视先进性

（1）本版手册对机械基础设计和常规设计的内容做了大规模全面修订，编入了大量新标准、新材料、新结构、新工艺、新产品、新技术、新设计理论和计算方法等。

1）编入和更新了产品设计中需要的大量国家标准，仅机械工程材料篇就更新了标准126个，如GB/T 699—2015《优质碳素结构钢》和GB/T 3077—2015《合金结构钢》等。

2）在新材料方面，充实并完善了铝及铝合金、钛及钛合金、镁及镁合金等内容。这些材料由于具有优良的力学性能、物理性能以及回收率高等优点，目前广泛应用于航空、航天、高铁、计算机、通信元件、电子产品、纺织和印刷等行业。增加了国内外粉末冶金材料的新品种，如美国、德国和日本等国家的各种粉末冶金材料。充实了国内外工程塑料及复合材料的新品种。

3）新编的“机械零部件结构设计”篇（第4篇），依据11个结构设计方面的基本要求，编写了相应的内容，并编入了结构设计的评估体系和减速器结构设计、滚动轴承部件结构设计的示例。

4）按照GB/T 3480.1～3—2013（报批稿）、GB/T 10062.1～3—2003及ISO 6336—2006等新标准，重新构建了更加完善的渐开线圆柱齿轮传动和锥齿轮传动的设计计算新体系；按照初步确定尺寸的简化计算、简化疲劳强度校核计算、一般疲劳强度校核计算，编排了三种设计计算方法，以满足不同场合、不同要求的齿轮设计。

5）在“第4卷　流体传动与控制”卷中，编入了一大批国内外知名品牌的新标准、新结构、新产品、新技术和新设计计算方法。在“液力传动”篇（第23篇）中新增加了液黏传动，它是一种新型的液力传动。

(2)“第5卷 机电一体化与控制技术”卷充实了智能控制及专家系统的内容，大篇幅增加了机器人与机器人装备的内容。

机器人是机电一体化特征最为显著的现代机械系统，机器人技术是智能制造的关键技术。由于智能制造的迅速发展，近年来机器人产业呈现出高速发展的态势。为此，本版手册大篇幅增加了“机器人与机器人装备”篇（第26篇）的内容。该篇从实用性的角度，编写了串联机器人、并联机器人、轮式机器人、机器人工装夹具及变位机；编入了机器人的驱动、控制、传感、视角和人工智能等共性技术；结合喷涂、搬运、电焊、冲压及压铸等工艺，介绍了机器人的典型应用实例；介绍了服务机器人技术的新进展。

(3) 为了配合我国创新驱动战略的重大需求，本版手册扩大了创新设计的篇数，将原第6卷扩编为两卷，即新的“现代设计与创新设计（一）”（第6卷）和“现代设计与创新设计（二）”（第7卷）。前者保留了原第6卷的主要内容，后者编入了创新设计和与创新设计有关的内容及一些前沿的技术内容。

本版手册“现代设计与创新设计（一）”卷（第6卷）的重点内容和新增内容主要有：

1）在“现代设计理论与方法综述”篇（第32篇）中，简要介绍了机械制造技术发展总趋势、在国际上有影响的主要设计理论与方法、产品研究与开发的一般过程和关键技术、现代设计理论的发展和根据不同的设计目标对设计理论与方法的选用。闻邦椿院士在国内外首次按照系统工程原理，对产品的现代设计方法做了科学分类，克服了目前产品设计方法的论述缺乏系统性的不足。

2）新编了“数字化设计”篇（第40篇）。数字化设计是智能制造的重要手段，并呈现应用日益广泛、发展更加深刻的趋势。本篇编入了数字化技术及其相关技术、计算机图形学基础、产品的数字化建模、数字化仿真与分析、逆向工程与快速原型制造、协同设计、虚拟设计等内容，并编入了大型全断面掘进机（盾构机）的数字化仿真分析和数字化设计、摩托车逆向工程设计等多个实例。

3）新编了“试验优化设计”篇（第41篇）。试验是保证产品性能与质量的重要手段。本篇以新的视觉优化设计构建了试验设计的新体系、全新内容，主要包括正交试验、试验干扰控制、正交试验的结果分析、稳健试验设计、广义试验设计、回归设计、混料回归设计、试验优化分析及试验优化设计常用软件等。

4）将手册第5版的“造型设计与人机工程”篇改编为“工业设计与人机工程”篇（第42篇），引入了工业设计的相关理论及新的理念，主要有品牌设计与产品识别系统（PIS）设计、通用设计、交互设计、系统设计、服务设计等，并编入了机器人的产品系统设计分析及自行车的人机系统设计等典型案例。

(4)“现代设计与创新设计（二）”卷（第7卷）主要编入了创新设计和与创新设计有关的内容及一些前沿技术内容，其重点内容和新编内容有：

1）新编了“机械创新设计概论”篇（第44篇）。该篇主要编入了创新是我国科技和经济发展的重要战略、创新设计的发展与现状、创新设计的指导思想与目标、创新设计的内容与方法、创新设计的未来发展战略、创新设计方法论的体系和规则等。

2）新编了“创新设计方法论”篇（第45篇）。该篇为创新设计提供了正确的指导思想和方法，主要编入了创新设计方法论的体系、规则，创新设计的目的、要求、内容、步骤、程序及科学方法，创新设计工作者或团队的四项潜能，创新设计客观因素的影响及动态因素的作用，用科学哲学思想来统领创新设计工作，创新设计方法论的应用，创新设计方法论应用的智能化及专家系统，创新设计的关键因素及制约的因素分析等内容。

3）创新设计是提高机械产品竞争力的重要手段和方法，大力发展创新设计对我国国民经济发展具有重要的战略意义。为此，编写了“创新原理、思维、方法与应用”篇（第47篇）。除编入了创新思维、原理和方法，创新设计的基本理论和创新的系统化设计方法外，还编入了29种创新思维方法、30种创新技术、40种发明创造原理，列举了大量的应用范例，为引领机械创新设计做出了示范。

4）绿色设计是实现低资源消耗、低环境污染、低碳经济的保护环境和资源合理利用的重要技术政策。本版手册中编入了“绿色设计与和谐设计”篇（第48篇）。该篇系统地论述了绿色设计的概念、理论、方法及其关键技术。编者结合多年的研究实践，并参考了大量的国内外文献及较新的研究成果，首次构建了系统实用的绿色设计的完整体系，包括绿色材料选择、拆卸回收产品设计、包装设计、节能设计、绿色设计体系与评估方法，并给出了系列典型范例，这些对推动工程绿色设计的普遍实施具有重要的指引和示范作用。

5）仿生机械设计是一门新兴的综合性交叉学科，本版手册新编入了“仿生机械设计”篇（第50篇），包括仿生机械设计的原理、方法、步骤，仿生机械设计的生物模本，仿生机械形态与结构设计，仿生机械运动学设计，仿生机构设计，并结合仿生行走、飞行、游走、运动及生机电仿生手臂，编入了多个仿生机械设计范例。

6）第55篇为“系统化设计理论与方法”篇。装备制造机械产品的大型化、复杂化、信息化程度越来越高，对设计方法的科学性、全面性、深刻性、系统性提出的要求也越来越高，为了满足我国制造强国的重大需要，亟待创建一种能统领产品设计全局的先进设计方法。该方法已经在我国许多重要机械产品（如动车、大型离心压缩机等）中成功应用，并获得重大的社会效益和经济效益。本版手册对该系统化设计方法做了系统论述并给出了大型综合应用实例，相信该系统化设计方法对我国大型、复杂、现代化机械产品的设计具有重要的指导和示范作用。

7）本版手册第7卷还编入了与创新设计有关的其他多篇现代化设计方法及前沿新技术，包括顶层设计原理、方法与应用，智能设计，互联网上的合作设计，工业通信网络，面向机械工程领域的大数据、云计算与物联网技术，3D打印设计与制造技术等。

五、突出实用性

为了方便产品设计者使用和参考，本版手册对每种机械零部件和产品均给出了具体应用，并给出了选用方法或设计方法、设计步骤及应用范例，有的给出了零部件的生产企业，以加强实际设计的指导和应用。本版手册的编排尽量采用表格化、框图化等形式来表达产品设计所需要的内容和资料，使其更加简明、便查；对各种标准采用摘编、数据合并、改排和格式统一等方法进行改编，使其更为规范和便于读者使用。

六、保证可靠性

编入本版手册的资料尽可能取自原始资料，重要的资料均注明来源，以保证其可靠性。所有数据、公式、图表力求准确可靠，方法、工艺、技术力求成熟。所有材料、零部件、产品和工艺标准均采用新公布的标准资料，并且在编入时做到认真核对以避免差错。所有计算公式、计算参数和计算方法都经过长期检验，各种算例、设计实例均来自工程实际，并经过认真的计算，以确保可靠。本版手册编入的各种通用的及标准化的产品均说明其特点及适用情况，并注明生产厂家，供设计人员全面了解情况后选用。

七、保证高质量和权威性

本版手册主编单位东北大学是国家211、985重点大学、“重大机械关键设计制造共性技术”985创新平台建设单位、2011国家钢铁共性技术协同创新中心建设单位，建有“机械设计及理论国家重点学科”和“机械工程一级学科”。由东北大学机械及相关学科的老教授、老专家和中青年学术精英组成了实力强大的大型工具书编写团队骨干，以及一批来自国家重点高校、研究院所、大型企业等30多个单位、近200位专家、学者组成了高水平编审团队。编审团队成员的大多数都是所在领域的著名资深专家，他们具有深广的理论基础、丰富的机械设计工作经历、丰富的工具书编纂经验和执着的敬业精神，从而确保了本版手册的高质量和权威性。

在本版手册编写中，为便于协调，提高质量，加快编写进度，编审人员以东北大学的教师为主，并组织邀请了清华大学、上海交通大学、西安交通大学、浙江大学、哈尔滨工业大学、吉林大学、天津大学、华中科技大学、北京科技大学、大连理工大学、东南大学、同济大学、重庆大学、北京化工大学、南京航空航天大学、上海师范大学、合肥工业大学、大连交通大学、长安大学、西安建筑科技大学、沈阳工业大学、沈阳航空航天大学、沈阳建筑大学、沈阳理工大学、沈阳化工大学、重庆理工大学、中国科学院长春光学精密机械与物理研究所、中国科学院沈阳自动化研究所等单位的专家、学者参加。

在本版手册出版之际，特向著名机械专家、本手册创始人、第1版及第2版的主编徐灏教授致以崇高的敬意，向历次版本副主编邱宣怀教授、蔡春源教授、严隽琪教授、林忠钦教授、余俊教授、汪恺总工程师、周士昌教授致以崇高的敬意，向参加本手册历次版本的编写单位和人员表示衷心感谢，向在本手册历次版本的编写、出版过程中给予大力支持的单位和社会各界朋友们表示衷心感谢，特别感谢机械科学研究总院、郑州机械研究所、徐州工程机械集团公司、北方重工集团沈阳重型机械集团有限责任公司和沈阳矿山机械集团有限责任公司、沈阳机床集团有限责任公司、沈阳鼓风机集团有限责任公司及辽宁省标准研究院等单位的大力支持。

由于编者水平有限，手册中难免有一些不尽如人意之处，殷切希望广大读者批评指正。

主编 闻邦椿

目　　录

第 1 篇　常用设计资料和数据

第 1 章　常用符号和数据

第 2 章　计量单位和单位换算

第 3 章　常用数学公式

第4章 常用力学公式

第1篇　常用设计资料和数据

主　编　鄂中凯
编写人　鄂中凯　周康年　宋叔尼　林　菁
审稿人　张义民

第 5 版
常用资料、常用数学公式和常用力学公式

主　编　鄂中凯
编写人　鄂中凯　周康年　李建华　林　菁
审稿人　张义民

第1章　常用符号和数据

1　常用符号

1.1　常用字母（见表1.1-1～表1.1-3）

表1.1-1　汉语拼音字母

大写	小写	名称	读音	大写	小写	名称	读音	大写	小写	名称	读音
A	a	阿	阿	J	j	街	基	S	s	诶思	思
B	b	玻诶	玻	K	k	科诶	科	T	t	特诶	特
C	c	雌诶	雌	L	l	诶勒	勒	U	u	乌	乌
D	d	得诶	得	M	m	诶摸	摸	V	v	物诶	维
E	e	鹅	鹅	N	n	讷诶	讷	W	w	蛙	屋
F	f	诶佛	佛	O	o	喔	喔	X	x	希	希
G	g	哥诶	哥	P	p	坡诶	坡	Y	y	呀	衣
H	h	哈	喝	Q	q	邱	欺	Z	z	资诶	资
I	i	衣	衣	R	r	阿儿	日				

注：1. “V”只用来拼写外来语、少数民族语言和方言。
　　2. 前面没有声母时，韵母 i 写成 y，韵母 u 写成 w。

表1.1-2　拉丁字母

正体		斜体		名称（国际音标注音）	正体		斜体		名称（国际音标注音）
大写	小写	大写	小写		大写	小写	大写	小写	
A	a	*A*	*a*	〔ei〕	N	n	*N*	*n*	〔en〕
B	b	*B*	*b*	〔biː〕	O	o	*O*	*o*	〔ou〕
C	c	*C*	*c*	〔siː〕	P	p	*P*	*p*	〔piː〕
D	d	*D*	*d*	〔diː〕	Q	q	*Q*	*q*	〔kjuː〕
E	e	*E*	*e*	〔iː〕	R	r	*R*	*r*	〔ɑː〕
F	f	*F*	*f*	〔ef〕	S	s	*S*	*s*	〔es〕
G	g	*G*	*g*	〔dʒiː〕	T	t	*T*	*t*	〔tiː〕
H	h	*H*	*h*	〔eitʃ〕	U	u	*U*	*u*	〔juː〕
I	i	*I*	*i*	〔ai〕	V	v	*V*	*v*	〔viː〕
J	j	*J*	*j*	〔dʒei〕	W	w	*W*	*w*	〔ˈdʌbljuː〕
K	k	*K*	*k*	〔kei〕	X	x	*X*	*x*	〔eks〕
L	l	*L*	*l*	〔el〕	Y	y	*Y*	*y*	〔wai〕
M	m	*M*	*m*	〔em〕	Z	z	*Z*	*z*	〔zed〕

表1.1-3　希腊字母

正体		斜体		英文名称	正体		斜体		英文名称
大写	小写	大写	小写	（国际音标注音）	大写	小写	大写	小写	（国际音标注音）
Α	α	*Α*	*α*	alpha〔'ælfə〕	Ν	ν	*Ν*	*ν*	nu〔njuː〕
Β	β	*Β*	*β*	beta〔'biːtə〕	Ξ	ξ	*Ξ*	*ξ*	xi〔ksai〕
Γ	γ	*Γ*	*γ*	gamma〔'gæmə〕	Ο	ο	*Ο*	*ο*	omicron〔ou'maikrən〕
Δ	δ	*Δ*	*δ*	delta〔'deltə〕	Π	π	*Π*	*π*	pi〔pai〕
Ε	ε，ϵ	*Ε*	*ε*	epsilon〔'epsilən〕	Ρ	ρ	*Ρ*	*ρ*	rho〔rou〕
Ζ	ζ	*Ζ*	*ζ*	zeta〔'ziːtə〕	Σ	σ	*Σ*	*σ*	sigma〔'sigmə〕
Η	η	*Η*	*η*	eta〔'iːtə〕	Τ	τ	*Τ*	*τ*	tau〔tau〕
Θ	θ，ϑ	*Θ*	*θ，ϑ*	theta〔'θiːtə〕	Υ	υ	*Υ*	*υ*	upsilon〔'juːpsilon〕
Ι	ι	*Ι*	*ι*	jota〔ai'outə〕	Φ	ϕ，φ	*Φ*	*ϕ，φ*	phi〔fai〕
Κ	κ	*Κ*	*κ*	kappa〔'kæpə〕	Χ	χ	*Χ*	*χ*	chi〔kai〕
Λ	λ	*Λ*	*λ*	lambda〔'læmdə〕	Ψ	ψ	*Ψ*	*ψ*	psi〔psiː〕
Μ	μ	*Μ*	*μ*	mu〔mjuː〕	Ω	ω	*Ω*	*ω*	omega〔'oumigə〕

1.2　国内和国外部分标准代号（见表1.1-4、表1.1-5）

表1.1-4　国内部分标准代号

标准代号	标准名称	标准代号	标准名称	标准代号	标准名称
GB	强制性国家标准	HG	化工行业标准	NY	农业行业标准
GB/T	推荐性国家标准	HJ	环境保护行业标准	QB	轻工业行业标准
GBn	国家内部标准	HY	海洋行业标准	QC	汽车行业标准
GBJ	国家工程建设标准	JB	机械行业标准	QJ	航天工业行业标准
GJB	国家军用标准	JB/ZQ	重型机械联合企业标准	SD	原水利电力标准
ZB	国家专业标准	JB/Z	机械工业指导性技术文件	SH	石油化工行业标准
BB	包装行业标准	JC	建材行业标准	SJ	电子行业标准
CB	船舶行业标准	JG	建筑工业行业标准	SL	水利行业标准
CH	测绘行业标准	JJC	国家计量局标准	SY	石油天然气行业标准
CJ	城市建设行业标准	JT	交通行业标准	TB	铁道行业标准
DL	电力行业标准	KY	中国科学院标准	TJ	国家工程标准
DZ	地质矿业行业标准	LD	劳动和劳动安全标准	WJ	兵工民品行业标准
EJ	核工业行业标准	LY	林业行业标准	WM	对外经济贸易行业标准
FJ	原纺织工业标准	MH	民用航空行业标准	XB	稀土行业标准
FZ	纺织行业标准	MT	煤炭行业标准	YB	黑色冶金行业标准
GC	金属切削机床标准	MZ	民政工业行业标准	YS	有色冶金行业标准
HB	航空工业行业标准	NJ	农机行业标准	Y、ZBY	仪器、仪表标准

注：1. 标准代号后加“/T”为推荐性标准；在代号后加“/Z”为指导性技术文件。
2. 中国台湾省标准代号是CNS。

表1.1-5　国外部分标准代号

标准代号	标准名称	标准代号	标准名称	标准代号	标准名称
ISO①	国际标准化组织	ASTM	美国材料与试验协会标准	JSME	日本机械学会标准
ISA	国际标准协会	ГОСТ	俄罗斯国家标准	JGMA	日本齿轮工业协会标准
IEC	国际电工委员会	AS	澳大利亚标准	KS	韩国标准
BISFA	国际计量局	BS	英国国家标准	NSZ	匈牙利标准
IIW	国际焊接学会	BSI	英国标准协会	NEN	荷兰标准
EC	欧洲联盟	CSA	加拿大标准	NF	法国国家标准
CEN	欧洲标准化委员会	CSK	朝鲜国家标准	AFNOR	法国标准化协会
EN	欧洲标准	DIN	德国国家标准	NS	挪威标准
ANSI	美国国家标准	UDI	德国工程师协会	NZS	新西兰标准
SAE	美国汽车协会标准	DS	丹麦标准	SIS	瑞典标准
ASA	美国标准协会标准	ELOT	希腊标准	SNV	瑞士国家标准
AISI	美国钢铁学会标准	E. S.	埃及标准	STAS	罗马尼亚国家标准
AGMA	美国齿轮制造者协会标准	IS	印度标准	UNE	西班牙标准
ASME	美国机械工程师学会标准	JIS	日本国家标准	UNI	意大利标准

① ISO的前身为ISA。

1.3　数学符号（见表 1.1-6）

表 1.1-6　数学符号（摘自 GB3102.11—1993）

杂类符号		
符号	应用	意义或读法
=	$a=b$	a 等于 b
≠	$a \neq b$	a 不等于 b
$\stackrel{\mathrm{def}}{=}$	$a \stackrel{\mathrm{def}}{=} b$	按定义 a 等于 b 或 a 以 b 为定义
≙	$a \triangleq b$	a 相当于 b
≈	$a \approx b$	a 约等于 b
∝	$a \propto b$	a 与 b 成正比
:	$a:b$	a 比 b
<	$a<b$	a 小于 b
>	$b>a$	b 大于 a
≤	$a \leq b$	a 小于或等于 b
≥	$b \geq a$	b 大于或等于 a
≪	$a \ll b$	a 远小于 b
≫	$b \gg a$	b 远大于 a
∞		无穷［大］或无限［大］
~	$a \sim b$	数字范围
.	13.59	小数点
$\dot{}\ \dot{}$	$3.12\dot{3}8\dot{2}$	循环小数
%	5% ~10%	百分率
(　)		圆括号
[　]		方括号
{　}		花括号
〈　〉		角括号
±		正或负
∓		负或正
max		最大
min		最小

运算符号	
符号及应用	意义或读法
$a+b$	a 加 b
$a-b$	a 减 b
$a \pm b$	a 加或减 b
$a \mp b$	a 减或加 b
ab，$a \cdot b$，$a \times b$	a 乘以 b
$\frac{a}{b}$，a/b，ab^{-1}	a 除以 b 或 a 被 b 除
$\sum_{i=1}^{n} a_i$	$a_1 + a_2 + \cdots + a_n$
$\prod_{i=1}^{n} a_i$	$a_1 \cdot a_2 \cdot \cdots \cdot a_n$
a^p	a 的 p 次方或 a 的 p 次幂
$a^{1/2}$，$a^{\frac{1}{2}}$，$\sqrt{a}$，$\surd a$	a 的 $\frac{1}{2}$ 次方，a 的平方根
$a^{1/n}$，$a^{\frac{1}{n}}$，$\sqrt[n]{a}$，$\sqrt[n]{\ } a$	a 的 $\frac{1}{n}$ 次方，a 的 n 次方根
$\lvert a \rvert$	a 的绝对值；a 的模
$\mathrm{sgn}\ a$	a 的符号函数
$\bar{a}$，$\langle a \rangle$	a 的平均值
$n!$	n 的阶乘
$\binom{n}{p}$，C_n^p	二项式系数；组合数
$\mathrm{ent}\ a$，$E(a)$	小于或等于 a 的最大整数；示性 a

几何符号	
$\overline{AB}$，AB	［直］线段 AB
∠	［平面］角
$\overset{\frown}{AB}$	弧 AB
π	圆周率
△	三角形
▱	平行四边形
⊙	圆
⊥	垂直
//，∥	平行
$\stackrel{\parallel}{=}$	平行且相等
∽	相似
≌	全等

（续）

函数符号	
符号及应用	意义或读法
f	函数f
$f(x)$ $f(x,y,\cdots)$	函数f在x或在（x，y，…）的值
$f(x)\|_a^b$ $[f(x)]_a^b$	$f(b)-f(a)$
$g\circ f$	f与g的合成函数或复合函数
$x\to a$	x趋于a
$\lim\limits_{x\to a}f(x)$ $\lim_{x\to a}f(x)$	x趋于a时$f(x)$的极限
$\overline{\lim}$	上极限
$\underline{\lim}$	下极限
sup	上确界
inf	下确界
$\simeq$	渐近等于
$O(g(x))$	$f(x)=O(g(x))$的含义为$\|f(x)/g(x)\|$在行文所述的极限中有上界
$o(g(x))$	$f(x)=o(g(x))$表示在行文所述的极限中$f(x)/g(x)\to 0$
Δx	x的[有限]增量
$\dfrac{\mathrm{d}f}{\mathrm{d}x}$ $\mathrm{d}f/\mathrm{d}x$ f'	单变量函数f的导[函]数或微商
$\left(\dfrac{\mathrm{d}f}{\mathrm{d}x}\right)_{x=a}$ $(\mathrm{d}f/\mathrm{d}x)_{x=a}$ $f'(a)$	函数f的导［函］数在a的值
$\dfrac{\mathrm{d}^n f}{\mathrm{d}x^n}$ $\mathrm{d}^n f/\mathrm{d}x^n$ $f^{(n)}$	单变量函数f的n阶导函数
$\dfrac{\partial f}{\partial x}$ $\partial f/\partial x$ $\partial_x f$	多变量x，y，…的函数f对于x的偏微商或偏导数
$\dfrac{\partial^{m+n}f}{\partial x^n\partial y^m}$	函数f先对y求m次偏微商，再对x求n次偏微商；混合偏导数
$\dfrac{\partial(u,v,w)}{\partial(x,y,z)}$	u，v，w对x，y，z的函数行列式
$\mathrm{d}f$	函数f的全微分
δf	函数f的（无穷小）变分
$\int f(x)\mathrm{d}x$	函数f的不定积分
$\int_a^b f(x)\mathrm{d}x$ $\int_a^b f(x)\mathrm{d}x$	函数f由a至b的定积分
$\iint_A f(x,y)\mathrm{d}A$	函数f（x，y）在集合A上的二重积分
δ_{ik}	克罗内克δ符号
ε_{ijk}	勒维-契维塔符号
$\delta(x)$	狄拉克δ分布［函数］
$\varepsilon(x)$	单位阶跃函数；海维赛函数
$f*g$	f与g的卷积

三角函数和双曲函数符号	
符号及表达式	意义或读法
$\sin x$	x的正弦
$\cos x$	x的余弦
$\tan x$	x的正切，也可用 tg x
$\cot x$	x的余切
$\sec x$	x的正割
$\csc x$	x的余割，也可用 cosec x
$\sin^m x$	$\sin x$的m次方
arcsin x	x的反正弦
arccos x	x的反余弦
arctan x	x的反正切，也可用 arctg x
arccot x	x的反余切
arcsec x	x的反正割
arccsc x	x的反余割，也可用 arccosec x
sinh x	x的双曲正弦，也可用 sh x
cosh x	x的双曲余弦，也可用 ch x
tanh x	x的双曲正切，也可用 th x
coth x	x的双曲余切
sech x	x的双曲正割
csch x	x的双曲余割，也可用 cosech x
arsinh x	x的反双曲正弦，也可用 arsh x
arcosh x	x的反双曲余弦，也可用 arch x
artanh x	x的反双曲正切，也可有 arth x
arcoth x	x的反双曲余切
arsech x	x的反双曲正割
arcsch x	x的反双曲余割，也可用 arcosech x

（续）

符号及表达式	意义或读法
指数函数和对数函数符号	
a^x	x 的指数函数（以 a 为底）
e	自然对数的底
e^x，$\exp x$	x 的指数函数（以 e 为底）
$\log_a x$	以 a 为底的 x 的对数
$\ln x$，$\log_e x$	x 的自然对数
$\lg x$，$\log_{10} x$	x 的常用对数
$\mathrm{lb}\, x$，$\log_2 x$	x 的以 2 为底的对数
复数符号	
i，j	虚数单位，$i^2=-1$
$\mathrm{Re}\, z$	z 的实部
$\mathrm{Im}\, z$	z 的虚部
$\vert z\vert$	z 的绝对值；z 的模
$\arg z$	z 的辐角；z 的相
z^*	z 的［复］共轭
$\mathrm{sgn}\, z$	z 的单位模函数
矩阵符号	
$\boldsymbol{A}$ $\begin{pmatrix} A_{11} & \cdots & A_{1n} \\ \vdots & & \vdots \\ A_{m1} & \cdots & A_{mn} \end{pmatrix}$	$m\times n$ 型的矩阵 $\boldsymbol{A}$
$\boldsymbol{AB}$	矩阵 $\boldsymbol{A}$ 与 $\boldsymbol{B}$ 的积
$\boldsymbol{E}$，$\boldsymbol{I}$	单位矩阵
$\boldsymbol{A}^{-1}$	方阵 $\boldsymbol{A}$ 的逆
$\boldsymbol{A}^{\mathrm{T}}$，$\widetilde{\boldsymbol{A}}$	$\boldsymbol{A}$ 的转置矩阵
$\boldsymbol{A}^*$	$\boldsymbol{A}$ 的复共轭矩阵
$\boldsymbol{A}^{\mathrm{H}}$，$\boldsymbol{A}^+$	$\boldsymbol{A}$ 的厄米特共轭矩阵
$\det \boldsymbol{A}$ $\begin{vmatrix} A_{11} & \cdots & A_{1n} \\ \vdots & & \vdots \\ A_{n1} & \cdots & A_{nn} \end{vmatrix}$	方阵 $\boldsymbol{A}$ 的行列式
$\mathrm{tr}\, \boldsymbol{A}$	方阵 $\boldsymbol{A}$ 的迹
$\Vert \boldsymbol{A}\Vert$	矩阵 $\boldsymbol{A}$ 的范数

符号及表达式	意义或读法
矢量和张量符号	
$\boldsymbol{a}$ $<\vec{a}>$	矢量或向量 $\boldsymbol{a}$
a $\vert \boldsymbol{a}\vert$	矢量 $\boldsymbol{a}$ 的模或长度，也可用 $\Vert \boldsymbol{a}\Vert$
$\boldsymbol{e}_a$	$\boldsymbol{a}$ 方向的单位矢量
$\boldsymbol{e}_x$，$\boldsymbol{e}_y$，$\boldsymbol{e}_z$ $\boldsymbol{i}$，$\boldsymbol{j}$，$\boldsymbol{k}$ $\boldsymbol{e}_i$	在笛卡儿坐标轴方向的单位矢量
a_x，a_y，a_z a_i	矢量 $\boldsymbol{a}$ 的笛卡儿分量
$\boldsymbol{a}\cdot\boldsymbol{b}$	$\boldsymbol{a}$ 与 $\boldsymbol{b}$ 的标量积或数量积，在特殊场合，也可用 $(\boldsymbol{a},\boldsymbol{b})$
$\boldsymbol{a}\times\boldsymbol{b}$	$\boldsymbol{a}$ 与 $\boldsymbol{b}$ 的矢量积或向量积
$\boldsymbol{\nabla}$ $\vec{\nabla}$	那勒勒算子或算符；也可用 $\frac{\partial}{\partial \boldsymbol{r}}$
$\boldsymbol{\nabla}\varphi$，$\mathbf{grad}\ \varphi$	φ 的梯度，也可用 $\mathrm{grad}\ \varphi$
$\mathrm{div}\ \boldsymbol{a}$，$\boldsymbol{\nabla}\cdot\boldsymbol{a}$	$\boldsymbol{a}$ 的散度
$\boldsymbol{\nabla}\times\boldsymbol{a}$， $\mathbf{rot}\ \boldsymbol{a}$，$\mathbf{curl}\ \boldsymbol{a}$	$\boldsymbol{a}$ 的旋度
$\boldsymbol{\nabla}^2$，Δ	拉普拉斯算子
□	达朗贝尔算子
$\boldsymbol{T}$	二阶张量 $\boldsymbol{T}$，也用 $\vec{\vec{T}}$
T_{xx}，T_{xy}，…，T_{zz} T_{ij}	张量 $\boldsymbol{T}$ 的笛卡儿分量
$\boldsymbol{ab}$，$\boldsymbol{a}\otimes\boldsymbol{b}$	两矢量 $\boldsymbol{a}$ 与 $\boldsymbol{b}$ 的并矢积或张量积
$\boldsymbol{T}\otimes\boldsymbol{S}$	两个二阶张量 $\boldsymbol{T}$ 与 $\boldsymbol{S}$ 的张量积
$\boldsymbol{T}\cdot\boldsymbol{S}$	两个二阶张量 $\boldsymbol{T}$ 与 $\boldsymbol{S}$ 的内积
$\boldsymbol{T}\cdot\boldsymbol{a}$	二阶张量 $\boldsymbol{T}$ 与矢量 $\boldsymbol{a}$ 的内积
$\boldsymbol{T}:\boldsymbol{S}$	两个二阶张量 $\boldsymbol{T}$ 与 $\boldsymbol{S}$ 的标量积

数理逻辑符号

符号	应用	符号名称	意义、读法及备注
$\wedge$	$p\wedge q$	合取	p 和 q
$\vee$	$p\vee q$	析取	p 或 q
$\neg$	$\neg p$	否定	p 的否定；不是 p；非 p
$\Rightarrow$	$p\Rightarrow q$	推断	若 p 则 q；p 蕴含 q 也可写为 $q\Leftarrow p$，有时也用 $\rightarrow$
$\Leftrightarrow$	$p\Leftrightarrow q$	等价	$p\Rightarrow q$ 且 $q\Rightarrow p$；p 等价于 q 有时也用 $\leftrightarrow$
$\forall$	$\forall x\in A, p(x)$ $(\forall x\in A), p(x)$	全称量词	命题 $p(x)$ 对于每一个属于 A 的 x 为真
$\exists$	$\exists x\in A, p(x)$ $(\exists x\in A), p(x)$	存在量词	存在 A 中的元 x 使 $p(x)$ 为真

（续）

集合论符号		
符号	应用	意义或读法
∈	$x \in A$	x 属于 A；x 是集合 A 的一个元［素］
∉	$y \notin A$	y 不属于 A；y 不是集合 A 的一个元［素］ 也可用∉或∈
∋	$A \ni x$	集 A 包含［元］x
∌	$A \not\ni y$	集 A 不包含［元］y，也可用∌或∍
{,…,}	$\{x_1, x_2, \cdots, x_n\}$	诸元素 x_1，x_2，…，x_n 构成的集
{|}	$\{x \in A \mid p(x)\}$	使命题 p（x）为真的 A 中诸元［素］之集
card	card(A)	A 中诸元素的数目；A 的势（或基数）
∅		空集
ℕ，**N**		非负整数集；自然数集
ℤ，**Z**		整数集
ℚ，**Q**		有理数集
ℝ，**R**		实数集
ℂ，**C**		复数集
[,]	[a，b]	ℝ中由 a 到 b 的闭区间
],] (,]	]a，b] (a，b]	ℝ中由 a 到 b（含于内）的左半开区间
[,[[,)	[a，b[[a，b)	ℝ中由 a（含于内）到 b 的右半开区间
],[(,)	]a，b[(a，b)	ℝ中由 a 到 b 的开区间
⊆	$B \subseteq A$	B 含于 A；B 是 A 的子集
⊊	$B \subsetneq A$	B 真包含于 A；B 是 A 的真子集
⊄	$C \not\subseteq A$	C 不包含于 A；C 不是 A 的子集 也可用⊄
⊇	$A \supseteq B$	A 包含 B［作为子集］
⊋	$A \supsetneq B$	A 真包含 B
⊉	$A \not\supseteq C$	A 不包含 C［作为子集］ 也可用⊅
∪	$A \cup B$	A 与 B 的并集
∪	$\bigcup_{i=1}^{n} A_i$	诸集 A_1，…，A_n 的并集
∩	$A \cap B$	A 与 B 的交集
∩	$\bigcap_{i=1}^{n} A_i$	诸集 A_1，…，A_n 的交集
\	$A \setminus B$	A 与 B 之差；A 减 B
∁	$\complement_A B$	A 中子集 B 的补集或余集
(,)	(a,b)	有序偶 a，b；偶 a，b
(，…,)	$(a_1, a_2, \cdots, a_n)$	有序 n 元组
×	$A \times B$	A 与 B 的笛卡儿积
Δ	Δ_A	$A \times A$ 中点对（x，x）的集，其中 $x \in A$；$A \times A$ 的对角集

坐标系符号①	
坐标	名称或意义
x，y，z	笛卡儿坐标 e_x，e_y 与 e_z 组成一标准正交右手系
ρ，φ，z	圆柱坐标 e_ρ，e_φ 与 e_z 组成一标准正交右手系
γ，θ，φ	球坐标 e_γ，e_θ 与 e_φ 组成一标准正交右手系

特殊函数符号②	
符号及表达式	意义或读法
$\mathrm{J}_l(x)$	［第一类］柱贝塞尔函数
$\mathrm{N}_l(x)$	柱诺依曼函数，第二类柱贝塞尔函数
$\mathrm{H}_l^{(1)}(x)$ $\mathrm{H}_l^{(2)}(x)$	柱汉开尔函数，第三类柱贝塞尔函数
$\mathrm{I}_l(x)$ $\mathrm{K}_l(x)$	修正的柱贝塞尔函数
$\mathrm{j}_l(x)$	［第一类］球贝塞尔函数
$\mathrm{n}_l(x)$	球诺依曼函数，第二类球贝塞尔函数
$\mathrm{h}_l^{(1)}(x)$ $\mathrm{h}_l^{(2)}(x)$	球汉开尔函数，第三类球贝塞尔函数
$\mathrm{P}_l(x)$	勒让德多项式
$\mathrm{P}_l^m(x)$	关联勒让德函数
$\mathrm{Y}_l^m(\vartheta,\varphi)$	球面调和函数，球谐函数
$\mathrm{H}_n(x)$	厄米特多项式
$\mathrm{L}_n(x)$	拉盖尔多项式
$\mathrm{L}_n^m(x)$	关联拉盖尔多项式
$\mathrm{F}(a,b;c;x)$	超几何函数
$\mathrm{F}(a;c;x)$	合流超几何函数
$\mathrm{F}(k,\varphi)$	第一类［不完全］椭圆积分
$\mathrm{E}(k,\varphi)$	第二类［不完全］椭圆积分
$\Pi(k,n,\varphi)$	第三类［不完全］椭圆积分
$\Gamma(x)$	Γ（伽马）函数
$\mathrm{B}(x,y)$	B（贝塔）函数
Ei x	指数积分
erf x	误差函数
$\zeta(z)$	黎曼（泽塔）函数

① 如果为了某些目的，例外地使用左手坐标系时，必须明确地说出，以免引起符号错误。
② 行文中方括号内的文字表示可以略去或不读。

1.4　化学元素符号（见表 1.1-7）

表 1.1-7　化学元素表（摘自 GB 3102.8—1993）

原子序数	元素名称		符号	原子序数	元素名称		符号	原子序数	元素名称		符号	原子序数	元素名称		符号
	英文	中文			英文	中文			英文	中文			英文	中文	
1	hydrogen	氢	H	29	copper (cuprum)	铜	Cu	56	barium	钡	Ba	83	bismuth	铋	Bi
2	helium	氦	He	30	zinc	锌	Zn	57	lanthanum	镧	La	84	polonium	钋	Po
3	lithium	锂	Li	31	gallium	镓	Ga	58	cerium	铈	Ce	85	astatine	砹	At
4	beryllium	铍	Be	32	germanium	锗	Ge	59	praseodymium	镨	Pr	86	radon	氡	Rn
5	boron	硼	B	33	arsenic	砷	As	60	neodymium	钕	Nd	87	francium	钫	Fr
6	carbon	碳	C	34	selenium	硒	Se	61	promethium	钷	Pm	88	radium	镭	Ra
7	nitrogen	氮	N	35	bromine	溴	Br	62	samarium	钐	Sm	89	actinium	锕	Ac
8	oxygen	氧	O	36	krypton	氪	Kr	63	europium	铕	En	90	thorium	钍	Th
9	fluorine	氟	F	37	rubidium	铷	Rb	64	gadolinium	钆	Gd	91	protactinium	镤	Pa
10	neon	氖	Ne	38	strontium	锶	Sr	65	terbium	铽	Tb	92	uranium	铀	U
11	sodium (natrium)	钠	Na	39	yttrium	钇	Y	66	dysprosium	镝	Dy	93	neptunium	镎	Np
12	magnesium	镁	Mg	40	zirconium	锆	Zr	67	holmium	钬	Ho	94	plutonium	钚	Pu
13	aluminium	铝	Al	41	niobium	铌	Nb	68	erbium	铒	Er	95	americium	镅	Am
14	silicon	硅	Si	42	molybdenum	钼	Mo	69	thulium	铥	Tm	96	curium	锔	Cm
15	phosphorus	磷	P	43	technetium	锝	Tc	70	ytterbium	镱	Yb	97	berkelium	锫	Bk
16	sulfur	硫	S	44	ruthenium	钌	Ru	71	lutetium	镥	Lu (Cp)	98	californium	锎	Cf
17	chlorine	氯	Cl	45	rhodium	铑	Rh	72	hafnium	铪	Hf	99	einsteinium	锿	Es
18	argon	氩	Ar	46	palladium	钯	Pd	73	tantalum	钽	Ta	100	fermium	镄	Fm
19	potassium (kalium)	钾	K	47	silver (argenturm)	银	Ag	74	tungsten (wolfram)	钨	W	101	mendelevium	钔	Md
20	calcium	钙	Ca	48	cadmium	镉	Cd	75	rhenium	铼	Re	102	nobelium	锘	No
21	scandium	钪	Sc	49	indium	铟	In	76	osmium	锇	Os	103	lawrencium	铹	Lr
22	titanium	钛	Ti	50	tin (stannum)	锡	Sn	77	iridium	铱	Ir	104	unnilquadium		Unq
23	vanadium	钒	V	51	antimony (stibium)	锑	Sb	78	platinum	铂	Pt	105	unnilpentium		Unp
24	chromium	铬	Cr	52	tellurium	碲	Te	79	gold (aurum)	金	Au	106	unnilhexium		Unh
25	manganese	锰	Mn	53	iodine	碘	I	80	mercury (hydrargyrum)	汞	Hg	107	unnilseptium		Uns
26	iron (ferrum)	铁	Fe	54	xenon	氙	Xe	81	thallium	铊	Tl	108	unniloctium		Uno
27	cobalt	钴	Co	55	caesium	铯	Cs	82	lead (plumbum)	铅	Pb	109	unnilennium		Une
28	nickel	镍	Ni												

2 常用数据表

2.1 金属硬度与强度换算（见表1.1-8～表1.1-12）

表1.1-8 碳钢及合金钢硬度与强度核算值（摘自GB/T 1172—1999）

硬度							抗拉强度 R_m/MPa								
洛氏		表面洛氏			维氏	布氏（$F=30D^2$）①	碳钢	铬钢	铬钒钢	铬镍钢	铬钼钢	铬镍钼钢	铬锰硅钢	超高强度钢	不锈钢
HRC	HRA	HR15N	HR30N	HR45N	HV	HBW									
20.0	60.2	68.8	40.7	19.2	226	225	774	742	736	782	747		781		740
20.5	60.4	69.0	41.2	19.8	228	227	784	751	744	787	753		788		749
21.0	60.7	69.3	41.7	20.4	230	229	793	760	753	792	760		794		758
21.5	61.0	69.5	42.2	21.0	233	232	803	769	761	797	767		801		767
22.0	61.2	69.8	42.6	21.5	235	234	813	779	770	803	774		809		777
22.5	61.5	70.0	43.1	22.1	238	237	823	788	779	809	781		816		786
23.0	61.7	70.3	43.6	22.7	241	240	833	798	788	815	789		824		796
23.5	62.0	70.6	44.0	23.3	244	242	843	808	797	822	797		832		806
24.0	62.2	70.8	44.5	23.9	247	245	854	818	807	829	805		840		816
24.5	62.5	71.1	45.0	24.5	250	248	864	828	816	836	813		848		826
25.0	62.8	71.4	45.5	25.1	253	251	875	838	826	843	822		856		837
25.5	63.0	71.6	45.9	25.7	256	254	886	848	837	851	831	850	865		847
26.0	63.3	71.9	46.4	26.3	259	257	897	859	847	859	840	859	874		858
26.5	63.5	72.2	46.9	26.9	262	260	908	870	858	867	850	869	883		868
27.0	63.8	72.4	47.3	27.5	266	263	919	880	869	876	860	879	893		879
27.5	64.0	72.7	47.8	28.1	269	266	930	891	880	885	870	890	902		890
28.0	64.3	73.0	48.3	28.7	273	269	942	902	892	894	880	901	912		901
28.5	64.6	73.3	48.7	29.3	276	273	954	914	903	904	891	912	922		913
29.0	64.8	73.5	49.2	29.9	280	276	965	925	915	914	902	923	933		924
29.5	65.1	73.8	49.7	30.5	284	280	977	937	928	924	913	935	943		936
30.0	65.3	74.1	50.2	31.1	288	283	989	948	940	935	924	947	954		947
30.5	65.6	74.4	50.6	31.7	292	287	1002	960	953	946	936	959	965		959
31.0	65.8	74.7	51.1	32.3	296	291	1014	972	966	957	948	972	977		971
31.5	66.1	74.9	51.6	32.9	300	294	1027	984	980	969	961	985	989		983
32.0	66.4	75.2	52.0	33.5	304	298	1039	996	993	981	974	999	1001		996
32.5	66.6	75.5	52.5	34.1	308	302	1052	1009	1007	994	987	1012	1013		1008
33.0	66.9	75.8	53.0	34.7	313	306	1065	1022	1022	1007	1001	1027	1026		1021
33.5	67.1	76.1	53.4	35.3	317	310	1078	1034	1036	1020	1015	1041	1039		1034
34.0	67.4	76.4	53.9	35.9	321	314	1092	1048	1051	1034	1029	1056	1052		1047
34.5	67.7	76.7	54.4	36.5	326	318	1105	1061	1067	1048	1043	1071	1066		1060
35.0	67.9	77.0	54.8	37.0	331	323	1119	1074	1082	1063	1058	1087	1079		1074
35.5	68.2	77.2	55.3	37.6	335	327	1133	1088	1098	1078	1074	1103	1094		1087
36.0	68.4	77.5	55.8	38.2	340	332	1147	1102	1114	1093	1090	1119	1108		1101
36.5	68.7	77.8	56.2	38.8	345	336	1162	1116	1131	1109	1106	1136	1123		1116
37.0	69.0	78.1	56.7	39.4	350	341	1177	1131	1148	1125	1122	1153	1139		1130
37.5	69.2	78.4	57.2	40.0	355	345	1192	1146	1165	1142	1139	1171	1155		1145
38.0	69.5	78.7	57.6	40.6	360	350	1207	1161	1183	1159	1157	1189	1171		1161
38.5	69.7	79.0	58.1	41.2	365	355	1222	1176	1201	1177	1174	1207	1187	1170	1176
39.0	70.0	79.3	58.6	41.8	371	360	1238	1192	1219	1195	1192	1226	1204	1195	1193
39.5	70.3	79.6	59.0	42.4	376	365	1254	1208	1238	1214	1211	1245	1222	1219	1209
40.0	70.5	79.9	59.5	43.0	381	370	1271	1225	1257	1233	1230	1265	1240	1243	1226
40.5	70.8	80.2	60.0	43.6	387	375	1288	1242	1276	1252	1249	1285	1258	1267	1244
41.0	71.1	80.5	60.4	44.2	393	381	1305	1260	1296	1273	1269	1306	1277	1290	1262
41.5	71.3	80.8	60.9	44.8	398	386	1322	1278	1317	1293	1289	1327	1296	1313	1280
42.0	71.6	81.1	61.3	45.4	404	392	1340	1296	1337	1314	1310	1348	1316	1336	1299
42.5	71.8	81.4	61.8	45.9	410	397	1359	1315	1358	1336	1331	1370	1336	1359	1319
43.0	72.1	81.7	62.3	46.5	416	403	1378	1335	1380	1358	1353	1392	1357	1381	1339
43.5	72.4	82.0	62.7	47.1	422	409	1397	1355	1401	1380	1375	1415	1378	1404	1361
44.0	72.6	82.3	63.2	47.7	428	415	1417	1376	1424	1404	1397	1439	1400	1427	1383
44.5	72.9	82.6	63.6	48.3	435	422	1438	1398	1446	1427	1420	1462	1422	1450	1405
45.0	73.2	82.9	64.1	48.9	441	428	1459	1420	1469	1451	1444	1487	1445	1473	1429

（续）

硬　度							抗拉强度 R_m/MPa								
洛氏		表面洛氏			维氏	布氏（$F=30D^2$）①	碳钢	铬钢	铬钒钢	铬镍钢	铬钼钢	铬镍钼钢	铬锰硅钢	超高强度钢	不锈钢
HRC	HRA	HR 15N	HR 30N	HR 45N	HV	HBW									
45.5	73.4	83.2	64.6	49.5	448	435	1481	1444	1493	1476	1468	1512	1469	1496	1453
46.0	73.7	83.5	65.0	50.1	454	441	1503	1468	1517	1502	1492	1537	1493	1520	1479
46.5	73.9	83.7	65.5	50.7	461	448	1526	1493	1541	1527	1517	1563	1517	1544	1505
47.0	74.2	84.0	65.9	51.2	468	455	1550	1519	1566	1554	1542	1589	1543	1569	1533
47.5	74.5	84.3	66.4	51.8	475	463	1575	1546	1591	1581	1568	1616	1569	1594	1562
48.0	74.7	84.6	66.8	52.4	482	470	1600	1574	1617	1608	1595	1643	1595	1620	1592
48.5	75.0	84.9	67.3	53.0	489	478	1626	1603	1643	1636	1622	1671	1623	1646	1623
49.0	75.3	85.2	67.7	53.6	497	486	1653	1633	1670	1665	1649	1699	1651	1674	1655
49.5	75.5	85.5	68.2	54.2	504	494	1681	1665	1697	1695	1677	1728	1679	1702	1689
50.0	75.8	85.7	68.6	54.7	512	502	1710	1698	1724	1724	1706	1758	1709	1731	1725
50.5	76.1	86.0	69.1	55.3	520	510		1732	1752	1755	1735	1788	1739	1761	
51.0	76.3	86.3	69.5	55.9	527	518		1768	1780	1786	1764	1819	1770	1792	
51.5	76.6	86.6	70.0	56.5	535	527		1806	1809	1818	1794	1850	1801	1824	
52.0	76.9	86.8	70.4	57.1	544	535		1845	1839	1850	1825	1881	1834	1857	
52.5	77.1	87.1	70.9	57.6	552	544			1869	1883	1856	1914	1867	1892	
53.0	77.4	87.4	71.3	58.2	561	552			1899	1917	1888	1947	1901	1929	
53.5	77.7	87.6	71.8	58.8	569	561			1930	1951			1936	1966	
54.0	77.9	87.9	72.2	59.4	578	569			1961	1986			1971	2006	
54.5	78.2	88.1	72.6	59.9	587	577			1993	2022			2008	2047	
55.0	78.5	88.4	73.1	60.5	596	585			2026	2058			2045	2090	
55.5	78.7	88.6	73.5	61.1	606	593								2135	
56.0	79.0	88.9	73.9	61.7	615	601								2181	
56.5	79.3	89.1	74.4	62.2	625	608								2230	
57.0	79.5	89.4	74.8	62.8	635	616								2281	
57.5	79.8	89.6	75.2	63.4	645	622								2334	
58.0	80.1	89.8	75.6	63.9	655	628								2390	
58.5	80.3	90.0	76.1	64.5	666	634								2448	
59.0	80.6	90.2	76.5	65.1	676	639								2509	
59.5	80.9	90.4	76.9	65.6	687	643								2572	
60.0	81.2	90.6	77.3	66.2	698	647								2639	
60.5	81.4	90.8	77.7	66.8	710	650									
61.0	81.7	91.0	78.1	67.3	721										
61.5	82.0	91.2	78.6	67.9	733										
62.0	82.2	91.4	79.0	68.4	745										
62.5	82.5	91.5	79.4	69.0	757										
63.0	82.8	91.7	79.8	69.5	770										
63.5	83.1	91.8	80.2	70.1	782										
64.0	83.3	91.9	80.6	70.6	795										
64.5	83.6	92.1	81.0	71.2	809										
65.0	83.9	92.2	81.3	71.7	822										
65.5	84.1				836										
66.0	84.4				850										
66.5	84.7				865										
67.0	85.0				879										
67.5	85.2				894										
68.0	85.5				909										

注：1. 本表所列各种钢的换算值，适用于含碳量由低到高的钢种。

2. 本表所列换算值只有当试件组织均匀一致时，才能得到较精确的结果。

3. 本表不包括低碳钢。

① F 为压头上负荷（N）；D 为压头直径（mm）。

表 1.1-9　碳钢硬度与强度换算值（摘自 GB/T 1172—1999）

硬度								硬度							
洛氏	表面洛氏			维氏	布氏 HBW		抗拉强度	洛氏	表面洛氏			维氏	布氏 HBW		抗拉强度
HRB	HR15T	HR30T	HR45T	HV	$F=10D^2$	$F=30D^2$	R_m/MPa	HRB	HR15T	HR30T	HR45T	HV	$F=10D^2$	$F=30D^2$	R_m/MPa
60.0	80.4	56.1	30.4	105	102		375	80.5	86.1	69.2	51.6	148	134		503
60.5	80.5	56.4	30.9	105	102		377	81.0	86.2	69.5	52.1	149	136		508
61.0	80.7	56.7	31.4	106	103		379	81.5	86.3	69.8	52.6	151	137		513
61.5	80.8	57.1	31.9	107	103		381	82.0	86.5	70.2	53.1	152	138		518
62.0	80.9	57.4	32.4	108	104		382	82.5	86.6	70.5	53.6	154	140		523
62.5	81.1	57.7	32.9	108	104		384	83.0	86.8	70.8	54.1	156		152	529
63.0	81.2	58.0	33.5	109	105		386	83.5	86.9	71.1	54.7	157		154	534
63.5	81.4	58.3	34.0	110	105		388	84.0	87.0	71.4	55.2	159		155	540
64.0	81.5	58.7	34.5	110	106		390	84.5	87.2	71.8	55.7	161		156	546
64.5	81.6	59.0	35.0	111	106		393	85.0	87.3	72.1	56.2	163		158	551
65.0	81.8	59.3	35.5	112	107		395	85.5	87.5	72.4	56.7	165		159	557
65.5	81.9	59.6	36.1	113	107		397	86.0	87.6	72.7	57.2	166		161	563
66.0	82.1	59.9	36.6	114	108		399	86.5	87.7	73.0	57.8	168		163	570
66.5	82.2	60.3	37.1	115	108		402	87.0	87.9	73.4	58.3	170		164	576
67.0	82.3	60.6	37.6	115	109		404	87.5	88.0	73.7	58.8	172		166	582
67.5	82.5	60.9	38.1	116	110		407	88.0	88.1	74.0	59.3	174		168	589
68.0	82.6	61.2	38.6	117	110		409	88.5	88.3	74.3	59.8	176		170	596
68.5	82.7	61.5	39.2	118	111		412	89.0	88.4	74.6	60.3	178		172	603
69.0	82.9	61.9	39.7	119	112		415	89.5	88.6	75.0	60.9	180		174	609
69.5	83.0	62.2	40.2	120	112		418	90.0	88.7	75.3	61.4	183		176	617
70.0	83.2	62.5	40.7	121	113		421	90.5	88.8	75.6	61.9	185		178	624
70.5	83.3	62.8	41.2	122	114		424	91.0	89.0	75.9	62.4	187		180	631
71.0	83.4	63.1	41.7	123	115		427	91.5	89.1	76.2	62.9	189		182	639
71.5	83.6	63.5	42.3	124	115		430	92.0	89.3	76.6	63.4	191		184	646
72.0	83.7	63.8	42.8	125	116		433	92.5	89.4	76.9	64.0	194		187	654
72.5	83.9	64.1	43.3	126	117		437	93.0	89.5	77.2	64.5	196		189	662
73.0	84.0	64.4	43.8	128	118		440	93.5	89.7	77.5	65.0	199		192	670
73.5	84.1	64.7	44.3	129	119		444	94.0	89.8	77.8	65.5	201		195	678
74.0	84.3	65.1	44.8	130	120		447	94.5	89.9	78.2	66.0	203		197	686
74.5	84.4	65.4	45.4	131	121		451	95.0	90.1	78.5	66.5	206		200	695
75.0	84.5	65.7	45.9	132	122		455	95.5	90.2	78.8	67.1	208		203	703
75.5	84.7	66.0	46.4	134	123		459	96.0	90.4	79.1	67.6	211		206	712
76.0	84.8	66.3	46.9	135	124		463	96.5	90.5	79.4	68.1	214		209	721
76.5	85.0	66.6	47.4	136	125		467	97.0	90.6	79.8	68.6	216		212	730
77.0	85.1	67.0	47.9	138	126		471	97.5	90.8	80.1	69.1	219		215	739
77.5	85.2	67.3	48.5	139	127		475	98.0	90.9	80.4	69.6	222		218	749
78.0	85.4	67.6	49.0	140	128		480	98.5	91.1	80.7	70.2	225		222	758
78.5	85.5	67.9	49.5	142	129		484	99.0	91.2	81.0	70.7	227		226	768
79.0	85.7	68.2	50.0	143	130		489	99.5	91.3	81.4	71.2	230		229	778
79.5	85.8	68.6	50.5	145	132		493	100.0	91.5	81.7	71.7	233		232	788
80.0	85.9	68.9	51.0	146	133		498								

注：1. 本表适用于低碳钢。

2. 表中 F 及 D 意义见表 1.1-8。

表 1.1-10　钢铁洛氏与肖氏硬度对照

肖　氏　HS	96.6	95.6	94.6	93.5	92.6	91.5	90.5	89.4	88.4	87.6	86.5	85.7		
洛　氏　HRC	68	67.5	67	66.5	66	65.5	65	64.5	64	63.5	63	62.5		
肖　氏　HS	84.8	84.0	83.1	82.2	81.4	80.6	79.7	78.9	78.1	77.2	76.5	75.6		
洛　氏　HRC	62	61.5	61	60.5	60	59.5	59	58.5	58	57.5	57	56.5		
肖　氏　HS	74.9	74.2	73.5	72.6	71.9	71.2	70.5	69.8	69.1	68.5	67.7	67.0		
洛　氏　HRC	56	55.5	55	54.5	54	53.5	53	52.5	52	51.5	51	50.5		
肖　氏　HS	66.3	65.0	63.7	62.3	61.0	59.7	58.4	57.1	55.9	54.7	53.5	52.3		
洛　氏　HRC	50	49	48	47	46	45	44	43	42	41	40	39		
肖　氏　HS	51.1	50.0	48.8	47.8	46.6	45.6	44.5	43.5	42.5	41.6	40.6	39.7		
洛　氏　HRC	38	37	36	35	34	33	32	31	30	29	28	27		
肖　氏　HS	38.8	37.9	37.0	36.3	35.5	34.7	34.0	33.2	32.6	31.9	31.4	30.7	30.1	29.6
洛　氏　HRC	26	25	24	23	22	21	20	19	18	17	16	15	14	13

表 1.1-11　铜合金硬度与强度换算值　（摘自 GB/T 3771—1983）

硬度													抗拉强度 R_m、规定塑性延伸强度 $R_{p0.2}$/MPa					
布氏（$F=30D^2$）		维氏	洛氏				表面洛氏						黄铜		铍青铜			
HBW	d_{10}、$2d_5$、$4d_{2.5}$/mm	HV	HRC	HRA	HRB	HRF	HR15N	HR30N	HR45N	HR15T	HR30T	HR45T	板材	棒材	板材		棒材	
													R_m	R_m	R_m	$R_{p0.2}$	R_m	$R_{p0.2}$
90.0	6.159	90.5	—	—	53.7	87.1	—	—	—	77.2	50.8	26.7	—	—	—	—	—	—
92.0	6.100	92.6	—	—	54.2	87.4	—	—	—	77.4	51.2	27.2	—	—	—	—	—	—
94.0	6.042	94.7	—	—	54.8	87.7	—	—	—	77.6	51.6	27.7	—	—	—	—	—	—
96.0	5.986	96.8	—	—	55.5	88.1	—	—	—	77.8	52.0	28.4	—	—	—	—	—	—
98.0	5.931	98.9	—	—	56.2	88.5	—	—	—	78.0	52.5	29.1	—	—	—	—	—	—
100.0	5.878	101.0	—	—	57.1	89.1	—	—	—	78.3	53.2	30.1	—	—	—	—	—	—
102.0	5.826	103.1	—	—	58.0	89.6	—	—	—	78.6	53.8	31.0	—	—	—	—	—	—
104.0	5.775	105.1	—	—	58.9	90.1	—	—	—	78.9	54.4	31.9	—	—	—	—	—	—
106.0	5.726	107.2	—	—	60.0	90.7	—	—	—	79.2	55.1	32.9	—	—	—	—	—	—
108.0	5.678	109.3	—	—	61.0	91.3	—	—	—	79.6	55.8	33.9	—	—	—	—	—	—
110.0	5.631	111.4	—	—	62.1	91.9	—	—	—	79.9	56.5	35.0	379	392	—	—	—	—
112.0	5.585	113.5	—	—	63.2	92.6	—	—	—	80.3	57.4	36.2	382	397	—	—	—	—
114.0	5.541	115.6	—	—	64.3	93.2	—	—	—	80.6	58.1	37.2	386	403	—	—	—	—
116.0	5.497	117.7	—	—	65.4	93.8	—	—	—	81.0	58.8	38.2	390	408	—	—	—	—
118.0	5.454	119.8	—	—	66.6	94.5	—	—	—	81.4	59.6	39.4	394	414	—	—	—	—
120.0	5.413	121.9	—	—	67.7	95.1	—	—	—	81.7	60.3	40.5	398	420	—	—	—	—
122.0	5.372	124.0	—	—	68.8	95.8	—	—	—	82.1	61.2	41.7	402	425	—	—	—	—
124.0	5.332	126.1	—	—	69.9	96.4	—	—	—	82.5	61.9	42.7	407	431	—	—	—	—
126.0	5.293	128.2	—	—	71.0	97.0	—	—	—	82.8	62.6	43.7	412	437	—	—	—	—
128.0	5.255	130.3	—	—	72.1	97.7	—	—	—	83.2	63.4	44.9	417	443	—	—	—	—
130.0	5.218	132.4	—	—	73.1	98.2	—	—	—	83.5	64.0	45.8	422	449	—	—	—	—
132.0	5.181	134.5	—	—	74.1	98.8	—	—	—	83.8	64.7	46.8	428	456	—	—	—	—
134.0	5.145	136.6	—	—	75.1	99.4	—	—	—	84.1	65.5	47.9	434	462	—	—	—	—
136.0	5.110	138.6	—	—	76.1	100.0	—	—	—	84.5	66.2	48.9	440	468	—	—	—	—
138.0	5.076	140.7	—	—	77.0	100.5	—	—	—	84.8	66.8	49.8	446	475	—	—	—	—
140.0	5.042	142.8	—	—	77.9	101.0	—	—	—	85.0	67.4	50.6	453	481	—	—	—	—
142.0	5.009	144.9	—	—	78.8	101.5	—	—	—	85.3	67.9	51.5	460	488	—	—	—	—
144.0	4.977	147.0	—	—	79.7	102.0	—	—	—	85.6	68.5	52.3	467	495	—	—	—	—
146.0	4.945	149.1	—	—	80.5	102.5	—	—	—	85.8	69.1	53.2	474	502	—	—	—	—
148.0	4.914	151.2	—	—	81.2	102.9	—	—	—	86.1	69.6	53.9	482	509	—	—	—	—
150.0	4.883	153.3	—	—	82.0	103.3	—	—	—	86.3	70.1	54.6	489	516	—	—	—	—
152.0	4.853	155.4	—	—	82.7	103.7	—	—	—	86.6	70.6	55.3	498	523	—	—	—	—
154.0	4.823	157.5	—	—	83.3	104.1	—	—	—	86.8	71.0	56.0	506	530	—	—	—	—

（续）

硬度													抗拉强度 R_m、规定塑性延伸强度 $R_{p0.2}$/MPa					
布氏（$F=30D^2$）		维氏	洛氏				表面洛氏						黄铜		铍青铜			
													板材	棒材	板材		棒材	
HBW	d_{10}、$2d_5$、$4d_{2.5}$/mm	HV	HRC	HRA	HRB	HRF	HR15N	HR30N	HR45N	HR15T	HR30T	HR45T	R_m	R_m	R_m	$R_{p0.2}$	R_m	$R_{p0.2}$
156.0	4.794	159.6	—	—	84.0	104.5	—	—	—	87.0	71.5	56.6	514	537	—	—	—	—
158.0	4.766	161.7	—	—	84.6	104.8	—	—	—	87.2	71.9	57.2	523	545	—	—	—	—
160.0	4.738	163.8	—	—	85.2	105.2	—	—	—	87.4	72.3	57.9	532	552	—	—	—	—
162.0	4.710	165.9	—	—	85.8	105.5	—	—	—	87.6	72.7	58.4	541	560	—	—	—	—
164.0	4.683	168.0	—	—	86.3	105.8	—	—	—	87.7	73.1	58.9	551	567	—	—	—	—
166.0	4.657	170.1	—	—	86.8	106.1	—	—	—	87.9	73.4	59.4	561	575	—	—	—	—
168.0	4.631	172.1	—	—	87.4	106.4	—	—	—	88.1	73.8	59.9	571	583	—	—	—	—
170.0	4.605	174.2	—	—	87.9	106.7	—	—	—	88.2	74.1	60.4	581	591	556	476	662	374
172.0	4.580	176.3	—	—	88.4	107.0	—	—	—	88.4	74.5	61.0	591	599	562	482	667	382
174.0	4.555	178.4	—	—	88.8	107.2	—	—	—	88.5	74.7	61.3	602	607	569	489	673	390
176.0	4.530	180.5	—	—	89.3	107.5	—	—	—	88.7	75.1	61.8	613	615	576	496	678	398
178.0	4.506	182.6	—	—	89.8	107.8	—	—	—	88.9	75.4	62.3	624	624	582	503	683	406
180.0	4.483	184.7	—	—	90.3	108.1	—	—	—	89.0	75.8	62.8	636	632	589	509	689	414
182.0	4.459	186.8	—	—	90.8	108.4	—	—	—	89.2	76.1	63.4	648	640	596	516	694	422
184.0	4.436	188.9	—	—	91.3	108.7	—	—	—	89.4	76.5	63.9	659	649	603	523	700	430
186.0	4.414	191.0	—	—	91.8	109.0	—	—	—	89.5	76.9	64.4	672	658	609	530	705	438
188.0	4.392	193.1	—	—	92.3	109.2	—	—	—	89.7	77.1	64.7	684	666	616	537	711	446
190.0	4.370	195.2	—	—	92.8	109.5	—	—	—	89.8	77.5	65.3	697	675	623	543	717	454
192.0	4.348	197.3	—	—	93.3	109.8	—	—	—	90.0	77.8	65.8	710	684	630	550	722	462
194.0	4.327	199.4	—	—	93.9	110.2	—	—	—	90.2	78.3	66.5	723	693	637	557	728	470
196.0	4.306	201.5	—	—	94.4	110.4	—	—	—	90.3	78.5	66.8	736	702	643	564	734	478
198.0	4.285	203.5	—	—	95.0	110.8	—	—	—	90.6	79.0	67.5	750	712	650	570	740	486
200.0	4.265	205.6	—	—	95.6	111.1	—	—	—	90.7	79.4	68.0	764	721	657	577	746	494
202.0	4.244	207.7	—	—	96.2	111.5	—	—	—	90.9	79.8	68.7	—	—	664	584	752	502
204.0	4.225	209.8	—	—	96.8	111.8	—	—	—	91.2	80.2	69.2	—	—	671	591	758	510
206.0	4.205	211.9	—	—	97.5	112.2	—	—	—	91.4	80.7	69.9	—	—	678	598	764	518
208.0	4.186	214.0	—	—	98.1	112.6	—	—	—	91.6	81.1	70.6	—	—	685	604	770	526
210.0	4.167	216.1	—	—	98.8	113.0	—	—	—	91.8	81.6	71.3	—	—	692	611	776	534
212.0	4.148	218.2	18.0	59.2	—	—	67.9	38.9	17.3	—	—	—	—	—	699	618	782	542
214.0	4.129	220.3	18.4	59.4	—	—	68.2	39.2	17.8	—	—	—	—	—	706	625	789	550
216.0	4.111	222.4	18.8	59.6	—	—	68.4	39.6	18.3	—	—	—	—	—	713	631	795	558
218.0	4.093	224.5	19.1	59.8	—	—	68.5	39.9	18.6	—	—	—	—	—	720	638	801	566
220.0	4.075	226.6	19.5	60.0	—	—	68.8	40.3	19.1	—	—	—	—	—	727	645	808	574

222.0	4.058	228.7	19.9	60.2	—	—	69.0	40.7	19.6	—	—	—	—	—	734	652	814	582
224.0	4.040	230.8	20.2	60.3	—	—	69.2	40.9	19.9	—	—	—	—	—	741	658	820	590
226.0	4.023	232.9	20.6	60.5	—	—	69.4	41.3	20.4	—	—	—	—	—	748	665	827	598
228.0	4.006	235.0	20.9	60.7	—	—	69.6	41.6	20.7	—	—	—	—	—	755	672	833	606
230.0	3.990	237.0	21.3	60.9	—	—	69.8	42.0	21.2	—	—	—	—	—	762	679	840	613
232.0	3.973	239.1	21.7	61.1	—	—	70.0	42.4	21.6	—	—	—	—	—	769	686	847	621
234.0	3.957	241.2	22.0	61.3	—	—	70.2	42.6	22.0	—	—	—	—	—	776	692	853	629
236.0	3.941	243.3	22.4	61.5	—	—	70.4	43.0	22.5	—	—	—	—	—	783	699	860	637
238.0	3.925	245.4	22.7	61.6	—	—	70.6	43.3	22.8	—	—	—	—	—	790	706	867	645
240.0	3.909	247.5	23.0	61.8	—	—	70.8	43.6	23.2	—	—	—	—	—	797	713	874	653
242.0	3.894	249.6	23.4	62.0	—	—	71.0	44.0	23.7	—	—	—	—	—	804	719	880	661
244.0	3.878	251.7	23.7	62.1	—	—	71.1	44.3	24.0	—	—	—	—	—	812	726	887	669
246.0	3.863	253.8	24.1	62.3	—	—	71.3	44.6	24.4	—	—	—	—	—	819	733	894	677
248.0	3.848	255.9	24.4	62.5	—	—	71.5	44.9	24.8	—	—	—	—	—	826	740	901	685
250.0	3.833	258.0	24.7	62.6	—	—	71.7	45.2	25.1	—	—	—	—	—	833	747	908	693
252.0	3.819	260.1	25.1	62.8	—	—	71.9	45.6	25.6	—	—	—	—	—	840	753	915	701
254.0	3.804	262.2	25.4	63.0	—	—	72.1	45.9	26.0	—	—	—	—	—	848	760	922	709
256.0	3.790	264.3	25.7	63.1	—	—	72.3	46.2	26.3	—	—	—	—	—	855	767	929	717
258.0	3.776	266.4	26.0	63.3	—	—	72.4	46.4	26.7	—	—	—	—	—	862	774	936	725
260.0	3.762	268.5	26.4	63.5	—	—	72.6	46.8	27.1	—	—	—	—	—	869	780	943	733
262.0	3.748	270.5	26.7	63.6	—	—	72.8	47.1	27.4	—	—	—	—	—	877	787	951	741
264.0	3.734	272.6	27.0	63.8	—	—	73.0	47.4	27.8	—	—	—	—	—	884	794	958	749
266.0	3.721	274.7	27.3	64.0	—	—	73.2	47.7	28.2	—	—	—	—	—	891	801	965	757
268.0	3.707	276.8	27.6	64.1	—	—	73.3	48.0	28.6	—	—	—	—	—	899	808	972	765
270.0	3.694	278.9	27.9	64.3	—	—	73.5	48.2	28.9	—	—	—	—	—	906	814	980	773
272.0	3.681	281.0	28.2	64.4	—	—	73.7	48.5	29.2	—	—	—	—	—	913	821	987	781
274.0	3.668	283.1	28.6	64.6	—	—	73.9	48.9	29.6	—	—	—	—	—	921	828	994	789
276.0	3.655	285.2	28.9	64.8	—	—	74.1	49.2	30.0	—	—	—	—	—	928	835	1002	797
278.0	3.643	287.3	29.2	64.9	—	—	74.2	49.5	30.3	—	—	—	—	—	936	841	1009	805
280.0	3.630	289.4	29.5	65.1	—	—	74.4	49.8	30.7	—	—	—	—	—	943	848	1017	813
282.0	3.618	291.5	29.8	65.2	—	—	74.6	50.0	31.1	—	—	—	—	—	950	855	1024	821
284.0	3.605	293.6	30.1	65.4	—	—	74.7	50.3	31.4	—	—	—	—	—	958	862	1032	829
286.0	3.593	295.7	30.4	65.5	—	—	74.9	50.6	31.8	—	—	—	—	—	965	868	1039	837

（续）

硬度													抗拉强度 R_m、规定塑性延伸强度 $R_{p0.2}$/MPa					
布氏（$F=30D^2$）		维氏	洛氏				表面洛氏						黄铜		铍青铜			
HBW	d_{10}、$2d_5$、$4d_{2.5}$/mm	HV	HRC	HRA	HRB	HRF	HR15N	HR30N	HR45N	HR15T	HR30T	HR45T	板材	棒材	板材		棒材	
													R_m	R_m	R_m	$R_{p0.2}$	R_m	$R_{p0.2}$
288.0	3.581	297.8	30.7	65.7	—	—	75.1	50.9	32.1	—	—	—	—	—	973	875	1047	845
290.0	3.569	299.9	31.0	65.8	—	—	75.2	51.2	32.5	—	—	—	—	—	980	882	1054	852
292.0	3.557	301.9	31.2	65.9	—	—	75.4	51.4	32.7	—	—	—	—	—	988	889	1062	860
294.0	3.545	304.0	31.5	66.1	—	—	75.5	51.7	33.1	—	—	—	—	—	995	896	1070	868
296.0	3.534	306.1	31.8	66.2	—	—	75.7	51.9	33.4	—	—	—	—	—	1003	902	1077	876
298.0	3.522	308.2	32.1	66.4	—	—	75.9	52.2	33.8	—	—	—	—	—	1010	909	1085	884
300.0	3.511	310.3	32.4	66.5	—	—	76.0	52.5	34.1	—	—	—	—	—	1018	916	1093	892
302.0	3.500	312.4	32.7	66.7	—	—	76.2	52.8	34.4	—	—	—	—	—	1026	923	1100	900
304.0	3.489	314.5	33.0	66.9	—	—	76.4	53.1	34.8	—	—	—	—	—	1033	929	1108	908
306.0	3.478	316.6	33.2	67.0	—	—	76.5	53.3	35.0	—	—	—	—	—	1041	936	1116	916
308.0	3.467	318.7	33.5	67.1	—	—	76.7	53.6	35.4	—	—	—	—	—	1048	943	1124	924
310.0	3.456	320.8	33.8	67.3	—	—	76.8	53.8	35.7	—	—	—	—	—	1056	950	1131	932
312.0	3.445	322.9	34.1	67.4	—	—	77.0	54.1	36.1	—	—	—	—	—	1064	957	1139	940
314.0	3.434	325.0	34.3	67.5	—	—	77.1	54.3	36.3	—	—	—	—	—	1071	963	1147	948
316.0	3.424	327.1	34.6	67.7	—	—	77.3	54.6	36.7	—	—	—	—	—	1079	970	1155	956
318.0	3.413	329.2	34.9	67.8	—	—	77.4	54.9	37.0	—	—	—	—	—	1087	977	1163	964
320.0	3.403	331.3	35.2	68.0	—	—	77.6	55.2	37.4	—	—	—	—	—	1094	984	1171	972
322.0	3.393	333.4	35.4	68.1	—	—	77.7	55.4	37.6	—	—	—	—	—	1102	990	1179	980
324.0	3.383	335.4	35.7	68.2	—	—	77.9	55.6	38.0	—	—	—	—	—	1110	997	1187	988
326.0	3.372	337.5	36.0	68.4	—	—	78.1	55.9	38.3	—	—	—	—	—	1117	1004	1195	996
328.0	3.636	339.6	36.2	68.5	—	—	78.2	56.1	38.5	—	—	—	—	—	1125	1011	1203	1004
330.0	3.353	341.7	36.5	68.6	—	—	78.3	56.4	38.9	—	—	—	—	—	1133	1018	1210	1012
332.0	3.343	343.8	36.7	68.7	—	—	78.5	56.6	39.1	—	—	—	—	—	1141	1024	1218	1020
334.0	3.333	345.9	37.0	68.9	—	—	78.6	56.9	39.5	—	—	—	—	—	1149	1031	1227	1028
336.0	3.323	348.0	37.3	69.0	—	—	78.8	57.1	39.8	—	—	—	—	—	1156	1038	1235	1036
338.0	3.314	350.1	37.5	69.1	—	—	78.9	57.3	40.1	—	—	—	—	—	1164	1045	1243	1044
340.0	3.304	352.2	37.8	69.3	—	—	79.1	57.6	40.4	—	—	—	—	—	1172	1051	1251	1052
342.0	3.295	354.3	38.0	69.4	—	—	79.2	57.8	40.6	—	—	—	—	—	1180	1058	1259	1060
344.0	3.286	356.4	38.3	69.5	—	—	79.3	58.1	41.0	—	—	—	—	—	1188	1065	1267	1068
346.0	3.276	358.5	38.5	69.7	—	—	79.5	58.3	41.2	—	—	—	—	—	1196	1072	1275	1076
348.0	3.267	360.6	38.8	69.8	—	—	79.6	58.6	41.6	—	—	—	—	—	1204	1079	1283	1084
350.0	3.258	362.7	39.0	69.9	—	—	79.8	58.8	41.8	—	—	—	—	—	1211	1085	1291	1091
352.0	3.249	364.8	39.3	70.1	—	—	79.9	59.0	42.2	—	—	—	—	—	1219	1092	1299	1099

354.0	3.240	366.9	39.5	70.2	—	—	80.1	59.2	42.4	—	—	—	—	—	1227	1099	1307	1107
356.0	3.231	368.9	39.9	70.4	—	—	80.2	59.6	42.9	—	—	—	—	—	1235	1106	1316	1115
358.0	3.223	371.0	40.2	70.5	—	—	80.4	59.9	43.2	—	—	—	—	—	1243	1112	1324	1123
360.0	3.214	373.1	40.4	70.6	—	—	80.5	60.1	43.4	—	—	—	—	—	1251	1119	1332	1131
362.0	3.205	375.2	40.6	70.7	—	—	80.7	60.3	43.7	—	—	—	—	—	1259	1126	1340	1139
364.0	3.197	377.3	40.9	70.9	—	—	80.8	60.6	44.0	—	—	—	—	—	1267	1133	1348	1147
366.0	3.188	379.4	41.1	71.0	—	—	80.9	60.8	44.2	—	—	—	—	—	1275	1139	1356	1155
368.0	3.180	381.5	41.3	71.1	—	—	81.0	60.9	44.5	—	—	—	—	—	1283	1146	1365	1163
370.0	3.171	383.6	41.5	71.2	—	—	81.1	61.1	44.7	—	—	—	—	—	1291	1153	1373	1171
372.0	3.163	385.7	41.7	71.3	—	—	81.3	61.3	44.9	—	—	—	—	—	1299	1160	1381	1179
374.0	3.155	387.8	42.0	71.4	—	—	81.4	61.6	45.3	—	—	—	—	—	1307	1167	1389	1187
376.0	3.147	389.9	42.2	71.5	—	—	81.5	61.8	45.5	—	—	—	—	—	1315	1173	1397	1195
378.0	3.138	392.0	42.4	71.6	—	—	81.7	62.0	45.8	—	—	—	—	—	1324	1180	1406	1203
380.0	3.130	394.1	42.7	71.8	—	—	81.8	62.3	46.1	—	—	—	—	—	1332	1187	1414	1211
382.0	3.122	396.2	42.9	71.9	—	—	81.9	62.5	46.3	—	—	—	—	—	1340	1194	1422	—
384.0	3.114	398.3	43.2	72.0	—	—	82.1	62.7	46.7	—	—	—	—	—	1348	1200	1430	—
386.0	3.107	400.3	43.4	72.1	—	—	82.2	62.9	46.9	—	—	—	—	—	1356	1207	1438	—
388.0	3.099	402.4	43.6	72.2	—	—	82.3	63.1	47.2	—	—	—	—	—	1364	1214	1447	—
390.0	3.091	404.5	43.9	72.4	—	—	82.5	63.4	47.5	—	—	—	—	—	1372	1221	1455	—
392.0	3.083	406.6	44.1	72.5	—	—	82.6	63.6	47.7	—	—	—	—	—	1381	1228	1463	—
394.0	3.076	408.7	44.3	72.6	—	—	82.7	63.8	48.0	—	—	—	—	—	1389	1234	1471	—
396.0	3.068	410.8	44.6	72.8	—	—	82.9	64.1	48.3	—	—	—	—	—	1397	1241	1480	—
398.0	3.061	412.9	44.8	72.9	—	—	83.0	64.3	48.6	—	—	—	—	—	1405	1248	1488	—
400.0	3.053	415.0	45.0	73.0	—	—	83.1	64.4	48.8	—	—	—	—	—	1413	1255	1496	—
402.0	3.046	417.1	45.3	73.1	—	—	83.3	64.7	49.1	—	—	—	—	—	1422	—	1504	—
404.0	3.038	419.2	45.5	73.2	—	—	83.4	64.9	49.4	—	—	—	—	—	1430	—	1512	—
406.0	3.031	421.3	45.7	73.3	—	—	83.5	65.1	49.6	—	—	—	—	—	1438	—	1521	—
408.0	3.024	423.4	45.9	73.4	—	—	83.6	65.3	49.8	—	—	—	—	—	1447	—	1529	—
410.0	3.017	425.5	46.2	73.6	—	—	83.8	65.6	50.2	—	—	—	—	—	1455	—	1537	—
412.0	3.009	427.6	46.4	73.7	—	—	83.9	65.8	50.4	—	—	—	—	—	1463	—	1545	—
414.0	3.002	429.7	46.6	73.8	—	—	84.0	66.0	50.7	—	—	—	—	—	1472	—	1553	—
416.0	2.995	431.8	46.8	73.9	—	—	84.1	66.2	50.9	—	—	—	—	—	1480	—	1562	—
418.0	2.988	433.8	47.0	74.0	—	—	84.3	66.4	51.1	—	—	—	—	—	1488	—	1570	—
420.0	2.981	435.9	47.3	74.1	—	—	84.4	66.6	51.5	—	—	—	—	—	1497	—	1578	—

注：表中 D 为压头直径（mm）；d_{10}—钢球为 10mm 时的压痕直径；d_5—钢球为 5mm 时的压痕直径；$d_{2.5}$—钢球为 2.5mm 时的压痕直径。

表1.1-12　铝合金硬度与强度换算值

硬　度								抗拉强度 R_m/MPa						
布　氏		维　氏	洛　氏		表面洛氏			退火、淬火人工时效				淬火自然时效		变形铝合金
$F=10D^2$														
HBW	d_{10}，$2d_5$、$4d_{2.5}$/mm	HV	HRB	HRF	HR15T	HR30T	HR45T	2A11 2A12	7A04	2A50	2A14	2A11 2A12	2A50 2A14	
55.0	4.670	56.1	—	52.5	62.3	17.6	—	197	207	208	207	—	—	215
56.0	4.631	57.1	—	53.7	62.9	18.8	—	201	209	209	209	—	—	218
57.0	4.592	58.2	—	55.0	63.5	20.2	—	204	212	211	211	—	—	221
58.0	4.555	59.8	—	56.2	64.1	21.5	—	208	216	215	215	—	—	224
59.0	4.518	60.4	—	57.4	64.7	22.8	—	211	220	219	219	—	—	227
60.0	4.483	61.5	—	58.6	65.3	24.1	—	215	225	223	223	—	—	230
61.0	4.448	62.6	—	59.7	65.9	25.2	—	218	230	228	229	—	—	233
62.0	4.414	63.6	—	60.9	66.4	26.5	—	222	235	233	234	—	—	235
63.0	4.381	64.7	—	62.0	67.0	27.7	—	225	240	239	240	—	—	238
64.0	4.348	65.8	—	63.1	67.5	28.9	—	229	246	245	246	—	—	241
65.0	4.316	66.9	6.9	64.2	68.1	30.0	—	232	252	251	252	—	—	244
66.0	4.285	68.0	8.8	65.2	68.6	31.5	—	236	257	257	258	—	—	247
67.0	4.254	69.1	10.8	66.3	69.1	32.3	—	239	263	263	263	—	—	250
68.0	4.225	70.1	12.7	67.3	69.6	33.4	—	243	269	269	269	—	—	253
69.0	4.195	71.2	14.6	68.3	70.1	34.4	—	246	274	274	275	—	—	256
70.0	4.167	72.3	16.5	69.3	70.6	35.5	—	250	279	280	280	—	—	259
71.0	4.139	73.4	18.2	70.2	71.0	36.5	0.8	253	284	285	285	—	—	263
72.0	4.111	74.5	20.0	71.1	71.5	37.4	2.3	257	289	291	290	—	—	266
73.0	4.084	75.6	21.9	72.1	72.0	38.5	3.9	260	294	295	295	—	—	269
74.0	4.058	76.7	23.4	72.9	72.3	39.3	5.2	264	298	300	299	—	—	272
75.0	4.032	77.7	25.1	73.8	72.8	40.3	6.7	267	302	305	303	—	—	275
76.0	4.006	78.8	26.8	74.7	73.2	41.3	8.2	271	306	309	307	—	—	278
77.0	3.981	79.9	28.3	75.5	73.6	42.1	9.5	274	310	312	310	—	—	281
78.0	3.957	81.0	29.8	76.3	74.0	43.0	10.8	278	313	316	314	—	—	285
79.0	3.933	82.1	31.3	77.1	74.4	43.8	12.1	281	316	319	317	—	—	288
80.0	3.909	83.2	32.9	77.9	74.8	44.7	13.4	285	319	322	319	—	—	291
81.0	3.886	84.2	34.2	78.6	75.2	45.4	14.6	288	322	325	322	—	—	294
82.0	3.863	85.3	35.5	79.3	75.5	46.2	15.7	292	325	327	324	—	—	298
83.0	3.841	86.4	36.9	80.0	75.8	46.9	16.9	295	327	329	326	—	—	301
84.0	3.819	87.5	38.2	80.7	76.2	47.7	18.0	299	330	331	328	—	—	304
85.0	3.797	88.6	39.5	81.4	76.5	48.4	19.2	302	332	333	330	—	—	307
86.0	3.776	89.7	40.8	82.1	76.9	49.2	20.3	306	334	334	332	—	—	311
87.0	3.755	90.7	42.0	82.7	77.2	49.8	21.3	309	336	336	334	—	—	314
88.0	3.734	91.8	43.1	83.3	77.5	50.4	22.3	313	337	337	335	—	—	317
89.0	3.714	92.9	44.3	83.9	77.8	51.1	23.3	316	339	338	337	—	—	321
90.0	3.694	94.0	45.4	84.5	78.1	51.7	24.2	320	341	339	338	351	414	324
91.0	3.675	95.1	46.5	85.1	78.3	52.4	25.2	323	342	340	340	357	417	328

（续）

硬度								抗拉强度 R_m/MPa						
布氏		维氏	洛氏		表面洛氏			退火、淬火人工时效				淬火自然时效		变形铝合金
$F=10D^2$		HV	HRB	HRF	HR15T	HR30T	HR45T	2A11 2A12	7A04	2A50	2A14	2A11 2A12	2A50 2A14	
HBW	d_{10}，$2d_5$、$4d_{2.5}$/mm													
92.0	3.655	96.2	47.7	85.7	78.6	53.0	26.2	327	344	341	341	363	421	331
93.0	3.636	97.2	48.6	86.2	78.9	53.5	27.0	330	346	342	343	368	425	335
94.0	3.618	98.3	49.6	86.7	79.1	54.1	27.9	334	347	343	345	374	429	338
95.0	3.599	99.4	50.7	87.3	79.4	54.7	28.8	337	349	345	346	379	433	341
96.0	3.581	100.5	51.7	87.8	79.7	55.2	29.7	341	350	346	348	385	436	345
97.0	3.563	101.6	52.6	88.3	79.9	55.8	30.5	344	352	347	350	390	440	349
98.0	3.545	102.7	53.4	88.7	80.1	56.2	31.1	348	354	349	352	396	444	352
99.0	3.528	103.7	54.3	89.2	80.4	56.7	32.0	351	356	351	354	402	448	356
100.0	3.511	104.8	55.3	89.7	80.6	57.3	32.8	355	358	353	357	407	451	359
101.0	3.494	105.9	56.0	90.1	80.8	57.7	33.4	358	360	355	359	413	455	363
102.0	3.478	107.0	57.0	90.6	81.1	58.2	34.3	362	362	357	362	418	459	366
103.0	3.461	108.1	57.7	91.0	81.2	58.6	34.9	365	365	360	364	424	463	370
104.0	3.445	109.2	58.5	91.4	81.4	59.1	35.6	369	367	363	367	429	466	374
105.0	3.429	110.2	59.3	91.8	81.6	59.5	36.2	372	370	366	370	435	470	377
106.0	3.413	111.1	60.0	92.2	81.8	59.9	36.9	376	372	370	373	441	474	381
107.0	3.398	112.4	60.8	92.6	82.0	60.4	37.5	379	375	373	376	446	479	385
108.0	3.383	113.5	61.5	93.0	82.2	60.8	38.2	383	378	377	379	452	482	388
109.0	3.367	114.6	62.3	93.4	82.4	61.2	38.8	386	381	382	383	457	485	392
110.0	3.353	115.7	63.1	93.8	82.6	61.6	39.5	390	385	386	386	463	489	396
111.0	3.338	116.7	63.6	94.1	82.8	62.0	40.0	393	388	391	390	468	493	400
112.0	3.323	117.8	64.4	94.5	83.0	62.4	40.7	397	391	396	394	474	497	403
113.0	3.309	118.9	65.0	94.8	83.1	62.7	41.1	400	395	402	397	480	500	407
114.0	3.295	120.0	65.7	95.2	83.3	63.1	41.8	404	399	407	401	485	504	411
115.0	3.281	121.1	66.3	95.5	83.5	63.5	42.3	407	403	413	405	491	508	415
116.0	3.267	122.2	67.0	95.9	83.7	63.9	43.0	411	407	419	409	496	512	419
117.0	3.254	123.2	67.6	96.2	83.8	64.2	43.4	414	411	425	413	502	516	422
118.0	3.240	124.3	68.2	96.5	84.0	64.5	43.9	418	415	432	417	507	519	426
119.0	3.227	125.4	68.8	96.8	84.1	64.8	44.4	421	419	438	421	513	523	430
120.0	3.214	126.5	69.3	97.1	84.2	65.2	44.9	425	423	444	425	519	527	434
121.0	3.201	127.6	69.9	97.4	84.4	65.5	45.4	428	427	451	429	524	531	438
122.0	3.188	128.7	70.6	97.8	84.6	65.9	46.1	432	431	457	432	530	534	442
123.0	3.175	129.7	71.2	98.1	84.7	66.2	46.4	435	435	464	436	535	538	446
124.0	3.163	130.8	71.6	98.3	84.8	66.4	46.9	439	440	470	440	540	542	450
125.0	3.151	131.9	72.2	98.6	85.0	66.8	47.4	442	444	476	444	546	546	454
126.0	3.138	133.0	72.7	98.9	85.1	67.1	47.9	446	448	482	448	552	550	458
127.0	3.126	134.1	73.3	99.2	85.3	67.4	48.4	449	452	488	452	558	553	462
128.0	3.114	135.2	73.9	99.5	85.4	67.7	48.9	453	457	493	455	563	557	466

（续）

硬　度								抗拉强度 R_m/MPa						
布　氏		维　氏	洛　氏		表面洛氏			退火、淬火人工时效				淬火自然时效		变　形
$F=10D^2$														
HBW	d_{10}，$2d_5$、$4d_{2.5}$/mm	HV	HRB	HRF	HR15T	HR30T	HR45T	2A11 2A12	7A04	2A50	2A14	2A11 2A12	2A50 2A14	铝合金
129.0	3.103	136.2	74.4	99.8	85.6	68.0	49.3	456	461	498	459	569	561	470
130.0	3.091	137.3	74.8	100.0	85.7	68.3	49.7	460	465	503	463	574	565	474
131.0	3.079	138.4	75.4	100.3	85.8	68.6	50.2	463	469	507	467	580	—	478
132.0	3.068	139.5	76.0	100.6	86.0	68.9	50.7	467	473	511	471	585	—	482
133.0	3.057	140.6	76.3	100.8	86.1	69.1	51.0	470	477	514	474	591	—	486
134.0	3.046	141.7	76.9	101.1	86.2	69.4	51.5	474	480	517	478	597	—	491
135.0	3.035	142.7	77.3	101.3	86.3	69.6	51.8	477	484	519	483	602	—	495
136.0	3.024	143.8	77.9	101.6	86.5	70.0	52.3	481	488	521	487	608	—	499
137.0	3.013	144.9	78.2	101.8	86.6	70.2	52.6	484	491	522	491	613	—	503
138.0	3.002	146.0	78.8	102.1	86.7	70.5	53.1	488	495	523	496	619	—	507
139.0	2.992	147.1	79.2	102.3	86.8	70.7	53.5	491	498	—	501	—	—	512
140.0	2.981	148.2	79.8	102.6	87.0	71.0	53.9	495	502	—	506	—	—	516
141.0	2.971	149.2	80.1	102.8	87.1	71.2	54.3	498	505	—	511	—	—	520
142.0	2.961	150.3	80.5	103.0	87.2	71.5	54.6	502	509	—	517	—	—	524
143.0	2.951	151.4	81.1	103.3	87.3	71.8	55.1	505	512	—	524	—	—	529
144.0	2.940	152.5	81.5	103.5	87.4	72.0	55.4	509	515	—	530	—	—	533
145.0	2.931	153.6	81.9	103.7	87.5	72.2	55.7	512	519	—	538	—	—	537
146.0	2.921	154.7	82.2	103.9	87.6	72.4	56.1	516	522	—	546	—	—	542
147.0	2.911	155.7	82.6	104.1	87.7	72.6	56.4	519	526	—	555	—	—	546
148.0	2.901	156.8	83.0	104.3	87.8	72.8	56.7	523	529	—	564	—	—	550
149.0	2.892	157.9	83.4	104.5	87.9	73.1	57.1	526	533	—	575	—	—	555
150.0	2.882	159.0	83.9	104.8	88.0	73.4	57.6	530	537	—	586	—	—	559
151.0	2.873	160.1	84.3	105.0	88.1	73.6	57.9	533	541	—	—	—	—	—
152.0	2.864	161.2	84.7	105.2	88.2	73.8	58.2	537	545	—	—	—	—	—
153.0	2.855	162.2	85.1	105.4	88.3	74.0	58.5	540	550	—	—	—	—	—
154.0	2.846	163.3	85.5	105.6	88.4	74.2	58.9	544	554	—	—	—	—	—
155.0	2.837	164.4	85.8	105.8	88.5	74.4	59.2	547	559	—	—	—	—	—
156.0	2.828	165.5	86.2	106.0	88.6	74.7	59.5	551	564	—	—	—	—	—
157.0	2.819	166.6	86.6	106.2	88.7	74.9	59.9	554	570	—	—	—	—	—
158.0	2.810	167.7	86.8	106.3	88.8	75.0	60.0	558	576	—	—	—	—	—
159.0	2.801	168.7	87.2	106.5	88.9	75.2	60.3	561	582	—	—	—	—	—
160.0	2.793	169.8	87.5	106.7	89.0	75.4	60.7	565	588	—	—	—	—	—
161.0	2.784	170.9	87.9	106.9	89.1	75.6	61.0	—	595	—	—	—	—	—
162.0	2.776	172.0	88.3	107.1	89.2	75.8	61.3	—	602	—	—	—	—	—
163.0	2.767	173.1	88.7	107.3	89.3	76.0	61.7	—	610	—	—	—	—	—
164.0	2.759	174.2	89.3	107.6	89.4	76.4	62.1	—	617	—	—	—	—	—
165.0	4.670	169.7	87.5	106.7	89.0	75.4	60.7	587	—	—	—	—	—	—

（续）

硬度								抗拉强度 R_m /MPa				
布氏		维氏	洛氏		表面洛氏			退火、淬火人工时效			淬火自然时效	
$F=10D^2$		HV	HRB	HRF	HR15T	HR30T	HR45T	7A04	2A50	2A14	2A11 2A12	2A50 2A14
HBW	d_{10}，$2d_5$、$4d_{2.5}$/mm											
166.0	4.657	170.8	87.9	106.9	89.1	75.6	61.0	594	—	—	—	—
167.0	4.644	171.9	88.3	107.1	89.2	75.8	61.3	601	—	—	—	—
168.0	4.631	172.9	88.7	107.3	89.3	76.0	61.7	608	—	—	—	—
169.0	4.618	173.9	89.1	107.5	89.4	76.3	62.0	616	—	—	—	—
170.0	4.605	175.0	89.4	107.7	89.5	76.5	62.3	624	—	—	—	—
171.0	4.592	176.0	89.8	107.9	89.6	76.7	62.6	631	—	—	—	—
172.0	4.580	177.1	90.2	108.1	89.7	76.9	63.0	640	—	—	—	—
173.0	4.567	178.2	90.8	108.4	89.8	77.2	63.5	649	—	—	—	—
174.0	4.555	179.3	91.2	108.6	89.9	77.4	63.8	658	—	—	—	—
175.0	4.543	180.2	91.5	108.8	90.0	77.6	64.1	666	—	—	—	—

注：F—压头上负荷（N）；D—压头直径（mm）；d_{10}—钢球为 10mm 时的压痕直径；d_5—钢球为 5mm 时的压痕直径；$d_{2.5}$—钢球为 2.5mm 时的压痕直径。

2.2　常用材料的物理性能（见表 1.1-13 ~ 表 1.1-19）

表 1.1-13　常用材料弹性模量及泊松比

名称	弹性模量 E /GPa	切变模量 G /GPa	泊松比 μ	名称	弹性模量 E /GPa	切变模量 G /GPa	泊松比 μ
灰铸铁	118 ~ 126	44.3	0.3	轧制锌	82	31.4	0.27
球墨铸铁	173		0.3	铅	16	6.8	0.42
碳钢、镍铬钢、合金钢	206	79.4	0.3	玻璃	55	1.96	0.25
				有机玻璃	2.35 ~ 29.42		
铸钢	202		0.3	橡胶	0.0078		0.47
轧制纯铜	108	39.2	0.31 ~ 0.34	电木	1.96 ~ 2.94	0.69 ~ 2.06	0.35 ~ 0.38
冷拔纯铜	127	48.0		夹布酚醛塑料	3.92 ~ 8.83		
轧制磷锡青铜	113	41.2	0.32 ~ 0.35	赛璐珞	1.71 ~ 1.89	0.69 ~ 0.98	0.4
冷拔黄铜	89 ~ 97	34.3 ~ 36.3	0.32 ~ 0.42	尼龙 1010	1.07		
轧制锰青铜	108	39.2	0.35	硬聚氯乙烯	3.14 ~ 3.92		0.34 ~ 0.35
轧制铝	68	25.5 ~ 26.5	0.32 ~ 0.36	聚四氟乙烯	1.14 ~ 1.42		
拔制铝线	69			低压聚乙烯	0.54 ~ 0.75		
铸铝青铜	103	41.1	0.3	高压聚乙烯	0.147 ~ 0.245		
铸锡青铜	103		0.3	混凝土	13.73 ~ 39.2	4.9 ~ 15.69	0.1 ~ 0.18
硬铝合金	70	26.5	0.3				

表 1.1-14　常用材料线胀系数 $\alpha \times 10^6$　（$℃^{-1}$）

材料	温度范围/℃								
	20	20 ~ 100	20 ~ 200	20 ~ 300	20 ~ 400	20 ~ 600	20 ~ 700	20 ~ 900	20 ~ 1000
工程用铜		16.6 ~ 17.1	17.1 ~ 17.2	17.6	18 ~ 18.1	18.6			
黄铜		17.8	18.8	20.9					
青铜		17.6	17.9	18.2					
铸铝合金	18.44 ~ 24.5								

（续）

材　料	温度范围/℃								
	20	20~100	20~200	20~300	20~400	20~600	20~700	20~900	20~1000
铝合金		22.0~24.0	23.4~24.8	24.0~25.9					
碳钢		10.6~12.2	11.3~13	12.1~13.5	12.9~13.9	13.5~14.3	14.7~15		
铬钢		11.2	11.8	12.4	13	13.6			
3Cr13		10.2	11.1	11.6	11.9	12.3	12.8		
1Cr18Ni9Ti①		16.6	17	17.2	17.5	17.9	18.6	19.3	
铸铁		8.7~11.1	8.5~11.6	10.1~12.1	11.5~12.7	12.9~13.2			
镍铬合金		14.5							17.6
砖	9.5								
水泥、混凝土	10~14								
胶木、硬橡皮	64~77								
玻璃		4~11.5							
赛璐珞		100							
有机玻璃		130							

① 国家标准已不列，此处作为参考。

表1.1-15　常用材料熔点热导率及比热容

名　称	熔　点 /℃	热导率　λ /W·(m·K)$^{-1}$	比热容　c /kJ·(kg·K)$^{-1}$	名　称	熔　点 /℃	热导率　λ /W·(m·K)$^{-1}$	比热容　c /kJ·(kg·K)$^{-1}$
灰铸铁	1200	58	0.532	铝	658	204	0.879
碳钢	1460	47~58	0.49	锌	419	110~113	0.38
不锈钢	1450	14	0.51	锡	232	64	0.24
硬质合金	2000	81	0.80	铅	327.4	34.7	0.130
纯铜	1083	384	0.394	镍	1452	59	0.64
黄铜	950	104.7	0.384	聚氯乙烯		0.16	
青铜	910	64	0.37	聚酰胺		0.31	

注：表中的热导率及比热容数值指0~100℃范围内。

表1.1-16　常用材料的密度[1]

材料名称	密　度 /g·cm^{-3}	材料名称	密　度 /g·cm^{-3}	材料名称	密　度 /g·cm^{-3}
碳钢	7.3~7.85	黄铜	8.4~8.85	锡	7.29
铸钢	7.8	铸造黄铜	8.62	金	19.32
高速钢（含钨9%）	8.3	锡青铜	8.7~8.9	银	10.5
高速钢（含钨18%）	8.7	无锡青铜	7.5~8.2	汞	13.55
合金钢	7.9	轧制磷青铜、冷拉青铜	8.8	硅钢片	7.55~7.8
镍铬钢	7.9	工业用铝、铝镍合金	2.7	锌铝合金	6.3~6.9
灰铸铁	7.0	可铸铝合金	2.7	铝镍合金	2.7
白口铸铁	7.55	镍	8.9	磷青铜	8.8
可锻铸铁	7.3	轧锌	7.1	镁合金	1.74~1.81
纯铜	8.9	铅	11.37	锡基轴承合金	7.34~7.75

（续）

材料名称	密度 /g·cm⁻³	材料名称	密度 /g·cm⁻³	材料名称	密度 /g·cm⁻³
铅基轴承合金	9.33 ~ 10.67	石棉线	0.45 ~ 0.55	金刚砂	4
硬质合金（钨钴）	14.4 ~ 14.9	石棉布制动带	2	普通刚玉	3.85 ~ 3.9
硬质合金（钨钴钛）	9.5 ~ 12.4	工业用毛毡	0.3	白刚玉	3.9
聚氯乙烯	1.35 ~ 1.40	纤维蛇纹石石棉	2.2 ~ 2.4	石英	2.5
聚苯乙烯	0.91	角闪石石棉	3.2 ~ 3.3	云母	2.7 ~ 3.1
有机玻璃	1.18 ~ 1.19	工业橡胶	1.3 ~ 1.8	沥青	0.9 ~ 1.5
无填料的电木	1.2	平胶板	1.6 ~ 1.8	石蜡	0.9
赛璐珞	1.4	皮革	0.4 ~ 1.2	石灰石	2.4 ~ 2.6
氯乙烯	0.92 ~ 0.95	软钢纸板	0.9	花岗石	2.6 ~ 3.0
聚四氟乙烯	2.1 ~ 2.3	纤维纸板	1.3	砌砖	1.9 ~ 2.3
聚丙烯	0.9 ~ 0.91	酚醛层压板	1.3 ~ 1.45	凝固水泥块	3.05 ~ 3.15
聚甲醛	1.41 ~ 1.43	平板玻璃	2.5	混凝土	1.8 ~ 2.45
聚苯醚	1.06 ~ 1.07	实验器皿玻璃	2.45	生石灰	1.1
聚砜	1.24	耐高温玻璃	2.23	熟石灰、水泥	1.2
尼龙 6	1.13 ~ 1.14	胶木	1.3 ~ 1.4	黏土耐火砖	2.10
尼龙 66	1.14 ~ 1.15	电玉	1.45 ~ 1.55	硅质耐火砖	1.8 ~ 1.9
尼龙 1010	1.04 ~ 1.06	木材（含水 15%）	0.4 ~ 0.75	镁质耐火砖	2.6
泡沫塑料	0.2	胶合板	0.56	镁铬质耐火砖	2.8
玻璃钢	1.4 ~ 2.1	刨花板	0.6	高铬质耐火砖	2.2 ~ 2.5
酚醛层压板	1.3 ~ 1.45	竹材	0.9	碳化硅	3.10
胶木板、纤维板	1.3 ~ 1.4	木炭	0.3 ~ 0.5	石英玻璃	2.2
橡胶夹布传动带	0.3 ~ 1.2	石墨	2 ~ 2.2	陶瓷	2.3 ~ 2.45
ABS 树脂	1.02 ~ 1.08	石膏	2.2 ~ 2.4	碳化钙（电石）	2.22
石棉板	1 ~ 1.3	大理石	2.6 ~ 2.7	空气（4℃）	0.0012
橡胶石棉板	1.5 ~ 2.0	金刚石	3.5 ~ 3.6		

表 1.1-17 液体材料的物理性能[1]

名称	密度 ρ (t=20℃) /kg·dm⁻³	熔点 t /℃	沸点 t /℃	热导率 λ (t=20℃) /W·m⁻¹·K⁻¹	比热容 (0<t<100℃) /kJ·kg⁻¹·K⁻¹	名称	密度 ρ (t=20℃) /kg·dm⁻³	熔点 t /℃	沸点 t /℃	热导率 λ (t=20℃) /W·m⁻¹·K⁻¹	比热容 (0<t<100℃) /kJ·kg⁻¹·K⁻¹
水	0.998	0	100	0.60	4.187	丙酮	0.791	-95	56	0.16	2.22
汞	13.55	-38.9	357	10	0.138	甘油	1.26	19	290	0.29	2.37
苯	0.879	5.5	80	0.15	1.70	重油（轻级）	约 0.83	-10	>175	0.14	2.07
甲苯	0.867	-95	110	0.14	1.67						
甲醇	0.8	-98	66		2.51	汽油	约 0.73	-（30 ~50）	25 ~ 210	0.13	2.02
乙醚	0.713	-116	35	0.13	2.28						
乙醇	0.79	-110	78.4		2.38	煤油	0.81	-70	>150	0.13	2.16

（续）

名　称	密度 ρ (t=20℃) /kg·dm^{-3}	熔点 t /℃	沸点 t /℃	热导率 λ (t=20℃) /W·m^{-1}·K^{-1}	比热容 (0<t<100℃) /kJ·kg^{-1}·K^{-1}	名　称	密度 ρ (t=20℃) /kg·dm^{-3}	熔点 t /℃	沸点 t /℃	热导率 λ (t=20℃) /W·m^{-1}·K^{-1}	比热容 (0<t<100℃) /kJ·kg^{-1}·K^{-1}
柴油	约0.83	-30	150~300	0.15	2.05	氢氟酸	0.987	-92.5	19.5		
氯仿	1.49	-70	61			石油醚	0.66	-160	>40	0.14	1.76
盐酸 (400g/L)	1.20					三氯乙烯	1.463	-86	87	0.12	0.93
						四氯乙烯	1.62	-20	119		0.904
硫酸 (500g/L)	1.40					亚麻油	0.93	-15	316	0.17	1.88
						润滑油	0.91	-20	>360	0.13	2.09
浓硫酸	1.83	≈10	338	0.47	1.42	变压器油	0.88	-30	170	0.13	1.88
浓硝酸	1.51	-41	84	0.26	1.72						
醋酸	1.04	16.8	118								

表1.1-18　气体材料的物理性能[1]

名　称	密度 ρ (t=20℃) /kg·m^{-3}	熔点 t /℃	沸点 t /℃	热导率 λ (t=0℃) /W·m^{-1}·K^{-1}	比热容 (t=0℃) /kJ·kg^{-1}·K^{-1}		名　称	密度 ρ (t=0℃) /kg·m^{-3}	熔点 t /℃	沸点 t /℃	热导率 λ (t=0℃) /W·m^{-1}·K^{-1}	比热容 (t=0℃) /kJ·kg^{-1}·K^{-1}	
					c_p	c_V						c_p	c_V
氢	0.09	-259.2	-252.8	0.171	14.05	9.934	二氧化碳	1.97	-78.2	-56.6	0.015	0.816	0.627
氧	1.43	-218.8	-182.9	0.024	0.909	0.649	二氧化硫	2.92	-75.5	-10.0	0.0086	0.586	0.456
氮	1.25	-210.5	-195.7	0.024	1.038	0.741	氯化氢	1.63	-111.2	-84.8	0.013	0.795	0.567
氯	3.17	-100.5	-34.0	0.0081	0.473	0.36	臭氧	2.14	-251	-112			
氩	1.78	-189.3	-185.9	0.016	0.52	0.312	硫化碳	3.40	-111.5	46.3	0.0069	0.582	0.473
氖	0.90	-248.6	-246.1	0.046	1.03	0.618	硫化氢	1.54	-85.6	-60.4	0.013	0.992	0.748
氪	3.74	-157.2	-153.2	0.0088	0.25	0.151	甲烷	0.72	-182.5	-161.5	0.030	2.19	1.672
氙	5.86	-111.9	-108.0	0.0051	0.16	0.097	乙炔	1.17	-83	-81	0.018	1.616	1.300
氦	0.18	-270.7	-268.9	0.143	5.20	3.121	乙烯	1.26	-169.5	-103.7	0.017	1.47	1.173
氨	0.77	-77.9	-33.4	0.022	2.056	1.568	丙烷	2.01	-187.7	-42.1	0.015	1.549	1.360
干燥空气	1.293	-213	-192.3	0.02454	1.005	0.718	正丁烷	2.70	-135	1			
煤气	≈0.58	-230	-210		2.14	1.59	异丁烷	2.67	-145	-10			
高炉煤气	1.28	-210	-170	0.02	1.05	0.75	水蒸气①	0.77	0.00	100.00	0.016	1.842	1.381
一氧化碳	1.25	-205	-191.6	0.023	1.038	0.741							

注：1. 表中性能数据在101.325kPa压力时测出。

2. 表中 c_p 表示比定压热容，c_V 表示比定容热容。

① 表示该项是在 t=100℃时测出的。

表1.1-19　松散物料的堆密度和安息角

物料名称	堆密度 /t·m^{-3}	安息角		物料名称	堆密度 /t·m^{-3}	安息角	
		运　动	静　止			运　动	静　止
无烟煤（干，小）	0.7~1.0	27°~30°	27°~45°	泥煤（湿）	0.55~0.65	40°	45°
烟煤	0.8	30°	35°~45°	焦炭	0.36~0.53	35°	50°
褐煤	0.6~0.8	35°	35°~50°	木炭	0.2~0.4		
泥煤	0.29~0.5	40°	45°	无烟煤粉	0.84~0.89		37°~45°

（续）

物料名称	堆密度 /t·m⁻³	安息角		物料名称	堆密度 /t·m⁻³	安息角	
		运动	静止			运动	静止
烟煤粉	0.4~0.7		37°~45°	平炉渣（粗）	1.6~1.85		45°~50°
粉状石墨	0.45		40°~45°	高炉渣	0.6~1.0	35°	50°
磁铁矿	2.5~3.5	30°~35°	40°~45°	铅锌水碎渣（湿）	1.5~1.6		42°
赤铁矿	2.0~2.8	30°~35°	40°~45°	干煤灰	0.64~0.72		35°~45°
褐铁矿	1.2~2.1	30°~35°	40°~45°	煤灰	0.70		15°~20°
锰矿	1.7~1.9		35°~45°	粗砂（干）	1.4~1.9		50°
镁砂（块）	2.2~2.5		40°~42°	细砂（干）	1.4~1.65	30°	
粉状镁砂	2.1~2.2		45°~50°	细砂（湿）	1.9~2.1		30°~35°
铜矿	1.7~2.1		35°~45°	造型砂	0.8~1.3	30°	45°
铜精矿	1.3~1.8		40°	石灰石（大块）	1.6~2.0	30°~35°	40°~45°
铅精矿	1.9~2.4		40°	石灰石（中块）	1.2~1.5	30°~35°	40°~45°
锌精矿	1.3~1.7		40°	生石灰	1.7~1.8	25°	45°~50°
铅锌精矿	1.3~2.4		40°	碎石	1.32~2.0	35°	45°
铁烧结块	1.7~2.0		45°~50°	白云石（块）	1.2~2.0	35°	
碎烧结块	1.4~1.6	35°		碎白云石	1.8~1.9	35°	
铅烧结块	1.8~2.2			砾石	1.5~1.9	30°	30°~45°
铅锌烧结块	1.6~2.0			黏土（小块）	0.7~1.5	40°	50°
锌烟尘	0.7~1.5			黏土（湿）	1.7		27°~45°
黄铁矿烧渣	1.7~1.8			水泥	0.9~1.7	35°	40°~45°
铅锌团矿	1.3~1.8			熟石灰（粉）	0.5		
黄铁矿球团矿	1.2~1.4			熟石灰（块）	2.0		

2.3　常用材料及物体的摩擦因数（见表1.1-20~表1.1-23）

表1.1-20　常用材料的摩擦因数[1]

摩擦副材料	摩擦因数μ		摩擦副材料	摩擦因数μ	
	无润滑	有润滑		无润滑	有润滑
钢-钢	0.15①	0.1~0.12①	石棉基材料-铸铁或钢	0.25~0.40	0.08~0.12
	0.1②	0.05~0.1②	皮革-铸铁或钢	0.30~0.50	0.12~0.15
钢-软钢	0.2	0.1~0.2	木材（硬木）-铸铁或钢	0.20~0.35	0.12~0.16
钢-不淬火的T8钢	0.15	0.03	软木-铸铁或钢	0.30~0.50	0.15~0.25
钢-铸铁	0.2~0.3①	0.05~0.15	钢纸-铸铁或钢	0.30~0.50	0.12~0.17
	0.16~0.18②		毛毡-铸铁或钢	0.22	0.18
钢-黄铜	0.19	0.03	软钢-铸铁	0.2①，0.18②	0.05~0.15
钢-青铜	0.15~0.18	0.1~0.15①	软钢-青铜	0.2①，0.18②	0.07~0.15
		0.07②	铸铁-铸铁	0.15	0.15~0.16①
钢-铝	0.17	0.02			0.07~0.12②
钢-轴承合金	0.2	0.04	铸铁-青铜	0.28①	0.16①
钢-夹布胶木	0.22	—		0.15~0.21②	0.07~0.15②
钢-粉末冶金材料	0.35~0.55①	—	铸铁-皮革	0.55①，0.28②	0.15①，0.12②
钢-冰	0.027①	—	铸铁-橡胶	0.8	0.5
	0.014②	—	橡胶-橡胶	0.5	—

（续）

摩擦副材料	摩擦因数μ 无润滑	摩擦因数μ 有润滑
皮革-木料	0.4~0.5①	—
	0.03~0.05②	—
铜-T8钢	0.15	0.03
铜-铜	0.20	—
黄铜-不淬火的T8钢	0.19	0.03
黄铜-淬火的T8钢	0.14	0.02
黄铜-黄铜	0.17	0.02
黄铜-钢	0.30	0.02
黄铜-硬橡胶	0.25	—
黄铜-石板	0.25	—
黄铜-绝缘物	0.27	—
青铜-不淬火的T8钢	0.16	—
青铜-黄铜	0.16	—
青铜-青铜	0.15~0.20	0.04~0.10
青铜-钢	0.16	—
青铜-酚醛树脂层压材	0.23	—
青铜-钢纸	0.24	—
青铜-塑料	0.21	—
青铜-硬橡胶	0.36	—
青铜-石板	0.33	—
青铜-绝缘物	0.26	—
铝-不淬火的T8钢	0.18	0.03
铝-淬火的T8钢	0.17	0.02
铝-黄铜	0.27	0.02
铝-青铜	0.22	—
铝-钢	0.30	0.02

摩擦副材料	摩擦因数μ 无润滑	摩擦因数μ 有润滑
铝-酚醛树脂层压材	0.26	—
硅铝合金-酚醛树脂层压材	0.34	—
硅铝合金-钢纸	0.32	—
硅铝合金-树脂	0.28	—
硅铝合金-硬橡胶	0.25	—
硅铝合金-石板	0.26	—
硅铝合金-绝缘物	0.26	—
木材-木材	0.4~0.6①	0.1①
	0.2~0.5②	0.07~0.10②
麻绳-木材	0.5~0.8①	—
	0.5②	—
45淬火钢-聚甲醛	0.46	0.016
45淬火钢-聚碳酸酯	0.30	0.03
45淬火钢-尼龙9（加3% MoS_2 填充料）	0.57	0.02
45淬火钢-尼龙9（加30%玻璃纤维填充物）	0.48	0.023
45淬火钢-尼龙1010（加30%玻璃纤维填充物）	0.039	—
45淬火钢-尼龙1010（加40%玻璃纤维填充物）	0.07	—
45淬火钢-氯化聚醚	0.35	0.034
45淬火钢-苯乙烯-丁二烯-丙烯腈共聚体（ABS）	0.35~0.46	0.018

注：1. 表中滑动摩擦因数是摩擦表面为一般情况时的试验数值，由于实际工作条件和试验条件不同，表中的数据只能作近似计算参考。关于摩擦因数的更多数据，可参考本手册第36篇摩擦学设计的有关内容。

2. 除①、②标注外，其余材料动、静摩擦因数二者兼之。

① 静摩擦因数。

② 动摩擦因数。

表1.1-21　工程塑料间、工程塑料与钢的摩擦因数

摩擦副材料 Ⅰ	摩擦副材料 Ⅱ	静摩擦因数 μ_s	动摩擦因数 μ
聚四氯乙烯	聚四氯乙烯	0.04	
聚四氯乙烯	钢	0.10	0.05
聚全氟乙丙烯	钢	0.25	0.18
聚偏二氟乙烯	钢	0.33	0.25
聚三氯氟乙烯	聚三氯氟乙烯	0.43	0.32
聚三氯氟乙烯	钢	0.45	0.33
低密度聚乙烯	低密度聚乙烯	0.33	
低密度聚乙烯	钢	0.27	0.26
高密度聚乙烯	高密度聚乙烯	0.12	0.11
高密度聚乙烯	钢	0.18	0.10
聚氯乙烯	聚氯乙烯	0.50	0.40
聚氯乙烯	钢	0.45	0.40
聚甲醛	钢	0.14	0.13
氯化聚醚	钢	—	0.35
聚偏二氯乙烯	聚偏二氯乙烯	0.90	0.52
聚偏二氯乙烯	钢	0.68	0.45
聚对苯二甲酸乙二醇酯	聚对苯二甲酸乙二醇酯	0.27	0.20
聚对苯二甲酸乙二醇酯	钢	0.29	0.28
聚己二酰己二胺	聚己二酰己二胺	0.42	0.35
聚己二酰己二胺	钢	0.37	0.34
聚壬酸胺 填充 MoS_2	钢	—	0.57
聚壬酸胺 填充玻璃纤维	钢	—	0.48
聚癸二酰癸二酸胺 填充玻璃纤维	钢	—	0.39
聚碳酸酯	钢	0.60	0.53
苯乙烯-丁二烯-丙烯腈共聚体	钢	—	0.40
聚酰胺（尼龙66）	聚酰胺（尼龙66）	0.42	0.35
聚酰胺（尼龙66）	钢	0.37	0.34

表 1.1-22　物体的摩擦因数

名称			摩擦因数 μ	名称		摩擦因数 μ
滚动轴承	深沟球轴承	径向载荷	0.002	滑动轴承	液体摩擦	0.001 ~ 0.008
		轴向载荷	0.004		半液体摩擦	0.008 ~ 0.08
	角接触球轴承	径向载荷	0.003		半干摩擦	0.1 ~ 0.5
		轴向载荷	0.005	轧辊轴承	滚动轴承	0.002 ~ 0.005
	圆锥滚子轴承	径向载荷	0.008		层压胶木轴瓦	0.004 ~ 0.006
		轴向载荷	0.02		青铜轴瓦（用于热轧辊）	0.07 ~ 0.1
	调心球轴承		0.0015		青铜轴瓦（用于冷轧辊）	0.04 ~ 0.08
	圆柱滚子轴承		0.002		特殊密封全液体摩擦轴承	0.003 ~ 0.005
	长圆柱或螺旋滚子轴承		0.006		特殊密封半液体摩擦轴承	0.005 ~ 0.01
	滚针轴承		0.008	密封软填料盒中填料与轴的摩擦		0.2
	推力球轴承		0.003	热钢在辊道上摩擦		0.3
	调心滚子轴承		0.004	冷钢在辊道上摩擦		0.15 ~ 0.18
加热炉内	金属在管子或金属条上		0.4 ~ 0.6	制动器普通石棉制动带（无润滑）$p = 0.2 \sim 0.6\text{MPa}$		0.35 ~ 0.48
	金属在炉底砖上		0.6 ~ 1	离合器装有黄铜丝的压制石棉带 $p = 0.2 \sim 1.2\text{MPa}$		0.4 ~ 0.43

表 1.1-23　滚动摩擦力臂（大约值）

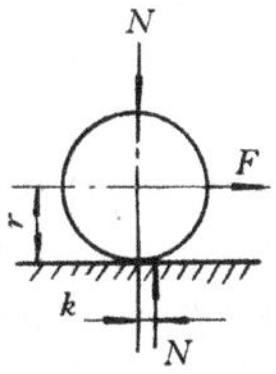

圆柱沿平面滚。滚动阻力矩为：

$$M = Nk = Fr$$

k 为滚动摩擦力臂

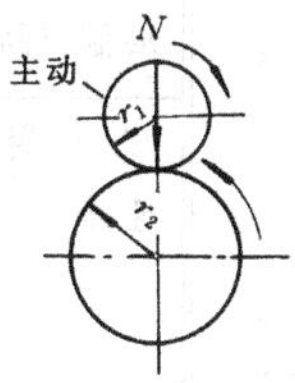

两个具有固定轴线的圆柱，其中主动圆柱以 N 力压另一圆柱，两个圆柱相对滚动。主圆柱上遇到的滚动阻力矩为：

$$M = Nk\left(1 + \frac{r_1}{r_2}\right)$$

k 为滚动摩擦力臂

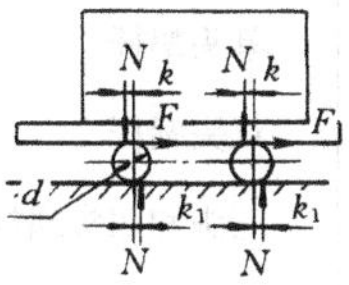

重物压在圆辊支承的平台上移动，每个圆辊承受的载重为 N。克服一个辊子上摩擦阻力所需的牵引力 F

$$F = \frac{N}{d}(k + k_1)$$

k 和 k_1 依次是平台与圆辊之间和圆辊与固定支持物之间的滚动摩擦力臂

摩擦材料	滚动摩擦力臂 k /mm	摩擦材料	滚动摩擦力臂 k /mm
软钢与软钢	0.5	表面淬火车轮与钢轨	
铸铁与铸铁	0.5	圆锥形车轮	0.8 ~ 1
木材与钢	0.3 ~ 0.4	圆柱形车轮	0.5 ~ 0.7
木材与木材	0.5 ~ 0.8	钢轮与木面	1.5 ~ 2.5
铜板间的滚子（梁之活动支座）	0.2 ~ 0.7	橡胶轮胎对沥青路面	2.5
铸铁轮或钢轮与钢轨	0.5	橡胶轮胎对土路面	10 ~ 15

2.4　机械传动效率的概略值（见表1.1-24）

表1.1-24　机械传动效率的概略值

类　别	传动型式	效　率　η
圆柱齿轮传动	很好跑合的6级精度和7级精度齿轮传动（稀油润滑）	0.98～0.995
	8级精度的一般齿轮传动（稀油润滑）	0.97
	9级精度的齿轮传动（稀油润滑）	0.96
	加工齿的开式齿轮传动（干油润滑）	0.94～0.96
	铸造齿的开式齿轮传动	0.90～0.93
圆锥齿轮传动	很好跑合的6级和7级精度齿轮传动（稀油润滑）	0.97～0.98
	8级精度的一般齿轮传动（稀油润滑）	0.94～0.97
	加工齿的开式齿轮传动（干油润滑）	0.92～0.95
	铸造齿开式齿轮传动	0.88～0.92
蜗杆传动	自锁蜗杆	0.40～0.45
	单头蜗杆	0.70～0.75
	双头蜗杆	0.75～0.82
	三头和四头蜗杆	0.82～0.92
	环面蜗杆传动	0.85～0.95
带传动	平带无压紧轮的开式传动	0.98
	平带有压紧轮的开式传动	0.97
	平带交叉传动	0.90
	V带传动	0.95
	同步带传动	0.96～0.98
链传动	焊接链	0.93
	片式关节链	0.95
	滚子链	0.96
	齿形链	0.98
滑动轴承	润滑不良	0.94
	润滑正常	0.97
	润滑特好（压力润滑）	0.98
	液体摩擦	0.99
滚动轴承	滚珠轴承（稀油润滑）	0.99
	滚柱轴承（稀油润滑）	0.98
摩擦轮传动	平摩擦轮传动	0.85～0.96
	槽摩擦轮传动	0.88～0.90
	卷绳轮	0.95
联轴器	浮动联轴器	0.97～0.99
	齿式联轴器	0.99
	弹性联轴器	0.99～0.995
	万向联轴器（$\alpha\leqslant3°$）	0.97～0.98
	万向联轴器（$\alpha>3°$）	0.95～0.97
	梅花接轴	0.97～0.98
复合轮组	滑动轴承（$i=2\sim6$）	0.90～0.98
	滚动轴承（$i=2\sim6$）	0.95～0.99
运输滚筒		0.96
减（变）速器①	单级圆柱齿轮减速器	0.97～0.98
	双级圆柱齿轮减速器	0.95～0.96
	单级行星圆柱齿轮减速器（NGW类型负号机构）	0.95～0.98
	单级行星摆线针轮减速器	0.90～0.97
	单级圆锥齿轮减速器	0.95～0.96
	双级圆锥-圆柱齿轮减速器	0.94～0.95
	无级变速器	0.92～0.95
	轧机人字齿轮座（滑动轴承）	0.93～0.95
	轧机人字齿轮座（滚动轴承）	0.94～0.96
	轧机主减速器（包括主接手和电机接手）	0.93～0.96
丝杠传动	滑动丝杠	0.30～0.60
	滚动丝杠	0.85～0.9

① 滚动轴承的损耗考虑在内。

2.5 常用物理量常数（见表 1.1-25）

表 1.1-25　基本与常用物理常数[1]

名　称	符　号	数　值	单　位
真空中的光速	c_0	2.99792458×10^{8}	m/s
电磁波在真空中的速度	c_0	2.99792458×10^{8}	m/s
电子电荷	e	1.6021892×10^{-19}	C
电子静止质量	m_e	9.109534×10^{-31}	kg
质子静止质量	m_p	1.6726485×10^{-27}	kg
中子静止质量	m_n	1.6749543×10^{-27}	kg
电子荷质比	e/m_e	1.7588047×10^{11}	C/kg
质子荷质比	e/m_p	9.57929×10^{7}	C/kg
电子静止能量	$(W_e)_0$	0.5110034	MeV
质子静止能量	$(W_p)_0$	983.5731	MeV
真空介电常数	ε_0	$8.854187818\times10^{-12}$	F/m
真空磁导率	μ_0	$4\pi\times10^{-7}$	H/m
玻尔半径	a_0	5.2917706×10^{-11}	m
普朗克（Planck）常数	h	6.626176×10^{-34}	J/Hz
阿伏伽德罗（Avogadro）常数	N_A	6.022045×10^{23}	l/mol
约瑟夫逊（Josephson）频率电压比	$2e/h$	4.835939×10^{14}	Hz/V
法拉第（Faraday）常数	F	9.648456×10^{4}	C/mol
里德伯（Rydberg）常数	R_∞	1.097373177×10^{7}	l/m
质子回旋磁比	r_p	2.6751987×10^{8}	Hz/T
玻尔兹曼（Boltzman）常数	k	1.380662×10^{-23}	J/K
斯蒂芬-玻尔兹曼常数	σ	5.67032×10^{-8}	$W/(m^2\cdot K^4)$
万有引力常数	G	6.6720×10^{-11}	$m^3/(s^2\cdot kg)$
标准重力加速度	g	9.80665	m/s^2
摩尔气体常数	R	8.31441	J/(mol·K)
标准状态下理想气体的摩尔体积	V_m	22.41383×10^{-3}	m^3/mol
第二辐射常数	c_2	1.438786×10^{-2}	m·K
绝对零度	T_0	−273.15	℃
标准大气压	atm	101325	Pa
标准条件下空气中的声速	c	331.4	m/s
纯水三相点的绝对温度	T	273.16	K
4℃时水的密度		0.999973	g/cm^3
0℃时汞的密度		13.5951	g/cm^3
在标准条件下干燥空气的密度		0.001293	g/cm^3
标准条件下空气中的声速		331.4	m/s

3　优先数和优先数系（摘自 GB/T 321—2005、GB/T 19763—2005、GB/T 19764—2005）

优先数和优先数系是一种科学的、国际统一的数值制度，是无量纲的分级数系，适用于各种量值的分级。凡能正确使用优先数系设计的产品，其参数系列一般都比较经济合理，可用较少的品种规格来满足较宽范围内的需要，且便于协调国民经济各部门或各专业之间的配合。产品或零件的主要参数或主要尺寸，按优先数系形成系列，可使产品或零件走上系列化、标准化的轨道。用优先数系来进行系列设计，便于分析参数间的关系，可减轻设计计算的工作量。

3.1　术语与定义

3.1.1　优先数系

优先数系是公比为 $\sqrt[5]{10}$、$\sqrt[10]{10}$、$\sqrt[20]{10}$、$\sqrt[40]{10}$ 和 $\sqrt[80]{10}$，且项值中含有10的整数幂的几何级数的常用圆整值。基本系列R5、R10、R20、R40和补充系列R80列于表1.1-26。这个优先数系可向两个方向无限延伸，表中值乘以10的正整数幂或负整数幂后即可得其他十进制项值。

（1）优先数

符合R5、R10、R20、R40和R80系列的圆整值（见表1.1-26中第1列～第4列和第9列）。

表1.1-26　基本系列和补充系列

系列类别与项目	基本系列（常用值） R5	R10	R20	R40	序号	理论值的对数尾数	计算值	基本系列的常用值对计算值的相对误差（%）	补充系列 R80	
列	1	2	3	4	5	6	7	8	9	
数值	1.00	1.00	1.00	1.00	0	000	1.0000	0	1.00	3.15
				1.06	1	025	1.0593	+0.07	1.03	3.25
			1.12	1.12	2	050	1.1220	−0.18	1.06	3.35
				1.18	3	075	1.1885	−0.71	1.09	3.45
		1.25	1.25	1.25	4	100	1.2589	−0.71	1.12	3.55
				1.32	5	125	1.3335	−1.01	1.15	3.65
			1.40	1.40	6	150	1.4125	−0.88	1.18	3.75
				1.50	7	175	1.4962	+0.25	1.22	3.87
	1.60	1.60	1.60	1.60	8	200	1.5849	+0.95	1.25	4.00
				1.70	9	225	1.6788	+1.26	1.28	4.12
			1.80	1.80	10	250	1.7783	+1.22	1.32	4.25
				1.90	11	275	1.8836	+0.87	1.36	4.37
		2.00	2.00	2.00	12	300	1.9953	+0.24	1.40	4.50
				2.12	13	325	2.1135	+0.31	1.45	4.62
			2.24	2.24	14	350	2.2387	+0.06	1.50	4.75
				2.36	15	375	2.3714	−0.48	1.55	4.87
	2.50	2.50	2.50	2.50	16	400	2.5119	−0.47	1.60	5.00
				2.65	17	425	2.6607	−0.40	1.65	5.15
			2.80	2.80	18	450	2.8184	−0.65	1.70	5.30
				3.00	19	475	2.9854	+0.49	1.75	5.45
		3.15	3.15	3.15	20	500	3.1623	−0.39	1.80	5.60
				3.35	21	525	3.3497	+0.01	1.85	5.80
			3.55	3.55	22	550	3.5481	+0.05	1.90	6.00
				3.75	23	575	3.7584	−0.22	1.95	6.15
	4.00	4.00	4.00	4.00	24	600	3.9811	+0.47	2.00	6.30
				4.25	25	625	4.2170	+0.78	2.06	6.50
			4.50	4.50	26	650	4.4668	+0.74	2.12	6.70
				4.75	27	675	4.7315	+0.39	2.18	6.90
		5.00	5.00	5.00	28	700	5.0119	−0.24	2.24	7.10
				5.30	29	725	5.3088	−0.17	2.30	7.30
			5.60	5.60	30	750	5.6234	−0.42	2.36	7.50

（续）

系列类别与项目	基本系列								补充系列 R80	
	基本系列（常用值）				序号	理论值的对数尾数	计算值	基本系列的常用值对计算值的相对误差（%）		
	R5	R10	R20	R40						
列	1	2	3	4	5	6	7	8	9	
				6.00	31	775	5.9566	+0.73	2.43	7.75
	6.30	6.30	6.30	6.30	32	800	6.3096	−0.15	2.50	8.00
				6.70	33	825	6.6834	+0.25	2.58	8.25
数			7.10	7.10	34	850	7.7095	+0.29	2.65	8.50
				7.50	35	875	7.4989	+0.01	2.72	8.75
		8.00	8.00	8.00	36	900	7.9433	+0.71	2.80	9.00
值				8.50	37	925	8.4140	+1.02	2.90	9.25
			9.00	9.00	38	950	8.9125	+0.98	3.00	9.50
				9.50	39	975	9.4406	+0.63	3.07	9.75
	10.00	10.00	10.00	10.00	40	000	10.0000	0		
公比	$\sqrt[5]{10}\approx1.6$	$\sqrt[10]{10}\approx1.25$	$\sqrt[20]{10}\approx1.12$	$\sqrt[40]{10}\approx1.06$					$\sqrt[80]{10}\approx1.03$	

注：1. 大于 10 或小于 1 的优先数均可用 10、100、1000…或用 0.1、0.01…乘以基本系列或补充系列优先数求得。

2. 基本系列中任意两项之积和商，任意一项之整数乘方或开方，都为优先数，其运算应通过序号 N 去实现。

3. 常用值的相对误差 $=\dfrac{常用值-计算值}{计算值}\times100\%$。

（2）理论值

$(\sqrt[5]{10})^N$、$(\sqrt[10]{10})^N$ 等理论等比数列的连续项值，其中 N 为任意整数。理论值一般是无理数，不便于实际应用。

（3）计算值

对理论值取五位有效数字的近似值，计算值对理论值的相对误差小于 1/20000。

在作参数系列的精确计算时可用来代替理论值。

（4）化整值

它是对 R5、R10、R20 和 R40 系列中的常用值作进一步圆整后所得的值，只在某些特殊情况下才允许采用。

（5）序号

表明优先数排列次序的一个等差数列，它从优先数 1.00 的序号 0 开始计算。

3.1.2 系列代号

优先数的所有系列均以字母 R 为符号开始。

3.2 系列的种类

（1）基本系列

R5、R10、R20 和 R40 四个系列是优先数系中的常用系列（见表 1.1-26）。

基本系列中的优先数常用值，对计算值的相对误差在 +1.26% ~ −1.01% 范围内。各系列的公比为：

R5：$q_5=(\sqrt[5]{10})\approx1.6$

R10：$q_{10}=(\sqrt[10]{10})\approx1.25$

R20：$q_{20}=(\sqrt[20]{10})\approx1.12$

R40：$q_{40}=(\sqrt[40]{10})\approx1.06$

常用值的相对误差 $=\dfrac{常用值-计算值}{计算值}\times100\%$

（2）补充系列 R80

R80 系列称为补充的系列（见表 1.1-26 中第 8 列），它的公比，仅在参数分级很细或基本系列中的优先数不能适应实际情况时，才可考虑采用。

（3）化整值系列

化整值系列是由优先数的常用值和一部分化整值所组成的系列（见表 1.1-27），仅在参数取值受到特殊限制时才允许采用。由对常用值的偏差较小的化整值组成的系列称为第一化整值系列，用符号 R' 表示；偏差较大的系列称为第二化整值系列，用符号 R'' 表示。

优先数的理论值系列是一个等比数列，但是实用上的常用值系列和化整值系列都只是一个近似的等比数列，实际公比（后一项值对相邻前一项值之比值）有所波动，其波动的大小可用公比的相对误差来衡量。其计算式为

表1.1-27　化整值系列

列	1		2			3			4		5	6	7	8	9	10
项数或指数	5		10			20			40		序号	计算值③	系列中每个项值和计算值之间的相对误差(%)			
近似的公比	1.6		1.25			1.12			1.06							
系列	R5	R″5	R10	R′10	R″10	R20	R′20	R″20	R40	R′40			R 5~40	R′ 10~40	R″ 20	R″ 5和10
数值	1		1			1.0			1.0		0	1.0000	0			
									1.06	1.05	1	1.0593	+0.07	-0.88		
						1.12	1.1		1.12	1.10②	2	1.1220	-0.18	-1.96	-1.96	
									1.18	1.2	3	1.1885	-0.71	+0.97		
			1.25		(1.2)	1.25		(1.2)	1.25		4	1.2589	-0.71		-4.68	-4.68
									1.32	1.3	5	1.3335	-1.01	**-2.51**		
						1.4			1.4		6	1.4125	-0.88			
									1.5		7	1.4962	+0.25			
	1.6	(1.5)①	1.6		(1.5)①	1.6			1.6		8	1.5849	+0.95			**-5.36**
									1.7		9	1.6788	**+1.26**			
						1.8			1.8		10	1.7783	+1.22			
									1.9		11	1.8836	+0.87			
			2			2.0			2.0		12	1.9953	+0.24			
									2.12	2.1	13	2.1135	+0.31	-0.64		
						2.24	2.2		2.24	2.2	14	2.2387	+0.06	-1.73	-1.73	
									2.36	2.4	15	2.3714	-0.48	+1.21		
	2.5		2.5			2.5			2.5		16	2.5119	-0.47			
									2.65	2.6	17	2.6607	-0.40	-2.28		
						2.8			2.8		18	2.8184	-0.65			
									3.0		19	2.9854	+0.49			
			3.15	3.2	(3)	3.15	3.2	(3.0)	3.15	3.2	20	3.1623	-0.39	+1.19	**-5.13**	-5.13
									3.35	3.4	21	3.3497	+0.01	+1.50		
						3.55	3.6	(3.5)	3.55	3.6	22	3.5481	+0.05	+1.46	-1.38	
									3.75	3.8	23	3.7584	-0.22	+1.11		
	4		4			4.0			4.0		24	3.9811	+0.47			
									4.25	4.2	25	4.2170	+0.78	-0.40		
						4.5			4.5		26	4.4668	+0.74			
									4.75	4.8	27	4.7315	+0.39	+1.45		
			5			5.0			5.0		28	5.0119	-0.24			
									5.3		29	5.3088	-0.17			
						5.6		(5.5)	5.6		30	5.6234	-0.42		-2.19	
									6.0		31	5.9566	+0.73			
	6.3	(6)	6.3		(6)	6.3		(6.0)	6.3		32	6.3096	-0.15		-4.90	-4.90
									6.7		33	6.6834	+0.25			
						7.1		(7.0)	7.1		34	7.0795	+0.29		-1.11	
									7.5		35	7.4989	+0.01			
			8			8.0			8.0		36	7.9433	+0.71			
									8.5		37	8.4140	+1.02			
						9.0			9.0		38	8.9125	+0.98			
									9.5		39	9.4405	+0.63			
	10		10			10.0			10.0		40	10.0000	0			
公比的最大相对误差(%)(见3.2,(3))	+1.42	-5.37	+1.66	+1.66	-5.61	-1.83	-1.97	-4.48	+1.15	+2.94						
	优先数	化整值：第一化整值						第二化整值								

注：1. 表中第7~10栏内带方框的数值为相应系列中项值的最大相对误差。

2. 公比的相对误差 $=\dfrac{\text{相邻两项常用值（或化整值）之比}-\text{公比的计算值}}{\text{公比的计算值}}\times 100\%$

① R″系列中的化整值（括号中的值），特别是1.5这个数值，应尽可能不用。

② 在特殊情况下，当系列分档间距不允许“倒缩”（项值增大，项差反而缩小）时，R′40系列中允许以1.15作为1.18的化整值，以1.20作为1.25的化整值，以构成数列：1，1.05，1.10，1.15，1.20，1.30。

③ 在某些特殊情况下（例如涡轮叶片的制造），需要很高精度时，可采用计算值（表内第6列）。

$$公比的相对误差=\frac{相邻两项常用值（或化整值）之比-公比的计算值}{公比的计算值}\times 100\%$$

表中的底栏列出了各系列波动的公比中最大的相对误差，可见 Rr′和 Rr″系列的公比均匀性要比优先数的常用值系列差。分级越密的系列，项值的相对差越小，故允许的化整值的项值误差也越小，不然会使系列公比的均匀性太差。因此，在分级较密的 R40 系列中就只有误差较小的 Rr′系列，而没有误差较大的 Rr″系列。

（4）派生系列

派生系列是从基本系列或补充系列 Rr 中，每 p 项取值导出的系列，以 Rr/p 表示，比值 r/p 是 1～10、10～100 等各个十进制数内项值的分级数。

派生系列的公比为：

$$q_{r/p}=q_r^p=(\sqrt[r]{10})^p=10^{p/r}$$

比值 r/p 相等的派生系列具有相同的公比，但其项值是多义的。例如，派生系列 R10/3 的公比 $q_{10/3}=10^{3/10}=1.2589^3\approx 2$，可导出三种不同项值的系列：

1.00，2.00，4.00，8.00

1.25，2.50，5.00，10.0

1.60，3.15，6.30，12.5

（5）移位系列

移位系列是指与某一基本系列有相同分级，但起始项不属于该基本系列的一种系列。它只用于因变量参数的系列。

例如：R80/8（25.8……165）系列与 R10 系列有同样的分级，但从 R80 系列的一个项开始，相当于由 25 开始的 R10 系列的移位。

3.3　优先数的计算与序号 N 的运用

（1）序号

优先数的序号 N_r 表示理论值为 $q_r^N r$ 的优先数在 R_r 系列中的排列次序。由于取项值“1”的序号为 0，就把序号和指数联系起来了，序号就是优先数理论值用公比 q_r 的指数式表示时的指数值。

由对数的定义可知，序号 N_r（即指数）就是优先数理论值以其公比 q_r 为底的特殊对数。因此，优先数的运算可转换为它的序号运算而得到简化，其运算规则同一般对数计算完全相同。

由于 R40 系列包含了全部基本系列的项值，故 R40 系列中的优先数序号 N（见表 1.1-26，N 是 N_{40} 的简写），可以代替 N_5、N_{10}、N_{20}，满足一般的计算要求。当对补充系列 R80 的优先数进行运算时，应采用序号 N_{80}。

常用计算中所用序号 N，皆指 R40 系列中的序号。$N=0\sim 40$ 适用于 1～10 十进段内的优先数 n，优先数 n 每增大到 10 倍，其序号增加 40，每缩小到 1/10，其序号减小 40。同理，对 R80 系列排序号时，$N_{80}=0\sim 80$ 适用于 1～10 十进段内的优先数 n，n 每增大到 10 倍，其序号增加 80，每缩小到 1/10，其序号减小 80。

（2）积和商

两优先数 n 和 n' 的积或商形成的优先数 n''，可由序号 N_n 和 N'_n 相加或相减来计算，对应新序号的优先数 n'' 即为所求值。

例 1　$3.15\times 1.6=5$

$N_{3.15}+N_{1.6}=20+8=28=N_5$

例 2　$6.3\times 0.2=1.25$

$N_{6.3}+N_{0.2}=32+(-28)=4=N_{1.25}$

例 3　$1\div 0.06=17$

$N_1-N_{0.06}=0-(-49)=49=N_{17}$

（3）幂和根

计算优先数的正或负整幂时，可由指数与优先数序号之积作为新序号，与之相应的优先数为所求值。

用同样的方法可计算对应优先数的根或优先数的正或负分数幂的优先数，但序号与分式指数的乘积须为整数。

例 1　$(3.15)^2=10$

$2N_{3.15}=2\times 20=40=N_{10}$

例 2　$\sqrt[5]{3.15}=3.15^{1/5}=1.25$

$\frac{1}{5}N_{3.15}=20/5=4$（整数）$=N_{1.25}$

例 3　$\sqrt{0.16}=0.16^{1/2}=0.4$

$\frac{1}{2}N_{0.16}=-32/2=-16$（整数）$=N_{0.4}$

例 4　另一方面，$\sqrt[4]{3}=3^{1/4}$ 不是优先数，因指数 1/4 与 3 的序号之积不是整数。

例 5　$0.25^{-1/3}=1.6$

$-\frac{1}{3}N_{0.25}=-\frac{1}{3}(-24)=+8=N_{1.6}$

注：用序号计算的方法可能导致微小的误差，该误差是由优先数的理论值与对应的基本系列化数值之间的偏差引起的。

（4）常用对数

理论值的常用对数尾数列于表 1.1-26 中第 6 列。

3.4　系列选择原则

（1）在选择参数系列时，应优先采用公比大的基本系列。选择的优先顺序是：R5 系列优先于 R10 系列，R10 系列优先于 R20 系列，R20 系列优先于

R40系列。

（2）补充系列R80由于分级很细，不利于不同人员使用时相互间的协调统一，也增加了品种规格数量，故不宜用于产品参数的系列化，仅在要求参数分级很细或基本系列中的优先数不能适应实际需要的特殊情况下，才可考虑采用。

（3）基本系列的公比不能满足要求时，则可采用派生系列，应依次优先考虑R5/2、R10/3、R10/4、R20/3、R20/4，R40的派生系列应尽量避免采用。

（4）基本系列中的数值不符合需要并有充分理由而完全不能采用优先数时，允许采用标准中的化整值，应优先采用第一化整值系列R'_r。选得的化整值应尽量保持系列公比的均匀，见标准GB/T 19764—2005。

化整值中括号内尺寸尽量不用，特别是数值1.5，应尽可能不用。

（5）优先数对于产品的尺寸和参数不全部适用时，则应在基本参数和主要尺寸上采用优先数。

（6）对某些精密产品的参数，可直接使用计算值（所列计算值精确到5位数字，与理论值比较，误差小于0.00005）。

3.5　优先数和优先数系的应用示例[8]

企业在设计产品时，产品的主要参数系列应最大限度采用优先数系，以促进产品的标准化。企业在对产品整顿时，对规格杂乱、品种繁多的老产品，应通过调查分析加以整顿，从优先数系中选用合适的系列作为产品的主要参数系列，以简化品种规格，使产品走上标准化的轨道。在零部件的系列设计中应选取一些主要尺寸为自变量选用优先数系，这不仅有利于零部件的标准化，而且可以简化设计工作。

下面仅以起重机滑轮结构尺寸设计作为优先数系应用的示例。起重机滑轮的结构尺寸，见图1.1-1。

（1）确定采用优先数的参数

对滑轮来说，最重要的参数是与其相配的钢丝绳直径d_r。因为d_r的大小直接影响到滑轮上所承受载荷的大小，从而决定了滑轮的结构尺寸。因此，首先选用钢丝绳直径d_r为优先数，取R20系列，尺寸在10～60mm范围内。

其次，在滑轮轮缘部分的几个直径尺寸中，决定钢丝绳中心处的滑轮公称直径D采用优先数。而滑轮底径D_b按下式计算：

$$D_b = D - d_r$$

D_b一般不再为优先数。

另外，根据经验确定适当的槽形，其尺寸比例如

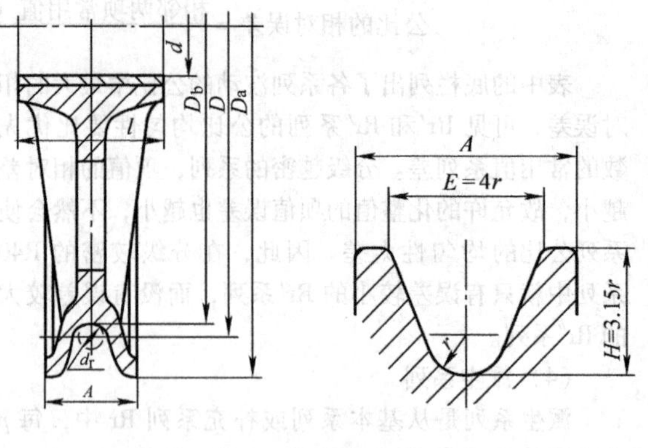

图1.1-1　滑轮的结构尺寸
（参阅JISZ 8601标准数解说）

图1.1-1所示，比例系数取优先数。这样只要槽底的圆弧半径r取为优先数，则槽形的各部分尺寸就都为优先数。

滑轮的外径D_a由下式计算确定：

$$D_a = D_b + 2H$$

D_a一般也不再为优先数。

与轴的配合尺寸——轮毂长度l和滑轮孔径d都取为优先数。

（2）确定滑轮直径D

滑轮直径D的系列取R20系列。滑轮直径与钢丝绳直径之比取决于起重机使用的频繁程度，在起重机的结构规范中最低为20倍。系列设计中假定取20倍、25倍和31.5倍三种（倍数也按优先数选用，以保证D为优先数），并称20倍的滑轮为20型，25倍的为25型，31.5倍的为31.5型。对应不同钢丝绳直径d_r的滑轮直径D可按R20系列排表（见表1.1-28）。

（3）确定槽底的圆弧半径r

对槽底圆弧半径r的要求是使钢丝绳能较合适地安放在槽内。槽底半径过小或钢丝绳直径过大，都会产生干涉。r值可按下式求得：

$$r \geqslant \frac{d_{rm}}{2} + \sqrt{\alpha^2 + \beta^2}$$

式中　d_{rm}——钢丝绳直径的平均值（mm）；

α——钢丝绳直径公差的$\frac{1}{4}$（mm）；

β——槽底半径公差的$\frac{1}{2}$（mm）。

把计算所得的值圆整为R20中的优先数。

（4）确定轮缘宽度A

轮缘宽度A根据经验式为

$$A = E + 4.25\sqrt{r}$$

把计算所得的值圆整为相近的R40中的优先数。

表 1.1-28　滑轮的系列尺寸　　（mm）

钢丝绳直径 d_r	滑轮直径 D			滑轮底径 D_b			槽底半径 r	槽的高度 H	沟槽宽度 E	轮缘宽度 A	滑轮外径 D_a			载荷 F/kN
	20 型	25 型	31.5 型	20 型	25 型	31.5 型					20 型	25 型	31.5 型	
10	200	250	315	190	240	305	6.3	20	25	37.5	230	280	345	20
11.2	224	280	355	212.8	268.8	343.8	7.1	22.4	28	40	257.6	313.6	388.6	25
12.5	250	315	400	237.5	302.5	387.5	7.1	22.4	28	40	282.3	347.3	432.3	31.5
14	280	355	450	266	341	436	8	25	31.5	40	316	391	486	40
16	315	400	500	299	384	484	9	28	35.5	50	355	440	540	50
18	355	450	560	337	432	542	10	31.5	40	56	400	495	605	63
20	400	500	630	380	480	610	11.2	35.5	45	60	451	551	681	80
22.4	450	560	710	427.6	537.6	687.6	12.5	40	50	67	507.6	617.6	767.6	100
25	500	630	800	475	605	775	14	45	56	75	565	695	865	125
28	560	710	900	532	682	872	16	50	63	80	632	782	972	160
31.5	630	800	1000	598.5	768.5	968.5	18	56	71	90	710.5	880.5	1080.5	200
35.5	710	900	1120	674.5	864.5	1084.5	20	63	80	100	800.5	990.5	1210.5	250
40	800	1000	1250	760	960	1210	22.4	71	90	112	902	1102	1352	315
45	900	1120	1400	855	1075	1355	25	80	100	125	1015	1235	1515	400
50	1000	1250	1600	950	1200	1550	28	90	112	140	1130	1380	1730	500
56	1120	1400	1800	1064	1344	1744	31.5	100	125	150	1264	1544	1944	630

（5）计算滑轮轴承上所承受的载荷 F

轴承上所承受的载荷 F 应为钢丝绳拉力 F_a 的两倍，即：

$$F=2F_a=2\times\frac{F_b}{n}=\frac{F_b}{3}$$

式中　F_a——钢丝绳拉力；

F_b——钢丝绳的破断载荷，可由钢丝绳的直径查标准求得；

n——安全系数，对超重机用钢丝绳取 $n=6$。

钢丝绳直径 $d_r=10$mm 时，查得 $F_b=60.3$kN，则 $F=20.1$kN，近似取为优先数 $F\approx 20$kN。同时，考虑到在材料许用应力不变时，钢丝绳的破断载荷 F_b 与钢丝绳的截面积成正比。因此

$$F_b\propto d_r^2,\ F\propto F_b,\ F\propto d_r^2$$

现在钢丝绳直径 d_r 为 R20 系列，故载荷 F 为 R20/2 系列（因 $F=20$kN 为 R10 系列中的值，故 R20/2 = R10 系列）。

（6）决定孔径 d 和轮毂长度 l

设孔径 d 取 R20 系列，轮毂长度 l 取 R10 系列。对同一种钢丝绳直径的滑轮，因承载条件的不同，必须有不同的孔径 d 和轮毂长度 l 的组合，因此需要确定其大小的极限范围，这时最好利用优先数图来做系列分析。

1）确定孔径 d 和轮毂长度 l 的关系。d 与 l 的关系可由滑轮轴承面上的许用压力决定，其关系为：

$$l=\frac{F}{dp_p}\propto\frac{d_r^2}{d}$$

式中　p_p——轴承许用压强，设 $p_p=900\text{N/cm}^2$；

F——滑轮轴承所受的载荷（N）。

l、d 的单位取 cm。

对各个钢丝绳直径 d_r，其 p_p 和 F 值都是一定的，故上式可表示为

$$l\propto\frac{1}{d}$$

这个关系式在按优先数刻度的 d-l 坐标系中是斜率为 −1 的直线（见图 1.1-2），只要算出任意一点就能画出此直线。取孔径 $d=100\text{mm}=10\text{cm}$，钢丝绳直径分别取最小（$d_r=10$mm，$F=20$kN）和最大（$d_r=56$mm，$F=630$kN）两种情况，则轮毂长度 l 为：

$$d_r=10\text{mm 时},\ l=\frac{20000}{10\times 900}\text{cm}=2.24\text{cm}=22.4\text{mm}$$

$$d_r=56\text{mm 时},\ l=\frac{630000}{10\times 900}\text{cm}=71\text{cm}=710\text{mm}$$

在图 1.1-2 中相应于 $d_r=10$mm 时 $d=100$mm，$l=22.4$mm 的一个点，和 $d_r=56$mm 时 $d=100$mm，$l=710$mm 的一个点，以符号▲表示。从这两点分别画出斜率为 −1 的直线①和①′。

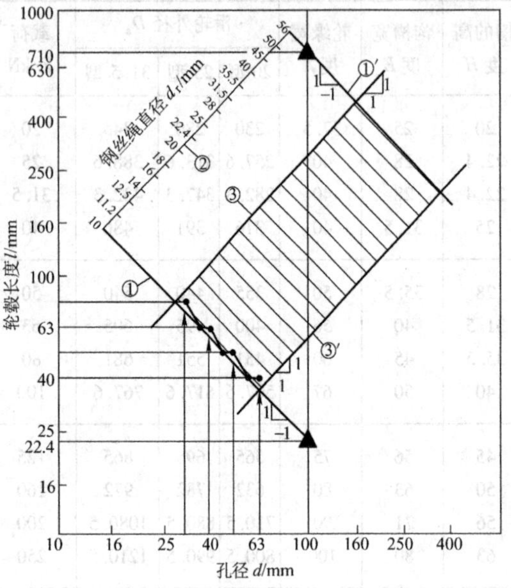

图 1.1-2　确定孔径 d 和轮毂长度 l 的系列

相应于其他 d_r 值的 d 与 l 值，只要在两直线①和①′之间，按钢丝绳直径系列 R20 等分，绘出平行直线，就很容易求得，而不必一一计算。

2）确定 d 和 l 的极限范围。按照在滑轮轴两支点间仅装一个滑轮的最小承载条件，以及装五个滑轮的最大承载条件，考虑使轴的弯曲应力不超过许用值，可求得最小孔径、最大孔径与轮毂长度的关系为

$$d_{\min}=\frac{1}{2.72}l$$

$$d_{\max}=1.80l$$

与上式相应的两条斜率为 1 的直线③、③′给出了 d 和 l 的极限范围。

3）修正轮毂长度。与各种 d、l 值相应的点，只要在直线①、①′、③、③′规定的范围内，就能符合设计要求。但因轴（孔）径 d 取 R20 系列，而轮毂长度 l 取 R10 系列，是已经给定的条件，因此，需要把 l 中不是 R10 系列的值向上修正到 R10 系列。例如在图 1.1-2 的直线①上，把箭头符号所表示的 R20 系列的轮毂长度修正到 R10 上。这样得到的滑轮孔径与轮毂长度的系列尺寸见表 1.1-29。

表 1.1-29　滑轮的孔径和轮毂长度　（mm）

钢丝绳直径 d_r	轴、孔径 d	轮毂长度 l 40	50	63	80	100	125	160	200	250	315	400
10	31.5				×							
	35.5			×								
	40			×								
	45		×									
	50		×									
	56	×										
	63	×										
	71	×										
11.2	35.5				×							
	40				×							
	45			×								
	50			×								
	56		×									

第2章　计量单位和单位换算

我国的法定计量单位有：国标单位制（SI）的基本单位，包括辅助单位在内的具有专门名称的SI导出单位，由以上单位构成的组合形式SI导出单位和用于构成十进倍数和分数单位的词头；可与国际单位制单位（SI）并用的我国法定计量单位。

1　国际单位制（SI）单位（见表1.2-1～表1.2-4）（摘自GB 3100—1993）

国际单位制的构成如下：

- 国际单位制（SI）
  - SI单位
    - SI基本单位（见表1.2-1）
    - SI导出单位
      - 包括SI辅助单位在内的具有专门名称的SI导出单位（见表1.2-2、表1.2-3）
      - 组合形式的SI导出单位
  - SI单位的十进倍数单位（SI词头见表1.2-4）

表1.2-1　SI基本单位

量的名称	单位名称	单位符号	量的名称	单位名称	单位符号
长　度	米	m	热力学温度	开［尔文］	K
质　量	千克（公斤）	kg	物质的量	摩［尔］	mol
时　间	秒	s	发光强度	坎［德拉］	cd
电　流	安［培］	A			

注：1. 圆括号中的名称，是它前面的名称的同义词，下同。
2. 方括号中的字，在不致引起混淆、误解的情况下，可以省略，下同。去掉方括号中的字即为其单位名称的简称。无方括号量的名称与单位名称均为全称。
3. 除特殊指明者外，符号均指我国法定计量单位中所规定的符号以及国际符号，下同。
4. 人民生活和贸易中，质量习惯称为重量。

表1.2-2　包括SI辅助单位在内的具有专门名称的SI导出单位

量的名称	SI导出单位		
	名　称	符　号	用SI基本单位和SI导出单位表示
［平面］角	弧　度	rad	1 rad = 1 m/m = 1
立体角	球面度	sr	$1\ sr = 1\ m^2/m^2 = 1$
频率	赫［兹］	Hz	$1\ Hz = 1\ s^{-1}$
力	牛［顿］	N	$1\ N = 1\ kg \cdot m/s^2$
压力，压强，应力	帕［斯卡］	Pa	$1\ Pa = 1\ N/m^2$
能［量］，功，热量	焦［耳］	J	$1\ J = 1\ N \cdot m$
功率，辐［射能］通量	瓦［特］	W	1 W = 1 J/s
电荷［量］	库［仑］	C	$1\ C = 1\ A \cdot s$
电压，电动势，电位（电势）	伏［特］	V	1 V = 1 W/A
电容	法［拉］	F	1 F = 1 C/V
电阻	欧［姆］	Ω	1 Ω = 1 V/A
电导	西［门子］	S	$1\ S = 1\ \Omega^{-1}$
磁通［量］	韦［伯］	Wb	$1\ Wb = 1\ V \cdot s$
磁通［量］密度，磁感应强度	特［斯拉］	T	$1\ T = 1\ Wb/m^2$
电感	亨［利］	H	1 H = 1 Wb/A
摄氏温度	摄氏度	°C	1°C = 1 K①
光通量	流［明］	lm	$1\ lm = 1\ cd \cdot sr$
［光］照度	勒［克斯］	lx	$1\ lx = 1\ lm/m^2$

① 只表示两个单位°C与K间的关系，并不表示摄氏温度与热力学温度之间的关系。

表 1.2-3　由于人类健康安全防护上的需要而确定的具有专门名称的 SI 导出单位

量的名称	SI 导出单位		
	名　称	符　号	用 SI 基本单位和 SI 导出单位表示
[放射性] 活度	贝可 [勒尔]	Bq	$1\ Bq = 1\ s^{-1}$
吸收剂量 比授 [予] 能 比释动能	戈 [瑞]	Gy	1 Gy = 1 J/kg
剂量当量	希 [沃特]	Sv	1 Sv = 1 J/kg

表 1.2-4　SI 词头

因　数	词头名称		符　号	因　数	词头名称		符　号
	英　文	中　文			英　文	中　文	
10^{24}	yotta	尧 [它]	Y	10^{-1}	deci	分	d
10^{21}	zétta	泽[它]	Z	10^{-2}	centi	厘	c
10^{18}	exa	艾[可萨]	E	10^{-3}	milli	毫	m
10^{15}	peta	拍 [它]	P	10^{-6}	micro	微	μ
10^{12}	tera	太 [拉]	T	10^{-9}	nano	纳[诺]	n
10^{9}	giga	吉 [咖]	G	10^{-12}	pico	皮[可]	p
10^{6}	mega	兆	M	10^{-15}	femto	飞[母托]	f
10^{3}	kilo	千	k	10^{-18}	atto	阿[托]	a
10^{2}	hecto	百	h	10^{-21}	zepto	仄[普托]	z
10^{1}	deca	十	da	10^{-24}	yocto	幺[科托]	y

2　可与国际单位制单位并用的我国法定计量单位（见表 1.2-5）

表 1.2-5　可与国际单位制单位并用的我国法定计量单位

量的名称	单位名称	单位符号	与 SI 单位的关系
时间	分	min	1 min = 60 s
	[小] 时	h	1 h = 60 min = 3600 s
	日，(天)	d	1 d = 24 h = 86400 s
[平面] 角	度	°	1° = (π/180) rad
	[角] 分	′	1′ = (1/60)° = (π/10800) rad
	[角] 秒	″	1″ = (1/60)′ = (π/648000) rad
体积，容积	升	L，(l)	$1\ L = 1\ dm^3 = 10^{-3}\ m^3$
质量	吨	t	$1\ t = 10^3\ kg$
	原子质量单位	u	$1\ u \approx 1.660540 \times 10^{-27}\ kg$
旋转速度	转每分	r/min	$1\ r/min = (1/60)\ s^{-1}$
长度	海里	n mile	1 n mile = 1852 m（只用于航程）
速度	节	kn	1 kn = 1 n mile/h = (1852/3600) m/s（只用于航行）
能	电子伏	eV	$1\ eV \approx 1.602177 \times 10^{-19}\ J$
级差	分贝	dB	
线密度	特 [克斯]	tex	$1\ tex = 10^{-6} kg/m$
面积	公顷	hm^2	$1\ hm^2 = 10^4\ m^2$

注：1. 平面角单位度、分、秒的符号，在组合单位中应采用（°）、（′）、（″）的形式。例如，不用°/s 而用（°）/s。

2. 升的两个符号属同等地位，可任意选用。

3. 公顷的国际通用符号为 ha。

3　常用物理量符号及其法定单位（见表1.2-6）

表1.2-6　常用物理量符号及其法定单位（摘自GB/T 3102.1～GB/T 3102.7—1993）

量的名称及符号		单位名称及符号	
空间和时间			
[平面]角	$\alpha,\beta,\gamma,\theta,\varphi$	弧度	rad
		度	°
		[角]分	′
		[角]秒	″
立体角	Ω	球面度	sr
长度	l,L	米	m
		海里	n mile
宽度	b	米	m
高度	h	米	m
厚度	δ,d	米	m
半径	r,R	米	m
直径	d,D	米	m
程长	s	米	m
距离	d,r	米	m
笛卡儿坐标	x、y、z	米	m
曲率半径	ρ	米	m
曲率	κ	每米	m^{-1}
面积	$A,(S)$	平方米	m^2
体积,容积	V	立方米	m^3
		升	L,l
时间,时间间隔	t	秒	s
持续时间		分	min
		[小]时	h
		日,(天)	d
角速度	ω	弧度每秒	rad/s
角加速度	α	弧度每二次方秒	rad/s^2
速度	v,u,w,c	米每秒	m/s
		千米每小时	km/h
		节	kn
加速度	a	米每二次方秒	m/s^2
自由落体加速度	g	米每二次方秒	m/s^2
重力加速度	g_n	米每二次方秒	m/s^2
周期及有关现象			
周期	T	秒	s
时间常数	τ	秒	s
频率	f,ν	赫[兹]	Hz
旋转频率	n	每秒	s^{-1}
旋转速度,转速		转每分	r/min
角频率,圆频率	ω	弧度每秒	rad/s
波长	λ	米	m
波数	σ	每米	m^{-1}
角波数	k	弧度每米	rad/m
阻尼系数	δ	每秒	s^{-1}
衰减系数	α	每米	m^{-1}
相位系数	β	每米	m^{-1}
传播系数	γ	每米	m^{-1}
力　学			
质量	m	千克,(公斤)	kg
		吨	t
体积质量,[质量]密度	ρ	千克每立方米	kg/m^3
		吨每立方米	t/m^3
		千克每升	kg/L
相对体积质量,相对[质量]密度	d	–	1
质量体积,比体积	v	立方米每千克	m^3/kg
线质量,线密度	ρ_l	千克每米	kg/m
		特[克斯]	tex
面质量,面密度	$\rho_A,(\rho_s)$	千克每平方米	kg/m^2
动量	p	千克米每秒	kg · m/s
动量矩,角动量	L	千克二次方米每秒	$kg \cdot m^2/s$
转动惯量,(惯性矩)	$J,(I)$	千克二次方米	$kg \cdot m^2$
力	F	牛[顿]	N
重量	$W,(P,G)$	牛[顿]	N
力矩	M	牛[顿]米	N · m
转矩,力偶矩	M,T	牛[顿]米	N · m
压力,压强	p	帕[斯卡]	Pa
正应力	σ	帕[斯卡]	Pa
切应力	τ	帕[斯卡]	Pa
线应变,(相对变形)	ε,e	–	1
切应变	γ	–	1
体应变	θ	–	1
泊松比,泊松数	μ,ν	–	1
弹性模量	E	帕[斯卡]	Pa
切变模量,刚量模量	G	帕[斯卡]	Pa
体积模量,压缩模量	K	帕[斯卡]	Pa
[体积]压缩率	κ	每帕[斯卡]	Pa^{-1}
截面二次矩(惯性矩)	I_a,I	四次方米	m^4
截面二次极矩(极惯性矩)	I_p	四次方米	m^4
截面系数	W,Z	三次方米	m^3
静摩擦因数	$\mu_s,(f_s)$	–	1
动摩擦因数	$\mu,(f)$	–	1
[动力]黏度	$\eta,(\mu)$	帕[斯卡]秒	Pa · s
运动黏度	ν	二次方米每秒	m^2/s
表面张力	γ,σ	牛[顿]每米	N/m
功	$W,(A)$	焦[耳]	J
		电子伏	eV
能[量]	E	同功的单位	
势能,位能	$E_p,(V)$	同功的单位	
动能	$E_k,(T)$	同功的单位	
功率	P	瓦[特]	W
质量流量	q_m	千克每秒	kg/s
体积流量	q_v	立方米每秒	m^3/s
热　学			
热力学温度	$T,(\Theta)$	开[尔文]	K
摄氏温度	t,θ	摄氏度	℃
线[膨]胀系数	α_l	每开[尔文]	K^{-1}
体[膨]胀系数	$\alpha_v,(\alpha,\gamma)$	每开[尔文]	K^{-1}

（续）

量的名称及符号		单位名称及符号	
热,热量	Q	焦[耳]	J
热流量	Φ	瓦[特]	W
面积热流量,热流[量]密度	q,φ	瓦[特]每平方米	W/m^2
热导率,(导热系数)	$\lambda,(\kappa)$	瓦[特]每米开[尔文]	$W/(m \cdot K)$
表面传热系数	$h,(\alpha)$	瓦[特]每平方米开[尔文]	
传热系数	$K,(k)$		$W/(m^2 \cdot K)$
热扩散率	a	平方米每秒	m^2/s
热容	C	焦[耳]每开[尔文]	J/K
质量热容,比热容	c	焦[耳]每千克开[尔文]	$J/(kg \cdot K)$
质量热容比,比热[容]比	γ	－	1
熵	S	焦[耳]每开[尔文]	J/K
质量熵,比熵	s	焦[耳]每千克开[尔文]	$J/(kg \cdot K)$
能[量]	E	焦[耳]	J
焓	$H,(I)$	焦[耳]	J
亥姆霍兹自由能	A,F	焦[耳]	J
吉布斯自由能	G	焦[耳]	J
质量能,比能	e	焦[耳]每千克	J/kg
质量焓,比焓	$h,(i)$	焦[耳]每千克	J/kg
电学和磁学			
电流	I	安[培]	A
电荷[量]	Q	库[仑]	C
体积电荷,电荷[体]密度	$\rho,(\eta)$	库[仑]每立方米	C/m^3
面积电荷,电荷面密度	σ	库[仑]每平方米	C/m^2
电场强度	E	伏[特]每米	V/m
电位,(电势)	V,φ	伏[特]	V
电位差,(电势差),电压	$U,(V)$	伏[特]	V
电动势	E	伏[特]	V
电通[量]密度	D	库[仑]每平方米	C/m^2
电通[量]	Ψ	库[仑]	C
电容	C	法[拉]	F
介电常数,(电容率)	ε	法[拉]每米	F/m
相对介电常数,(相对电容率)	ε_r	－	1
电极化率	χ,χ_e	－	1
电极化强度	P	库[仑]每平方米	C/m^2
电偶极矩	$p,(p_e)$	库[仑]米	$C \cdot m$
面积电流,电流密度	$J,(S)$	安[培]每平方米	A/m^2
线电流,电流线密度	$A,(\alpha)$	安[培]每米	A/m
[直流]电阻	R	欧[姆]	Ω
电抗	X	欧[姆]	Ω
阻抗,(复[数]阻抗)	Z	欧[姆]	Ω
[直流]电导,[交流]电导	G	西[门子]	S
电纳	B	西[门子]	S
导纳,(复[数]导纳)	Y	西[门子]	S
电阻率	ρ	欧[姆]米	$\Omega \cdot m$
电导率	γ,σ	西[门子]每米	S/m
自感	L	亨[利]	H
互感	M,L_{12}	亨[利]	H
耦合因数,(耦合系数)	$k,(\kappa)$	－	1
漏磁因数,(漏磁系数)	σ	－	1
绕组的匝数	N	－	1
相数	m	－	1
极对数	P	－	1
[交流]电阻	R	欧[姆]	Ω
品质因数	Q	－	1
相[位]差,相[位]移	φ	弧度	rad
功率	P	瓦[特]	W
[有功]功率	P	瓦[特]	W
视在功率,(表观功率)	S,P_S	瓦[特]	W
无功功率	Q,P_Q	瓦[特]	W
功率因数	λ		1
[有功]电能[量]	W	焦[尔]	J
磁场强度	H	安[培]每米	A/m
磁通势,磁动势	F,F_m	安[培]	A
磁位差,(磁势差)	U_m	安[培]	A
磁通[量]密度,磁感应强度	B	特[斯拉]	T
磁通[量]	Φ	韦[伯]	Wb
磁矢位,(磁矢势)	A	韦[伯]每米	Wb/m
坡印廷矢量	S	瓦[特]每平方米	W/m^2
磁导率	μ	亨[利]每米	H/m
相对磁导率	μ_r	－	1
磁化率	$k,(\chi_m,\chi)$	－	1
[面]磁矩	m	安[培]平方米	$A \cdot m^2$
磁化强度	$M,(H_i)$	安[培]每米	A/m
磁极化强度	$J,(B_i)$	特[斯拉]	T
磁阻	R_m	每亨[利]	H^{-1}
磁导	$\Lambda,(P)$	亨[利]	H
光及有关电磁辐射			
辐[射]能	$Q,W,(U,Q_e)$	焦[耳]	J
辐[射]功率,辐[射能]通量	$P,\Phi,(\Phi_e)$	瓦[特]	W
辐[射]强度	$I,(I_e)$	瓦[特]每球面度	W/sr
辐[射]亮度,辐射度	$L,(L_e)$	瓦[特]每球面度平方米	$W/(sr \cdot m^2)$
辐[射]出[射]度	$M,(M_e)$	瓦[特]每平方米	W/m^2
辐[射]照度	$E,(E_e)$	瓦[特]每平方米	W/m^2
发射率	ε	－	1
光通量	$\Phi,(\Phi_v)$	流[明]	lm
光量	$Q,(Q_v)$	流[明]秒	$lm \cdot s$
发光强度	$I,(I_v)$	坎[德拉]	cd
[光]亮度	$L,(L_v)$	坎[德拉]每平方米	cd/m^2
光出射度	$M,(M_v)$	流[明]每平方米	lm/m^2
[光]照度	$E,(E_v)$	勒[克斯]	lx
曝光量	H	勒[克斯]秒	$lx \cdot s$
光视效能	K	流[明]每瓦[特]	lm/W
光谱光视效能	$K(\lambda)$	流[明]每瓦[特]	lm/W
最大光谱光视效能	K_m	流[明]每瓦[特]	lm/W

（续）

量的名称及符号	单位名称及符号	量的名称及符号	单位名称及符号
光谱光视效率 $V(\lambda)$ 视见函数	－ 1	（瞬时）[声] 质点速度 u，v	米每秒 m/s
光谱吸收比 $a(\lambda)$ 光谱吸收因数	－ 1	声速，（相速） c	米每秒 m/s
光谱反射比 $\rho(\lambda)$ 光谱反射因数	－ 1	（瞬时）体积流量（体积速度） Uq，(q_v)	立方米每秒 m^3/s
光谱透射比 $\tau(\lambda)$ 光谱透射因数	－ 1	声能密度 w，(e)，(D)	焦［耳］每立方米 J/m^3
线性吸收系数 a	每米 m^{-1}	声强［度］ I，J	瓦［特］每平方米 W/m^2
线性衰减系数，线性消光系数 μ，μ_l	每米 m^{-1}	声阻抗 Z_a	帕［斯卡］秒每三次方米 $Pa \cdot s/m^3$
摩尔吸收系数 κ	平方米每摩［尔］ m^2/mol	力阻抗 Z_m	牛［顿］秒每米 $N \cdot s/m$
折射率 n	－	声功率级① L_w	贝［尔］ B
声　学		声压级① L_p	贝［尔］ B
静压 p_s，(P_0)	帕［斯卡］ Pa	声强级① L_I	贝［尔］ B
［瞬时］声压 p	帕［斯卡］ Pa	阻尼系数 δ	每秒 s^{-1}
		反射因数、（反射系数） (ρ)	－ 1
		透射因数、（透射系数） τ	－ 1
		吸收因数、（吸收系数） a	－ 1
		隔声量① R	贝［尔］ B
		混响时间 T，(T_{60})	秒 s

① 声功率级、声压级、声强级、隔声量通常以 dB 为单位，1dB＝0.1B。

4　计量单位换算（见表 1.2-7）

表 1.2-7　常用计量单位换算表

单位名称及符号	单位换算	单位名称及符号	单位换算
长　度		·［角］分 （′）	（π/10800） rad
·米 m		·［角］秒 （″）	（π/648000） rad
·海里 n mile	1852m	时　间	
英里 mile	1609.344m	·秒 s	
英尺 ft	0.3048m	·分 min	60s
英寸 in	0.0254m	·［小］时 h	3600s
码 yd	0.9144m	·天，（日） d	86400s
密耳 mil	25.4×10^{-6}m	速　度	
埃 Å	10^{-10}m	·米每秒 m/s	
费密	10^{-15}m	·节 kn	0.514444m/s
面　积		·千米每小时 km/h	0.277778m/s
·平方米 m^2		·米每分 m/min	0.0166667m/s
公顷 ha	$10000m^2$	英里每小时 mile/h	0.44704m/s
公亩 a	$100m^2$	英尺每秒 ft/s	0.3048m/s
平方英里 $mile^2$	2.58999×10^6 m^2	英寸每秒 in/s	0.0254m/s
平方英尺 ft^2	$0.0929030m^2$	加速度	
平方英寸 in^2	$6.4516 \times 10^{-4}m^2$	·米每二次方秒 m/s^2	
体积，容积		英尺每二次方秒 ft/s^2	$0.3048m/s^2$
·立方米 m^3		伽 Gal	$10^{-2}m/s^2$
·升 L，(l)	$10^{-3}m^3$	角速度	
立方英尺 ft^3	$0.0283168m^3$	·弧度每秒 rad/s	
立方英寸 in^3	$1.63871 \times 10^{-5}m^3$	·转每分 r/min	（π/30） rad/s
英加仑 UKgal	$4.54609dm^3$	度每分 （°）/min	0.00029rad/s
美加仑 USgal	$3.78541dm^3$	度每秒 （°）/s	0.01745rad/s
平面角		质　量	
·弧度 rad		·千克 kg	
·度 （°）	（π/180） rad	·吨 t	1000kg

（续）

单位名称及符号		单位换算
·原子质量单位	u	1.6605655×10^{-27}kg
英吨	ton	1016.05kg
英担	cwt	50.8023kg
磅	lb	0.45359237kg
夸特	qr，qtr	12.7006kg
盎司	oz	28.3495 g
格令	gr，gn	0.06479891 g
线密度，纤度		
·千克每米	kg/m	
·特［克斯］	tex	10^{-6}kg/m
旦尼尔		0.111112×10^{-6}kg/m
磅每英尺	lb/ft	1.48816kg/m
磅每英寸	lb/in	17.8580kg/m
密　度		
·千克每立方米	kg/m^3	
·吨每立方米	t/m^3	1000kg/m^3
·千克每升	kg/L	1000kg/m^3
磅每立方英尺	lb/ft^3	16.0185kg/m^3
磅每立方英寸	lb/in^3	27679.9kg/m^3
质量体积，比体积		
·立方米每千克	m^3/kg	
立方英尺每磅	ft^3/lb	0.0624280m^3/kg
立方英寸每磅	in^3/lb	$3.61273\times10^{-5}m^3$/kg
力；重力		
·牛［顿］	N	
千克力	kgf	9.80665N
磅力	lbf	4.44822N
达因	dyn	10^{-5}N
吨力	tf	9.80665×10^3N
压力，压强；应力		
·帕［斯卡］	Pa	
巴	bar	10^5 Pa
托	Torr	133.322Pa
毫米汞柱	mmHg	133.322Pa
毫米水柱	mmH_2O	9.80665Pa
工程大气压	at	98066.5Pa
标准大气压	atm	101325Pa
力矩；转矩；力偶矩		
·牛［顿］米	N·m	
千克力米	kgf·m	9.80665N·m
克力厘米	gf·cm	9.80665×10^{-5}N·m
达因厘米	dyn·cm	10^{-7}N·m
磅力英尺	lbf·ft	1.35582N·m
转动惯量		
·千克二次方米	kg·m^2	

单位名称及符号		单位换算
磅二次方英尺	lb·ft^2	0.0421401kg·m^2
磅二次方英寸	lb·in^2	2.92640×10^{-4}kg·m^2
能量；功；热		
·焦［耳］	J	
·电子伏	eV	1.60210892×10^{-19}J
·千瓦小时	kW·h	3.6×10^6J
千克力米	kgf·m	9.80665J
卡	cal	4.1868J
尔格	erg	10^{-7}J
英热单位	Btu	1055.06J
功率；辐射通量		
·瓦［特］	W	
乏	var	1W
伏安	VA	1W
马力	PS	735.499W
英马力	hp	745.7W
电工马力		746W
卡每秒	cal/s	4.1868W
千卡每小时	kcal/h	1.163W
质量流量		
·千克每秒	kg/s	
磅每秒	lb/s	0.453592kg/s
磅每小时	lb/h	1.25998×10^{-4}kg/s
体积流量		
·立方米每秒	m^3/s	
立方英尺每秒	ft^3/s	0.0283168m^3/s
立方英寸每小时	in^3/h	4.55196×10^{-6} L/s
动力黏度		
·帕［斯卡］秒	Pa·s	
泊	P，Po	0.1Pa·s
厘泊	cP	10^{-3}Pa·s
千克力秒每平方米	kgf·s/m^2	9.80665Pa·s
磅力秒每平方英尺	lbf·s/ft^2	47.8803Pa·s
磅力秒每平方英寸	lbf·s/in^2	6894.76Pa·s
运动黏度		
·二次方米每秒	m^2/s	
斯托克斯	St	$10^{-4}m^2$/s
厘斯托克斯	cSt	$10^{-6}m^2$/s
二次方英尺每秒	ft^2/s	$9.29030\times10^{-2}m^2$/s
二次方英寸每秒	in^2/s	$6.4516\times10^{-4}m^2$/s

注：1. 表中前面加点的词为法定计量单位的名称。

2. 单位名称中带方括号的字可省略。

3. 圆括号中的字为前者的同义语。

第 3 章　常用数学公式

1　代数

1.1　二项式公式、多项式公式和因式分解

1.1.1　二项式公式

$$(a+b)^n=C_n^0a^n+C_n^1a^{n-1}b+\cdots+C_n^ka^{n-k}b^k+\cdots+C_n^nb^n$$

$$(a-b)^n=C_n^0a^n-C_n^1a^{n-1}b+\cdots+(-1)^kC_n^ka^{n-k}b^k+\cdots+(-1)^nC_n^nb^n$$

式中　n——正整数；

C_n^k——二项式系数，$C_n^k=\dfrac{n!}{(n-k)!\ k!}$。

特别有：

1）$(a\pm b)^1=a\pm b$

2）$(a\pm b)^2=a^2\pm 2ab+b^2$

3）$(a\pm b)^3=a^3\pm 3a^2b+3ab^2\pm b^3$

4）$(a\pm b)^4=a^4\pm 4a^3b+6a^2b^2\pm 4ab^3+b^4$

5）$(a\pm b)^5=a^5\pm 5a^4b+10a^3b^2\pm 10a^2b^3+5ab^4\pm b^5$

1.1.2　多项式公式

$$(a+b+\cdots+h)^n=\sum_{p+q+\cdots+s=n}\frac{n!}{p!\ q!\ \cdots s!}a^pb^q\cdots h^s$$

其中 Σ 表示对所有满足 $p+q+\cdots+s=n$ 的非负整数 p，q，…，s 形成的数组求和。

特别有：

1）$(a+b+c)^2=a^2+b^2+c^2+2ab+2bc+2ac$

2）$(a+b+c)^3=a^3+b^3+c^3+3a^2b+3ab^2+3a^2c+3ac^2+3b^2c+3bc^2+6abc$

1.1.3　因式分解

1）$a^2-b^2=(a+b)(a-b)$

2）$a^3\pm b^3=(a\pm b)(a^2\mp ab+b^2)$

3）$a^4-b^4=(a+b)(a-b)(a^2+b^2)$

4）$a^n-b^n=(a-b)(a^{n-1}+a^{n-2}b+\cdots+ab^{n-2}+b^{n-1})$（$n$ 为正整数）

5）$a^n-b^n=(a+b)(a^{n-1}-a^{n-2}b+\cdots+ab^{n-2}-b^{n-1})$（$n$ 为正偶数）

6）$a^n+b^n=(a+b)(a^{n-1}-a^{n-2}b+\cdots-ab^{n-2}+b^{n-1})$（$n$ 为正奇数）

7）$a^3+b^3+c^3-3abc=(a+b+c)(a^2+b^2+c^2-ab-bc-ac)$

1.2　指数和根式

1.2.1　指数

1）正整数指数　$a^n=\underbrace{a\cdot a\cdot\cdots\cdot a}_{n个}$

2）分数指数　$a^{\frac{n}{m}}=\sqrt[m]{a^n}=(\sqrt[m]{a})^n$　$(a\geqslant 0)$

3）零指数　$a^0=1$　$(a\neq 0)$

4）负指数　$a^{-n}=\dfrac{1}{a^n}$　$(a>0)$

5）同底幂的积　$a^x\cdot a^y=a^{x+y}$

6）同底幂的商　$a^x\div a^y=a^{x-y}$

7）幂的幂　$(a^x)^y=a^{xy}$

8）积的幂　$(ab)^x=a^xb^x$

9）商的幂　$\left(\dfrac{a}{b}\right)^x=\dfrac{a^x}{b^x}$

5）~9）式中，$a>0$，$b>0$；x，y 为任意实数。

1.2.2　根式

1）乘积的方根　$\sqrt[n]{ab}=\sqrt[n]{a}\cdot\sqrt[n]{b}$　$(a\geqslant 0,\ b\geqslant 0)$

2）分式的方根　$\sqrt[n]{\dfrac{a}{b}}=\dfrac{\sqrt[n]{a}}{\sqrt[n]{b}}$　$(a\geqslant 0,\ b>0)$

3）根式化简　$\sqrt[np]{a^{mp}}=\sqrt[n]{a^m}$　$(a\geqslant 0)$

4）$\sqrt{a}\pm\sqrt{b}=\sqrt{a+b\pm 2\sqrt{ab}}$　$(a>b)$

5）$\dfrac{1}{\sqrt{a}\pm\sqrt{b}}=\dfrac{\sqrt{a}\mp\sqrt{b}}{a-b}$　$(a>0,\ b>0,\ a\neq b)$

6）$\dfrac{1}{\sqrt[3]{a}\pm\sqrt[3]{b}}=\dfrac{\sqrt[3]{a^2}\mp\sqrt[3]{ab}+\sqrt[3]{b^2}}{a\pm b}$　$(a\neq b)$

1.3　对数

1.3.1　运算法则　（设 $a>0$）

1）$\log_a 1=0$

2）$\log_a a=1$

3）$\log_a xy=\log_a x+\log_a y$

4）$\log_a \frac{x}{y} = \log_a x - \log_a y$

5）$\log_a x^b = b\log_a x$

6）$a^{\log_a x} = x$

7）换底公式　$\log_a x = \frac{\log_b x}{\log_b a}$　（$b>0$）

8）$\log_a b \cdot \log_b a = 1$　（$b>0$）

1.3.2　常用对数和自然对数

以10为底的对数称为常用对数，记为lg$x$。以e=2.71828…为底的对数称为自然对数，记为ln$x$。

1）$\lg x = M\ln x$　（$M=\lg e=0.43429\cdots$）

2）$\ln x = \frac{1}{M}\lg x$　$\left(\frac{1}{M}=\ln 10 = 2.30258\cdots\right)$

1.4　不等式

1.4.1　代数不等式

设n为正整数

1）$1+\frac{1}{\sqrt{2}}+\cdots+\frac{1}{\sqrt{n}} > 2\sqrt{n+1}-2$

2）$\frac{1}{2} < 1+\frac{1}{2}+\cdots+\frac{1}{n}-\ln n < 1$　（$n>1$）

3）$\frac{1\cdot 3\cdot 5\cdot\cdots\cdot(2n-1)}{2\cdot 4\cdot 6\cdot\cdots\cdot 2n} < \frac{1}{\sqrt{2n+1}}$

4）$\sqrt{n} \leqslant \sqrt[n]{n!} \leqslant \frac{n+1}{2}$

5）$\frac{a_1+a_2+\cdots+a_n}{n} \geqslant \sqrt[n]{a_1a_2\cdots a_n}$　（$a_i \geqslant 0$，$i=1, 2, 3, \cdots, n$）

6）$\sqrt{a_1^2+a_2^2+\cdots+a_n^2} \leqslant |a_1|+|a_2|+\cdots+|a_n|$

7）$(a_1^2+a_2^2+\cdots+a_n^2)(b_1^2+b_2^2+\cdots+b_n^2) \geqslant (a_1b_1+a_2b_2+\cdots+a_nb_n)^2$

8）$\left(\frac{a_1+\cdots+a_n}{n}\right)^k \leqslant \frac{a_1^k+\cdots+a_n^k}{n}$　（$a_i>0$，$i=1, 2, \cdots, n$；k为正整数）

9）$\sqrt[n]{(a_1+b_1)(a_2+b_2)\cdots(a_n+b_n)} \geqslant \sqrt[n]{a_1\cdots a_n} + \sqrt[n]{b_1\cdots b_n}$

10）$(a_1+a_2+\cdots+a_n)\left(\frac{1}{a_1}+\cdots+\frac{1}{a_n}\right) \geqslant n^2$　（$a_i>0$，$i=1, 2, \cdots, n$）

1.4.2　三角不等式

1）$\sin x < x < \tan x$　$\left(0<x<\frac{\pi}{2}\right)$

2）$\frac{\sin x}{x} > \frac{2}{\pi}$　$\left(-\frac{\pi}{2}<x<\frac{\pi}{2}\right)$

3）$\sin x > x - \frac{1}{6}x^3$　（$x>0$）

4）$\cos x > 1-\frac{1}{2}x^2$　（$x\neq 0$）

5）$\tan x > x+\frac{1}{3}x^3$　$\left(0<x<\frac{\pi}{2}\right)$

1.4.3　含有指数、对数的不等式

1）$e^x > 1+x$　（$x\neq 0$）

2）$e^x < \frac{1}{1-x}$　（$x<1$，$x\neq 0$）

3）$e^{-x} < 1-\frac{x}{1+x}$　（$x>-1$，$x\neq 0$）

4）$\frac{x}{1+x} < \ln(1+x) < x$　（$x>-1$，$x\neq 0$）

5）$\ln x \leqslant x-1$　（$x>0$）

6）$\ln x \leqslant n(x^{\frac{1}{n}}-1)$　（$n>0$，$x>0$）

7）$(1+x)^\alpha > 1+x^\alpha$　（$\alpha>1$，$x>0$）

1.5　代数方程

1.5.1　一元方程的解

1）一元一次方程$ax+b=0$，当$a\neq 0$时解为

$$x=-\frac{b}{a}$$

2）一元二次方程$ax^2+bx+c=0$的解为

$$x_1=\frac{-b+\sqrt{b^2-4ac}}{2a}$$

$$x_2=\frac{-b-\sqrt{b^2-4ac}}{2a}$$

且有　$x_1+x_2=-\frac{b}{a}$

$$x_1x_2=\frac{c}{a}$$

3）一元三次方程$x^3-1=0$的解为

$$x_1=1$$

$$x_2=-\frac{1}{2}+\frac{\sqrt{3}}{2}i$$

$$x_3=-\frac{1}{2}-\frac{\sqrt{3}}{2}i$$

$$i^2=-1$$

4）一元三次方程$x^3+px+q=0$的解为

$$x_1=\sqrt[3]{t+s}+\sqrt[3]{t-s}$$

$$x_2=\omega\sqrt[3]{t+s}+\overline{\omega}\sqrt[3]{t-s}$$

$$x_3=\overline{\omega}\sqrt[3]{t+s}+\omega\sqrt[3]{t-s}$$

式中　$t=-\frac{1}{2}q$，$s=\sqrt{\left(\frac{q}{2}\right)^2+\left(\frac{p}{3}\right)^3}$，

$$\omega=-\frac{1}{2}+\frac{\sqrt{3}}{2}i，\overline{\omega}=-\frac{1}{2}-\frac{\sqrt{3}}{2}i$$

且有 $x_1+x_2+x_3=0$，$\frac{1}{x_1}+\frac{1}{x_2}+\frac{1}{x_3}=-\frac{p}{q}$，$x_1x_2x_3=-q$。

5）一元三次方程 $x^3+mx^2+nx+l=0$ 可经变换 $x=y-\frac{1}{3}m$，化为 $y^3+py+q=0$，求得解 y_1，y_2，y_3 后得

$$x_1=y_1-\frac{1}{3}m,\ x_2=y_2-\frac{1}{3}m,\ x_3=y_3-\frac{1}{3}m$$

6）一元 n 次方程 $a_0x^n+a_1x^{n-1}+\cdots+a_{n-1}x+a_n=0$ 的解 x_1，x_2，…，x_n 与系数的关系是

$$x_1+x_2+\cdots+x_n=-\frac{a_1}{a_0}$$

$$x_1x_2+x_1x_3+\cdots+x_{n-1}x_n=\frac{a_2}{a_0}$$

$$x_1x_2x_3+x_1x_2x_4+\cdots+x_{n-2}x_{n-1}x_n=-\frac{a_3}{a_0}$$

$$\vdots$$

$$x_1x_2\cdots x_n=(-1)^n\frac{a_n}{a_0}$$

1.5.2 一次方程组的解

1）二元一次方程组 $\begin{cases}a_1x+b_1y=c_1\\a_2x+b_2y=c_2\end{cases}$ 的解，

当 $\begin{vmatrix}a_1 & b_1\\a_2 & b_2\end{vmatrix}=a_1b_2-a_2b_1\neq0$ 时为

$$x_1=\begin{vmatrix}c_1 & b_1\\c_2 & b_2\end{vmatrix}\div\begin{vmatrix}a_1 & b_1\\a_2 & b_2\end{vmatrix}=\frac{c_1b_2-c_2b_1}{a_1b_2-a_2b_1}$$

$$x_2=\begin{vmatrix}a_1 & c_1\\a_2 & c_2\end{vmatrix}\div\begin{vmatrix}a_1 & b_1\\a_2 & b_2\end{vmatrix}=\frac{a_1c_2-a_2c_1}{a_1b_2-a_2b_1}$$

2）三元一次方程组 $\begin{cases}a_1x+b_1y+c_1z=d_1\\a_2x+b_2y+c_2z=d_2\\a_3x+b_3y+c_3z=d_3\end{cases}$ 的解，

当 $D\neq0$ 时为 $x=\frac{D_1}{D}$，$y=\frac{D_2}{D}$，$z=\frac{D_3}{D}$。

式中 $D=\begin{vmatrix}a_1 & b_1 & c_1\\a_2 & b_2 & c_2\\a_3 & b_3 & c_3\end{vmatrix}$，$D_1=\begin{vmatrix}d_1 & b_1 & c_1\\d_2 & b_2 & c_2\\d_3 & b_3 & c_3\end{vmatrix}$，

$D_2=\begin{vmatrix}a_1 & d_1 & c_1\\a_2 & d_2 & c_2\\a_3 & d_3 & c_3\end{vmatrix}$，$D_3=\begin{vmatrix}a_1 & b_1 & d_1\\a_2 & b_2 & d_2\\a_3 & b_3 & d_3\end{vmatrix}$。

1.6 级数

1.6.1 等差级数

$a+(a+d)+(a+2d)+(a+3d)+\cdots+[a+(n-1)d]+\cdots$ （d 为常数）

1）通项公式 $a_n=a+(n-1)d$

2）前 n 项和 $S_n=na+\frac{n(n-1)}{2}d$

1.6.2 等比级数

$a+aq+aq^2+\cdots+aq^{n-1}+\cdots$ （q 为常数）

1）通项公式 $a_n=aq^{n-1}$

2）前 n 项和 $S_n=\frac{a(1-q^n)}{1-q}$

1.6.3 一些级数的前 n 项和

1）$1+2+3+\cdots+n=(1/2)n(n+1)$

2）$1^2+2^2+3^2+\cdots+n^2=(1/6)n(n+1)(2n+1)$

3）$1^3+2^3+3^3+\cdots+n^3=(1/4)n^2(n+1)^2$

4）$1^4+2^4+3^4+\cdots+n^4=\frac{1}{30}n(n+1)(2n+1)(3n^2+3n-1)$

5）$1+3+5+\cdots+(2n-1)=n^2$

6）$1^2+3^2+5^2+\cdots+(2n-1)^2=(1/3)n(4n^2-1)(2n+1)$

7）$1^3+3^3+\cdots+(2n-1)^3=n^2(2n^2-1)$

8）$\frac{1}{1\cdot2\cdot3}+\frac{1}{2\cdot3\cdot4}+\cdots+\frac{1}{n(n+1)(n+2)}=\frac{1}{4}-\frac{1}{2(n+1)(n+2)}$

9）$1\cdot2\cdot3+2\cdot3\cdot4+\cdots+n(n+1)(n+2)=(1/4)n(n+1)(n+2)(n+3)$

1.6.4 一些特殊级数的和

1）$1-\frac{1}{3}+\frac{1}{5}-\frac{1}{7}+\cdots=\frac{\pi}{4}$

2）$1-\frac{1}{5}+\frac{1}{7}-\frac{1}{11}+\frac{1}{13}-\cdots=\frac{\pi}{2\sqrt{3}}$

3）$\frac{1}{1^2}+\frac{1}{2^2}+\cdots+\frac{1}{n^2}+\cdots=\frac{\pi^2}{6}$

4）$\frac{1}{1^2}-\frac{1}{2^2}+\frac{1}{3^2}-\frac{1}{4^2}+\cdots=\frac{\pi^2}{12}$

5）$\frac{1}{1\cdot3}+\frac{1}{3\cdot5}+\frac{1}{5\cdot7}+\cdots=\frac{1}{2}$

6）$1+\frac{1}{1!}+\frac{1}{2!}+\cdots+\frac{1}{n!}+\cdots=\mathrm{e}$

1.6.5 二项级数

$(1+x)^n=1+nx+\frac{n(n-1)}{2!}x^2+\cdots+\frac{n(n-1)\cdots(n-k+1)}{k!}x^k+\cdots$，$|x|<1$，称为二

项级数，其中 n 为任意实数。此式在 $x=1$，$n>-1$ 及 $x=-1$，$n>0$ 的情况也成立。

1）$\frac{1}{1\pm x}=1\mp x+x^2\mp x^3+x^4\mp x^5+\cdots$

2）$\sqrt{1+x}=1+\frac{1}{2}x-\frac{1}{8}x^2+\frac{1}{16}x^3-\frac{5}{128}x^4+\frac{7}{256}x^5-\frac{21}{1024}x^6+\cdots$

3）$\frac{1}{\sqrt{1+x}}=1-\frac{1}{2}x+\frac{3}{8}x^2-\frac{5}{16}x^3+\frac{35}{128}x^4-\frac{63}{256}x^5+\frac{231}{1024}x^6-\cdots$

1.6.6　指数函数和对数函数的幂级数展开式

1）$e^x=1+\frac{1}{1!}x+\frac{1}{2!}x^2+\frac{1}{3!}x^3+\cdots+\frac{1}{n!}x^n+\cdots$　$(|x|<\infty)$

2）$a^x=1+\frac{\ln a}{1!}x+\frac{(\ln a)^2}{2!}x^2+\frac{(\ln a)^3}{3!}x^3+\cdots+\frac{(\ln a)^n}{n!}x^n+\cdots$　$(|x|<\infty)$

3）$\ln(1+x)=x-\frac{x^2}{2}+\frac{x^3}{3}-\frac{x^4}{4}+\cdots+(-1)^{n+1}\frac{x^n}{n}+\cdots$　$(-1<x\leqslant 1)$

4）$\ln(1-x)=-x-\frac{x^2}{2}-\frac{x^3}{3}-\frac{x^4}{4}-\cdots-\frac{x^n}{n}-\cdots$　$(-1\leqslant x<1)$

5）$\ln\left(\frac{1+x}{1-x}\right)=2\left(x+\frac{x^3}{3}+\frac{x^5}{5}+\frac{x^7}{7}+\cdots+\frac{x^{2n+1}}{2n+1}+\cdots\right)$　$(|x|<1)$

6）$\frac{x}{e^x-1}=1-\frac{x}{2}+\frac{1}{12}x^2-\frac{1}{720}x^4+\frac{1}{30240}x^6-\cdots+(-1)^{n+1}\frac{B_n}{(2n)!}x^{2n}+\cdots$　$(|x|<2\pi)$

式中 B_n 为伯努利数。$B_4=\frac{1}{30}$，$B_5=\frac{5}{66}$，$B_6=\frac{691}{2730}$，$B_7=\frac{7}{6}$，$B_8=\frac{3617}{510}$，$B_9=\frac{43867}{798}$，…

7）$e^{\sin x}=1+x+\frac{x^2}{2!}-\frac{3x^4}{4!}-\frac{8x^5}{5!}-\frac{3x^6}{6!}+\frac{56x^7}{7!}+\cdots$　$(|x|<\infty)$

8）$e^{\cos x}=e\left(1-\frac{x^2}{2!}+\frac{4x^4}{4!}-\frac{31x^6}{6!}+\cdots\right)$　$(|x|<\infty)$

1.6.7　三角函数和反三角函数的幂级数展开式

1）$\sin x=x-\frac{x^3}{3!}+\frac{x^5}{5!}-\cdots+(-1)^{n-1}\frac{x^{2n-1}}{(2n-1)!}+\cdots$　$(|x|<\infty)$

2）$\cos x=1-\frac{x^2}{2!}+\frac{x^4}{4!}-\cdots+(-1)^n\frac{x^{2n}}{(2n)!}+\cdots$　$(|x|<\infty)$

3）$\tan x=x+\frac{1}{3}x^3+\frac{2}{15}x^5+\frac{17}{315}x^7+\cdots+\frac{2^{2n}(2^{2n}-1)B_n}{(2n)!}x^{2n-1}+\cdots$　$(|x|<\frac{\pi}{2})$

4）$\cot x=\frac{1}{x}-\frac{1}{3}x-\frac{1}{45}x^3-\frac{2}{945}x^5-\cdots-\frac{2^{2n}B_n}{(2n)!}x^{2n-1}-\cdots$　$(0<|x|<\pi)$

式中，B_n 为伯努利数

5）$\arcsin x=x+\frac{1}{2\cdot 3}x^3+\frac{1\cdot 3}{2\cdot 4\cdot 5}x^5+\frac{1\cdot 3\cdot 5}{2\cdot 4\cdot 6\cdot 7}x^7+\cdots+\frac{(2n)!}{2^{2n}(n!)^2(2n+1)}x^{2n+1}+\cdots$　$(|x|<1)$

6）$\arctan x=x-\frac{x^3}{3}+\frac{x^5}{5}-\frac{x^7}{7}+\frac{x^9}{9}-\cdots+(-1)^n\frac{x^{2n+1}}{2n+1}+\cdots$　$(|x|\leqslant 1)$

1.6.8　双曲函数和反双曲函数的幂级数展开式

1）$\operatorname{sh}x=x+\frac{x^3}{3!}+\frac{x^5}{5!}+\frac{x^7}{7!}+\cdots+\frac{x^{2n+1}}{(2n+1)!}+\cdots$　$(|x|<\infty)$

2）$\operatorname{ch}x=1+\frac{x^2}{2!}+\frac{x^4}{4!}+\frac{x^6}{6!}+\cdots+\frac{x^{2n}}{(2n)!}+\cdots$　$(|x|<\infty)$

3）$\operatorname{th}x=x-\frac{x^3}{3}+\frac{2x^5}{15}-\cdots+(-1)^{n+1}\frac{2^{2n}(2^{2n}-1)B_n}{(2n)!}x^{2n-1}$　$(|x|<\frac{\pi}{2})$

式中，B_n 为伯努利数

4）$\operatorname{arsh}x=x-\frac{1}{2\cdot 3}x^3+\frac{1\cdot 3}{2\cdot 4\cdot 5}x^5-\frac{1\cdot 3\cdot 5}{2\cdot 4\cdot 6\cdot 7}x^7+\cdots+(-1)^n\frac{(2n)!}{2^{2n}(n!)^2(2n+1)}x^{2n+1}+\cdots$　$(|x|<1)$

5）$\operatorname{arth}x=x+\frac{x^3}{3}+\frac{x^5}{5}+\cdots+\frac{x^{2n+1}}{2n+1}+\cdots$　$(|x|<1)$

1.7　复数和傅里叶级数

1.7.1　复数（见表 1.3-1）

表 1.3-1　复数

名　　称		公　　式		
虚数单位的周期性		$i^{4n+1}=i$，$i^{4n+2}=-1$，$i^{4n+3}=-i$，$i^{4n}=1$（n 为自然数），（$\sqrt{-1}=i$ 称为虚数单位）		
复数的表示法	代数式	$z=a+bi$	a 称为 z 的实部 b 称为 z 的虚部	a、b、r、θ 的相互关系： $\begin{cases}a=r\cos\theta\\b=r\sin\theta\end{cases}$ $\begin{cases}r=\sqrt{a^2+b^2}\\\tan\theta=\dfrac{b}{a}\end{cases}$ 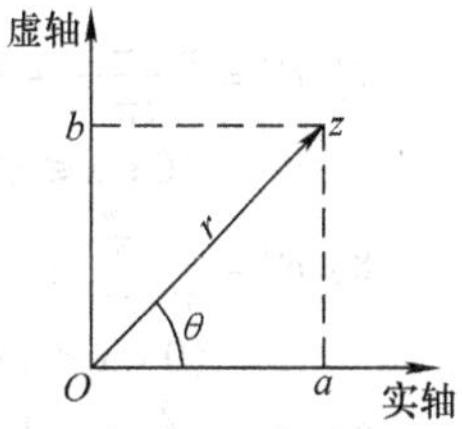
	三角式	$z=r(\cos\theta+i\sin\theta)$	r 称为 z 的模，记作 $\lvert z\rvert$ θ 称为 z 的幅角，记作 Arg$z$	
	指数式	$z=re^{i\theta}$		
复数的运算	代数式	$(a+bi)\pm(c+di)=(a\pm c)+(b\pm d)i$ $(a+bi)(c+di)=(ac-bd)+(bc+ad)i$ $\dfrac{a+bi}{c+di}=\dfrac{ac+bd}{c^2+d^2}+\dfrac{bc-ad}{c^2+d^2}i$		
	三角式	$z_1=r_1(\cos\theta_1+i\sin\theta_1)$，$z_2=r_2(\cos\theta_2+i\sin\theta_2)$，$z=r(\cos\theta+i\sin\theta)$ $z_1z_2=r_1r_2[\cos(\theta_1+\theta_2)+i\sin(\theta_1+\theta_2)]$ $\dfrac{z_1}{z_2}=\dfrac{r_1}{r_2}[\cos(\theta_1-\theta_2)+i\sin(\theta_1-\theta_2)]$ $z^n=r^n(\cos n\theta+i\sin n\theta)$（棣莫佛 de Moivre 定理） $\sqrt[n]{z}=\sqrt[n]{r}\left(\cos\dfrac{\theta+2k\pi}{n}+i\sin\dfrac{\theta+2k\pi}{n}\right)$（$n$ 为正整数，$k=0,1,2,\cdots,n-1$）		
	指数式	$z_1=r_1e^{i\theta_1}$，$z_2=r_2e^{i\theta_2}$，$z=re^{i\theta}$ $z_1z_2=r_1r_2e^{i(\theta_1+\theta_2)}$ $\dfrac{z_1}{z_2}=\dfrac{r_1}{r_2}e^{i(\theta_1-\theta_2)}$ $z^n=r^ne^{in\theta}$ $\sqrt[n]{z}=\sqrt[n]{r}e^{i\frac{\theta+2k\pi}{n}}$（$n$ 为正整数，$k=0,1,2,\cdots,n-1$）		
欧拉（Euler）公式		$e^{i\theta}=\cos\theta+i\sin\theta$，$\cos\theta=\dfrac{e^{i\theta}+e^{-i\theta}}{2}$，$\sin\theta=\dfrac{e^{i\theta}-e^{-i\theta}}{2}$		

1.7.2　傅里叶级数

1）$\dfrac{\pi}{4}=\sum\limits_{k=1}^{\infty}\dfrac{\sin(2k-1)x}{2k-1}$　　$(0<x<\pi)$

2）$x=-\dfrac{\pi}{2}+\dfrac{4}{\pi}\left(\cos x+\dfrac{1}{3^2}\cos3x+\dfrac{1}{5^3}\cos5x+\cdots\right)$　　$(0<x<\pi)$

3) $x=\frac{\pi}{2}-2\left(\frac{\sin 2x}{2}+\frac{\sin 4x}{4}+\frac{\sin 6x}{6}+\cdots\right)$ $(0<x<\pi)$

4) $x=2\sum_{n=1}^{\infty}\frac{(-1)^{n+1}}{n}\sin nx$ $(-\pi<x<\pi)$

5) $x^2=\frac{\pi^2}{3}+4\sum_{n=1}^{\infty}\frac{(-1)^n}{n^2}\cos nx$ $(-\pi<x<\pi)$

6) $x^2=\left(2\pi-\frac{8}{\pi}\right)\sin x-\pi\sin 2x+\left(\frac{2\pi}{3}-\frac{8}{3^3\pi}\right)\times\sin 3x-\frac{\pi}{2}\sin 4x+\cdots$ $(0\leqslant x<\pi)$

7) $e^{ax}=\frac{e^{a\pi}-1}{a\pi}+\frac{2a}{\pi}\sum_{n=1}^{\infty}\frac{(-1)^n e^{a\pi}-1}{a^2+n^2}\cos nx$ $(0\leqslant x\leqslant\pi)$

8) $e^{ax}=\frac{2}{\pi}\sum_{n=1}^{\infty}[1-(-1)^n e^{a\pi}]\frac{n}{a^2+n^2}\sin nx$ $(0<x<\pi)$

9) $e^{ax}=\frac{2}{\pi}\mathrm{sh}\,a\pi\left\{\frac{1}{2a}+\sum_{n=1}^{\infty}\frac{(-1)^n}{a^2+n^2}\times[a\cos nx-n\sin nx]\right\}$ $(-\pi<x<\pi,\ a\neq 0)$

10) $\sin ax=\frac{2\sin a\pi}{\pi}\sum_{n=1}^{\infty}\frac{(-1)^{n+1}n\sin nx}{n^2-a^2}$ $(-\pi<x<\pi, a$ 不是整数)

11) $\cos ax=\frac{2}{\pi}\sin a\pi\left(\frac{1}{2a}+\sum_{n=1}^{\infty}(-1)^n\frac{a\cos nx}{a^2-n^2}\right)$ $(-\pi\leqslant x\leqslant\pi, a$ 不是整数)

12) $\mathrm{sh}\,ax=\frac{2}{\pi}\mathrm{sh}\,a\pi\sum_{n=1}^{\infty}(-1)^{n-1}\frac{n}{a^2+n^2}\sin nx$ $(-\pi<x<\pi)$

13) $\mathrm{ch}\,ax=\frac{2}{\pi}\mathrm{sh}\,a\pi\left(\frac{1}{2a}+\sum_{n=1}^{\infty}(-1)^n\frac{a}{a^2+n^2}\cos nx\right)$ $(-\pi\leqslant x\leqslant\pi)$

1.8 行列式和矩阵

1.8.1 行列式

1) n 阶行列式记为

$$D_n=|\boldsymbol{A}|=\det\boldsymbol{A}=\det(a_{ij})=\begin{vmatrix}a_{11}&a_{12}&\cdots&a_{1n}\\a_{21}&a_{22}&\cdots&a_{2n}\\\vdots&\vdots&&\vdots\\a_{n1}&a_{n2}&\cdots&a_{nn}\end{vmatrix}$$

式中，$\boldsymbol{A}$ 为 n 阶方阵

2) $D_n=\sum_{j_1j_2\cdots j_n}(-1)^{\tau(j_1j_2\cdots j_n)}a_{1j_1}a_{2j_2}\cdots a_{nj_n}$

式中，$\tau(j_1j_2\cdots j_n)$ 为排列 $j_1j_2\cdots j_n$ 的逆序数，$\sum_{j_1j_2\cdots j_n}$ 表示对 n 个元素的所有排列求和。

3) 二阶行列式

$$\begin{vmatrix}a_{11}&a_{12}\\a_{21}&a_{22}\end{vmatrix}=a_{11}a_{22}-a_{12}a_{21}$$

4) 三阶行列式

$$\begin{vmatrix}a_{11}&a_{12}&a_{13}\\a_{21}&a_{22}&a_{23}\\a_{31}&a_{32}&a_{33}\end{vmatrix}=a_{11}a_{22}a_{33}+a_{12}a_{23}a_{31}+a_{13}a_{21}a_{32}-a_{11}a_{23}a_{32}-a_{12}a_{21}a_{33}-a_{13}a_{22}a_{31}$$

5) 对角行列式

$$\begin{vmatrix}a_{11}&0&\cdots&0\\0&a_{22}&\cdots&0\\\vdots&\vdots&&\vdots\\0&0&\cdots&a_{nn}\end{vmatrix}=a_{11}a_{22}\cdots a_{nn}$$

$$\begin{vmatrix}0&0&\cdots&a_{1n}\\0&0&a_{2,n-1}&0\\\vdots&\vdots&&\vdots\\a_{n1}&0&\cdots&0\end{vmatrix}=(-1)^{\frac{n(n-1)}{2}}a_{1n}a_{2,n-1}\cdots a_{n1}$$

6) 上（下）三角行列式

$$\begin{vmatrix}a_{11}&a_{12}&\cdots&a_{1n}\\a_{21}&a_{22}&\cdots&0\\\vdots&\vdots&&\vdots\\a_{n1}&0&\cdots&0\end{vmatrix}=\begin{vmatrix}0&0&\cdots&a_{1n}\\0&0&\cdots&a_{2n}\\\vdots&\vdots&&\vdots\\a_{n1}&a_{n2}&\cdots&a_{nn}\end{vmatrix}=(-1)^{\frac{n(n-1)}{2}}a_{1n}a_{2,n-1}\cdots a_{n1}$$

$$\begin{vmatrix}a_{11}&a_{12}&\cdots&a_{1n}\\0&a_{22}&\cdots&a_{2n}\\\vdots&\vdots&&\vdots\\0&0&\cdots&a_{nn}\end{vmatrix}=\begin{vmatrix}a_{11}&0&\cdots&0\\a_{21}&a_{22}&\cdots&0\\\vdots&\vdots&&\vdots\\a_{n1}&a_{n2}&\cdots&a_{nn}\end{vmatrix}=a_{11}a_{22}\cdots a_{nn}$$

7) 行列式按行（列）展开式

$\det\boldsymbol{A}=a_{i1}A_{i1}+a_{i2}A_{i2}+\cdots+a_{in}A_{in}=\sum_{k=1}^{n}a_{ik}A_{ik}$ $(i=1,2,\cdots,n)$

$\det\boldsymbol{A}=a_{1j}A_{1j}+a_{2j}A_{2j}+\cdots+a_{nj}A_{nj}=\sum_{k=1}^{n}a_{kj}A_{kj}$ $(j=1,2,\cdots,n)$

式中，A_{ij} 为 a_{ij} 的代数余子式。

1.8.2　行列式的性质

1）$\det\boldsymbol{A}=\det\boldsymbol{A}^{\mathrm{T}}$，式中 $\boldsymbol{A}^{\mathrm{T}}$ 表示 $\boldsymbol{A}$ 的转置。

2）$\det(\boldsymbol{A}_1\boldsymbol{A}_2\cdots\boldsymbol{A}_m)=\det\boldsymbol{A}_1\det\boldsymbol{A}_2\cdots\det\boldsymbol{A}_m$，式中 $\boldsymbol{A}_1$，$\boldsymbol{A}_2$，…，$\boldsymbol{A}_m$ 均为 n 阶方阵。

3）$\det(k\boldsymbol{A})=k^n\det\boldsymbol{A}$，式中 $\boldsymbol{A}$ 为 n 阶方阵，k 为任意复数。

4）互换行列式任意两行（列），行列式变号。例如

$$\begin{vmatrix} a_{11} & \cdots & a_{1j} & \cdots & a_{1k} & \cdots & a_{1n} \\ \vdots & & \vdots & & \vdots & & \vdots \\ a_{n1} & \cdots & a_{nj} & \cdots & a_{nk} & \cdots & a_{nn} \end{vmatrix} = -\begin{vmatrix} a_{11} & \cdots & a_{1k} & \cdots & a_{1j} & \cdots & a_{1n} \\ \vdots & & \vdots & & \vdots & & \vdots \\ a_{n1} & \cdots & a_{nk} & \cdots & a_{nj} & \cdots & a_{nn} \end{vmatrix}$$

5）行列式的某一行（列）的所有元素都可以表示为两项之和时，该行列式可用两个同阶行列式之和表示。例如

$$\begin{vmatrix} a_{11} & \cdots & (a_{1j'}+a_{1j''}) & \cdots & a_{1n} \\ \vdots & & \vdots & & \vdots \\ a_{n1} & \cdots & (a_{nj'}+a_{nj''}) & \cdots & a_{nn} \end{vmatrix} = \begin{vmatrix} a_{11} & \cdots & a_{1j'} & \cdots & a_{1n} \\ \vdots & & \vdots & & \vdots \\ a_{n1} & \cdots & a_{nj'} & \cdots & a_{nn} \end{vmatrix} + \begin{vmatrix} a_{11} & \cdots & a_{1j''} & \cdots & a_{1n} \\ \vdots & & \vdots & & \vdots \\ a_{n1} & \cdots & a_{nj''} & \cdots & a_{nn} \end{vmatrix}$$

6）以数 a 乘行列式的某行（列），等于将此行列式乘以数 a。例如

$$\begin{vmatrix} a_{11} & \cdots & aa_{1i} & \cdots & a_{1n} \\ a_{21} & \cdots & aa_{2i} & \cdots & a_{2n} \\ \vdots & & \vdots & & \vdots \\ a_{n1} & \cdots & aa_{ni} & \cdots & a_{nn} \end{vmatrix} = a\begin{vmatrix} a_{11} & \cdots & a_{1i} & \cdots & a_{1n} \\ a_{21} & \cdots & a_{2i} & \cdots & a_{2n} \\ \vdots & & \vdots & & \vdots \\ a_{n1} & \cdots & a_{ni} & \cdots & a_{nn} \end{vmatrix}$$

7）如果行列式中有一行（列）元素全为零，则行列式等于零。

8）如果行列式中有两行（列）对应元素相同或成比例，则行列式等于零。

9）如果行列式中某行（列）元素是其他某些行（列）对应元素的线性组合，则行列式等于零。

10）把行列式的某行（列）元素乘以数 k 后加到另一行（列）对应元素上，行列式的值不变。例如

$$\begin{vmatrix} a_{11} & \cdots & a_{1i}+ka_{1j} & \cdots & a_{1j} & \cdots & a_{1n} \\ a_{21} & \cdots & a_{2i}+ka_{2j} & \cdots & a_{2j} & \cdots & a_{2n} \\ \vdots & & \vdots & & \vdots & & \vdots \\ a_{n1} & \cdots & a_{ni}+ka_{nj} & \cdots & a_{nj} & \cdots & a_{nn} \end{vmatrix} = \begin{vmatrix} a_{11} & \cdots & a_{1i} & \cdots & a_{1j} & \cdots & a_{1n} \\ a_{21} & \cdots & a_{2i} & \cdots & a_{2j} & \cdots & a_{2n} \\ \vdots & & \vdots & & \vdots & & \vdots \\ a_{n1} & \cdots & a_{ni} & \cdots & a_{nj} & \cdots & a_{nn} \end{vmatrix}$$

1.8.3　矩阵（见表1.3-2）

表1.3-2　矩阵

名　称	形　式	说　明
$m\times n$ 矩阵	$\begin{pmatrix} a_{11} & a_{12} & \cdots & a_{1n} \\ a_{21} & a_{22} & \cdots & a_{2n} \\ \vdots & \vdots & & \vdots \\ a_{m1} & a_{m2} & \cdots & a_{mn} \end{pmatrix}$	由 $m\times n$ 个数排成的 m 行 n 列的数表，a_{ij} 称为第 i 行第 j 列元素，可记为 $\boldsymbol{A}$（或 $\boldsymbol{B}$，$\boldsymbol{C}$，…），$\boldsymbol{A}_{m\times n}$，$(a_{ij})_{m\times n}$ 等
n 阶方阵	$\begin{pmatrix} a_{11} & a_{12} & \cdots & a_{1n} \\ a_{21} & a_{22} & \cdots & a_{2n} \\ \vdots & \vdots & \ddots & \vdots \\ a_{n1} & a_{n2} & \cdots & a_{nn} \end{pmatrix}$	行数列数相同的矩阵，元素 a_{11}，a_{nn} 的连线称主对角线，a_{ii}（$i=1$，2，…，n）称主对角线元素，可记为 $\boldsymbol{A}_n$
行矩阵	$(a_1 \quad a_2 \quad \cdots \quad a_n)$	仅有一行的矩阵，也称行向量，可记为 $\boldsymbol{a}$（或 $\boldsymbol{b}$，$\boldsymbol{c}$，…）
列矩阵	$\begin{pmatrix} a_1 \\ a_2 \\ \vdots \\ a_m \end{pmatrix}$	仅有一列的矩阵，也称列向量，可记为 $\boldsymbol{\alpha}$（或 $\boldsymbol{\beta}$，$\boldsymbol{\gamma}$，…）

（续）

名　称	形　式	说　明
对角矩阵	$\begin{pmatrix} a_1 & & & \\ & a_2 & & \\ & & \ddots & \\ & & & a_n \end{pmatrix}$	主对角线以外的元素均为零的方阵，可记为 $\boldsymbol{A}$ 或 diag（a_1，a_2，…，a_n）
数量矩阵	$\begin{pmatrix} a & & & \\ & a & & \\ & & \ddots & \\ & & & a \end{pmatrix}$	主对角线元素均相等的对角矩阵
单位矩阵	$\begin{pmatrix} 1 & & & \\ & 1 & & \\ & & \ddots & \\ & & & 1 \end{pmatrix}$	主对角线元素均为1的数量矩阵，可记为 $\boldsymbol{I}$，$\boldsymbol{E}$ 等
零矩阵	$\begin{pmatrix} 0 & 0 & \cdots & 0 \\ 0 & 0 & \cdots & 0 \\ \vdots & \vdots & \ddots & \vdots \\ 0 & 0 & \cdots & 0 \end{pmatrix}$	所有元素均为零的矩阵，可记为 $\boldsymbol{O}$，或 $\boldsymbol{O}_{m\times n}$
对称矩阵	$\begin{pmatrix} a_{11} & a_{12} & \cdots & a_{1n} \\ a_{12} & a_{22} & \cdots & a_{2n} \\ \vdots & \vdots & \ddots & \vdots \\ a_{1n} & a_{2n} & \cdots & a_{nn} \end{pmatrix}$	元素满足条件 $a_{ij}=a_{ji}$ 的方阵
反称矩阵	$\begin{pmatrix} 0 & a_{12} & \cdots & a_{1n} \\ -a_{12} & 0 & \cdots & a_{2n} \\ \vdots & \vdots & \ddots & \vdots \\ -a_{1n} & -a_{2n} & \cdots & 0 \end{pmatrix}$	元素满足条件 $a_{ij}=-a_{ji}$ 的方阵，其主对角线元素均为零
上三角矩阵	$\begin{pmatrix} a_{11} & a_{12} & \cdots & a_{1n} \\ 0 & a_{22} & \cdots & a_{2n} \\ \vdots & \vdots & \ddots & \vdots \\ 0 & 0 & \cdots & a_{nn} \end{pmatrix}$	主对角线以下元素均为零的方阵
下三角矩阵	$\begin{pmatrix} a_{11} & 0 & \cdots & 0 \\ a_{21} & a_{22} & \cdots & 0 \\ \vdots & \vdots & \ddots & \vdots \\ a_{n1} & a_{n2} & \cdots & a_{nn} \end{pmatrix}$	主对角线以上元素均为零的方阵
负矩阵	$\begin{pmatrix} -a_{11} & -a_{12} & \cdots & -a_{1n} \\ -a_{21} & -a_{22} & \cdots & -a_{2n} \\ \vdots & \vdots & & \vdots \\ -a_{m1} & -a_{m2} & \cdots & -a_{mn} \end{pmatrix}$	把矩阵 $\boldsymbol{A}$ 的所有元素改变符号后所得的矩阵，记有 $-\boldsymbol{A}$
元素 a_{ij} 的代数余子式	$(-1)^{i+j}\begin{vmatrix} a_{11} & \cdots & a_{1,j-1} & a_{1,j+1} & \cdots & a_{1n} \\ \vdots & & \vdots & \vdots & & \vdots \\ a_{i-1,1} & \cdots & a_{i-1,j-1} & a_{i-1,j+1} & \cdots & a_{i-1,n} \\ a_{i+1,1} & \cdots & a_{i+1,j-1} & a_{i+1,j+1} & \cdots & a_{i+1,n} \\ \vdots & & \vdots & \vdots & & \vdots \\ a_{n1} & \cdots & a_{n,j-1} & a_{n,j+1} & \cdots & a_{nn} \end{vmatrix}$	在 n 阶方阵中划去 a_{ij} 所在的行和列而得的 $n-1$ 阶方阵的行列式再冠以符号 $(-1)^{i+j}$，记为 $\boldsymbol{M}_{ij}$

1.8.4　矩阵的运算（见表1.3-3）

表1.3-3　矩阵的运算及运算法则

运　算　式	法则及说明
［相等］两个 $m\times n$ 矩阵 $\boldsymbol{A}=(a_{ij})$，$\boldsymbol{B}=(b_{ij})$ 相等 $\begin{pmatrix} a_{11} & a_{12} & \cdots & a_{1n} \\ a_{21} & a_{22} & \cdots & a_{2n} \\ \vdots & \vdots & & \vdots \\ a_{m1} & a_{m2} & \cdots & a_{mn} \end{pmatrix}=\begin{pmatrix} b_{11} & b_{12} & \cdots & b_{1n} \\ b_{21} & b_{22} & \cdots & b_{2n} \\ \vdots & \vdots & & \vdots \\ b_{m1} & b_{m2} & \cdots & b_{mn} \end{pmatrix}$ 当且仅当 $a_{ij}=b_{ij}$，$(i=1,2,\cdots,m;\ j=1,2,\cdots,n)$	相等的矩阵行数、列数分别相等，对应元素相等，记为 $\boldsymbol{A}=\boldsymbol{B}$
［加减法］两个 $m\times n$ 矩阵 $\boldsymbol{A}=(a_{ij})$，$\boldsymbol{B}=(b_{ij})$ 相加减仍为 $m\times n$ 矩阵 $\begin{pmatrix} a_{11} & \cdots & a_{1n} \\ a_{21} & \cdots & a_{2n} \\ \vdots & & \vdots \\ a_{m1} & \cdots & a_{mn} \end{pmatrix}\pm\begin{pmatrix} b_{11} & \cdots & b_{1n} \\ b_{21} & \cdots & b_{2n} \\ \vdots & & \vdots \\ b_{m1} & \cdots & b_{mn} \end{pmatrix}=\begin{pmatrix} c_{11} & \cdots & c_{1n} \\ c_{21} & \cdots & c_{2n} \\ \vdots & & \vdots \\ c_{m1} & \cdots & c_{mn} \end{pmatrix}$， 其中 $c_{ij}=a_{ij}\pm b_{ij}$　$(i=1,2,\cdots,m;\ j=1,2,\cdots,n)$	对应元素相加减 $\boldsymbol{A}+\boldsymbol{B}=\boldsymbol{B}+\boldsymbol{A}$（交换律） $(\boldsymbol{A}+\boldsymbol{B})+\boldsymbol{C}=\boldsymbol{A}+(\boldsymbol{B}+\boldsymbol{C})$（结合律）
［乘数］数 k 与 $m\times n$ 矩阵 $\boldsymbol{A}=(a_{ij})$ 相乘仍为 $m\times n$ 矩阵 $k\begin{pmatrix} a_{11} & a_{12} & \cdots & a_{1n} \\ a_{21} & a_{22} & \cdots & a_{2n} \\ \vdots & \vdots & & \vdots \\ a_{m1} & a_{m2} & \cdots & a_{mn} \end{pmatrix}=\begin{pmatrix} ka_{11} & ka_{12} & \cdots & ka_{1n} \\ ka_{21} & ka_{22} & \cdots & ka_{2n} \\ \vdots & \vdots & & \vdots \\ ka_{m1} & ka_{m2} & \cdots & ka_{mn} \end{pmatrix}$， 记为 $k\boldsymbol{A}$，或 $\boldsymbol{A}k$	把 k 乘到 $\boldsymbol{A}$ 的每一个元素之上 $k(\boldsymbol{A}+\boldsymbol{B})=k\boldsymbol{A}+k\boldsymbol{B}$ $(k+l)\boldsymbol{A}=k\boldsymbol{A}+l\boldsymbol{A}$ $k(l\boldsymbol{A})=(kl)\boldsymbol{A}$ （k，l 为任意数）
［乘法］$m\times s$ 矩阵 $\boldsymbol{A}=(a_{ij})$ 和 $s\times n$ 矩阵 $\boldsymbol{B}=(b_{ij})$ 相乘为 $m\times n$ 矩阵 $\boldsymbol{C}=(c_{ij})$，记为 $\boldsymbol{AB}=\boldsymbol{C}$，其中 $c_{ij}=\sum\limits_{k=1}^{s}a_{ik}b_{kj}$，$(i=1,2,\cdots,m;j=1,2,\cdots,n)$	第一个矩阵的列数与第二个矩阵的行数相等时才可相乘 $(\boldsymbol{AB})\boldsymbol{C}=\boldsymbol{A}(\boldsymbol{BC})$（结合律） $(\boldsymbol{A}+\boldsymbol{B})\boldsymbol{C}=\boldsymbol{AC}+\boldsymbol{BC}$ $\boldsymbol{C}(\boldsymbol{A}+\boldsymbol{B})=\boldsymbol{CA}+\boldsymbol{CB}$（分配律） $k(\boldsymbol{AB})=(k\boldsymbol{A})\boldsymbol{B}=\boldsymbol{A}(k\boldsymbol{B})$（$k$ 为任意数） 但 $\boldsymbol{AB}$ 与 $\boldsymbol{BA}$ 即使在都有意义时，一般也不相等
［转置］　将 $m\times n$ 矩阵 $\boldsymbol{A}=(a_{ij})$ 的行列互换而得的 $n\times m$ 矩阵称为 $\boldsymbol{A}$ 的转置，记为 $\boldsymbol{A}'$ 或 $\boldsymbol{A}^{\mathrm{T}}$ $\boldsymbol{A}'=\begin{pmatrix} a_{11} & a_{12} & \cdots & a_{1n} \\ a_{21} & a_{22} & \cdots & a_{2n} \\ \vdots & \vdots & & \vdots \\ a_{m1} & a_{m2} & \cdots & a_{mn} \end{pmatrix}'=\begin{pmatrix} a_{11} & a_{21} & \cdots & a_{m1} \\ a_{12} & a_{22} & \cdots & a_{m2} \\ \vdots & \vdots & & \vdots \\ a_{1n} & a_{2n} & \cdots & a_{mn} \end{pmatrix}$	$(\boldsymbol{A}+\boldsymbol{B})'=\boldsymbol{A}'+\boldsymbol{B}'$ $(k\boldsymbol{A})'=k\boldsymbol{A}'$（$k$ 为任意数） $(\boldsymbol{AB})'=\boldsymbol{B}'\boldsymbol{A}'$ $(\boldsymbol{A}')'=\boldsymbol{A}$
［方阵的幂］　n 阶方阵 $\boldsymbol{A}$ 的 k 次幂为 k 个 $\boldsymbol{A}$ 连乘（k 为正整数），记为 $\boldsymbol{A}^k$	$\boldsymbol{A}^k\boldsymbol{A}^l=\boldsymbol{A}^{k+l}$ $(\boldsymbol{A}^k)^l=\boldsymbol{A}^{kl}$ $(\boldsymbol{A}^k)'=(\boldsymbol{A}')^k$ （k，l 为正整数）
［共轭］　将 $m\times n$ 矩阵 $\boldsymbol{A}=(a_{ij})$ 的所有元素换成其共轭复数所得矩阵 $(\overline{a}_{ij})$，记为 $\overline{\boldsymbol{A}}$	$\overline{(\boldsymbol{A}+\boldsymbol{B})}=\overline{\boldsymbol{A}}+\overline{\boldsymbol{B}}$ $\overline{(k\boldsymbol{A})}=\overline{k}\,\overline{\boldsymbol{A}}$ $\overline{\boldsymbol{AB}}=\overline{\boldsymbol{A}}\,\overline{\boldsymbol{B}}$ $\overline{(\boldsymbol{A}')}=(\overline{\boldsymbol{A}})'$ （k 为任意复数）

（续）

运　算　式	法则及说明
［导数］　若 $m \times n$ 矩阵 $\boldsymbol{A}$ 的元素 a_{ij} 均为 x 的可导函数，则 $\boldsymbol{A}$ 的导数 $\frac{\mathrm{d}\boldsymbol{A}}{\mathrm{d}x}$ 仍为 $m \times n$ 矩阵 $\frac{\mathrm{d}\boldsymbol{A}}{\mathrm{d}x}=\begin{pmatrix}\frac{\mathrm{d}a_{11}}{\mathrm{d}x} & \frac{\mathrm{d}a_{12}}{\mathrm{d}x} & \cdots & \frac{\mathrm{d}a_{1n}}{\mathrm{d}x}\\ \frac{\mathrm{d}a_{21}}{\mathrm{d}x} & \frac{\mathrm{d}a_{22}}{\mathrm{d}x} & \cdots & \frac{\mathrm{d}a_{2n}}{\mathrm{d}x}\\ \vdots & \vdots & & \vdots\\ \frac{\mathrm{d}a_{m1}}{\mathrm{d}x} & \frac{\mathrm{d}a_{m2}}{\mathrm{d}x} & \cdots & \frac{\mathrm{d}a_{mn}}{\mathrm{d}x}\end{pmatrix}$	可类似定义高阶导数 $\frac{\mathrm{d}}{\mathrm{d}x}(\boldsymbol{A}+\boldsymbol{B})=\frac{\mathrm{d}\boldsymbol{A}}{\mathrm{d}x}+\frac{\mathrm{d}\boldsymbol{B}}{\mathrm{d}x}$ $\frac{\mathrm{d}}{\mathrm{d}x}(k\boldsymbol{A})=k\frac{\mathrm{d}\boldsymbol{A}}{\mathrm{d}x}$（$k$ 为常数） $\frac{\mathrm{d}}{\mathrm{d}x}(\boldsymbol{AB})=\frac{\mathrm{d}\boldsymbol{A}}{\mathrm{d}x}\boldsymbol{B}+\boldsymbol{A}\frac{\mathrm{d}\boldsymbol{B}}{\mathrm{d}x}$
［积分］　若 $m \times n$ 矩阵 $\boldsymbol{A}$ 的元素 a_{ij} 均为 x 的可积函数，则 $\boldsymbol{A}$ 的积分 $\int \boldsymbol{A}\mathrm{d}x$ 仍为 $m \times n$ 矩阵 $\int \boldsymbol{A}\mathrm{d}x=\begin{pmatrix}\int a_{11}\mathrm{d}x & \int a_{12}\mathrm{d}x & \cdots & \int a_{1n}\mathrm{d}x\\ \int a_{21}\mathrm{d}x & \int a_{22}\mathrm{d}x & \cdots & \int a_{2n}\mathrm{d}x\\ \vdots & \vdots & & \vdots\\ \int a_{m1}\mathrm{d}x & \int a_{m2}\mathrm{d}x & \cdots & \int a_{mn}\mathrm{d}x\end{pmatrix}$	可类似定义重积分
［伴随矩阵］　n 阶方阵 $\boldsymbol{A}$ 的伴随矩阵是由 $\boldsymbol{A}$ 的元素 a_{ij} 的代数余子式 $\boldsymbol{A}_{ij}$ 构成的 n 阶方阵，记为 $\boldsymbol{A}^*$ 或 adj$\boldsymbol{A}$ $\boldsymbol{A}^*=\begin{pmatrix}A_{11} & A_{21} & \cdots & A_{n1}\\ A_{12} & A_{22} & \cdots & A_{n2}\\ \vdots & \vdots & & \vdots\\ A_{1n} & A_{2n} & \cdots & A_{nn}\end{pmatrix}$	$\boldsymbol{A}$ 的第 i 行第 j 列元素的代数余子式在 $\boldsymbol{A}^*$ 中位于第 j 行第 i 列 $\boldsymbol{AA}^*=\|\boldsymbol{A}\|\boldsymbol{I}=\boldsymbol{A}^*\boldsymbol{A}$ $(\boldsymbol{AB})^*=\boldsymbol{B}^*\boldsymbol{A}^*$ $\|\boldsymbol{A}^*\|=\|\boldsymbol{A}\|^{n-1}$
［方阵的行列式］　n 阶方阵 $\boldsymbol{A}$ 的行列式是由 $\boldsymbol{A}$ 的 n^2 个元素形成的 n 阶行列式（元素的相对位置不变），记为 $\|\boldsymbol{A}\|$ 或 det$\boldsymbol{A}$	$\|\boldsymbol{AB}\|=\|\boldsymbol{A}\|\|\boldsymbol{B}\|$ $\|\boldsymbol{A}^m\|=\|\boldsymbol{A}\|^m$ $\|k\boldsymbol{A}\|=k^n\|\boldsymbol{A}\|$ （$\boldsymbol{A}$，$\boldsymbol{B}$ 为 n 阶方阵，m 为正整数，k 为常数）
［逆矩阵］　设 n 阶方阵 $\boldsymbol{A}$ 的行列式 $\|\boldsymbol{A}\| \neq 0$，则 $\boldsymbol{A}$ 的逆矩阵（记为 $\boldsymbol{A}^{-1}$）为 $\boldsymbol{A}^{-1}=\frac{1}{\|\boldsymbol{A}\|}\boldsymbol{A}^*$	$(\boldsymbol{A}^{-1})^{-1}=\boldsymbol{A}$ $(k\boldsymbol{A})^{-1}=\frac{1}{k}\boldsymbol{A}^{-1}$ $(\boldsymbol{A}')^{-1}=(\boldsymbol{A}^{-1})'$ $(\boldsymbol{AB})^{-1}=\boldsymbol{B}^{-1}\boldsymbol{A}^{-1}$ $\boldsymbol{AA}^{-1}=\boldsymbol{I}$ （$\boldsymbol{A}$，$\boldsymbol{B}$ 为 n 阶可逆方阵，k 为非零常数）

1.8.5　初等变换、初等方阵及其关系（见表1.3-4，表1.3-5）

表1.3-4　矩阵的初等变换

初等变换	
初等行变换	初等列变换
（1）交换矩阵 $\boldsymbol{A}$ 的第 i 行与第 j 行 $\boldsymbol{A}\to\begin{pmatrix}a_{11} & a_{12} & \cdots & a_{1n}\\ \vdots & \vdots & & \vdots\\ a_{j1} & a_{j2} & \cdots & a_{jn}\\ \vdots & \vdots & & \vdots\\ a_{i1} & a_{i2} & \cdots & a_{in}\\ \vdots & \vdots & & \vdots\\ a_{m1} & a_{m2} & \cdots & a_{mn}\end{pmatrix}$	（1）交换矩阵 $\boldsymbol{A}$ 的第 i 列与第 j 列 $\boldsymbol{A}\to\begin{pmatrix}a_{11} & \cdots & a_{1j} & \cdots & a_{1i} & \cdots & a_{1n}\\ a_{21} & \cdots & a_{2j} & \cdots & a_{2i} & \cdots & a_{2n}\\ \vdots & & \vdots & & \vdots & & \vdots\\ a_{m1} & \cdots & a_{mj} & \cdots & a_{mi} & \cdots & a_{mn}\end{pmatrix}$

（续）

初等变换	
初等行变换	初等列变换
（2）以非零常数 k 乘矩阵 $\boldsymbol{A}$ 的第 i 行各元素 $\boldsymbol{A}\to\begin{pmatrix}a_{11}&a_{12}&\cdots&a_{1n}\\\vdots&\vdots&&\vdots\\ka_{i1}&ka_{i2}&\cdots&ka_{in}\\\vdots&\vdots&&\vdots\\a_{m1}&a_{m2}&\cdots&a_{mn}\end{pmatrix}$	（2）以非零常数 k 乘矩阵 $\boldsymbol{A}$ 的第 i 列各元素 $\boldsymbol{A}\to\begin{pmatrix}a_{11}&a_{12}&\cdots&ka_{1i}&\cdots&a_{1n}\\a_{21}&a_{22}&\cdots&ka_{2i}&\cdots&a_{2n}\\\vdots&\vdots&&\vdots&&\vdots\\a_{m1}&a_{m2}&\cdots&ka_{mi}&\cdots&a_{mn}\end{pmatrix}$
（3）以常数 k 乘矩阵 $\boldsymbol{A}$ 的第 i 行各元素加到第 j 行对应元素之上 $\boldsymbol{A}\to\begin{pmatrix}a_{11}&a_{12}&\cdots&a_{1n}\\\vdots&\vdots&&\vdots\\a_{i1}&a_{i2}&\cdots&a_{in}\\\vdots&\vdots&&\vdots\\a_{j1}+ka_{i1}&a_{j2}+ka_{i2}&\cdots&a_{jn}+ka_{in}\\\vdots&\vdots&&\vdots\\a_{m1}&a_{m2}&\cdots&a_{mn}\end{pmatrix}$	（3）以常数 k 乘矩阵 $\boldsymbol{A}$ 的第 i 列各元素加到第 j 列对应元素之上 $\boldsymbol{A}\to\begin{pmatrix}a_{11}&\cdots&a_{1i}&\cdots&a_{1j}+ka_{1i}&\cdots&a_{1n}\\a_{21}&\cdots&a_{2i}&\cdots&a_{2j}+ka_{2i}&\cdots&a_{2n}\\\vdots&&\vdots&&\vdots&&\vdots\\a_{m1}&\cdots&a_{mi}&\cdots&a_{mj}+ka_{mi}&\cdots&a_{mn}\end{pmatrix}$

表 1.3-5　初等方阵及其作用

记　号	形　式	作　用
$E[i,\ j]$	单位阵交换第 i 与第 j 两行（列）所得的矩阵 $\begin{pmatrix}1&&&&&&\\&\ddots&&&&&\\&&0&\cdots&1&&\\&&\vdots&\ddots&\vdots&&\\&&1&\cdots&0&&\\&&&&&\ddots&\\&&&&&&1\end{pmatrix}\begin{matrix}\\\\-i\text{行}\\\\-j\text{行}\\\\\\\end{matrix}$ i 列　j 列	$m\times n$ 矩阵 $\boldsymbol{A}$ 左乘 m 阶 $E[i,\ j]$ 相当于对 $\boldsymbol{A}$ 进行一次初等行变换（1）； $m\times n$ 矩阵 $\boldsymbol{A}$ 右乘 n 阶 $E[i,\ j]$ 相当于对 $\boldsymbol{A}$ 进行一次初等列变换（1）
$E[i\ (k)]$	单位阵第 i 行（列）各元素乘以非零常数 k 所得的矩阵 $\begin{pmatrix}1&&&&\\&\ddots&&&\\&&k&&\\&&&\ddots&\\&&&&1\end{pmatrix}\begin{matrix}\\\\-i\text{行}\\\\\\\end{matrix}$ i 列	$m\times n$ 矩阵 $\boldsymbol{A}$ 左乘 m 阶 $E[i\ (k)]$ 相当于对 $\boldsymbol{A}$ 进行一次初等行变换（2）； $m\times n$ 矩阵 $\boldsymbol{A}$ 右乘 n 阶 $E[i\ (k)]$ 相当于对 $\boldsymbol{A}$ 进行一次初等列变换（2）
$E[j+i\ (k)]$	单位阵第 i 行（第 j 列）各元素乘以常数 k 加到第 j 行（第 i 列）对应元素之上所得的矩阵 $\begin{pmatrix}1&&&&&\\&\ddots&&&&\\&&1&&&\\&&\vdots&\ddots&&\\&&k&\cdots&1&\\&&&&&\ddots&\\&&&&&&1\end{pmatrix}\begin{matrix}\\\\-i\text{行}\\\\-j\text{行}\\\\\\\end{matrix}$ i 列　j 列	$m\times n$ 矩阵 $\boldsymbol{A}$ 左乘 m 阶 $E[j+i\ (k)]$ 相当于对 $\boldsymbol{A}$ 进行一次初等行变换（3）； $m\times n$ 矩阵 $\boldsymbol{A}$ 右乘 n 阶 $E[j+i\ (k)]$ 相当于对 $\boldsymbol{A}$ 进行一次初等列变换（3）

1.8.6　等价矩阵和矩阵的秩

（1）初等变换前后的矩阵称为等价矩阵。

（2）矩阵经初等行变换可化为行阶梯形和行最简形，再经初等列变换可化为标准形。（见表1.3-6）

表1.3-6　行阶梯形、行最简形和标准形

名　称	形　式	说　明
行阶梯形	$\begin{pmatrix} b_{11} & b_{12} & \cdots & b_{1j} & \cdots & b_{1n} \\ 0 & b_{22} & \cdots & b_{2j} & \cdots & b_{2n} \\ \vdots & \vdots & & \vdots & & \vdots \\ 0 & 0 & \cdots & b_{ij} & \cdots & b_{in} \\ 0 & 0 & \cdots & 0 & \cdots & 0 \\ \vdots & \vdots & & \vdots & & \vdots \\ 0 & 0 & \cdots & 0 & \cdots & 0 \end{pmatrix}$	可经初等行变换化得，其特征是： a）非零行（元素不全为0的行）在上，零行（如果有的话）在下； b）每个非零行的第一个非零元素之前的零元素个数不同，且由少到多自上而下排列
行最简形	$\begin{pmatrix} 1 & 0 & \cdots & 0 & b_{1j} & \cdots & b_{1n} \\ 0 & 1 & \cdots & 0 & b_{2j} & \cdots & b_{2n} \\ \vdots & \vdots & & \vdots & \vdots & & \vdots \\ 0 & 0 & \cdots & 1 & b_{ij} & \cdots & b_{in} \\ 0 & 0 & \cdots & 0 & 0 & \cdots & 0 \\ \vdots & \vdots & & \vdots & \vdots & & \vdots \\ 0 & 0 & \cdots & 0 & 0 & \cdots & 0 \end{pmatrix}$	可在行阶梯形基础上继续经初等行变换化得，其特征是： a）为行阶梯形； b）每个非零行的第一个非零元素为1，其所在列的其余元素为0
标准形	$\begin{pmatrix} 1 & 0 & \cdots & 0 & 0 & \cdots & 0 \\ 0 & 1 & \cdots & 0 & 0 & \cdots & 0 \\ \vdots & \vdots & \ddots & \vdots & \vdots & & \vdots \\ 0 & 0 & \cdots & 1 & 0 & \cdots & 0 \\ 0 & 0 & \cdots & 0 & 0 & \cdots & 0 \\ \vdots & \vdots & & \vdots & \vdots & & \vdots \\ 0 & 0 & \cdots & 0 & 0 & \cdots & 0 \end{pmatrix}$	可在行最简形基础上经初等列变换化得，其特征是： a）左上角为单位阵 b）其余元素均为0

（3）矩阵$\boldsymbol{A}$的行阶梯形（行最简形）中非零行的个数称为矩阵$\boldsymbol{A}$的秩，记为$R(\boldsymbol{A})$。初等变换不改变矩阵的秩，即等价矩阵有相同的秩。零矩阵的秩$R(\boldsymbol{O})=0$。

（4）n阶方阵$\boldsymbol{A}$的秩$R(\boldsymbol{A})<n$时，称降秩方阵，n阶方阵$\boldsymbol{A}$的秩$R(\boldsymbol{A})=n$时，称满秩方阵。

1.8.7　分块矩阵

1）用与行、列平行的直线把矩阵$\boldsymbol{A}$分成若干个小矩阵（记为$\boldsymbol{A}_{ij}$，称为子块），以这些小矩阵做元素的矩阵称为分块矩阵

2）设$\boldsymbol{A}=(a_{ij})$，$\boldsymbol{B}=(b_{ij})$均为$m\times n$矩阵且分块方式相同，k为任意常数，则（以2×2的分块矩阵为例）

$$\boldsymbol{A}+\boldsymbol{B}=\begin{pmatrix} \boldsymbol{A}_{11} & \boldsymbol{A}_{12} \\ \boldsymbol{A}_{21} & \boldsymbol{A}_{22} \end{pmatrix}+\begin{pmatrix} \boldsymbol{B}_{11} & \boldsymbol{B}_{12} \\ \boldsymbol{B}_{21} & \boldsymbol{B}_{22} \end{pmatrix}=\begin{pmatrix} \boldsymbol{A}_{11}+\boldsymbol{B}_{11} & \boldsymbol{A}_{12}+\boldsymbol{B}_{12} \\ \boldsymbol{A}_{21}+\boldsymbol{B}_{21} & \boldsymbol{A}_{22}+\boldsymbol{B}_{22} \end{pmatrix}$$

$$k\boldsymbol{A}=k\begin{pmatrix} \boldsymbol{A}_{11} & \boldsymbol{A}_{12} \\ \boldsymbol{A}_{21} & \boldsymbol{A}_{22} \end{pmatrix}=\begin{pmatrix} k\boldsymbol{A}_{11} & k\boldsymbol{A}_{12} \\ k\boldsymbol{A}_{21} & k\boldsymbol{A}_{22} \end{pmatrix}$$

3）设$\boldsymbol{A}$为$m\times s$矩阵，$\boldsymbol{B}$为$s\times n$矩阵。分块后，$\boldsymbol{A}$为$k\times l$分块矩阵，$\boldsymbol{B}$为$l\times h$分块矩阵，且$\boldsymbol{A}$的第i行各子块的列数与$\boldsymbol{B}$的第j列各对应子块的行数相同，则（以2×2的分块矩阵为例）

$$\boldsymbol{AB}=\begin{pmatrix} \boldsymbol{A}_{11} & \boldsymbol{A}_{12} \\ \boldsymbol{A}_{21} & \boldsymbol{A}_{22} \end{pmatrix}\begin{pmatrix} \boldsymbol{B}_{11} & \boldsymbol{B}_{12} \\ \boldsymbol{B}_{21} & \boldsymbol{B}_{22} \end{pmatrix}=\begin{pmatrix} \boldsymbol{A}_{11}\boldsymbol{B}_{11}+\boldsymbol{A}_{12}\boldsymbol{B}_{21} & \boldsymbol{A}_{11}\boldsymbol{B}_{12}+\boldsymbol{A}_{12}\boldsymbol{B}_{22} \\ \boldsymbol{A}_{21}\boldsymbol{B}_{11}+\boldsymbol{A}_{22}\boldsymbol{B}_{21} & \boldsymbol{A}_{21}\boldsymbol{B}_{12}+\boldsymbol{A}_{22}\boldsymbol{B}_{22} \end{pmatrix}$$

4）分块对角阵的逆矩阵　设$\boldsymbol{A}$为n阶方阵且$\boldsymbol{A}^{-1}$存在，若$\boldsymbol{A}$经分块成为

$$\boldsymbol{A}=\begin{pmatrix} \boldsymbol{A}_{11} & 0 & \cdots & 0 \\ 0 & \boldsymbol{A}_{22} & \cdots & 0 \\ \vdots & \vdots & \ddots & \vdots \\ 0 & 0 & \cdots & \boldsymbol{A}_{kk} \end{pmatrix},$$

其中主对角线上的子块$\boldsymbol{A}_{ii}$均为方阵，其余子块均为零矩阵，则$\boldsymbol{A}$为分块对角阵。$\boldsymbol{A}$的逆矩阵为

$$\boldsymbol{A}^{-1}=\begin{pmatrix} \boldsymbol{A}_{11}^{-1} & 0 & \cdots & 0 \\ 0 & \boldsymbol{A}_{22}^{-1} & \cdots & 0 \\ \vdots & \vdots & \ddots & \vdots \\ 0 & 0 & \cdots & \boldsymbol{A}_{kk}^{-1} \end{pmatrix}$$

$\boldsymbol{A}$的行列式为

$$|A| = |A_{11}| \cdot |A_{22}| \cdot \cdots \cdot |A_{kk}|$$

1.9　线性方程组

含有 n 个未知量，m 个一次方程的方程组

$$\begin{cases} a_{11}x_1 + a_{12}x_2 + \cdots + a_{1n}x_n = b_1 \\ a_{21}x_1 + a_{22}x_2 + \cdots + a_{2n}x_n = b_2 \\ \vdots \quad\quad \vdots \quad\quad\quad \vdots \quad\quad \vdots \\ a_{m1}x_1 + a_{m2}x_2 + \cdots + a_{mn}x_n = b_m \end{cases}$$

称为 n 元线性方程组，其中 a_{ij}（$i=1, 2, \cdots, m$；$j=1, 2, \cdots, n$）称系数，b_i（$i=1, 2, \cdots, m$）称常数项。

1.9.1　线性方程组的基本概念（见表1.3-7）

表1.3-7　线性方程组的基本概念

名称	形　式	说　明
齐次线性方程组	$\begin{cases} a_{11}x_1 + a_{12}x_2 + \cdots + a_{1n}x_n = 0 \\ a_{21}x_1 + a_{22}x_2 + \cdots + a_{2n}x_n = 0 \\ \vdots \quad \vdots \quad \vdots \quad \vdots \\ a_{m1}x_1 + a_{m2}x_2 + \cdots + a_{mn}x_n = 0 \end{cases}$	常数项均为0的线性方程组
非齐次线性方程组	$\begin{cases} a_{11}x_1 + a_{12}x_2 + \cdots + a_{1n}x_n = b_1 \\ a_{21}x_1 + a_{22}x_2 + \cdots + a_{2n}x_n = b_2 \\ \vdots \quad \vdots \quad \vdots \quad \vdots \\ a_{m1}x_1 + a_{m2}x_2 + \cdots + a_{mn}x_n = b_m \end{cases}$	$b_1, b_2, \cdots, b_m$ 不全为0的线性方程组
系数行列式	$m=n$ 时 $\begin{vmatrix} a_{11} & a_{12} & \cdots & a_{1n} \\ a_{21} & a_{22} & \cdots & a_{2n} \\ \vdots & \vdots & \ddots & \vdots \\ a_{n1} & a_{n2} & \cdots & a_{nn} \end{vmatrix}$	$m \neq n$ 时，无系数行列式
系数矩阵	$\begin{pmatrix} a_{11} & a_{12} & \cdots & a_{1n} \\ a_{21} & a_{22} & \cdots & a_{2n} \\ \vdots & \vdots & & \vdots \\ a_{m1} & a_{m2} & \cdots & a_{mn} \end{pmatrix}$	由未知量的系数组成的 $m \times n$ 矩阵，记为 $\boldsymbol{A}$
增广矩阵	$\begin{pmatrix} a_{11} & a_{12} & \cdots & a_{1n} & b_1 \\ a_{21} & a_{22} & \cdots & a_{2n} & b_2 \\ \vdots & \vdots & & \vdots & \vdots \\ a_{m1} & a_{m2} & \cdots & a_{mn} & b_m \end{pmatrix}$	在系数矩阵的右边增加由常数项形成的一列所得的 $m \times (n+1)$ 矩阵，记为 $\boldsymbol{B}$
方程组的矩阵表示	齐次：$\boldsymbol{Ax}=\boldsymbol{o}$ 非齐次：$\boldsymbol{Ax}=\boldsymbol{b}$	$\boldsymbol{x}=(x_1, x_2, \cdots, x_n)^{\mathrm{T}}$ $\boldsymbol{o}=(o, o, \cdots, o)^{\mathrm{T}}$ $\boldsymbol{b}=(b_1, b_2, \cdots, b_m)^{\mathrm{T}}$
解（向量）	$\boldsymbol{c}=(c_1, c_2, \cdots, c_n)$ $\boldsymbol{Ac} \equiv \boldsymbol{o}$　（齐次） $\boldsymbol{Ac} \equiv \boldsymbol{b}$　（非齐次）	把 $x_i = c_i$（$i=1, 2, \cdots, n$）代入方程组成恒等式
同解方程组		解完全相同的两个 n 元线性方程组，其增广矩阵可经初等行变换互化
保留未知量		系数矩阵的行阶梯形中每个非零行的第一个非零元素所对应的未知量
自由未知量		保留未知量以外的未知量，其个数为 $n-R(\boldsymbol{A})$。当 $n=R(\boldsymbol{A})$ 时，无自由未知量

1.9.2　线性方程组解的判定（见表1.3-8）

表1.3-8　线性方程组解的判定

方程组	判定方法
n 元齐次线性方程组 $\boldsymbol{Ax}=\boldsymbol{o}$	$R(\boldsymbol{A})=n$ 时，有唯一解（即零解）； $R(\boldsymbol{A})<n$ 时，有无穷多解 特别地，当 $m=n$ 时，如果 $\lvert\boldsymbol{A}\rvert \neq 0$，有唯一解（即零解），如果 $\lvert\boldsymbol{A}\rvert=0$，有无穷多解
n 元非齐次线性方程组 $\boldsymbol{Ax}=\boldsymbol{b}$	$R(\boldsymbol{A})=R(\boldsymbol{B})=n$，有唯一解； $R(\boldsymbol{A})=R(\boldsymbol{B})<n$，有无穷多解； $R(\boldsymbol{A}) \neq R(\boldsymbol{B})$，无解

1.9.3　线性方程组求解的消元法

（1）理论根据　齐次线性方程组 $\boldsymbol{Ax}=\boldsymbol{o}$ 与其系数矩阵 $\boldsymbol{A}$ 一一对应，$\boldsymbol{A}$ 的行最简形 $\boldsymbol{A}_1$ 所对应的方程组 $\boldsymbol{A}_1\boldsymbol{x}=\boldsymbol{o}$ 与原方程组是同解方程组。非齐次线性方程组 $\boldsymbol{Ax}=\boldsymbol{b}$ 与其增广矩阵 $\boldsymbol{B}$ 一一对应，$\boldsymbol{B}$ 的行最简形 $\boldsymbol{B}_1$ 对应的方程组 $\boldsymbol{A}_1\boldsymbol{x}=\boldsymbol{b}_1$ 与原方程组是同解方程组。

（2）齐次方程组求解步骤

① 列出系数矩阵 $\boldsymbol{A}$，用初等行变换化为行最简形 $\boldsymbol{A}_1$，从而得到 $R(\boldsymbol{A})$。

② 如果 $R(\boldsymbol{A})=n$，则方程组有唯一解（零解），即 $x_1=x_2=\cdots=x_n=0$，如果 $R(\boldsymbol{A})<n$，则写出与 $\boldsymbol{A}_1$ 对应的齐次线性方程组 $\boldsymbol{A}_1\boldsymbol{x}=\boldsymbol{o}$，其 $n-R(\boldsymbol{A})$ 个自由未知量分别取任意常数并代入 $\boldsymbol{A}_1\boldsymbol{x}=\boldsymbol{o}$，所得保留未知量的表达式即为方程组的全部解。

（3）非齐次方程组求解步骤

① 列出增广矩阵 $\boldsymbol{B}$，用初等行变换化为行最简形 $\boldsymbol{B}_1$（注意前 n 列即系数矩阵 $\boldsymbol{A}$ 的行最简形 $\boldsymbol{A}_1$），从而得到 $R(\boldsymbol{A})$，$R(\boldsymbol{B})$。

② 如果 $R(\boldsymbol{A})\neq R(\boldsymbol{B})$，则方程组无解。如果 $R(\boldsymbol{A})=R(\boldsymbol{B})=n$，则写出 $\boldsymbol{B}_1$ 对应的非齐次方程组，由此得到唯一解。如果 $R(\boldsymbol{A})=R(\boldsymbol{B})<n$，则写出 $\boldsymbol{B}_1$ 对应的非齐次方程组 $\boldsymbol{A}_1\boldsymbol{x}=\boldsymbol{b}_1$，其 $n-R(\boldsymbol{A})$ 个自由未知量分别取任意常数并代入 $\boldsymbol{A}_1\boldsymbol{x}=\boldsymbol{b}_1$，所得保留未知量的表达式即为方程组的全部解。

2　三角函数与双曲函数

2.1　三角函数

2.1.1　三角函数间的关系

1）$\sin^2\alpha+\cos^2\alpha=1$

2）$\sec^2\alpha-\tan^2\alpha=1$

3）$\csc^2\alpha-\cot^2\alpha=1$

4）$\tan\alpha=\dfrac{\sin\alpha}{\cos\alpha}$

5）$\cot\alpha=\dfrac{\cos\alpha}{\sin\alpha}$

6）$\tan\alpha=\dfrac{1}{\cot\alpha}$

7）$\sec\alpha=\dfrac{1}{\cos\alpha}$

8）$\csc\alpha=\dfrac{1}{\sin\alpha}$

2.1.2　和差角公式

1）$\sin(\alpha\pm\beta)=\sin\alpha\cos\beta\pm\cos\alpha\sin\beta$

2）$\cos(\alpha\pm\beta)=\cos\alpha\cos\beta\mp\sin\alpha\sin\beta$

3）$\tan(\alpha\pm\beta)=\dfrac{\tan\alpha\pm\tan\beta}{1\mp\tan\alpha\tan\beta}$

4）$\cot(\alpha\pm\beta)=\dfrac{\cot\alpha\cot\beta\mp1}{\cot\alpha\pm\cot\beta}$

2.1.3　和差化积公式

1）$\sin\alpha+\sin\beta=2\sin\dfrac{1}{2}(\alpha+\beta)\cos\dfrac{1}{2}(\alpha-\beta)$

2）$\sin\alpha-\sin\beta=2\cos\dfrac{1}{2}(\alpha+\beta)\sin\dfrac{1}{2}(\alpha-\beta)$

3）$\cos\alpha+\cos\beta=2\cos\dfrac{1}{2}(\alpha+\beta)\cos\dfrac{1}{2}(\alpha-\beta)$

4）$\cos\alpha-\cos\beta=-2\sin\dfrac{1}{2}(\alpha+\beta)\sin\dfrac{1}{2}(\alpha-\beta)$

5）$\tan\alpha\pm\tan\beta=\dfrac{\sin(\alpha\pm\beta)}{\cos\alpha\cos\beta}$

6）$\cot\alpha\pm\cot\beta=\dfrac{\sin(\beta\pm\alpha)}{\sin\alpha\sin\beta}$

7）$\sin^2\alpha-\sin^2\beta=\cos^2\beta-\cos^2\alpha=\sin(\alpha+\beta)\sin(\alpha-\beta)$

8）$\cos^2\alpha-\sin^2\beta=\cos^2\beta-\sin^2\alpha=\cos(\alpha+\beta)\cos(\alpha-\beta)$

9）$\sin\alpha\pm\cos\alpha=\pm\sqrt{1\pm\sin2\alpha}=\sqrt{2}\sin\left(\alpha\pm\dfrac{\pi}{4}\right)$

设 $a>0$，$b>0$，$c=\sqrt{a^2+b^2}$，A，B 为正锐角，$\tan A=\dfrac{a}{b}$，$\tan B=\dfrac{b}{a}$，则有

10）$a\cos\alpha+b\sin\alpha=c\sin(A+\alpha)=c\cos(B-\alpha)$

11）$a\cos\alpha-b\sin\alpha=c\sin(A-\alpha)=c\cos(B+\alpha)$

2.1.4　积化和差公式

1）$\sin\alpha\sin\beta=\dfrac{1}{2}\cos(\alpha-\beta)-\dfrac{1}{2}\cos(\alpha+\beta)$

2）$\cos\alpha\cos\beta=\dfrac{1}{2}\cos(\alpha-\beta)+\dfrac{1}{2}\cos(\alpha+\beta)$

3）$\sin\alpha\cos\beta=\dfrac{1}{2}\sin(\alpha+\beta)+\dfrac{1}{2}\sin(\alpha-\beta)$

4）$\tan\alpha\tan\beta=\dfrac{\tan\alpha+\tan\beta}{\cot\alpha+\cot\beta}=-\dfrac{\tan\alpha-\tan\beta}{\cot\alpha-\cot\beta}$

5）$\cot\alpha\cot\beta=\dfrac{\cot\alpha+\cot\beta}{\tan\alpha+\tan\beta}=-\dfrac{\cot\alpha-\cot\beta}{\tan\alpha-\tan\beta}$

2.1.5　倍角公式

1）$\sin2\theta=2\sin\theta\cos\theta$

2）$\sin3\theta=\sin\theta(3-4\sin^2\theta)$

3）$\sin4\theta=\sin\theta\cos\theta(4-8\sin^2\theta)$

4）$\sin5\theta=\sin\theta(5-20\sin^2\theta+16\sin^4\theta)$

5）$\sin6\theta=\sin\theta\cos\theta(6-32\sin^2\theta+32\sin^4\theta)$

6）$\sin7\theta=\sin\theta(7-56\sin^2\theta+112\sin^4\theta-64\sin^6\theta)$

7）$\cos2\theta=2\cos^2\theta-1$

8）$\cos3\theta=\cos\theta(4\cos^2\theta-3)$

9）$\cos4\theta=8\cos^4\theta-8\cos^2\theta+1$

10）$\cos5\theta=\cos\theta(16\cos^4\theta-20\cos^2\theta+5)$

11）$\cos6\theta=32\cos^6\theta-48\cos^4\theta+18\cos^2\theta-1$

12）$\cos7\theta=\cos\theta(64\cos^6\theta-112\cos^4\theta+56\cos^2\theta-7)$

13）$\tan2\theta=\dfrac{2\tan\theta}{1-\tan^2\theta}$

14）$\tan3\theta=\dfrac{3\tan\theta-\tan^3\theta}{1-3\tan^2\theta}$

2.1.6　半角公式

1）$\sin\dfrac{1}{2}\alpha=\pm\sqrt{\dfrac{1-\cos\alpha}{2}}=$

$\pm\dfrac{1}{2}\sqrt{1+\sin\alpha}\pm\dfrac{1}{2}\sqrt{1-\sin\alpha}$

2）$\cos\dfrac{1}{2}\alpha=\pm\sqrt{\dfrac{1+\cos\alpha}{2}}=$

$\pm\dfrac{1}{2}\sqrt{1+\sin\alpha}\mp\dfrac{1}{2}\sqrt{1-\sin\alpha}$

3）$\tan\dfrac{1}{2}\alpha=\dfrac{\sin\alpha}{1+\cos\alpha}=\dfrac{1-\cos\alpha}{\sin\alpha}=\pm\sqrt{\dfrac{1-\cos\alpha}{1+\cos\alpha}}$

4）$\cot\dfrac{1}{2}\alpha=\dfrac{\sin\alpha}{1-\cos\alpha}=\dfrac{1+\cos\alpha}{\sin\alpha}=\pm\sqrt{\dfrac{1+\cos\alpha}{1-\cos\alpha}}$

5）$\sec\dfrac{1}{2}\alpha=\pm\sqrt{\dfrac{2\sec\alpha}{\sec\alpha+1}}$

6）$\csc\dfrac{1}{2}\alpha=\pm\sqrt{\dfrac{2\sec\alpha}{\sec\alpha-1}}$

2.1.7　正弦和余弦的幂

1）$2\sin^2\theta=1-\cos2\theta$

2）$4\sin^3\theta=3\sin\theta-\sin3\theta$

3）$8\sin^4\theta=3-4\cos2\theta+\cos4\theta$

4）$16\sin^5\theta=10\sin\theta-5\sin3\theta+\sin5\theta$

5）$32\sin^6\theta=10-15\cos2\theta+6\cos4\theta-\cos6\theta$

6）$64\sin^7\theta=35\sin\theta-21\sin3\theta+7\sin5\theta-\sin7\theta$

7）$2\cos^2\theta=\cos2\theta+1$

8）$4\cos^3\theta=\cos3\theta+3\cos\theta$

9）$8\cos^4\theta=\cos4\theta+4\cos2\theta+3$

10）$16\cos^5\theta=\cos5\theta+5\cos3\theta+10\cos\theta$

11）$32\cos^6\theta=\cos6\theta+6\cos4\theta+15\cos2\theta+10$

12）$64\cos^7\theta=\cos7\theta+7\cos5\theta+21\cos3\theta+35\cos\theta$

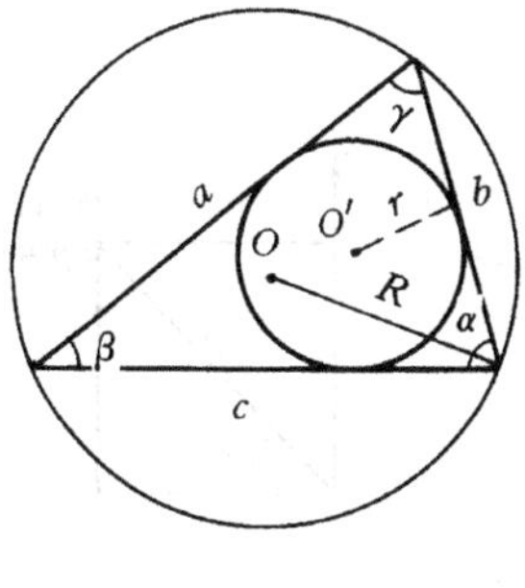

图1.3-1　平面三角形计算简图

$a+b+c=2s$

2.1.8　三角形（见图1.3-1）

1）内角和 $\alpha+\beta+\gamma=180°$

2）正弦定理 $\dfrac{a}{\sin\alpha}=\dfrac{b}{\sin\beta}=\dfrac{c}{\sin\gamma}=2R$

3）第一余弦定理

$a=c\cos\beta+b\cos\gamma$

$b=a\cos\gamma+c\cos\alpha$

$c=b\cos\alpha+a\cos\beta$

4）第二余弦定理

$a^2=b^2+c^2-2bc\cos\alpha$

$b^2=c^2+a^2-2ca\cos\beta$

$c^2=a^2+b^2-2ab\cos\gamma$

5）正切定理

$$\frac{a+b}{a-b}=\frac{\tan\frac{1}{2}(\alpha+\beta)}{\tan\frac{1}{2}(\alpha-\beta)}=\frac{\sin\alpha+\sin\beta}{\sin\alpha-\sin\beta}$$

6）半角公式

$$\sin\frac{1}{2}\alpha=\sqrt{\frac{(s-b)(s-c)}{bc}}$$

$$\cos\frac{1}{2}\alpha=\sqrt{\frac{s(s-a)}{bc}}$$

$$\tan\frac{1}{2}\alpha=\sqrt{\frac{(s-b)(s-c)}{s(s-a)}}$$

7）面积公式

$$S=\frac{1}{2}bc\sin\alpha=\sqrt{s(s-a)(s-b)(s-c)}$$

8）内切圆半径

$$r=\frac{S}{s}=s\tan\frac{\alpha}{2}\tan\frac{\beta}{2}\tan\frac{\gamma}{2}$$

$$=\sqrt{\frac{(s-a)(s-b)(s-c)}{s}}$$

9）外接圆半径

$$R=\frac{abc}{4S}=\frac{abc}{4\sqrt{s(s-a)(s-b)(s-c)}}$$

2.2　反三角函数间的关系

1）$\arcsin x+\arccos x=\dfrac{1}{2}\pi$

2）$\arctan x+\operatorname{arccot} x=\dfrac{1}{2}\pi$

3）$\arcsin x=\pm\arccos\sqrt{1-x^2}=\arctan(x/\sqrt{1-x^2})$ 正负与 x 相同

4) $\arccos x=\arcsin\sqrt{1-x^2}=\arctan(\sqrt{1-x^2}/x)$, $(x>0)$

5) $\arccos x=\pi-\arcsin\sqrt{1-x^2}$, $(x<0)$

6) $\arccos x=\pi+\arctan(\sqrt{1-x^2}/x)$, $(x<0)$

7) $\arctan x=\arcsin(x/\sqrt{1+x^2})=\pm\arccos(1/\sqrt{1+x^2})$ 正负与 x 相同

8) $\arctan x=\operatorname{arccot}(1/x)$, $(x>0)$

9) $\arctan x=\operatorname{arccot}(1/x)-\pi$, $(x<0)$

10) $\arcsin x\pm\arcsin y=\arcsin(x\sqrt{1-y^2}\pm y\times\sqrt{1-x^2})$

11) $-\frac{1}{2}\pi\leqslant\arcsin x\pm\arcsin y\leqslant\frac{1}{2}\pi$

12) $\arccos x\pm\arccos y=\arccos(xy\pm\sqrt{1-x^2}\times\sqrt{1-y^2})$

13) $0\leqslant\arccos x\pm\arccos y\leqslant\pi$

14) $\arctan x\pm\arctan y=\arctan\frac{x\pm y}{1\mp xy}$

15) $-\frac{\pi}{2}<\arctan x\pm\arctan y<\frac{\pi}{2}$

16) $\arcsin(-x)=-\arcsin x$

17) $\arccos(-x)=\pi-\arccos x$

18) $\arctan(-x)=-\arctan x$

19) $\operatorname{arccot}(-x)=\pi-\operatorname{arccot}x$

2.3 双曲函数

2.3.1 双曲函数间的关系

1) $\mathrm{ch}^2x-\mathrm{sh}^2x=1$

2) $\mathrm{ch}x+\mathrm{sh}x=\mathrm{e}^x$

3) $\mathrm{ch}x-\mathrm{sh}x=\mathrm{e}^{-x}$

4) $\mathrm{sh}(-x)=-\mathrm{sh}x$

5) $\mathrm{ch}(-x)=\mathrm{ch}x$

6) $\mathrm{th}(-x)=-\mathrm{th}x$

7) $\mathrm{sh}(x\pm y)=\mathrm{sh}x\mathrm{ch}y\pm\mathrm{ch}x\mathrm{sh}y$

8) $\mathrm{ch}(x\pm y)=\mathrm{ch}x\mathrm{ch}y\pm\mathrm{sh}x\mathrm{sh}y$

9) $\mathrm{th}(x\pm y)=\frac{\mathrm{th}x\pm\mathrm{th}y}{1\pm\mathrm{th}x\mathrm{th}y}$

2.3.2 反双曲函数的对数表达式

1) $\mathrm{arsh}x=\ln(x+\sqrt{x^2+1})$

2) $\mathrm{arch}x=\pm\ln(x+\sqrt{x^2-1})$, $x\geqslant1$

3) $\mathrm{arth}x=\frac{1}{2}\ln\frac{1+x}{1-x}$, $|x|<1$

2.3.3 双曲函数和三角函数的关系

1) $\sin\mathrm{i}x=\mathrm{i}\,\mathrm{sh}x$

2) $\mathrm{sh}\mathrm{i}x=\mathrm{i}\sin x$

3) $\cos\mathrm{i}x=\mathrm{ch}x$

4) $\mathrm{ch}\mathrm{i}x=\cos x$

5) $\tan\mathrm{i}x=\mathrm{i}\,\mathrm{th}x$

6) $\mathrm{th}\mathrm{i}x=-\tan x$

7) $\sin(x\pm\mathrm{i}y)=\sin x\mathrm{ch}y\pm\mathrm{i}\cos x\mathrm{sh}y$

8) $\cos(x\pm\mathrm{i}y)=\cos x\mathrm{ch}y\mp\mathrm{i}\sin x\mathrm{sh}y$

9) $\tan(x\pm\mathrm{i}y)=\frac{\sin2x\pm\mathrm{i}\,\mathrm{sh}2y}{\cos2x+\mathrm{ch}2y}$

以上各式中 $\mathrm{i}=\sqrt{-1}$

3 平面曲线与空间图形

3.1 坐标系及坐标变换（见表1.3-9）

表1.3-9　坐标系及坐标变换

	坐标系	直角坐标	极坐标	图示
平面直角坐标与极坐标	点的坐标表示	$P(x,y)$ x—横坐标　y—纵坐标	$P(\rho,\theta)$ ρ—极径　θ—极角	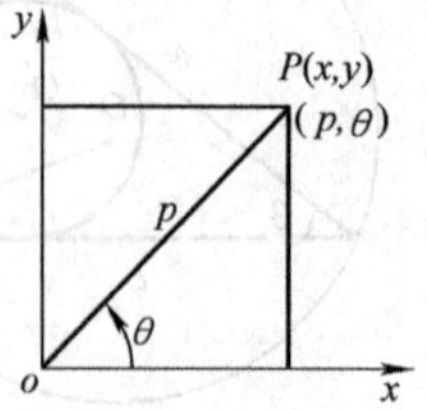
	互换公式	$x=\rho\cos\theta$ $y=\rho\sin\theta$	$\rho=\sqrt{x^2+y^2}$ $\tan\theta=\frac{y}{x}$	

（续）

	变换名称	平　移	旋　转	一般变换
平面直角坐标的变换	图示	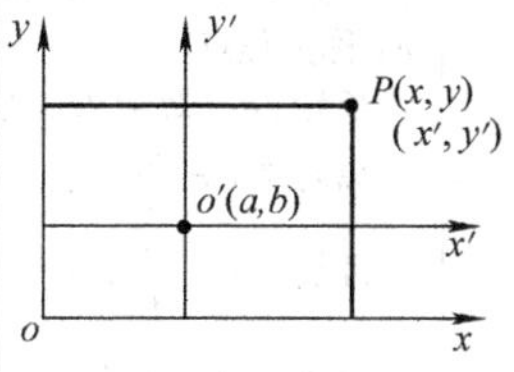	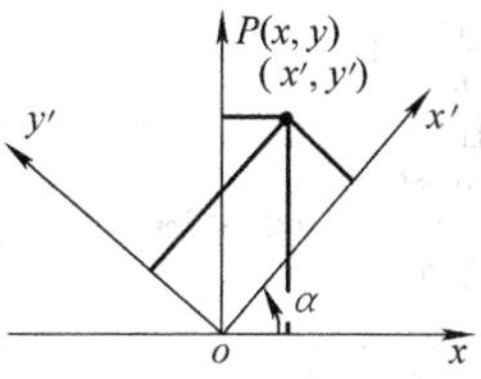	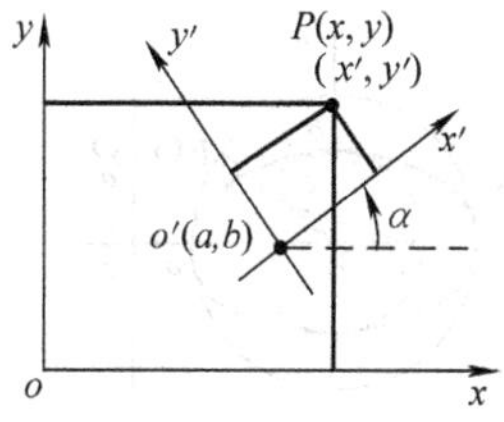
	变换公式	$\begin{cases}x=x'+a\\y=y'+b\end{cases}$ $\begin{cases}x'=x-a\\y'=y-b\end{cases}$	$\begin{cases}x=x'\cos\alpha-y'\sin\alpha\\y=x'\sin\alpha+y'\cos\alpha\end{cases}$ $\begin{cases}x'=x\cos\alpha+y\sin\alpha\\y'=-x\sin\alpha+y\cos\alpha\end{cases}$	$\begin{cases}x=x'\cos\alpha-y'\sin\alpha+a\\y=x'\sin\alpha+y'\cos\alpha+b\end{cases}$ $\begin{cases}x'=(x-a)\cos\alpha+(y-b)\sin\alpha\\y'=-(x-a)\sin\alpha+(y-b)\cos\alpha\end{cases}$
空间坐标的互换公式	坐标系	直角坐标	圆柱坐标	球坐标
	点的坐标表示	$P(x, y, z)$	$P(\rho, \theta, z)$	$P(r, \varphi, \theta)$ φ—纬角，θ—经角
	图示	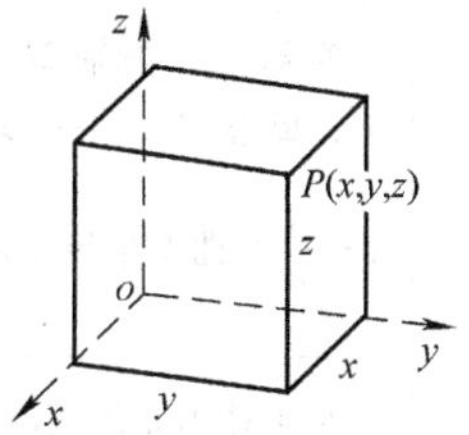	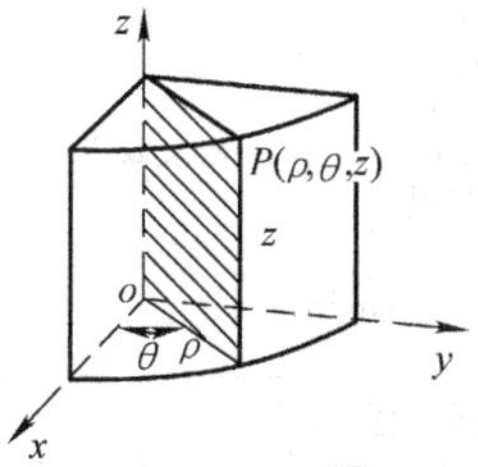	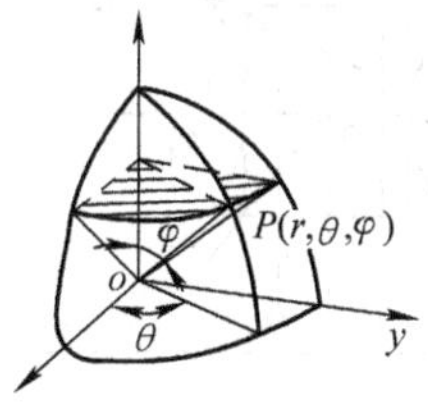
	互换公式	直角坐标与圆柱坐标互换 $\begin{cases}x=\rho\cos\theta\\y=\rho\sin\theta\\z=z\end{cases}$ $\begin{cases}\rho=\sqrt{x^2+y^2}\\\tan\theta=\dfrac{y}{x}\\z=z\end{cases}$	圆柱坐标与球坐标互换 $\begin{cases}\rho=r\sin\varphi\\z=r\cos\varphi\\\theta=\theta\end{cases}$ $\begin{cases}r=\sqrt{\rho^2+z^2}\\\varphi=\arccos\dfrac{z}{\sqrt{\rho^2+z^2}}\\\theta=\theta\end{cases}$	直角坐标与球坐标互换$\begin{cases}x=r\sin\varphi\cos\theta\\y=r\sin\varphi\sin\theta\\z=r\cos\varphi\end{cases}$ $\begin{cases}r=\sqrt{x^2+y^2+z^2}\\\varphi=\arccos\dfrac{z}{\sqrt{x^2+y^2+z^2}}\\\tan\theta=\dfrac{y}{x}\end{cases}$

3.2　常用曲线（见表1.3-10）

表1.3-10　常用曲线

曲线名称和图形	曲线方程	说　明
[圆] 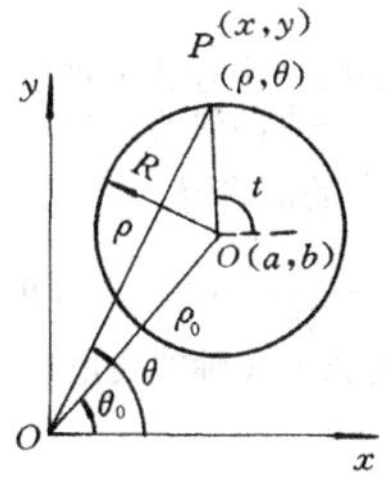	直角坐标方程 $(x-a)^2+(y-b)^2=R^2$ 参数方程 $\begin{cases}x=a+R\cos t\\y=b+R\sin t\end{cases}\quad(0\leqslant t<2\pi)$ 极坐标方程 $\rho^2-2\rho\rho_0\cos(\theta-\theta_0)+\rho_0^2=R^2$	是与定点(a,b)的距离等于定长R的点的轨迹 圆心(a,b)，(ρ_0,θ_0)，半径R，曲率半径R

（续）

曲线名称和图形	曲线方程	说明
［椭圆］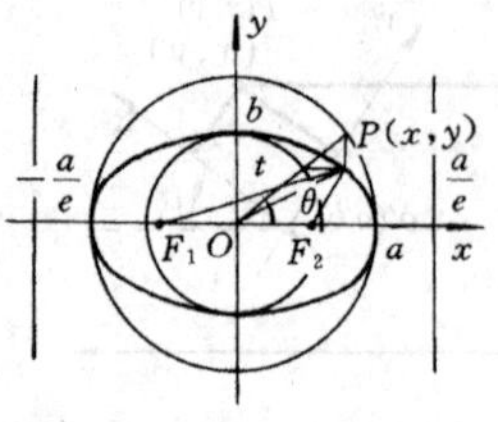	直角坐标方程 $\frac{x^2}{a^2}+\frac{y^2}{b^2}=1$ 参数方程 $\begin{cases}x=a\cos t\\y=a\sin t\end{cases}$ $(0\leqslant t<2\pi)$ 极坐标方程 $\rho^2=\frac{b^2}{1-e^2\cos^2\theta}$	是与定点 F_1（$-c$，0），F_2（c，0）的距离之和等于常数 $2a$ 的点的轨迹，F_1，F_2 称为焦点 长轴 $2a$，短轴 $2b$，焦距 $2c$，$c^2=a^2-b^2$ 离心率 $e=\frac{c}{a}<1$，准线 $x=-\frac{a}{e}$，$x=\frac{a}{e}$，曲率半径 $a^2b^2\left(\frac{x^2}{a^4}+\frac{y^2}{b^4}\right)^{\frac{3}{2}}$
［抛物线］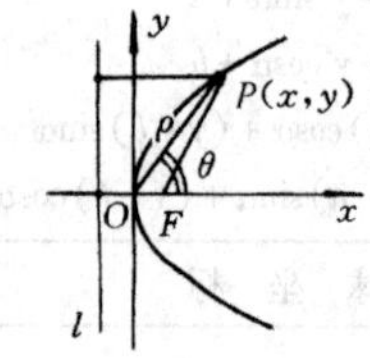	直角坐标方程 $y^2=2px$，$(p>0)$ 参数方程 $\begin{cases}x=2pt^2\\y=2pt\end{cases}$ $(-\infty<t<+\infty)$ 极坐标方程 $\rho=\frac{2p\cos\theta}{1-\cos^2\theta}$	是与定点 $F\left(\frac{p}{2},0\right)$，定直线 l：$x=-\frac{p}{2}$距离相等的点的轨迹，F 称为焦点，l 称为准线，p 称为焦参数，曲率半径为 $\frac{1}{\sqrt{p}}(p+2x)^{\frac{3}{2}}$
［双曲线］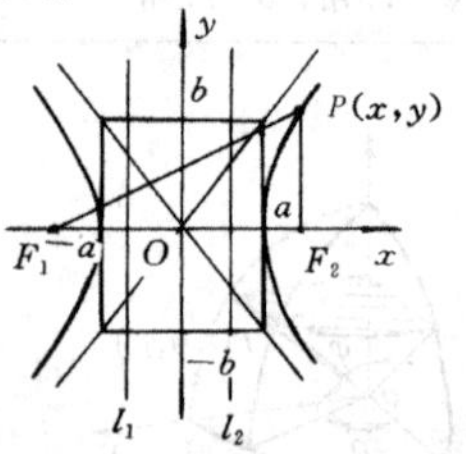	直角坐标方程 $\frac{x^2}{a^2}-\frac{y^2}{b^2}=1$ 参数方程 $\begin{cases}x=a\operatorname{ch}t\\y=b\operatorname{sh}t\end{cases}$ $(-\infty<t<\infty)$ 极坐标方程 $\rho^2=\frac{-b^2}{1-e^2\cos^2\theta}$	是到定点 F_1（$-c$，0），F_2（c，0）距离之差为常数 $2a$ 的点的轨迹，F_1，F_2 称为焦点 实轴 $2a$，虚轴 $2b$，焦距 $2c$，$c^2=a^2+b^2$，离心率 $e=\frac{c}{a}>1$，准线 $x=-\frac{a}{e}$，$x=\frac{a}{e}$，曲率半径 $a^2b^2\left(\frac{x^2}{a^4}+\frac{y^2}{b^4}\right)^{\frac{3}{2}}$
［摆线］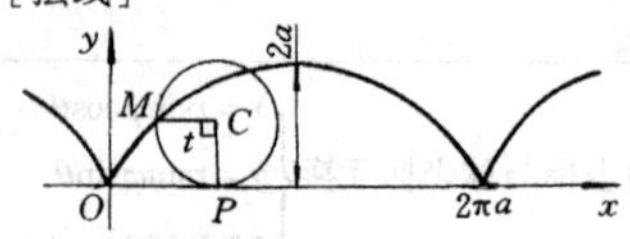	直角坐标方程 $x+\sqrt{y(2a-y)}=a\arccos\left(1-\frac{y}{a}\right)$ 参数方程 $\begin{cases}x=a(t-\sin t)\\y=a(1-\cos t)\end{cases}$ $(-\infty<t<\infty)$	是半径为 a 的圆沿直线滚动时，圆周上一点的轨迹 周期 $2\pi a$，一拱长 $8a$，一拱与直线所围面积 $3\pi a^2$，曲率半径 $4a\sin\frac{t}{2}$
［长幅摆线］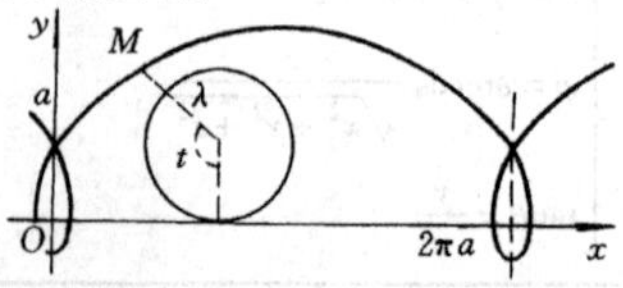	参数方程 $\begin{cases}x=at-\lambda\sin t\\y=a-\lambda\cos t\end{cases}$，$(\lambda>a)$ $(-\infty<t<\infty)$	是半径为 a 的圆沿直线滚动时，圆外一点（距圆心 λ）的轨迹 周期 $2\pi a$，曲率半径 $\frac{(a^2+\lambda^2-2a\lambda\cos t)^{\frac{3}{2}}}{\lambda(a\cos t-\lambda)}$
［短幅摆线］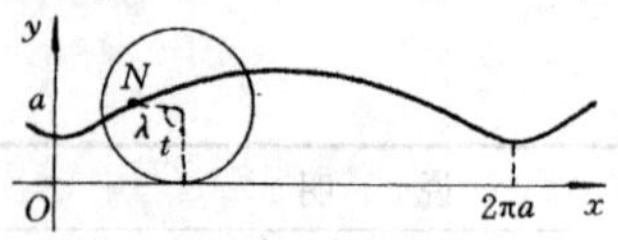	参数方程 $\begin{cases}x=at-\lambda\sin t\\y=a-\lambda\cos t\end{cases}$，$(\lambda<a)$ $(-\infty<t<\infty)$	是半径为 a 的圆沿直线滚动时，圆内一点（距圆心 λ）的轨迹 周期 $2\pi a$，曲率半径 $\frac{(a^2+\lambda^2-2a\lambda\cos t)^{\frac{3}{2}}}{\lambda(a\cos t-\lambda)}$
［内摆线］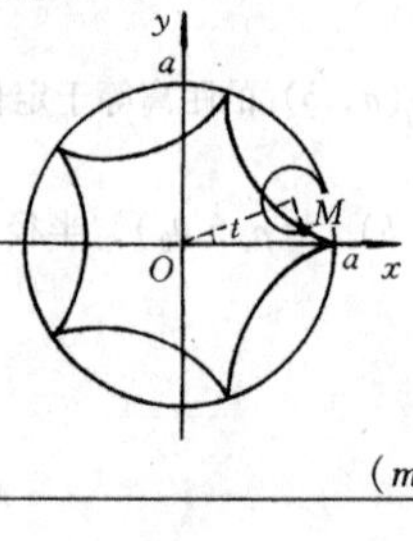 （$m=5$）	参数方程 $\begin{cases}x=(a-b)\cos t+b\cos\left(\frac{a}{b}-1\right)t\\y=(a-b)\sin t-b\sin\left(\frac{a}{b}-1\right)t\end{cases}$	是半径为 b 的圆在半径为 a 的圆内滚动时，动圆圆周上一点的轨迹，$(b<a)$，曲线形状由 $m=\frac{a}{b}$的值确定 曲率半径 $\frac{4b(a-b)}{a-2b}\sin\frac{a\theta}{2b}$，（$\theta$ 为曲线上的点与原点连线和 x 轴的夹角）

（续）

曲线名称和图形	曲 线 方 程	说　明
[星形线] 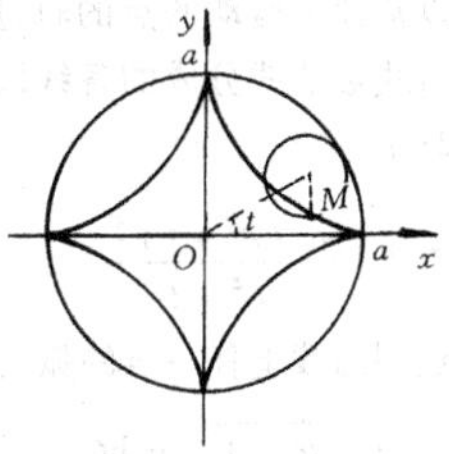	直角坐标方程 $x^{\frac{2}{3}}+y^{\frac{2}{3}}=a^{\frac{2}{3}}$ 参数方程 $\begin{cases}x=a\cos^3 t\\y=a\sin^3 t\end{cases}\quad(0\leqslant t<2\pi)$	是 $m=\dfrac{a}{b}=4$ 时的内摆线，全长 $6a$，面积 $\dfrac{3}{8}\pi a^2$
[外摆线] 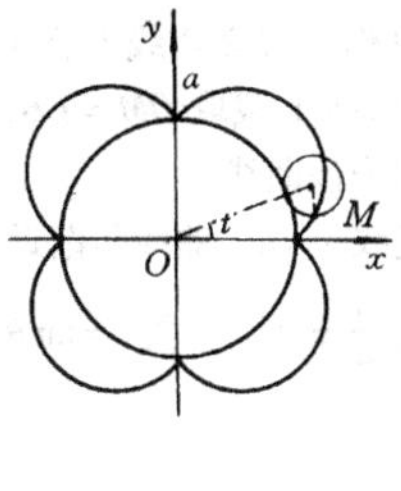（$m=4$）	参数方程 $\begin{cases}x=(a+b)\cos t-b\cos\left(\dfrac{a}{b}+1\right)t\\y=(a+b)\sin t-b\sin\left(\dfrac{a}{b}+1\right)t\end{cases}$	是半径为 b 的圆在半径为 a 的圆外滚动时，动圆圆周上一点的轨迹，曲线形状由 $m=\dfrac{a}{b}$ 的值确定 曲率半径 $\dfrac{4b(a+b)}{a+2b}\sin\dfrac{a\theta}{2b}$，（$\theta$ 为曲线上的点与原点连线和 x 轴的夹角）
[心形线] 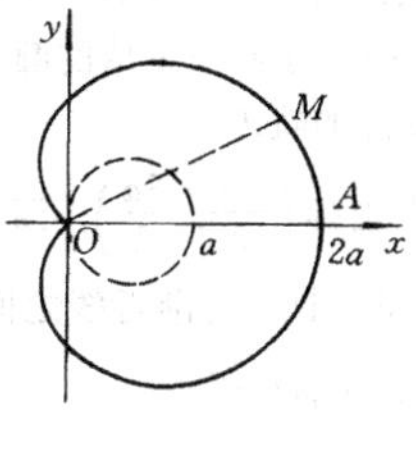	直角坐标方程 $(x^2+y^2)^2-2ax(x^2+y^2)=a^2y^2$ 参数方程 $\begin{cases}x=a\cos t(1+\cos t)\\y=a\sin t(1+\cos t)\end{cases}\quad(0\leqslant t<2\pi)$ 极坐标方程 $\rho=a(1+\cos\theta)$	是 $m=\dfrac{a}{b}=1$ 时的外摆线，全长 $8a$，面积 $\dfrac{3}{2}\pi a^2$
[圆的渐伸线] 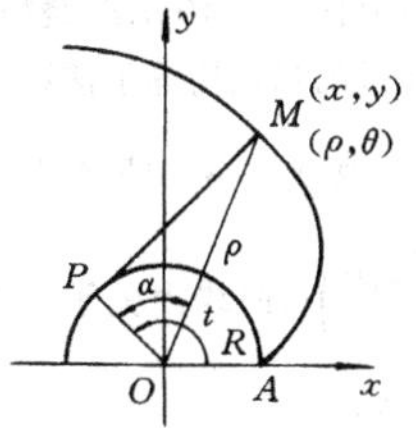	参数方程 $\begin{cases}x=R(\cos t+t\sin t)\\y=R(\sin t-t\cos t)\end{cases}$ 极坐标方程 $\begin{cases}\rho=\dfrac{R}{\cos\alpha}\\\theta=\tan\alpha-\alpha\end{cases}$	是缠绕在半径为 R 的圆（基圆）上的无伸缩的细线解开时，细线端点的轨迹，细线称为发生线 参数 $t=\alpha+\theta$，渐伸线上任一点的法线是基圆的切线 曲率半径 Rt
[对数螺线] 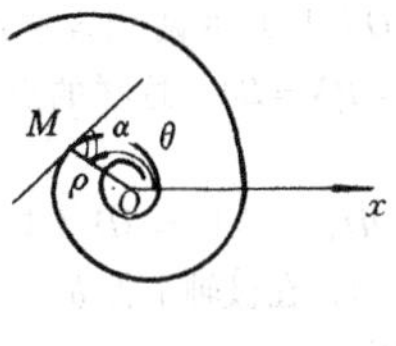	极坐标方程 $\rho=\alpha e^{k\theta}$	曲线上任一点处的切线与该点极半径夹角为常数 $\arctan\dfrac{1}{k}$ 过极点的任一射线被曲线分成的各线段的长成等比数列，公比为 $e^{2k\pi}$，曲率半径 $\sqrt{1+k^2}\rho$，曲线上任意两点间的弧长为 $\dfrac{\sqrt{1+k^2}}{k}(\rho_2-\rho_1)$

（续）

曲线名称和图形	曲 线 方 程	说　明
[阿基米德螺线] 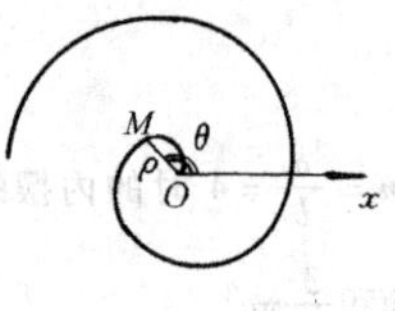	极坐标方程 $\rho=a\theta\quad\left(a=\frac{v}{\omega}\right)$	是一绕极点以常角速度 ω 转动的射线上以常速 v 运动的点的轨迹，过极点的射线被曲线分成的各线段之长相等：$2\pi a$ 曲率半径$\frac{a\left(\theta^3+1\right)^{\frac{3}{2}}}{\theta^2+2}$ 极点到曲线上任一点的弧长为 $\frac{a}{2}\left(\theta\sqrt{\theta^2+1}+\mathrm{arsh}\theta\right)$
[蔓叶线] 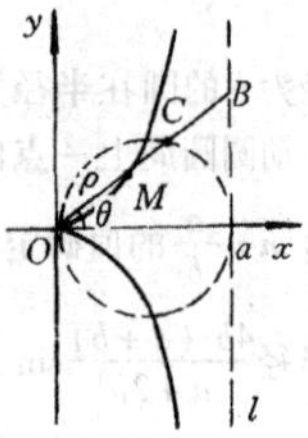	直角坐标方程 $y^2=\frac{x^3}{a-x}$ 参数方程 $\begin{cases}x=\frac{at^2}{1+t^2}\\y=\frac{at^3}{1+t^2}\end{cases}$ 极坐标方程 $\rho=\frac{a\sin^2\theta}{\cos\theta}$	过 O 作射线交切线 l 于 B，交圆于 C，在射线上截取 $OM=CB$，则 M 的轨迹即为该曲线 渐近线 $x=a$，曲线与渐近线之间的面积为$\frac{3}{4}\pi a^2$，参数 $t=\tan\theta$
[笛卡儿叶形线] 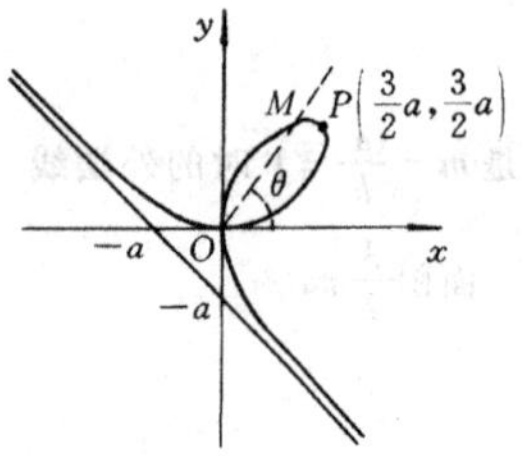	直角坐标方程 $x^3+y^3=3axy$ 参数方程 $\begin{cases}x=\frac{3at}{1+t^3}\\y=\frac{3at^2}{1+t^3}\end{cases}\quad(t=\tan\theta)$	是圆锥曲线束 $x^2+\lambda y^2=3ay$ 和直线束 $y=\lambda x$ 对于同一 λ 值的圆锥曲线和直线交点的轨迹 顶点坐标$\left(\frac{3a}{2},\ \frac{3a}{2}\right)$，渐近线 $x+y+a=0$，曲线与渐近线之间的面积$\frac{3a^2}{2}$，圈套面积$\frac{3a^2}{2}$
[双曲螺线] 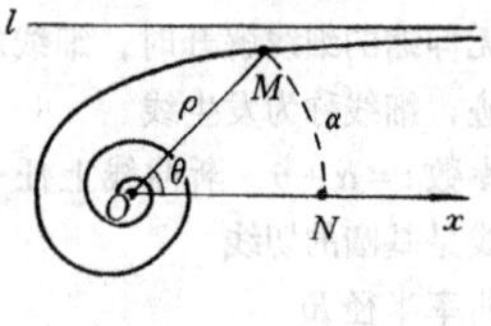	极坐标方程 $\rho=\frac{a}{\theta}$	曲线上任一点 $M(\rho,\theta)$ 绕极点旋转 θ 角所经过的弧长均等于常数 a 渐近线 $y=a$，曲率半径$\frac{a}{\theta}\times\left(\frac{\sqrt{1+\theta^2}}{\theta}\right)^3$，曲线由关于 y 轴对称的两支组成
[斜环索线] 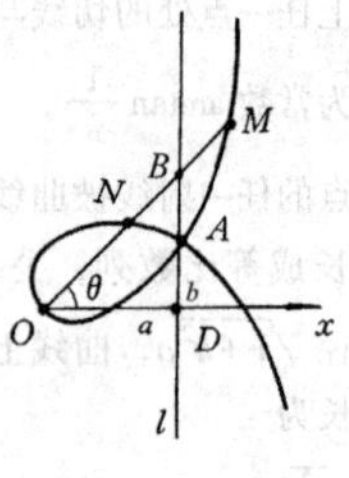	直角坐标方程 $(x^2+y^2)(x-2a)+(a^2-b^2)x+2aby=0$ 极坐标方程 $\rho=\frac{a}{\cos\theta}+a\tan\theta-b$	设 l 为定直线，A 为其上定点，O 为其外的定点，过 O 的射线与 l 交于 B，在 OB 上 B 的两侧各取点 M，N，使 $BM=BN=BA$，这样的点 M，N 的轨迹 $a=OD$，$\mid b\mid=AD$（A 在极轴上方，$b>0$，在极轴下方 $b<0$，在极轴上 $b=0$）

（续）

曲线名称和图形	曲 线 方 程	说　　明
［环索线］ 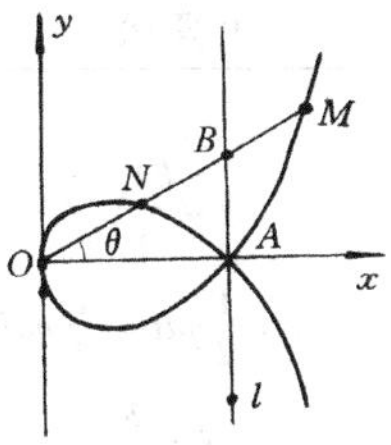	直角坐标方程 $(x^2+y^2)(x-a)^2=a^2y^2$　（以 O 为原点） $y^2=x^2\dfrac{a+x}{a-x}$　（以 A 为原点） 极坐标方程 $\rho=a\dfrac{1+\sin\theta}{\cos\theta}$　（以 O 为极点）	是 OA 垂直于定直线 l 时的斜环索线，渐近线 $x=2a$（以 O 为原点） 曲线与渐近线之间的面积 $2a^2+\dfrac{1}{2}\pi a^2$，圈套面积 $2a^2-\dfrac{1}{2}\pi a^2$
［箕舌线］ 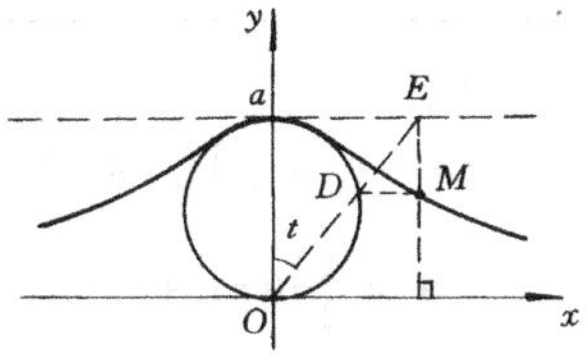	直角坐标方程 $y=\dfrac{a^3}{x^2+a^2}$ 参数方程 $\begin{cases}x=a\tan t\\ y=a\cos^2 t\end{cases}$　$\left(-\dfrac{\pi}{2}<t<\dfrac{\pi}{2}\right)$	从原点 O 作射线交圆 $x^2+y^2=ay$ 于 D，交直线 $y=a$ 于 E，过 D 作 x 轴平行线，过 E 作 y 轴平行线，二平行线交点 M 的轨迹 渐近线 $y=0$，曲线与渐近线之间的面积 πa^2
［悬链线］ 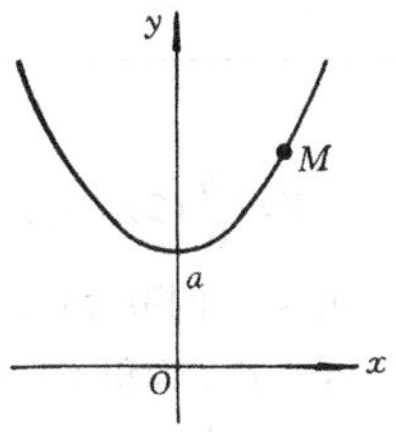	直角坐标方程 $y=a\operatorname{ch}\dfrac{x}{a}$	柔软、不能伸长的绳子悬挂于两点的形状 曲率半径 $a\operatorname{ch}^2\dfrac{x}{a}$，顶点 $(0,a)$ 到曲线上一点 $M(x,y)$ 的弧长 $a\operatorname{sh}\dfrac{x}{a}$
［双纽线］ 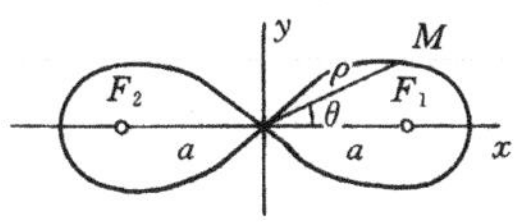	直角坐标方程 $(x^2+y^2)^2=2a^2(x^2-y^2)$ 极坐标方程 $\rho^2=2a^2\cos 2\theta$	是到定点 $F_1(a,0)$，$F_2(-a,0)$ 距离之积为定值 a^2 的点 M 的轨迹 曲率半径 $\dfrac{2a^2}{3\rho}$，双纽面积 $2a^2$
［圆柱螺线］ 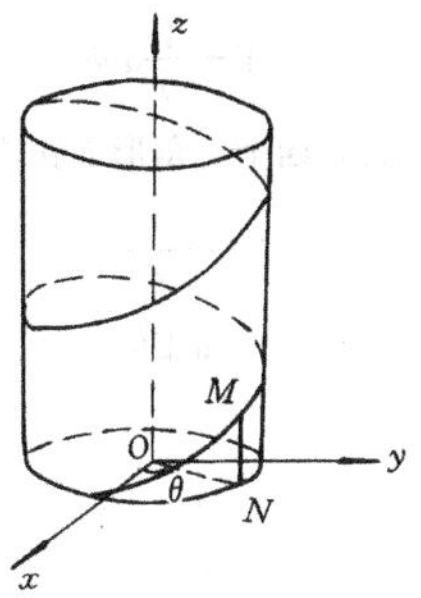	参数方程 $\begin{cases}x=a\cos\theta\\ y=a\sin\theta\\ z=\dfrac{h\theta}{2\pi}\end{cases}$　（h：螺距）	是绕一直线等速转动，且沿该直线方向作等速运动的点 M 的轨迹 曲率 $\dfrac{4\pi^2 a}{4\pi^2a^2+h^2}$， 挠率 $\dfrac{2\pi h}{4\pi^2a^2+h^2}$

3.3　立体图形计算公式（表1.3-11）

表1.3-11　立体图形计算公式

图　形	计算公式	图　形	计算公式
正方体 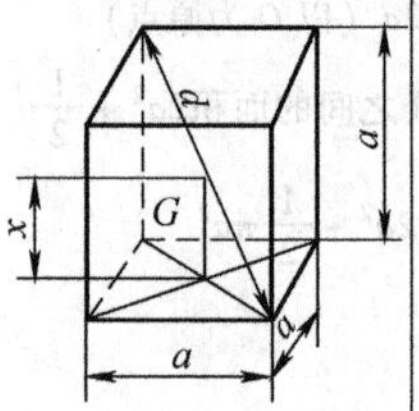	$V=a^3$ $A_n=6a^2$ $A_0=4a^2$ $A=A_s=a^2$ $x=a/2$ $d=\sqrt{3}a=1.7321a$	正角锥体 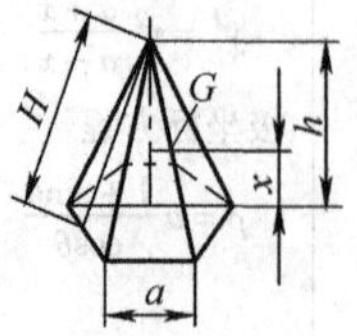	$V=\frac{hA_s}{3}$① $A_0=\frac{1}{2}pH=\frac{1}{2}naH$ $x=\frac{h}{4}$ p—底面周长 n—侧面的面数
长方体 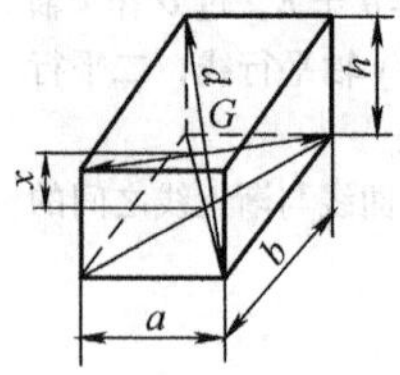	$V=abh$ $A_n=2(ab+ah+bh)$ $A_0=2h(a+b)$ $x=\frac{h}{2}$ $d=\sqrt{a^2+b^2+h^2}$	平截正角锥体 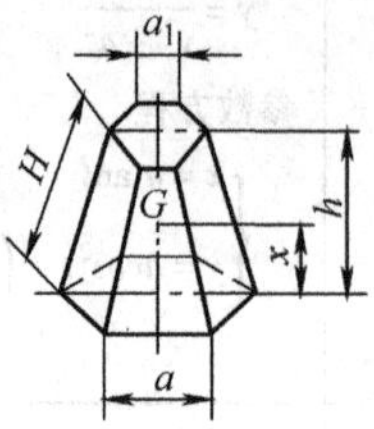	$V=\frac{h}{3}(A+\sqrt{AA_s}+A_s)$② $A_0=\frac{1}{2}H(na_1+na)$ $x=\frac{h}{4}\frac{A_s+2\sqrt{AA_s}+3A}{A_s+\sqrt{AA_s}+A}$ n—侧面的面数
正六角体 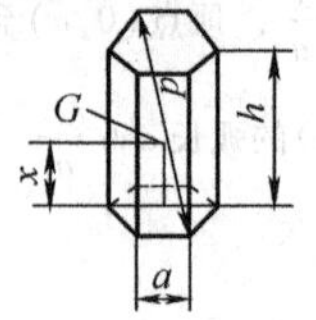	$V=2.598a^2h$ $A_n=5.1963a^2+6ah$ $A_0=6ah$ $x=\frac{h}{2}$ $d=\sqrt{h^2+4a^2}$	楔形体 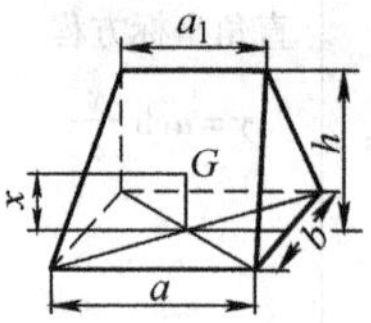	$V=\frac{bh}{6}(2a+a_1)$ $A_n=$二个梯形面积+二个三角形面积+底面积 $x=\frac{h(a+a_1)}{2(2a+a_1)}$ 底为矩形
平截四角锥体 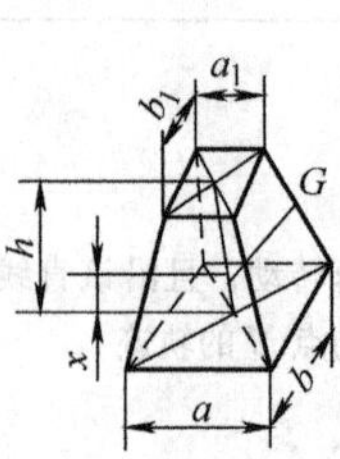	$V=\frac{h}{6}(2ab+ab_1+a_1b+2a_1b_1)$ $x=\frac{h(ab+ab_1+a_1b+3a_1b_1)}{2(2ab+ab_1+a_1b+2a_1b_1)}$ 底为矩形	四面体 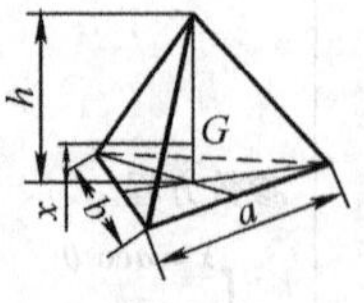	$V=\frac{1}{6}abh$ $A_n=$四个三角形面积之和 $x=\frac{1}{4}h$ $a\perp b$

（续）

图　形	计 算 公 式
矩形棱锥体 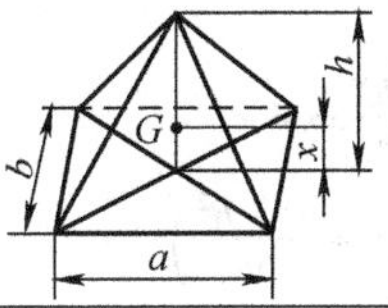	$V=\frac{1}{3}abh$ A_n = 四个三角形面积 + 底面积 $x=\frac{1}{4}h$ 底为矩形
圆柱体 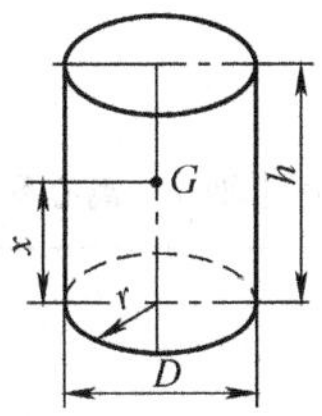	$V=\frac{\pi}{4}D^2h=0.785D^2h=\pi r^2h$ $A_0=\pi Dh=2\pi rh$ $x=\frac{h}{2}$ $A_n=2\pi r(r+h)$
斜截圆柱 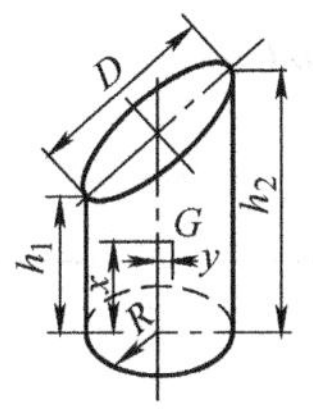	$V=\pi R^2\frac{h_1+h_2}{2}$ $A_0=\pi R(h_1+h_2)$ $D=\sqrt{4R^2+(h_2-h_1)^2}$ $x=\frac{h_2+h_1}{4}+\frac{(h_2-h_1)^2}{16(h_2+h_1)}$ $y=\frac{R}{4}\frac{(h_2-h_1)}{(h_2+h_1)}$
空心圆柱 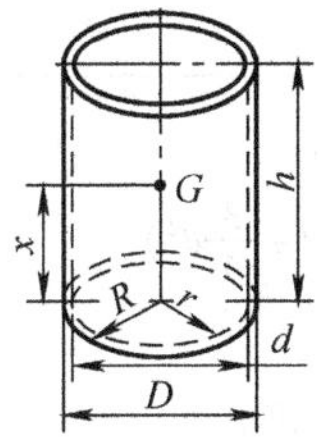	$V=\frac{\pi}{4}h(D^2-d^2)$ $A_0=\pi h(D+d)=2\pi h(R+r)$ $x=\frac{h}{2}$
圆锥体 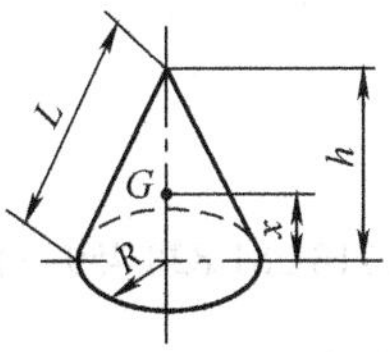	$V=\frac{\pi R^2h}{3}$ $A_0=\pi RL=\pi R\sqrt{R^2+h^2}$ $x=\frac{h}{4}$ $L=\sqrt{R^2+h^2}$
平截圆锥体 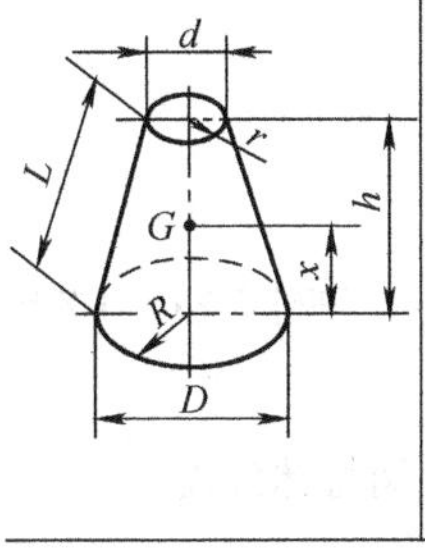	$V=\frac{\pi}{12}h(D^2+Dd+d^2)$ $=\frac{\pi}{3}h(R^2+r^2+Rr)$ $A_0=\frac{\pi}{2}L(D+d)=\pi L(R+r)$ $L=\sqrt{\left(\frac{D-d}{2}\right)^2+h^2}$ $x=\frac{h(D^2+2Dd+3d^2)}{4(D^2+Dd+d^2)}$
平截空心圆锥体 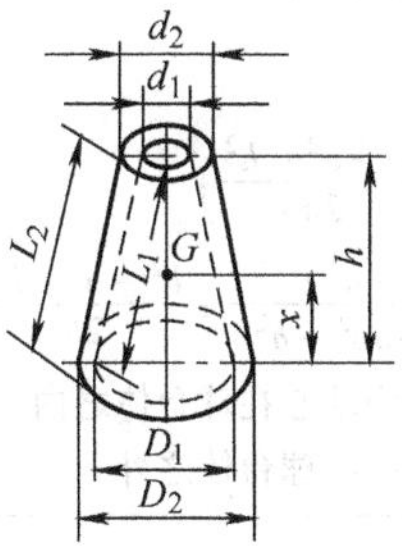	$V=\frac{\pi h}{12}(D_2^2-D_1^2+D_2d_2-D_1d_1+d_2^2-d_1^2)$ $A_0=\frac{\pi}{2}[L_2(D_2+d_2)+L_1(D_1+d_1)]$ $x=\frac{h}{4}\left(\frac{D_2^2-D_1^2+2(D_2d_2-D_1d_1)^2+3(d_2^2-d_1^2)}{D_2^2-D_1^2+D_2d_2-D_1d_1+d_2^2-d_1^2}\right)$
圆球 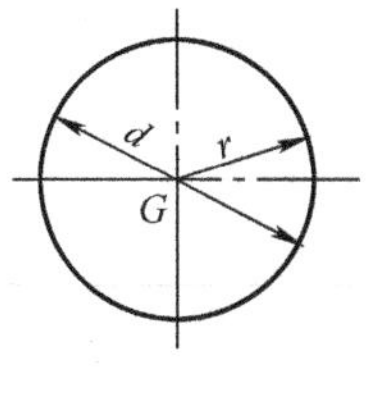	$V=\frac{4}{3}\pi r^3=\frac{\pi d^3}{6}=0.5236d^3$ $A_n=4\pi r^2=\pi d^2$
半圆球体 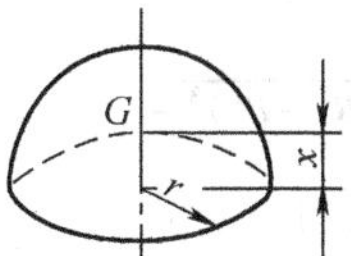	$V=\frac{2}{3}\pi r^3$ $A_n=3\pi r^2$ $x=\frac{3}{8}r$
球楔体 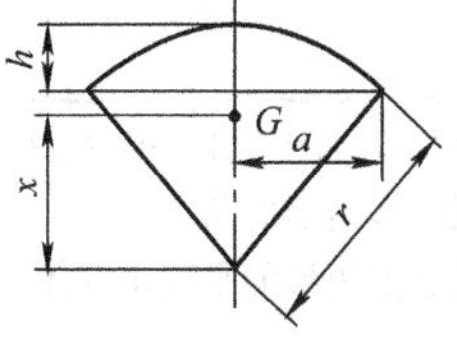	$V=\frac{2\pi r^2h}{3}$ $A_n=\pi r(a+2h)$ $x=\frac{3}{8}(2r-h)$
缺球体 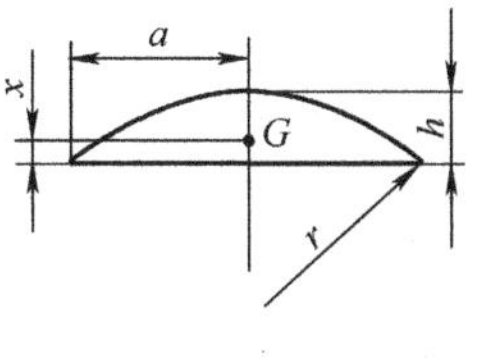	$V=\frac{\pi h}{6}(3a^2+h^2)$ $=\frac{\pi h^2}{3}(3r-h)$ $A_n=\pi(2a^2+h^2)=\pi(2rh+a^2)$ $x=\frac{h}{2}\frac{(2a^2+h^2)}{(3a^2+h^2)}$ $x=\frac{h}{4}\frac{(4r-h)}{(3r-h)}$ $A_0=2\pi rh=\pi(a^2+h^2)$

（续）

图形	计算公式
平截球台体 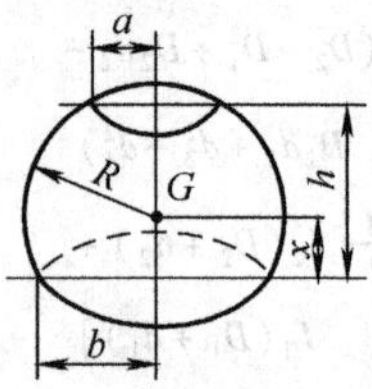	$V=\frac{\pi h}{6}(3a^2+3b^2+h^2)$ $A_0=2\pi Rh$ $R^2=b^2+\left(\frac{b^2-a^2-h^2}{2h}\right)^2$ $x=\frac{3(b^4-a^4)}{2h(3a^2+3b^2+h^2)}\pm\frac{b^2-a^2-h^2}{2h}$ 式中“+”号为球心在球台体之内 “-”号为球心在球台体之外
抛物线体 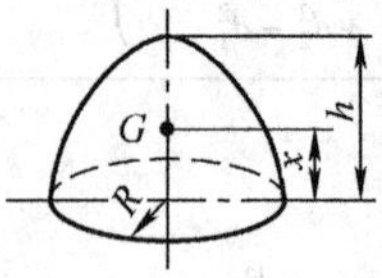	$V=\frac{\pi R^2 h}{2}$ $A_0=\frac{2\pi}{3P}[\sqrt{(R^2+P^2)^3}-P^3]$ 其中 $P=\frac{R^2}{2h}$ $x=\frac{1}{3}h$
平截抛物线体 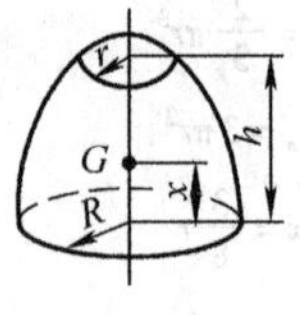	$V=\frac{\pi}{2}(R^2+r^2)h$ $A_0=\frac{2\pi}{3P}[\sqrt{(R^2+P^2)^3}-\sqrt{(r^2+P^2)^3}]$ $P=\frac{R^2-r^2}{2h}$ $x=\frac{h(R^2+2r^2)}{3(R^2+r^2)}$

图形	计算公式
半椭圆球体 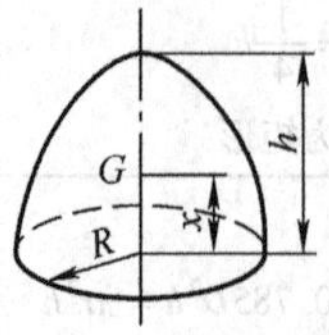	$V=\frac{2}{3}\pi hR^2$ $A_0=\pi R^2+\frac{\pi hR}{e}\arcsin e$ $\approx\pi R\left(h+R+\frac{h^2-R^2}{6h}\right)$ $e=\sqrt{\frac{h^2-R^2}{h}}$ $x=\frac{3}{8}h$ h—长半轴；R—短半轴；e—离心率
圆环体 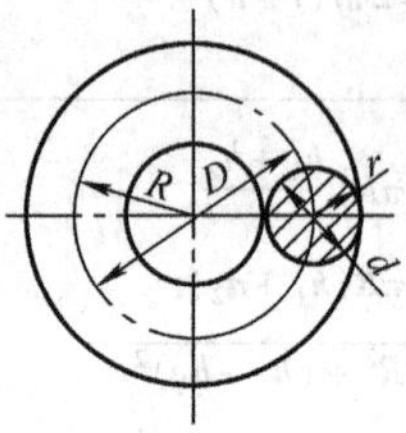	$V=2\pi^2Rr^2=\frac{1}{4}\pi^2Dd^2=2.4674Dd^2$ $A_n=4\pi^2Rr=\pi^2Dd$
椭圆体 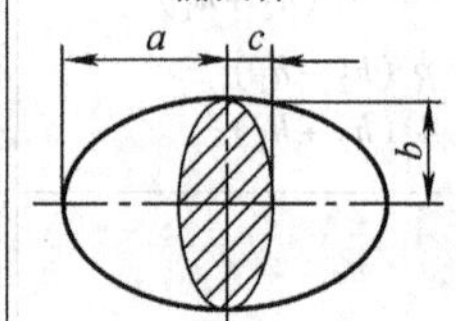	$V=\frac{4}{3}\pi abc$
桶形体 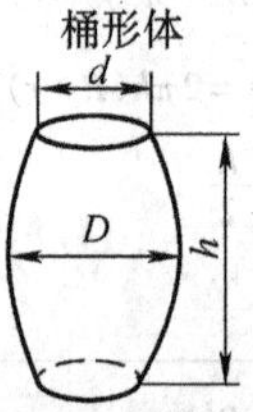	对于抛物线形桶： $V=\frac{\pi h}{15}(2D^2+Dd+\frac{3}{4}d^2)$ 对于圆形桶： $V=\frac{1}{12}\pi h(2D^2+d^2)$

注：V—容积；A_n—全面积；A_0—侧面积；A_s—底面积；A—顶面积；G—重心的位置。

① 此公式也适用于底面积为任意多边形的角锥体。

② 此公式也适用于底面积为任意多边形的平截角锥体。

4　微分

4.1　特殊极限值

设 n 为正整数，x、y 为任意实数。

1）$\lim_{n\to\infty}\sqrt[n]{a}=1$，$(a>0)$

2）$\lim_{n\to\infty}\sqrt[n]{n}=1$

3）$\lim_{x\to 0}\frac{\sin x}{x}=1$

4）$\lim_{x\to 0}\frac{\tan x}{x}=1$

5）$\lim_{n\to\infty}\left(1+\frac{1}{n}\right)^n=\mathrm{e}$，$(\mathrm{e}=2.718\,281\,828\,459\cdots)$

6）$\lim_{n\to\infty}\left(1+\frac{x}{n}\right)^n=\mathrm{e}^x$

7）$\lim_{x\to\infty}\left(1+\frac{1}{x}\right)^x=\mathrm{e}$

8）$\lim_{x\to\infty}\left(1+\frac{y}{x}\right)^x=\mathrm{e}^y$

9）$\lim_{n\to\infty}\left(1+\frac{1}{2}+\frac{1}{3}+\cdots+\frac{1}{n}-\ln n\right)=\gamma$，$(\gamma=0.577\,215\,664\,9\cdots)$

10）$\lim_{n\to\infty}\frac{n!}{n^n\mathrm{e}^{-n}\sqrt{n}}=\sqrt{2\pi}$　（斯特林公式）

11）$\lim\limits_{n\to\infty}\left\{\dfrac{2\cdot4\cdot6\cdot\cdots\cdot(2n)}{1\cdot3\cdot5\cdot\cdots\cdot(2n-1)}\right\}^2\dfrac{1}{2n+1}=\dfrac{\pi}{2}$

（瓦利斯公式）

4.2　导数

4.2.1　导数符号

1）$y=f(x)$的导数

$$y'=f'(x)=\frac{dy}{dx}=\lim_{\Delta x\to0}\frac{\Delta y}{\Delta x}=\lim_{\Delta x\to0}\frac{f(x+\Delta x)-f(x)}{\Delta x}$$

2）$y=f(x)$的n阶导数

$$y^{(n)}=f^{(n)}(x)=\frac{d^ny}{dx^n}=\frac{d}{dx}\left(\frac{d^{n-1}y}{dx^{n-1}}\right),(n=2,3,\cdots)$$

3）$z=f(x,y)$的偏导数

$$\frac{\partial z}{\partial x}=f_x(x,y)=\lim_{\Delta x\to0}\frac{f(x+\Delta x,y)-f(x,y)}{\Delta x}$$

$$\frac{\partial z}{\partial y}=f_y(x,y)=\lim_{\Delta y\to0}\frac{f(x,y+\Delta y)-f(x,y)}{\Delta y}$$

4）$z=f(x,y)$的二阶偏导数

$$\frac{\partial^2 z}{\partial x^2}=\frac{\partial}{\partial x}\left(\frac{\partial z}{\partial x}\right)=f_{xx}(x,y)$$

$$\frac{\partial^2 z}{\partial y^2}=\frac{\partial}{\partial y}\left(\frac{\partial z}{\partial y}\right)=f_{yy}(x,y)$$

$$\frac{\partial^2 z}{\partial y\partial x}=\frac{\partial}{\partial y}\left(\frac{\partial z}{\partial x}\right)=f_{yx}(x,y)$$

$$\frac{\partial^2 z}{\partial x\partial y}=\frac{\partial}{\partial x}\left(\frac{\partial z}{\partial y}\right)=f_{xy}(x,y)$$

4.2.2　求导法则

设u，v，w，…为x的可导函数，a为常数

1）$\dfrac{d}{dx}(u+v)=\dfrac{du}{dx}+\dfrac{dv}{dx}$

2）$\dfrac{d}{dx}(au)=a\dfrac{du}{dx}$

3）$\dfrac{d}{dx}(uv)=\dfrac{du}{dx}v+u\dfrac{dv}{dx}$

4）$\dfrac{d}{dx}(uvw\cdots)=(uvw\cdots)\times\left(\dfrac{1}{u}\dfrac{du}{dx}+\dfrac{1}{v}\dfrac{dv}{dx}+\dfrac{1}{w}\dfrac{dw}{dx}+\cdots\right)$

5）$\dfrac{d}{dx}\left(\dfrac{u}{v}\right)=\dfrac{v\,du/dx-u\,dv/dx}{v^2}$

6）幂指函数的导数

$$\frac{d}{dx}u^v=u^v\left(\ln u\frac{dv}{dx}+\frac{v}{u}\frac{du}{dx}\right)$$

7）乘积的高阶导数

$$\frac{d^n(uv)}{dx^n}=\frac{d^nu}{dx^n}v+C_n^1\frac{d^{n-1}u}{dx^{n-1}}\frac{dv}{dx}+C_n^2\frac{d^{n-2}u}{dx^{n-2}}\frac{d^2v}{dx^2}+\cdots+u\frac{d^nv}{dx^n}$$，式中C_n^i为组合数

8）复合函数的导数　当$y=f(z)$，$z=g(x)$时，则有　$\dfrac{dy}{dx}=\dfrac{dy}{dz}\dfrac{dz}{dx}=f'(z)g'(x)$

9）反函数的导数　当$y=f(x)$，$x=\phi(y)$时，则有

$$\frac{dy}{dx}=\frac{1}{dx/dy},\ f'(x)=\frac{1}{\phi'(y)}$$

10）参数方程确定的函数的导数　当$x=\phi(t)$，$y=\psi(t)$时，则有$\dfrac{dy}{dx}=\dfrac{\dfrac{dy}{dt}}{\dfrac{dx}{dt}}=\dfrac{\psi'(t)}{\phi'(t)}$

4.2.3　基本导数公式（见表1.3-12）

表1.3-12　基本导数公式

$f(x)$	$f'(x)$	$f(x)$	$f'(x)$	$f(x)$	$f'(x)$
C	0	$\cos x$	$-\sin x$	$\text{arccsc}\,x$	$-\dfrac{1}{x\sqrt{x^2-1}}$
x^m	mx^{m-1}	$\tan x$	$\sec^2x$	$\text{sh}\,x$	$\text{ch}\,x$
$\dfrac{1}{x}$	$-\dfrac{1}{x^2}$	$\cot x$	$-\csc^2x$	$\text{ch}\,x$	$\text{sh}\,x$
$\sqrt{x}$	$\dfrac{1}{2\sqrt{x}}$	$\sec x$	$\sec x\tan x$	$\text{th}\,x$	$\dfrac{1}{\text{ch}^2x}$
a^x	$a^x\ln a$	$\csc x$	$-\csc x\cot x$	$\text{arsh}\,x$	$\dfrac{1}{\sqrt{1+x^2}}$
e^x	e^x	$\arcsin x$	$\dfrac{1}{\sqrt{1-x^2}}$	$\text{arch}\,x$	$\dfrac{1}{\sqrt{x^2-1}}$
$\log_ax$	$\dfrac{1}{x\ln a}$	$\arccos x$	$-\dfrac{1}{\sqrt{1-x^2}}$	$\text{arth}\,x$	$\dfrac{1}{1-x^2}$
$\ln x$	$\dfrac{1}{x}$	$\arctan x$	$\dfrac{1}{1+x^2}$	$\ln(\sin x)$	$\cot x$
$\lg x$	$\dfrac{1}{x}\lg e$	$\text{arccot}\,x$	$-\dfrac{1}{1+x^2}$	$\ln(\cos x)$	$-\tan x$
$\sin x$	$\cos x$	$\text{arcsec}\,x$	$\dfrac{1}{x\sqrt{x^2-1}}$	$\ln(\tan x)$	$2\csc2x$

4.2.4 简单函数的高阶导数公式（见表1.3-13）

表1.3-13　简单函数的高阶导数公式

$f(x)$	$f^{(n)}(x)$	$f(x)$	$f^{(n)}(x)$
x^{μ}	$\mu(\mu-1)(\mu-2)\cdots(\mu-n+1)x^{\mu-n}$，$\mu$为实数	$\sin x$	$\sin\left(x+\frac{n\pi}{2}\right)$
x^{m}	$m(m-1)(m-2)\cdots(m-n+1)x^{m-n}$，$m$为整数 当$n>m$时，$f^{(n)}(x)=0$	$\cos x$	$\cos\left(x+\frac{n\pi}{2}\right)$
e^{x}	e^{x}	$\sin mx$	$m^{n}\sin\left(mx+\frac{n\pi}{2}\right)$
e^{mx}	$m^{n}e^{mx}$	$\cos mx$	$m^{n}\cos\left(mx+\frac{n\pi}{2}\right)$
a^{x}	$a^{x}(\ln a)^{n}$　$(a>0)$	$\mathrm{sh}x$	$\mathrm{sh}x$（n为偶数），$\mathrm{ch}x$（n为奇数）
$\ln x$	$(-1)^{n-1}(n-1)!\ \frac{1}{x^{n}}$	$\mathrm{ch}x$	$\mathrm{ch}x$（n为偶数），$\mathrm{sh}x$（n为奇数）

4.3 泰勒公式和马克劳林公式

1）泰勒公式

如果$f(x)$在包含a的开区间Ⅰ内有直到$n+1$阶导数，则对任意的$x\in$Ⅰ，有

$$f(x)=f(a)+f'(a)(x-a)+\frac{1}{2!}f''(a)(x-a)^{2}+\cdots+\frac{1}{n!}f^{(n)}(a)(x-a)^{n}+R_{n}(x)$$

式中　$R_{n}(x)=\frac{1}{(n+1)!}f^{(n+1)}[a+\theta(x-a)](x-a)^{n+1}$，$(0<\theta<1)$

2）马克劳林公式

在泰勒公式中，取$a=0$　有

$$f(x)=f(0)+f'(0)x+\frac{1}{2!}f''(0)x^{2}+\cdots+\frac{1}{n!}f^{(n)}(0)x^{n}+R_{n}(x)，$$

式中　$R_{n}(x)=\frac{1}{(n+1)!}f^{(n+1)}(\theta x)x^{n+1}$，$(0<\theta<1)$

4.4 曲线形状的导数特征（见表1.3-14）

表1.3-14　曲线形状的导数特征

形　状	图　形	导数特征
$y=f(x)$　在$[a,b]$上为常数	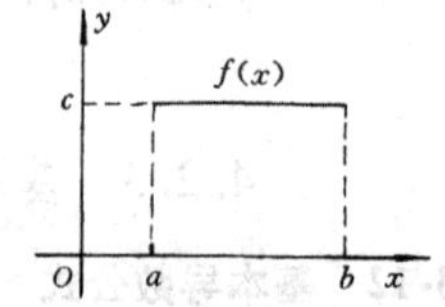	$f'(x)=0$， $x\in[a,b]$
$y=f(x)$　在$[a,b]$上单调增加	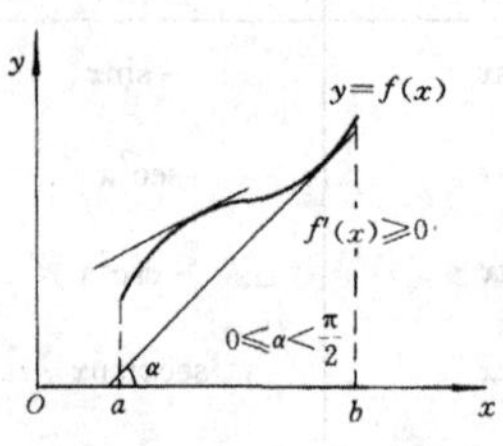	$f'(x)\geqslant0$ $x\in(a,b)$
$y=f(x)$在$[a,b]$上单调减少	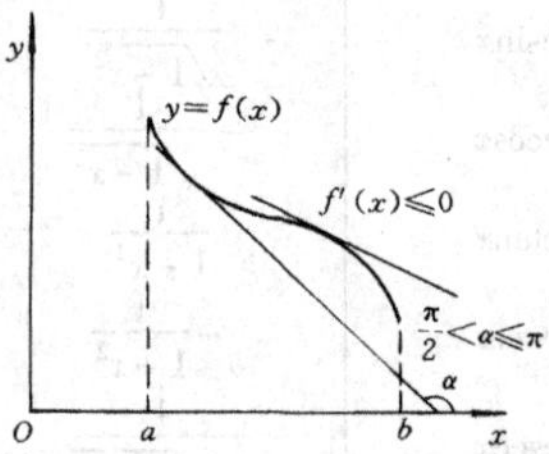	$f'(x)\leqslant0$， $x\in(a,b)$

（续）

形　状	图　形	导数特征
$y=f(x)$ 在 $x=x_0$ 处有极小值	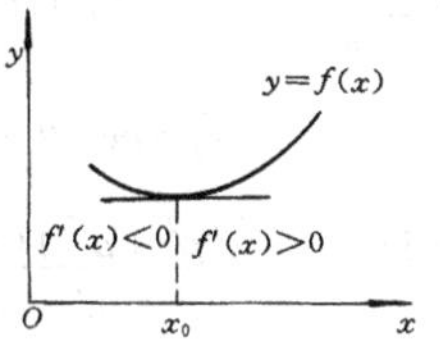	$f'(x_0)=0$（或不存在） （1）当 x 渐增地通过 x_0 时，$f'(x)$ 由负变正 或（2）$f''(x_0)>0$
$y=f(x)$ 在 $x=x_0$ 处有极大值	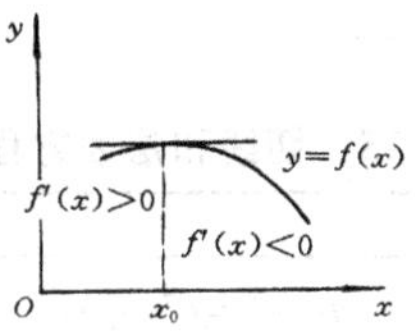	$f'(x_0)=0$（或不存在） （1）当 x 渐增地通过 x_0 时，$f'(x)$ 由正变负 或（2）$f''(x_0)<0$
曲线 $y=f(x)$ 在 $[a,b]$ 上向上凹	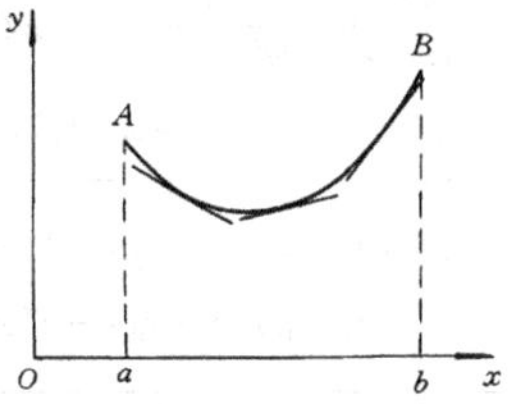	$f''(x)>0$ $x\in(a,b)$
曲线 $y=f(x)$ 在 $[a,b]$ 上向上凸	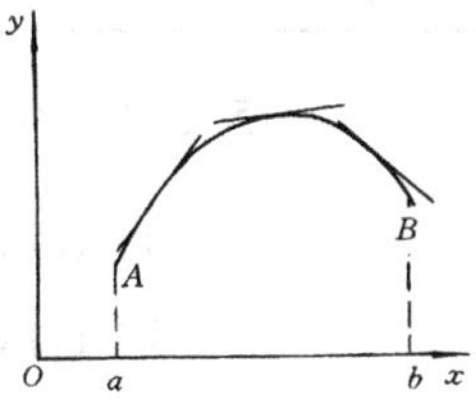	$f''(x)<0$， $x\in(a,b)$
曲线 $\rho=\rho(\theta)$ 在 $[\alpha,\beta]$ 上向外凹	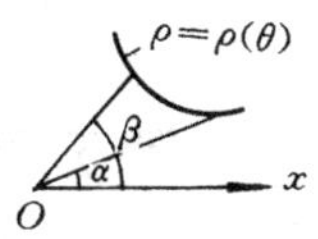	$\rho^2+2\rho'^2-\rho\rho''<0$， $\theta\in(\alpha,\beta)$
曲线 $\rho=\rho(\theta)$ 在 $[\alpha,\beta]$ 上向外凸	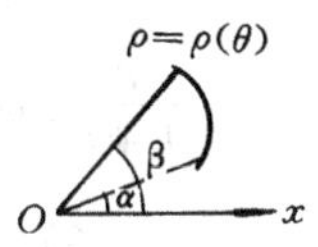	$\rho^2+2\rho'^2-\rho\rho''>0$， $\theta\in(\alpha,\beta)$
$(x_0,f(x_0))$ 为曲线 $y=f(x)$ 的拐点	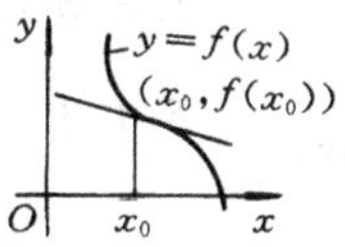	$f''(x_0)=0$（或不存在），当 x 渐增地通过 x_0 时，$f''(x)$ 变号

4.5 曲率和曲率中心

设 k 为曲线的曲率，(x_0, y_0) 为曲率中心，$R=\frac{1}{k}$ 为曲率半径。则有

1）曲线方程为 $y=f(x)$ 时，$k=\frac{y''}{(1+y'^2)^{3/2}}$，

$x_0=x-\frac{y'(1+y'^2)}{y''}$，$y_0=y+\frac{1+y'^2}{y''}$

2）曲线方程为 $\begin{cases}x=x(t)\\y=y(t)\end{cases}$ 时，$k=\frac{\dot{x}\ddot{y}-\ddot{x}\dot{y}}{(\dot{x}^2+\dot{y}^2)^{3/2}}$，

$x_0=x-\frac{\dot{y}(\dot{x}^2+\dot{y}^2)}{\dot{x}\ddot{y}-\ddot{x}\dot{y}}$，$y_0=y+\frac{\dot{x}(\dot{x}^2+\dot{y}^2)}{\dot{x}\ddot{y}-\ddot{x}\dot{y}}$

3）曲线方程为 $\rho=\rho(\theta)$ 时，$k=\frac{\rho^2+2\rho'^2-\rho\rho''}{(\rho^2+\rho'^2)^{3/2}}$，

$x_0=\rho\cos\theta-\frac{(\rho^2+\rho'^2)(\rho\cos\theta+\rho'\sin\theta)}{\rho^2+2\rho'^2-\rho\rho''}$，$y_0=\rho\sin\theta-\frac{(\rho^2+\rho'^2)(\rho\sin\theta-\rho'\cos\theta)}{\rho^2+2\rho'^2+\rho\rho''}$

4.6 曲线的切线和法线（见表 1.3-15）

表 1.3-15 切线和法线方程

曲线方程	切点	切线和法线方程
$y=f(x)$	$(x_0, f(x_0))$	$y-f(x_0)=f'(x_0)(x-x_0)$ （切线） $y-f(x_0)=-\frac{1}{f'(x_0)}(x-x_0)$ （法线）
$\begin{cases}x=\varphi(t)\\y=\psi(t)\end{cases}$	(x_0, y_0) 其中，$x_0=\varphi(t_0)$， $y_0=\psi(t_0)$	$\frac{x-x_0}{\varphi'(t_0)}=\frac{y-y_0}{\psi'(t_0)}$ （切线） $\varphi'(t_0)(x-x_0)+\psi'(t_0)(y-y_0)=0$ （法线）
$F(x,y)=0$	(x_0, y_0) $F(x_0, y_0)=0$	$F'_x(x_0,y_0)(x-x_0)+F'_y(x_0,y_0)(y-y_0)=0$ （切线） $F'_y(x_0,y_0)(x-x_0)-F'_x(x_0,y_0)(y-y_0)=0$ （法线）
$\rho=\rho(\theta)$	(ρ_0, θ_0)	$\rho=\frac{\rho_0^2}{\rho_0\cos(\theta-\theta_0)-\rho'(\theta_0)\sin(\theta-\theta_0)}$ （切线） $\rho=\frac{\rho_0\rho'(\theta_0)}{\rho'(\theta_0)\cos(\theta-\theta_0)+\rho_0\sin(\theta-\theta_0)}$ （法线）

5 积分

5.1 不定积分

5.1.1 不定积分法则

1）设 $F'(x)=f(x)$，则

$\int f(x)\mathrm{d}x=F(x)+C$，式中 C 为任意常数

2）$\int f'(x)\mathrm{d}x=f(x)+C$

3）$\int kf(x)\mathrm{d}x=k\int f(x)\mathrm{d}x$，式中 k 为常数

4）$\int[f(x)\pm g(x)]\mathrm{d}x=\int f(x)\mathrm{d}x\pm\int g(x)\mathrm{d}x$

5）$\int f(u)\mathrm{d}u=\int f[\varphi(x)]\mathrm{d}\varphi(x)=\int f[\varphi(x)]\times\varphi'(x)\mathrm{d}x$，$u=\varphi(x)$

6）$\int u(x)v'(x)\mathrm{d}x=u(x)v(x)-\int v(x)u'(x)\mathrm{d}x$

5.1.2 常用换元积分法

1）被积函数含 $\sqrt{a^2-x^2}$，可设 $x=a\sin t$

2）被积函数含 $\sqrt{a^2+x^2}$，可设 $x=a\tan t$

3）被积函数含 $\sqrt{x^2-a^2}$，可设 $x=a\sec t$

4）$\int R(\cos x, \sin x)\mathrm{d}x$，$R$ 表示有理函数，设 $\tan\frac{x}{2}=t$，则 $\sin x=\frac{2t}{1+t^2}$，$\cos x=\frac{1-t^2}{1+t^2}$，$\mathrm{d}x=\frac{2}{1+t^2}\mathrm{d}t$

5）$\int R(\cos^2x, \sin^2x)\mathrm{d}x$，设 $\tan x=t$，则 $\sin^2x=\frac{t^2}{1+t^2}$，$\cos^2x=\frac{1}{1+t^2}$，$\mathrm{d}x=\frac{1}{1+t^2}\mathrm{d}t$

6）$\int R(x, \sqrt[p]{ax+b}, \sqrt[q]{ax+b})\mathrm{d}x$，设 $\sqrt[n]{ax+b}=t$，n 是 p，q 的最小公倍数

5.1.3 基本积分公式

1）$\int a\mathrm{d}x=ax+C$，a 为常数

2) $\int x^a dx = \frac{1}{a+1}x^{a+1} + C, (a \neq -1)$

3) $\int \frac{dx}{x} = \ln x + C$

4) $\int e^x dx = e^x + C$

5) $\int a^x dx = \frac{1}{\ln a}a^x + C$

6) $\int \sin x dx = -\cos x + C$

7) $\int \cos x dx = \sin x + C$

8) $\int \tan x dx = -\ln\cos x + C$

9) $\int \cot x dx = \ln\sin x + C$

10) $\int \sec x dx = \ln(\sec x + \tan x) + C = \ln\tan\left(\frac{x}{2} + \frac{\pi}{4}\right) + C$

11) $\int \csc x dx = \ln(\csc x - \cot x) + C = \ln\tan\frac{x}{2} + C$

12) $\int \sec^2 x dx = \tan x + C$

13) $\int \csc^2 x dx = -\cot x + C$

14) $\int \sec x \tan x dx = \sec x + C$

15) $\int \csc x \cot x dx = -\csc x + C$

16) $\int \frac{1}{\sqrt{1-x^2}}dx = \arcsin x + C$

17) $\int \frac{1}{1+x^2}dx = \arctan x + C$

18) $\int \mathrm{sh} x dx = \mathrm{ch} x + C$

19) $\int \mathrm{ch} x dx = \mathrm{sh} x + C$

5.1.4 有理函数的积分

1) $\int (ax+b)^\mu dx = \begin{cases} \frac{1}{a(\mu+1)}(ax+b)^{\mu+1} + C & (\mu \neq -1) \\ \frac{1}{a}\ln(ax+b) + C & (\mu = -1) \end{cases}$

2) $\int \frac{xdx}{ax+b} = \frac{x}{a} - \frac{b}{a^2}\ln(ax+b) + C$

3) $\int \frac{x^2 dx}{ax+b} = \frac{1}{a^3}\left[\frac{1}{2}(ax+b)^2 - 2b(ax+b) + b^2\ln(ax+b)\right] + C$

4) $\int \frac{xdx}{(ax+b)^2} = \frac{1}{a^2}\left[\frac{b}{ax+b} + \ln(ax+b)\right] + C$

5) $\int \frac{x^2 dx}{(ax+b)^2} = \frac{1}{a^3}\left[ax+b - \frac{b^2}{ax+b} - 2b\ln(ax+b)\right] + C$

6) $\int \frac{dx}{x(ax+b)} = \frac{1}{b}\ln\left(\frac{x}{ax+b}\right) + C$

7) $\int \frac{dx}{x^2(ax+b)} = \frac{-1}{bx} + \frac{a}{b^2}\ln\left(\frac{ax+b}{x}\right) + C$

8) $\int \frac{dx}{x(ax+b)^2} = \frac{1}{b(ax+b)} - \frac{1}{b^2}\ln\left(\frac{ax+b}{x}\right) + C$

9) $\int \frac{dx}{x^2(ax+b)^2} = \frac{-1}{b^2}\left(\frac{a}{ax+b} + \frac{1}{x}\right) + \frac{2a}{b^3}\ln\left(\frac{ax+b}{x}\right) + C$

10) $\int \frac{dx}{a+bx^2} = \frac{1}{\sqrt{ab}}\arctan\sqrt{\frac{b}{a}}x + C$

$(a>0, b>0)$

11) $\int \frac{dx}{a-bx^2} = \frac{1}{2\sqrt{ab}}\ln\left(\frac{\sqrt{a}+\sqrt{bx}}{\sqrt{a}-\sqrt{bx}}\right) + C$

$(a>0, b>0)$

12) $\int x(a+bx^2)^n dx = \frac{1}{2(n+1)b}(a+bx^2)^{n+1} + C (n \neq -1)$

13) $\int \frac{xdx}{a+bx^2} = \frac{1}{2b}\ln(a+bx^2) + C$

14) $\int \frac{dx}{(a+bx^2)^n} = \frac{1}{2(n-1)a}\left[\frac{x}{(a+bx^2)^{n-1}} + (2n-3)\int\frac{dx}{(a+bx^2)^{n-1}}\right]$

15) $\int \frac{dx}{x(a+bx^2)} = \frac{1}{2a}\ln\left(\frac{x^2}{a+bx^2}\right) + C$

16) $\int \frac{x^2 dx}{(a+bx^2)^2} = \frac{-x}{2b(a+bx^2)} + \frac{1}{2b\sqrt{ab}} \times \arctan\sqrt{\frac{b}{a}}x + C$

17) $\int \frac{dx}{x^2(a+bx^2)} = -\frac{1}{ax} - \frac{b}{a}\int\frac{dx}{a+bx^2}$

18) $\int \frac{dx}{a+bx+cx^2} = -\frac{2}{b+2cx} + C$

$(b^2 - 4ac = 0)$

19) $\int \frac{dx}{a+bx+cx^2} = \frac{2}{\sqrt{-D}}\arctan\frac{b+2cx}{\sqrt{-D}} + C$

$(D = b^2 - 4ac < 0)$

20) $\int \frac{dx}{a+bx+cx^2} = \frac{1}{\sqrt{D}}\ln\frac{b+2cx-\sqrt{D}}{b+2cx+\sqrt{D}}+C$

$(D = b^2-4ac>0)$

21) $\int \frac{(A+Bx)dx}{a+bx+cx^2} = \frac{B}{2c}\ln(a+bx+cx^2) + \frac{2Ac-Bb}{2c}\int\frac{dx}{a+bx+cx^2}+C$

22) $\int \frac{dx}{(a+bx+cx^2)^p} = \frac{1}{(p-1)(4ac-b^2)} \times \frac{b+2cx}{(a+bx+cx^2)^{p-1}} + \frac{2c(2p-3)}{(p-1)(4ac-b^2)}\int\frac{dx}{(a+bx+cx^2)^{p-1}}$

23) $\int \frac{(A+Bx)dx}{(a+bx+cx^2)^p} = -\frac{B}{2c(p-1)} \times \frac{1}{(a+bx+cx^2)^{p-1}} + \frac{2Ac-Bb}{2c}\int\frac{dx}{(a+bx+cx^2)^p}$

24) $\int x^p(a+bx)^q dx = \frac{x^p(a+bx)^{q+1}}{(p+q+1)b} - \frac{pa}{(p+q+1)b}\int x^{p-1}(a+bx)^q dx$

$= \frac{x^{p+1}(a+bx)^q}{p+q+1} + \frac{qa}{p+q+1}\int x^p(a+bx)^{q-1}dx$

25) $\int \frac{dx}{a+bx^3} = \frac{k}{3a}\left\{\frac{1}{2}\ln\frac{(k+x)^2}{k^2-kx+x^2} + \sqrt{3}\arctan\frac{2x-k}{k\sqrt{3}}\right\}+C$

$\left(k^3 = \frac{a}{b}\right)$

26) $\int \frac{xdx}{a+bx^3} = \frac{1}{3bk}\left\{-\frac{1}{2}\ln\frac{(k+x)^2}{k^2-kx+x^2} + \sqrt{3}\arctan\frac{2x-k}{k\sqrt{3}}\right\}+C$

$\left(k^3 = \frac{a}{b}\right)$

5.1.5　无理函数的积分

1) $\int \sqrt{ax+b}dx = \frac{2}{3a}(ax+b)^{3/2}+C$

2) $\int x\sqrt{ax+b}dx = \frac{6ax-4b}{15a^2}(ax+b)^{3/2}+C$

3) $\int x^2\sqrt{ax+b}dx = \frac{2}{105a^3}(15a^2x^2-12abx+8b^2)(ax+b)^{3/2}+C$

4) $\int \frac{dx}{\sqrt{ax+b}} = \frac{2}{a}(ax+b)^{1/2}+C$

5) $\int \frac{xdx}{\sqrt{ax+b}} = \frac{2}{3a^2}(ax-2b)(ax+b)^{1/2}+C$

6) $\int \frac{x^2dx}{\sqrt{ax+b}} = \frac{2}{15a^3}(3a^2x^2-4abx+8b^2)\times(ax+b)^{1/2}+C$

7) $\int \frac{dx}{x\sqrt{ax+b}} = \begin{cases}\frac{1}{\sqrt{b}}\ln\left(\frac{\sqrt{ax+b}-\sqrt{b}}{\sqrt{ax+b}+\sqrt{b}}\right)+C & (b>0)\\ \frac{2}{\sqrt{-b}}\arctan\sqrt{\frac{ax+b}{-b}}+C & (b<0)\end{cases}$

8) $\int \frac{dx}{x^2\sqrt{ax+b}} = \frac{-\sqrt{ax+b}}{bx} - \frac{a}{2b}\int\frac{dx}{x\sqrt{ax+b}}$

9) $\int \frac{\sqrt{ax+b}}{x}dx = 2\sqrt{ax+b}+b\int\frac{dx}{x\sqrt{ax+b}}$

10) $\int \sqrt{a^2-x^2}dx = \frac{x}{2}\sqrt{a^2-x^2} + \frac{a^2}{2}\arcsin\frac{x}{a}+C$

11) $\int x\sqrt{a^2-x^2}dx = -\frac{1}{3}(a^2-x^2)^{3/2}+C$

12) $\int x^2\sqrt{a^2-x^2}dx = \frac{x}{8}(2x^2-a^2)\sqrt{a^2-x^2} + \frac{a^4}{8}\arcsin\frac{x}{a}+C$

13) $\int x^3\sqrt{a^2-x^2}dx = \frac{-1}{15}(\sqrt{a^2-x^2})^3\times(3x^2+2a^2)+C$

14) $\int \frac{dx}{\sqrt{a^2-x^2}} = \arcsin\frac{x}{a}+C$

15) $\int \frac{xdx}{\sqrt{a^2-x^2}} = -\sqrt{a^2-x^2}+C$

16) $\int \frac{x^2dx}{\sqrt{a^2-x^2}} = -\frac{x}{2}\sqrt{a^2-x^2} + \frac{a^2}{2}\arcsin\frac{x}{a}+C$

17) $\int \frac{dx}{x\sqrt{a^2-x^2}} = \frac{-1}{a}\ln\left(\frac{a+\sqrt{a^2-x^2}}{x}\right)+C$

18) $\int \frac{dx}{x^2\sqrt{a^2-x^2}} = -\frac{\sqrt{a^2-x^2}}{a^2x}+C$

19) $\int \frac{\sqrt{a^2-x^2}}{x}dx = \sqrt{a^2-x^2} - a\ln\left(\frac{a+\sqrt{a^2-x^2}}{x}\right)+C$

20) $\int (a^2-x^2)^{3/2}dx = \frac{x}{8}(5a^2-2x^2)\sqrt{a^2-x^2} + \frac{3a^4}{8}\arcsin\frac{x}{a} + C$

21) $\int \frac{xdx}{(a^2-x^2)^{3/2}} = \frac{1}{\sqrt{a^2-x^2}} + C$

22) $\int (a^2-x^2)^{-3/2}dx = \frac{x}{a^2\sqrt{a^2-x^2}} + C$

23) $\int \frac{x^2dx}{(a^2-x^2)^{3/2}} = \frac{x}{\sqrt{a^2-x^2}} - \arcsin\frac{x}{a} + C$

24) $\int \sqrt{x^2\pm a^2}dx = \frac{x}{2}\sqrt{x^2\pm a^2} \pm a^2\ln(x+\sqrt{x^2\pm a^2}) + C$

25) $\int x\sqrt{x^2\pm a^2}dx = \frac{1}{3}(x^2\pm a^2)^{3/2} + C$

26) $\int x^2\sqrt{x^2\pm a^2}dx = \frac{x}{8}(2x^2\pm a^2)\sqrt{x^2\pm a^2} - \frac{a^4}{8}\ln(x+\sqrt{x^2\pm a^2}) + C$

27) $\int x^3\sqrt{x^2\pm a^2}dx = \frac{3x^2\mp 2a^2}{15}\times(\sqrt{x^2\pm a^2})^3 + C$

28) $\int \frac{dx}{\sqrt{x^2\pm a^2}} = \ln(x\pm\sqrt{x^2\pm a^2}) + C$

29) $\int \frac{xdx}{\sqrt{x^2\pm a^2}} = \sqrt{x^2\pm a^2} + C$

30) $\int \frac{x^2dx}{\sqrt{x^2\pm a^2}} = \frac{x}{2}\sqrt{x^2\pm a^2} \mp \frac{a^2}{2}\ln(x+\sqrt{x^2\pm a^2}) + C$

31) $\int \frac{dx}{x\sqrt{x^2+a^2}} = \frac{1}{a}\ln\left(\frac{x}{a+\sqrt{x^2+a^2}}\right) + C$

32) $\int \frac{dx}{x\sqrt{x^2-a^2}} = \frac{1}{a}\arccos\frac{a}{x} + C$

33) $\int \frac{dx}{x^2\sqrt{x^2\pm a^2}} = \mp\frac{\sqrt{x^2\pm a^2}}{a^2x} + C$

34) $\int \frac{\sqrt{x^2+a^2}}{x}dx = \sqrt{x^2+a^2} - a\ln\frac{a+\sqrt{x^2+a^2}}{x} + C$

35) $\int \frac{\sqrt{x^2-a^2}}{x}dx = \sqrt{x^2-a^2} - a\arccos\frac{a}{x} + C$

36) $\int (x^2\pm a^2)^{3/2}dx = \frac{x}{8}(2x^2\pm 5a^2)\sqrt{x^2\pm a^2} + \frac{3a^4}{8}\ln(x+\sqrt{x^2\pm a^2}) + C$

37) $\int x(x^2\pm a^2)^{3/2}dx = \frac{1}{5}(x^2\pm a^2)^{5/2} + C$

38) $\int \frac{dx}{(x^2\pm a^2)^{3/2}} = \pm\frac{x}{a^2\sqrt{x^2\pm a^2}} + C$

39) $\int \frac{xdx}{(x^2\pm a^2)^{3/2}} = \frac{-1}{\sqrt{x^2\pm a^2}} + C$

40) $\int \frac{x^2dx}{(x^2\pm a^2)^{3/2}} = \frac{-x}{\sqrt{x^2\pm a^2}} + \ln(x+\sqrt{x^2\pm a^2}) + C$

41) $\int \frac{dx}{x(x^2\pm a^2)^{3/2}} = \frac{1}{a^2\sqrt{x^2\pm a^2}} + \frac{1}{a^2}\int\frac{dx}{x\sqrt{x^2\pm a^2}}$

42) $\int \frac{dx}{\sqrt{ax^2+bx+c}} = \frac{1}{\sqrt{a}}\ln(2ax+b+2\times\sqrt{a(ax^2+bx+c)}) + C \quad (a>0)$

43) $\int \frac{dx}{\sqrt{ax^2+bx+c}} = \frac{-1}{\sqrt{-a}}\times\arcsin\frac{2ax+b}{\sqrt{b^2-4ac}} + C, (a<0, b^2-4ac>0)$

44) $\int \sqrt{ax^2+bx+c}dx = \frac{2ax+b}{4a}\sqrt{ax^2+bx+c} + \frac{4ac-b^2}{8a}\int\frac{dx}{\sqrt{ax^2+bx+c}}$

45) $\int \frac{xdx}{\sqrt{ax^2+bx+c}} = \frac{1}{a}\sqrt{ax^2+bx+c} - \frac{b}{2a}\int\frac{dx}{\sqrt{ax^2+bx+c}}$

5.1.6 超越函数的积分

1) $\int\sin(ax+b)dx = -\frac{1}{a}\cos(ax+b) + C$

2) $\int\cos(ax+b)dx = \frac{1}{a}\sin(ax+b) + C$

3) $\int\tan(ax+b)dx = -\frac{1}{a}\ln[\cos(ax+b)] + C$

4) $\int\cot(ax+b)dx = \frac{1}{a}\ln[\sin(ax+b)] + C$

5) $\int\sec ax dx = \frac{1}{a}\ln(\sec ax + \tan ax) + C$

6) $\int\csc ax dx = -\frac{1}{a}\ln(\csc ax + \cot ax) + C$

7) $\int\sin^2 ax dx = \frac{1}{2a}(ax - \sin ax\cos ax) + C$

8) $\int \cos^2 ax\mathrm{d}x = \frac{1}{2a}(ax + \sin ax\cos ax) + C$

9) $\int \sin^n ax\mathrm{d}x = -\frac{1}{na}\sin^{n-1} ax\cos ax + \frac{n-1}{n}\int \sin^{n-2} ax\mathrm{d}x$

10) $\int \cos^n ax\mathrm{d}x = \frac{1}{na}\cos^{n-1} ax\sin ax + \frac{n-1}{n}\int \cos^{n-2} ax\mathrm{d}x$

11) $\int \tan^n ax\mathrm{d}x = \frac{1}{(n-1)a}\tan^{n-1} ax - \int \tan^{n-2} ax\mathrm{d}x$

12) $\int \cot^n ax\mathrm{d}x = \frac{1}{(n-1)a}\cot^{n-1} ax - \int \cot^{n-2} ax\mathrm{d}x$

13) $\int \sec^n ax\mathrm{d}x = \int \frac{\mathrm{d}x}{\cos^n ax} = \frac{1}{(n-1)a}\cdot\frac{\sin ax}{\cos^{n-1} ax} + \frac{n-2}{n-1}\int \frac{\mathrm{d}x}{\cos^{n-2} ax}$

14) $\int \csc^n ax\mathrm{d}x = \int \frac{\mathrm{d}x}{\sin^n ax} = \frac{-1}{(n-1)a}\cdot\frac{\cos ax}{\sin^{n-1} ax} + \frac{n-2}{n-1}\int \frac{\mathrm{d}x}{\sin^{n-2} ax}$

15) $\int \sin ax\sin bx\mathrm{d}x = -\frac{\sin(a+b)x}{2(a+b)} + \frac{\sin(a-b)x}{2(a-b)} + C \quad (a \neq b)$

16) $\int \sin ax\cos bx\mathrm{d}x = -\frac{\cos(a+b)x}{2(a+b)} - \frac{\cos(a-b)x}{2(a-b)} + C \quad (a \neq b)$

17) $\int \cos ax\cos bx\mathrm{d}x = \frac{\sin(a+b)x}{2(a+b)} + \frac{\sin(a-b)x}{2(a-b)} + C \quad (a \neq b)$

18) $\int \sin^m x\cos^n x\mathrm{d}x = \frac{\sin^{m+1} x\cos^{n-1} x}{m+n} + \frac{n-1}{m+n} \times \int \sin^m x\cos^{n-2} x\mathrm{d}x$

19) $\int \frac{\mathrm{d}x}{\sin^m x\cos^n x} = \frac{1}{n-1}\cdot\frac{1}{\sin^{m-1} x\cos^{n-1} x} + \frac{m+n-2}{n-1}\int \frac{\mathrm{d}x}{\sin^m x\cos^{n-2} x} = -\frac{1}{m-1}\cdot\frac{1}{\sin^{m-1} x\cos^{n-1} x} + \frac{m+n-2}{m-1}\int \frac{\mathrm{d}x}{\sin^{m-2} x\cos^n x}$

20) $\int \frac{\mathrm{d}x}{1 \pm \sin x} = \tan x \mp \sec x + C$

21) $\int \frac{\mathrm{d}x}{a + b\sin x} = \frac{1}{\sqrt{b^2 - a^2}} \times \ln\left(\frac{a\tan\frac{x}{2} + b - \sqrt{b^2 - a^2}}{a\tan\frac{x}{2} + b + \sqrt{b^2 - a^2}}\right) + C \quad (b^2 > a^2)$

22) $\int \frac{\mathrm{d}x}{a + b\sin x} = \frac{2}{\sqrt{a^2 - b^2}}\arctan\frac{a\tan\frac{x}{2} + b}{\sqrt{a^2 - b^2}} + C \quad (b^2 < a^2)$

23) $\int \frac{\mathrm{d}x}{1 + \cos x} = \tan\frac{x}{2} + C$

24) $\int \frac{\mathrm{d}x}{1 - \cos x} = -\cot\frac{x}{2} + C$

25) $\int \frac{\mathrm{d}x}{a + b\cos x} = \frac{1}{\sqrt{b^2 - a^2}} \times \ln\left(\frac{\sqrt{b^2 - a^2}\tan\frac{x}{2} + b + a}{\sqrt{b^2 - a^2}\tan\frac{x}{2} - b - a}\right) + C \quad (b^2 > a^2)$

26) $\int \frac{\mathrm{d}x}{a + b\cos x} = \frac{2}{\sqrt{a^2 - b^2}} \times \arctan\left(\frac{\sqrt{a^2 - b^2}}{a + b}\tan\frac{x}{2}\right) + C \quad (b^2 < a^2)$

27) $\int \frac{\mathrm{d}x}{a^2\cos^2 x + b^2\sin^2 x} = \frac{1}{ab}\arctan\left(\frac{b}{a}\tan x\right) + C$

28) $\int \frac{\mathrm{d}x}{a^2\cos^2 x - b^2\sin^2 x} = \frac{1}{2ab}\ln\left(\frac{b\tan x + a}{b\tan x - a}\right) + C$

29) $\int x\sin ax\mathrm{d}x = \frac{1}{a^2}\sin ax - \frac{1}{a}x\cos ax + C$

30) $\int x\cos ax\mathrm{d}x = \frac{1}{a^2}\cos ax + \frac{1}{a}x\sin ax + C$

31) $\int x^n\sin ax\mathrm{d}x = \frac{x^{n-1}}{a^2}(n\sin ax - ax\cos ax) - \frac{n(n-1)}{a^2}\int x^{n-2}\sin ax\mathrm{d}x$

32) $\int x^n\cos ax\mathrm{d}x = \frac{x^{n-1}}{a^2}(n\cos ax + ax\sin ax) - \frac{n(n-1)}{a^2}\int x^{n-2}\cos ax\mathrm{d}x$

33) $\int \arcsin\frac{x}{a}\mathrm{d}x = x\arcsin\frac{x}{a} + \sqrt{a^2 - x^2} + C$

34) $\int \arccos\frac{x}{a}\mathrm{d}x = x\arccos\frac{x}{a} - \sqrt{a^2 - x^2} + C$

35) $\int \arctan\frac{x}{a}\mathrm{d}x = x\arctan\frac{x}{a} - \frac{a}{2}\ln(a^2 + x^2) + C$

36) $\int \operatorname{arccot}\frac{x}{a}dx = x\operatorname{arccot}\frac{x}{a} + \frac{a}{2}\ln(a^2+x^2) + C$

37) $\int x^n \arcsin x dx = \frac{1}{n+1}\left(x^{n+1}\arcsin x - \int \frac{x^{n+1}}{\sqrt{1-x^2}}dx\right)$

38) $\int x^n \arccos x dx = \frac{1}{n+1}\left(x^{n+1}\arccos x + \int \frac{x^{n+1}}{\sqrt{1-x^2}}dx\right)$

39) $\int x^n \arctan x dx = \frac{1}{n+1}\left(x^{n+1}\arctan x - \int \frac{x^{n+1}}{1+x^2}dx\right)$

40) $\int x^n \operatorname{arccot} x dx = \frac{1}{n+1}\left(x^{n+1}\operatorname{arccot} x + \int \frac{x^{n+1}}{1+x^2}dx\right)$

41) $\int e^{ax}dx = \frac{1}{a}e^{ax} + C$

42) $\int b^{ax}dx = \frac{b^{ax}}{a\ln b} + C$

43) $\int x^n e^{ax}dx = \frac{1}{a}x^n e^{ax} - \frac{n}{a}\int x^{n-1}e^{ax}dx$

44) $\int x^n b^{ax}dx = \frac{1}{a\ln b}x^n b^{ax} - \frac{n}{a\ln b}\int x^{n-1}b^{ax}dx$

45) $\int e^{ax}\sin bx dx = \frac{e^{ax}}{a^2+b^2}(a\sin bx - b\cos bx) + C$

46) $\int e^{ax}\cos bx dx = \frac{e^{ax}}{a^2+b^2}(b\sin bx + a\cos bx) + C$

47) $\int \ln x dx = x\ln x - x + C$

48) $\int x^a \ln x dx = \frac{x^{a+1}}{a+1}\left(\ln x - \frac{1}{a+1}\right) + C \quad (a \neq -1)$

49) $\int \frac{\ln x}{x}dx = \frac{1}{2}(\ln x)^2 + C$

50) $\int \frac{dx}{x\ln x} = \ln(\ln x) + C$

51) $\int (\ln x)^n dx = x(\ln x)^n - n\int (\ln x)^{n-1}dx$

52) $\int \sin\ln x dx = \frac{x}{2}(\sin\ln x - \cos\ln x) + C$

53) $\int \cos\ln x dx = \frac{x}{2}(\sin\ln x + \cos\ln x) + C$

54) $\int \operatorname{th}x dx = \ln\operatorname{ch}x + C$

55) $\int \operatorname{cth}x dx = \ln\operatorname{sh}x + C$

56) $\int \operatorname{sh}^2 x dx = -\frac{x}{2} + \frac{1}{4}\operatorname{sh}2x + C$

57) $\int \operatorname{ch}^2 x dx = \frac{x}{2} + \frac{1}{4}\operatorname{sh}2x + C$

58) $\int \operatorname{th}^2 x dx = x - \operatorname{th}x + C$

59) $\int \operatorname{cth}^2 x dx = x - \operatorname{cth}x + C$

60) $\int x\operatorname{sh}x dx = x\operatorname{ch}x - \operatorname{sh}x + C$

61) $\int x\operatorname{ch}x dx = x\operatorname{sh}x - \operatorname{ch}x + C$

62) $\int \operatorname{arsh}x dx = x\operatorname{arsh}x - \sqrt{1+x^2} + C$

63) $\int \operatorname{arch}x dx = x\operatorname{arch}x - \sqrt{x^2-1} + C$

64) $\int \operatorname{arth}x dx = x\operatorname{arth}x + \frac{1}{2}\ln(1-x^2) + C$

65) $\int \operatorname{arcth}x dx = x\operatorname{arcth}x + \frac{1}{2}\ln(1-x^2) + C$

5.2 定积分和反常积分

5.2.1 定积分一般公式

1）牛顿—莱布尼兹公式

$\int_a^b f(x)dx = F(x)\Big|_a^b = F(b) - F(a)$，$F(x)$ 是 $f(x)$ 的一个原函数

2) $\int_a^b kf(x)dx = k\int_a^b f(x)dx$，$k$ 为常数

3) $\int_a^b [f(x) \pm g(x)]dx = \int_a^b f(x)dx \pm \int_a^b g(x)dx$

4) $\int_a^b uv'dx = uv\Big|_a^b - \int_a^b vu'dx$

5) $\int_a^b f(x)dx = \int_{\psi^{-1}(a)}^{\psi^{-1}(b)} f[\psi(t)]\psi'(t)dt \quad (x = \psi(t), t = \psi^{-1}(x))$

6) $\int_a^b f(x)dx = \int_a^c f(x)dx + \int_c^b f(x)dx \quad (a < c < b)$

7) $\int_{-a}^a f(x)dx = 2\int_0^a f(x)dx$，$f(x)$ 为偶函数

8) $\int_{-a}^a f(x)dx = 0$，$f(x)$ 为奇函数

9) $\int_a^a f(x)dx = 0$

10) $\int_b^a f(x)dx = -\int_a^b f(x)dx$

11) $\frac{d}{dx}\int_a^x f(t)dt = f(x)$

12) $\dfrac{d}{d\lambda}\int_{a(\lambda)}^{b(\lambda)} f(x,\lambda)dx = \int_{a(\lambda)}^{b(\lambda)} \dfrac{\partial f(x,\lambda)}{\partial \lambda}dx +$

$f(b(\lambda),\lambda)\dfrac{db(\lambda)}{d\lambda} - f(a(\lambda),\lambda)\dfrac{da(\lambda)}{d\lambda}$

13) 若 $g(x) \leqslant f(x)$,则

$\int_a^b g(x)dx \leqslant \int_a^b f(x)dx$

14) 若 $m \leqslant f(x) \leqslant M$,则

$m(b-a) \leqslant \int_a^b f(x)dx \leqslant M(b-a)$

15) $\left|\int_a^b f(x)dx\right| \leqslant \int_a^b |f(x)| dx$

5.2.2 反常积分

(1) 无穷限反常积分

1) $\int_a^{+\infty} f(x)dx = \lim\limits_{t\to+\infty}\int_a^t f(x)dx = \lim\limits_{x\to+\infty}F(x) - F(a)$

2) $\int_{-\infty}^b f(x)dx = \lim\limits_{t\to-\infty}\int_t^b f(x)dx = F(b) - \lim\limits_{x\to-\infty}F(x)$

(2) 无界函数反常积分

1) $\int_a^b f(x)dx = \lim\limits_{t\to a+}\int_t^b f(x)dx = F(b) - \lim\limits_{x\to a+}F(x)$,其中 a 为 $f(x)$ 的无界间断点。

2) $\int_a^b f(x)dx = \lim\limits_{t\to b-}\int_a^t f(x)dx = \lim\limits_{x\to b-}F(x) - F(a)$,其中 b 为 $f(x)$ 的无界间断点。

(1),(2) 式中 $F(x)$ 为 $f(x)$ 的原函数

5.2.3 重要定积分和反常积分公式

1) $\int_{-\pi}^{\pi}\cos nx dx = \int_{-\pi}^{\pi}\sin nx dx = 0$

2) $\int_{-\pi}^{\pi}\cos mx\sin nx dx = 0$

3) $\int_{-\pi}^{\pi}\cos mx\cos nx dx = \int_{-\pi}^{\pi}\sin mx\sin nx dx = \begin{cases}0 & 当\ m \neq n\ 时\\ \pi & 当\ m = n\ 时\end{cases}$

4) $\int_0^{\pi}\cos mx\cos nx dx = \int_0^{\pi}\sin mx\sin nx dx = \begin{cases}0 & 当\ m \neq n\ 时\\ \dfrac{\pi}{2} & 当\ m = n\ 时\end{cases}$

5) $\int_0^{\frac{\pi}{2}}\sin^n x dx = \int_0^{\frac{\pi}{2}}\cos^n x dx = I_n$,式中 $I_n = \dfrac{n-1}{n}I_{n-2}, I_1 = 1, I_0 = \dfrac{\pi}{2}$,

即 $I_n =$

$$\begin{cases}\dfrac{n-1}{n}\cdot\dfrac{n-3}{n-2}\cdot\cdots\cdot\dfrac{4}{5}\cdot\dfrac{2}{3} (n\ 为正奇数)\\ \dfrac{n-1}{n}\cdot\dfrac{n-3}{n-2}\cdot\cdots\cdot\dfrac{3}{4}\cdot\dfrac{1}{2}\cdot\dfrac{\pi}{2} (n\ 为正偶数)\end{cases}$$

当 n 为大于 -1 的实数时,$I_n = \dfrac{\sqrt{\pi}}{2}\dfrac{\Gamma\left(\frac{n+1}{2}\right)}{\Gamma\left(\frac{n}{2}+1\right)}$,其中 $\Gamma(x) = \int_0^{\infty}e^{-t}t^{x-1}dt$。

6) $\int_0^{\frac{\pi}{2}}\sin^{2m+1}x\cos^n x dx = \dfrac{2\cdot4\cdot6\cdot\cdots\cdot2m}{(n+1)(n+3)\cdots(n+2m+1)}$

7) $\int_0^{\frac{\pi}{2}}\sin^{2m}x\cos^{2n}x dx = \dfrac{1\cdot3\cdot5\cdot\cdots\cdot(2n-1)\cdot1\cdot3\cdot5\cdot\cdots\cdot(2m-1)}{2\cdot4\cdot6\cdot8\cdot\cdots\cdot(2m+2n)} \times\dfrac{\pi}{2}$

8) $\int_0^{\frac{\pi}{2}}\sin^m x\cos^n x dx = \dfrac{1}{2}\int_0^1 x^{\frac{m-1}{2}}(1-x)^{\frac{n-1}{2}}dx = \dfrac{\Gamma\left(\frac{m+1}{2}\right)\Gamma\left(\frac{n+1}{2}\right)}{2\Gamma\left(\frac{m+n+2}{2}\right)}$

9) $\int_0^{\pi}\ln\sin x dx = \int_0^{\pi}\ln\cos x dx = -\pi\ln2$

10) $\int_0^a \dfrac{dx}{\sqrt{a^2-x^2}} = \dfrac{\pi}{2}$

11) $\int_0^{\pi}\ln(1\pm2p\cos x + p^2)dx = \begin{cases}0 & (0<p<1)\\ 2\pi\ln p & (p>1)\end{cases}$

12) $\int_0^{\pi}\dfrac{dx}{a+b\cos x} = \dfrac{\pi}{\sqrt{a^2-b^2}} \quad (a > b \geqslant 0)$

13) $\int_0^{2\pi}\dfrac{dx}{1+a\cos x} = \dfrac{2\pi}{\sqrt{1-a^2}} \quad (a^2 < 1)$

14) $\int_0^{\frac{\pi}{2}}\dfrac{dx}{a^2\sin^2 x + b^2\cos^2 x} = \dfrac{\pi}{2ab}$

15) $\int_0^{\frac{\pi}{2}}\dfrac{dx}{(a^2\sin^2 x + b^2\cos^2 x)^2} = \dfrac{\pi(a^2+b^2)}{4a^3b^3} \quad (a, b > 0)$

16) $\int_0^{\infty}\dfrac{a dx}{a^2+x^2} = \begin{cases}\dfrac{\pi}{2} & (a>0)\\ -\dfrac{\pi}{2} & (a<0)\end{cases}$

17) $\int_0^{\infty}\dfrac{x^{a-1}}{1+x}dx = \dfrac{\pi}{\sin a\pi} \quad (0<a<1)$

18) $\int_0^{\infty}\dfrac{\sin^2 x}{x^2}dx = \dfrac{\pi}{2}$

19) $\int_0^{\infty} \frac{\sin ax}{x}dx = \begin{cases} \frac{\pi}{2} & (a > 0) \\ -\frac{\pi}{2} & (a < 0) \end{cases}$

20) $\int_0^{\infty} \frac{\sin ax \sin bx}{x}dx = \frac{1}{2}\ln\left(\frac{a+b}{a-b}\right)$

21) $\int_0^{\infty} \frac{\sin ax \cos bx}{x}dx = \begin{cases} \frac{\pi}{2} & (0 < b < a) \\ 0 & (0 < a < b) \\ \frac{\pi}{4} & (0 < a = b) \end{cases}$

22) $\int_0^{\infty} \frac{\tan x}{x}dx = \frac{\pi}{2}$

23) $\int_0^{\infty} \sin(x^2)dx = \int_0^{\infty} \cos(x^2)dx = \frac{1}{2}\sqrt{\frac{\pi}{2}}$

24) $\int_0^{\infty} x^n e^{ax}dx = \frac{n!}{a^{n+1}} \quad (a > 0)$

25) $\int_0^{\infty} e^{-ax}dx = \frac{1}{a} \quad (a > 0)$

26) $\int_0^{\infty} e^{-ax}\cos bx dx = \frac{a}{a^2+b^2} \quad (a > 0)$

27) $\int_0^{\infty} e^{-ax}\sin bx dx = \frac{b}{a^2+b^2} \quad (a > 0)$

28) $\int_0^{\infty} \frac{e^{-ax}-e^{-bx}}{x}dx = \ln\frac{b}{a}$

29) $\int_0^{\infty} e^{-a^2x^2}dx = \frac{\sqrt{\pi}}{2a}$

30) $\int_0^{\infty} x^{2n}e^{-ax^2}dx = \frac{1\cdot 3\cdot 5\cdots(2n-1)}{2^{n+1}a^n}\sqrt{\frac{\pi}{a}}$

31) $\int_0^{\infty} x^p e^{-bx}dx = \frac{\Gamma(p+1)}{b^{p+1}} \quad (p > 0, b > 0)$

32) $\int_0^{\infty} x^{2n+1}e^{-a^2x^2}dx = \frac{n!}{2a^{2n+2}}$

33) $\int_0^{\infty} e^{-x^n}dx = \Gamma\left(1+\frac{1}{n}\right)$

34) $\int_0^{\infty} e^{-x}\ln x dx = \int_0^1 \ln(\ln x)dx = -\gamma$，$\gamma$为欧拉数

35) $\int_0^{\infty} e^{(-x^2-a^2/x^2)}dx = \frac{e^{-2a}\sqrt{\pi}}{2} \quad (a \geqslant 0)$

36) $\int_0^{\infty} e^{-nx}\sqrt{x}dx = \frac{1}{2n}\sqrt{\frac{\pi}{n}}$

37) $\int_0^{\infty} \frac{e^{-nx}}{\sqrt{x}}dx = \sqrt{\frac{\pi}{n}}$

38) $\int_0^{\infty} e^{-ax}(\cos mx)dx = \frac{a}{a^2+m^2} \quad (a > 0)$

39) $\int_0^{\infty} e^{-ax}(\sin mx)dx = \frac{a}{a^2+m^2} \quad (a > 0)$

40) $\int_0^{\infty} x^{b-1}\cos x dx = \Gamma(b)\cos\left(\frac{b\pi}{2}\right) \quad (0 < b < 1)$

41) $\int_0^{\infty} x^{b-1}\sin x dx = \Gamma(b)\sin\left(\frac{b\pi}{2}\right) \quad (0 < b < 1)$

42) $\int_0^{\infty} \frac{\sin x}{x}dx = \int_0^{\infty} \frac{\cos x}{\sqrt{x}}dx = \sqrt{\frac{\pi}{2}}$

43) $\int_0^1 \left(\ln\frac{1}{x}\right)^{1/2}dx = \frac{\sqrt{\pi}}{2}$

44) $\int_0^1 \ln x \ln(1-x)dx = 2 - \frac{\pi^2}{6}$

45) $\int_0^1 \left(\ln\frac{1}{x}\right)^n dx = n!$

46) $\int_0^1 x\ln(1-x)dx = -\frac{3}{4}$

47) $\int_0^1 x\ln(1+x)dx = \frac{1}{4}$

48) $\int_0^1 x^m(\ln x)^n dx = \frac{(-1)^n n!}{(m+1)^{n+1}}, m > -1, n = 0, 1, 2, \cdots$

49) $\int_0^1 \ln x \ln(1+x)dx = 2 - 2\ln 2 - \frac{\pi^2}{12}$

50) $\int_0^1 \frac{\ln x}{1-x^2}dx = -\frac{\pi^2}{8}$

51) $\int_0^1 \frac{\ln x}{1-x}dx = \int_0^1 \frac{\ln(1-x)}{x}dx = -\frac{\pi^2}{6}$

52) $\int_0^1 \frac{\ln x}{1+x}dx = -\int_0^1 \frac{\ln(1+x)}{x}dx = -\frac{\pi^2}{12}$

53) $\int_0^1 \frac{dx}{\sqrt{\ln\frac{1}{x}}} = 2\int_0^1 \sqrt{\ln\frac{1}{x}}dx = \sqrt{\pi}$

54) $\int_0^{\frac{\pi}{2}} \ln\sin x dx = \int_0^{\frac{\pi}{2}} \ln\cos x dx = -\int_0^{\frac{\pi}{2}} \frac{x}{\tan x}dx$

$= -\frac{\pi}{2}\ln 2$

55) $\int_0^1 \frac{x^p}{(1-x)^p}dx = \frac{p\pi}{\sin p\pi} \quad (0 < p^2 < 1)$

56) $\int_0^1 \frac{x^{p-1}}{(1-x^n)^{p/n}}dx = \frac{\pi}{n\sin\frac{p\pi}{n}} \quad (0 < p < n)$

6　常微分方程

6.1　一阶常微分方程（见表1.3-16、表1.3-17）

表1.3-16 一阶常微分方程

方程形式	解法及通解
[可分离变量方程] $P_1(x)Q_1(y)\mathrm{d}x+P_2(x)Q_2(y)\mathrm{d}y=0$	分离变量$\frac{Q_2(y)}{Q_1(y)}\mathrm{d}y=-\frac{P_1(x)}{P_2(x)}\mathrm{d}x$，积分得隐式通解 $\int\frac{Q_2(y)}{Q_1(y)}\mathrm{d}y=-\int\frac{P_1(x)}{P_2(x)}\mathrm{d}x+C$
[齐次方程] $y'=f\left(\frac{y}{x}\right)$	令$u=\frac{y}{x}$，则$y'=u+xu'$，方程化为$u+xu'=f(u)$，即$\frac{1}{f(u)-u}\mathrm{d}u=\frac{1}{x}\mathrm{d}x$ 积分得$\int\frac{1}{f(u)-u}\mathrm{d}u=\ln x+C$，代回$u=\frac{y}{x}$得通解
[齐次线性方程] $y'+P(x)y=0$	通解公式 $y=C\mathrm{e}^{-\int P(x)\mathrm{d}x}$
[非齐次线性方程] $y'+P(x)y=Q(x)$	通解公式 $y=\mathrm{e}^{-\int P(x)\mathrm{d}x}\left[\int Q(x)\mathrm{e}^{\int P(x)\mathrm{d}x}\mathrm{d}x+C\right]$
[全微分方程] $P(x,y)\mathrm{d}x+Q(x,y)\mathrm{d}y=0$ 其中$\frac{\partial P}{\partial y}=\frac{\partial Q}{\partial x}$	通解 $u(x,y)=\int_{x_0}^{x}P(x,y)\mathrm{d}x+\int_{y_0}^{y}Q(x_0,y)\mathrm{d}y=C$ 或 $u(x,y)=\int_{x_0}^{x}P(x,y_0)\mathrm{d}x+\int_{y_0}^{y}Q(x,y)\mathrm{d}y=C$ 其中x_0，y_0可适当选取
[伯努利方程] $y'=P(x)y+Q(x)y^n$ $(n\neq0,1)$	令$u=y^{1-n}$，则$y'=\frac{1}{1-n}y^nu'$，方程化为非齐次线性方程$u'+(n-1)P(x)u=(1-n)Q(x)$ $u=\mathrm{e}^{(1-n)\int P(x)\mathrm{d}x}\left[(1-n)\int Q(x)\mathrm{e}^{(n-1)\int P(x)\mathrm{d}x}\mathrm{d}x+C\right]$ 通解为 $y^{1-n}=\mathrm{e}^{(1-n)\int P(x)\mathrm{d}x}\left[(1-n)\int Q(x)\mathrm{e}^{(n-1)\int P(x)\mathrm{d}x}\mathrm{d}x+C\right]$
[拉格朗日方程] $y=xf(y')+g(y')$，f，g为可微函数	令$p=y'$，方程两边对x求导得$p=f(p)+xf'(p)\frac{\mathrm{d}p}{\mathrm{d}x}+g'(p)\frac{\mathrm{d}p}{\mathrm{d}x}$，整理为$\frac{\mathrm{d}p}{\mathrm{d}x}=\frac{p-f(p)}{xf'(p)+g'(p)}$，即$\frac{\mathrm{d}x}{\mathrm{d}p}+\frac{f'(p)}{f(p)-p}x=-\frac{g'(p)}{f(p)-p}$，再按非齐次线性方程通解公式求得通解，与原方程联立消去p，如果$f(p_0)-p_0=0$，则$y=p_0x+g(p_0)$为方程的解
[可化为可分离变量方程的方程] $y'=f(ax+by+c)$	令$z=ax+by+c$，则$z'=a+by'$，方程化为$z'=a+bf(z)$，为可分离变量的方程
[可化为齐次方程的方程] $y'=f\left(\frac{a_1x+b_1y+c_1}{a_2x+b_2y+c_2}\right)$	当$\Delta=\begin{vmatrix}a_1 & b_1\\ a_2 & b_2\end{vmatrix}\neq0$，则利用线性方程组$\begin{cases}a_1u+b_1v+c_1=0\\ a_2u+b_2v+c_2=0\end{cases}$的解$u=\alpha$，$v=\beta$作变量代换：$x=\xi+\alpha$，$y=\eta+\beta$。方程化为齐次方程： $\frac{\mathrm{d}\eta}{\mathrm{d}\xi}=f\left(\frac{a_1\xi+b_1\eta}{a_2\xi+b_2\eta}\right)$ 当$\Delta=0,b_1\neq0$，则令$z=a_1x+b_1y+c_1$； 当$\Delta=0,b_2\neq0$，则令$z=a_2x+b_2y+c_2$， 原方程化为可分离变量方程

（续）

方程形式	解法及通解
[黎卡提方程] $y'=p(x)y^2+q(x)y+r(x)$, $p(x)\neq0, r(x)\neq0$	一般地,通解不能用积分求得。但若已知方程的一个特解 $y=y_1(x)$，则可利用变换 $y=y_1(x)+\frac{1}{u}$ 把方程化为非齐次线性方程： $u'+[q(x)+2p(x)y_1(x)]u=-p(x)$ 或利用变换 $y=y_1(x)+u$ 把方程化为伯努利方程： $u'=[q(x)+2p(x)y_1(x)]u+p(x)u^2$
[克莱罗方程] $y=xy'+f(y')$，f 是可微函数	通解 $y=Cx+f(C)$
[可解出 y 的方程] $y=F(x,y')$	令 $p=y'$，方程两边对 x 求导得 $p=\frac{\partial F}{\partial x}+\frac{\partial F}{\partial p}\frac{\mathrm{d}p}{\mathrm{d}x}$，即 $\left(p-\frac{\partial F}{\partial x}\right)\mathrm{d}x=\frac{\partial F}{\partial p}\mathrm{d}p$。设其通解为 $p=\varphi(x,C)$，则原方程的通解为 $y=F(x,\varphi(x,C))$
[可解出 x 的方程] $x=F(y,y')$	令 $p=y'$，则 $y''=p\frac{\mathrm{d}p}{\mathrm{d}y}$，方程两边对 x 求导得 $1=\frac{\partial F}{\partial y}p+\frac{\partial F}{\partial p}p'$，即 $1=\frac{\partial F}{\partial y}p+\frac{\partial F}{\partial p}p\frac{\mathrm{d}p}{\mathrm{d}y}$,于是方程化为： $\left(1-p\frac{\partial F}{\partial y}\right)\mathrm{d}y=p\frac{\partial F}{\partial p}\mathrm{d}p$ 设其通解为 $p=\varphi(y,C)$，则原方程的通解为 $x=F(y,\varphi(y,C))$
[不显含 y 的方程] $F(x,y')=0$	引入适当的参数 t，原方程化为 $\begin{cases}x=\varphi(t)\\y'=\psi(t)\end{cases}$，则通解为： $\begin{cases}x=\varphi(t)\\y=\int\psi(t)\varphi'(t)\mathrm{d}t+C\end{cases}$
[不显含 x 的方程] $F(y,y')=0$	引入适当的参数 t，原方程化为 $\begin{cases}y=\varphi(t)\\y'=\psi(t)\end{cases}$，则通解为： $\begin{cases}x=\int\frac{\varphi'(t)}{\psi(t)}\mathrm{d}t+C\\y=\varphi(t)\end{cases}$
[达朗贝尔方程] $x+yy'=\varphi(y')$	令 $p=y'$，方程两边对 y 求导得 $\frac{\mathrm{d}x}{\mathrm{d}y}+p+y\frac{\mathrm{d}p}{\mathrm{d}y}=\varphi'(p)\frac{\mathrm{d}p}{\mathrm{d}y}$，即 $\frac{1}{p}+p+y\frac{\mathrm{d}p}{\mathrm{d}y}=\varphi'(p)\frac{\mathrm{d}p}{\mathrm{d}y}$，化为非齐次线性方程： $\frac{\mathrm{d}y}{\mathrm{d}p}+\frac{p}{1+p^2}y=\frac{p\varphi'(p)}{1+p^2}$ 将其通解与原方程联立消去 p 得原方程的通解
[含积分因子的方程] $P(x,y)\mathrm{d}x+Q(x,y)\mathrm{d}y=0, \frac{\partial P}{\partial y}\neq\frac{\partial Q}{\partial x}$	如果存在 $\mu(x,y)$（称积分因子）使得 $\frac{\partial(\mu P)}{\partial y}=\frac{\partial(\mu Q)}{\partial x}$，则方程可化为全微分方程： $\mu(x,y)P(x,y)\mathrm{d}x+\mu(x,y)Q(x,y)\mathrm{d}y=0$ 积分因子的确定见表1.3-17

表 1.3-17　积分因子

$P(x,y)$，$Q(x,y)$满足条件	积分因子
$xP+yQ=0$	$\dfrac{1}{xP-yQ}$
$xP-yQ=0$	$\dfrac{1}{xP+yQ}$
$xP+yQ\neq0$，P、Q为同次齐次式	$\dfrac{1}{xP+yQ}$
$xP-yQ\neq0$，$P=yP_1(xy)$，$Q=xQ_1(xy)$	$\dfrac{1}{xP-yQ}$
$\dfrac{1}{Q}\left(\dfrac{\partial P}{\partial y}-\dfrac{\partial Q}{\partial x}\right)=f(x)$	$e^{\int f(x)\mathrm{d}x}$
$\dfrac{1}{P}\left(\dfrac{\partial Q}{\partial x}-\dfrac{\partial P}{\partial y}\right)=g(y)$	$e^{\int g(y)\mathrm{d}y}$
存在满足 $nxP-myQ+xy\left(\dfrac{\partial P}{\partial y}-\dfrac{\partial Q}{\partial x}\right)=0$ 的常数 m,n	$x^m y^n$
$\dfrac{\partial P}{\partial x}=\dfrac{\partial Q}{\partial y}$，$\dfrac{\partial P}{\partial y}=-\dfrac{\partial Q}{\partial x}$	$\dfrac{1}{P^2+Q^2}$
$\dfrac{\partial P}{\partial y}-\dfrac{\partial Q}{\partial x}=f(x+y)(Q-P)$	形为$\mu(x+y)$
$\dfrac{\partial P}{\partial y}-\dfrac{\partial Q}{\partial x}=f(x-y)(Q+P)$	形为$\mu(x-y)$
$\dfrac{\partial P}{\partial y}-\dfrac{\partial Q}{\partial x}=f(xy)(yQ-xP)$	形为$\mu(xy)$
$x^2\left(\dfrac{\partial P}{\partial y}-\dfrac{\partial Q}{\partial x}\right)=f\left(\dfrac{y}{x}\right)(yQ+xP)$	形为$\mu\left(\dfrac{y}{x}\right)$
$\dfrac{\partial P}{\partial y}-\dfrac{\partial Q}{\partial x}=f(x^2+y^2)(xQ-yP)$	形为$\mu(x^2+y^2)$
$\dfrac{\partial P}{\partial y}-\dfrac{\partial Q}{\partial x}=f(x^2-y^2)(xQ+yP)$	形为$\mu(x^2-y^2)$

6.2　二阶常微分方程（见表1.3-18、表1.3-19）

表 1.3-18　二阶常微分方程

方程形式	解法及通解
［不显含 y，y'的方程］ $y''=f(x)$	通解 $y=\int\left[\int f(x)\mathrm{d}x\right]\mathrm{d}x+C_1x+C_2$

（续）

方程形式	解法及通解
[不显含 y 的齐次线性方程] $y''+P(x)y'=0$	令 $y'=u$，则 $y''=u'$，方程化为 $u'+P(x)u=0$，其通解 $u=C_1e^{-\int P(x)dx}$，两边积分得方程的通解： $$y=C_1\int[e^{-\int P(x)dx}]dx+C_2$$
[不显含 y 的非齐次线性方程] $y''+P(x)y'=Q(x)$	令 $y'=u$，则 $y''=u'$，方程化为 $u'+P(x)u=Q(x)$，其通解 $u=e^{-\int P(x)dx}(\int Q(x)e^{\int P(x)dx}dx+C_1)$，两边积分得方程的通解： $$y=\int[e^{-\int P(x)dx}(\int Q(x)e^{\int P(x)dx}dx+C_1)]dx+C_2$$
[不显含 y 的非线性方程] $y''+P(x)f(y')=0$	令 $y'=u$，则 $y''=u'$，方程化为可分离变量的方程 $u'+P(x)f(u)=0$，设其通解为 $u=u(x)+C_1$，则两边积分得方程的通解： $$y=\int u(x)dx+C_1x+C_2$$
[不显含 x 和 y' 的方程] $y''=f(y)$	令 $y'=u(y)$，则 $y''=u(y)\frac{du}{dy}$，方程化为可分离变量的方程 $\frac{du}{dy}=f(y)$，其通解 $u=\pm\sqrt{2\int f(y)dy+C_1}$，分离变量并积分得方程通解： $$x=\pm\int\frac{1}{\sqrt{2\int f(y)dy+C_1}}dy+C_2$$
[不显含 x，y 的方程] $y''=f(y')$	令 $y'=u$，则 $y''=u'$，方程化为 $u'=f(u)$，分离变量并积分得： $$x=\int\frac{1}{f(u)}du+C_1 \quad (*)$$ 另一方面，$y''=u\frac{du}{dy}$，方程化为 $\frac{u}{f(u)}du=dy$，积分得： $$y=\int\frac{u}{f(u)}du+C_2 \quad (**)$$ 由（*），（**）消去 u 得方程通解
[不显含 x 的方程] $y''=f(y,y')$	令 $y'=u$，则 $y''=\frac{du}{dx}=u\frac{du}{dy}$，方程化为 $u\frac{du}{dy}=f(y,u)$。如果其通解为 $u=u(y,C_1)$，则原方程通解为： $$x=\int\frac{1}{u(y,C_1)}dy+C_2$$
[欧拉方程] $x^2y''+a_1xy'+a_0y=0$	方程 $\lambda^2+(a_1-1)\lambda+a_0=0$ 有两个不相等的实根 r_1，r_2 时，通解： $$y=C_1x^{r_1}+C_2x^{r_2};$$ 有一对共轭复根 $r_1=\alpha+i\beta$，$r_2=\alpha-i\beta$ 时，通解： $$y=x^{\alpha}[C_1\cos(\beta\ln x)+C_2\sin(\beta\ln x)]$$
[常系数齐次线性方程] $y''+py'+qy=0$，p,q 为常数	特征方程 $\lambda^2+p\lambda+q=0$ 有两个不相等的实根 r_1，r_2 时，通解： $$y=C_1e^{r_1x}+C_2e^{r_2x}$$ 有二重实根 $r=r_1=r_2$ 时，通解： $$y=(C_1+C_2x)e^{rx}$$ 有一对共轭复根 $r_1=\alpha+i\beta$，$r_2=\alpha-i\beta$ 时，通解： $$y=e^{\alpha x}(C_1\cos\beta x+C_2\sin\beta x)$$
[常系数非齐次线性方程] $y''+py'+qy=f(x)$，p,q 为常数，$f(x)\neq0$	通解 $y=y_c+y^*$，其中 y_c 为对应的齐次方程 $y''+py'+qy=0$ 的通解，可由上栏的方法求得，y^* 为方程的特解，可用待定系数法求得，具体方法见表 1.3-19

表 1.3-19　二阶常系数非齐次线性方程的特解

$f(x)$ 的形式		特解 y^* 的待定形式
$a_0x^m+a_1x^{m-1}+\cdots+a_{m-1}x+a_m$	0 不是特征方程的根	$y^*=b_0x^m+b_1x^{m-1}+\cdots+b_{m-1}x+b_m$
	0 是特征方程的单根	$y^*=x(b_0x^m+b_1x^{m-1}+\cdots+b_{m-1}x+b_m)$
	0 是特征方程的二重根	$y^*=x^2(b_0x^m+b_1x^{m-1}+\cdots+b_{m-1}x+b_m)$
$(a_0x^m+a_1x^{m-1}+\cdots+a_{m-1}x+a_m)e^{\lambda x}$	λ 不是特征方程的根	$y^*=(b_0x^m+b_1x^{m-1}+\cdots+b_{m-1}x+b_m)e^{\lambda x}$
	λ 是特征方程的单根	$y^*=x(b_0x^m+b_1x^{m-1}+\cdots+b_{m-1}x+b_m)e^{\lambda x}$
	λ 是特征方程的二重根	$y^*=x^2(b_0x^m+b_1x^{m-1}+\cdots+b_{m-1}x+b_m)e^{\lambda x}$
$e^{\lambda x}[P_l(x)\cos\omega x+P_n(x)\sin\omega x]$，$P_l(x)$，$P_n(x)$ 分别为 x 的 l 次，n 次多项式	$\lambda+i\omega$ 不是特征方程的根	$y^*=e^{\lambda x}[R_m^{(1)}(x)\cos\omega x+R_m^{(2)}(x)\sin\omega x]$
	$\lambda+i\omega$ 是特征方程的根	$y^*=xe^{\lambda x}[R_m^{(1)}(x)\cos\omega x+R_m^{(2)}(x)\sin\omega x]$，$R_m^{(1)}(x)$，$R_m^{(2)}(x)$ 为 x 的 m 次多项式，$m=\max\{l,n\}$

7　拉普拉斯变换

7.1　拉普拉斯变换及逆变换

设 $f(t)$ 为在 $[0,+\infty)$ 上有定义的实值或复值函数，则

$$F(s)=\int_0^{\infty}f(t)e^{-st}dt\quad(s=\sigma+i\omega)$$

称为 $f(t)$ 的拉普拉斯变换，记为 $L[f(t)]$，即 $F(s)=L[f(t)]$，而

$$f(t)=\frac{1}{2\pi i}\int_{\sigma-i\infty}^{\sigma+i\infty}F(s)e^{st}ds\quad(t\geqslant 0,\sigma\geqslant 0)$$

称为 $F(s)$ 的拉普拉斯逆变换，记为 $L^{-1}[F(s)]$，即 $f(t)=L^{-1}[F(s)]$。$F(s)$ 称为 $f(t)$ 的象函数，而 $f(t)$ 称为 $F(s)$ 的象原函数。

（1）$t<0$ 时，$f(t)\equiv 0$；

（2）$t\geqslant 0$ 时，$f(t)$ 在任一有限区间上分段连续；

（3）当 $t\to+\infty$ 时，存在常数 M 及 $s_0\geqslant 0$，使得 $|f(t)|\leqslant Me^{s_0t}$，$(0\leqslant t\leqslant+\infty)$。

当 $f(t)$ 满足上面条件时，则 $f(t)$ 的拉普拉斯变换在半平面 $\mathrm{Re}(s)=\sigma>s_0$ 上存在且 $F(s)$ 在此半平面上为解析函数。

7.2　拉普拉斯变换的性质（见表 1.3-20）

7.3　拉普拉斯变换表（见表 1.3-21）

表 1.3-20　拉普拉斯变换的性质

性　质	表 达 式
线性性质	$L[af(t)]=aL[f(t)]$ $L[af_1(t)+bf_2(t)]=aL[f_1(t)]+bL[f_2(t)]$ a,b 为常数
相似性质	$L[f(at)]=\frac{1}{a}F\left(\frac{s}{a}\right)$ a 为正常数
位移性质	$L[e^{at}f(t)]=F(s-a)$ a 为复常数且 $Re(s-a)>s_0$
延迟性质	$L[f(t-\tau)]=e^{-s\tau}F(s)$ τ 为正实数
微分性质	$L[f'(t)]=sF(s)-f(0)$ $L[f^{(n)}(t)]=s^nF(s)-s^{n-1}f(0)-s^{n-2}f'(0)-\cdots-f^{(n-1)}(0)$ $n=2,3,\cdots$

（续）

性 质	表 达 式
积分性质	$L[\int_0^t f(t)\mathrm{d}t] = \frac{1}{s}F(s)$ $L[\int_0^t \mathrm{d}t_n \cdots \int_0^{t_3}\mathrm{d}t_2\int_0^{t_2}f(t_1)\mathrm{d}t_1] = \frac{1}{s^n}F(s)$ $n = 2,3,\cdots$ $L\left[\frac{f(t)}{t}\right] = \int_s^\infty F(s)\mathrm{d}s$
初值定理	$\lim\limits_{t\to 0} f(t) = \lim\limits_{s\to\infty} sF(s)$
终值定理	$\lim\limits_{t\to+\infty} f(t) = \lim\limits_{s\to 0} sF(s)$
卷积定理	$L[f_1(t) * f_2(t)] = L[f_1(t)]L[f_2(t)]$ 其中$f_1(t) * f_2(t) = \int_0^t f_1(\tau)f_2(t-\tau)\mathrm{d}\tau$称为$f_1(t)$与$f_2(t)$的卷积

表1.3-21 拉普拉斯变换表

$f(t)$	$F(s)=L[f(t)]$	$f(t)$	$F(s)=L[f(t)]$
$\delta(t)=\begin{cases}0 & t\neq 0\\ \infty & t=0\end{cases}$	1	$\mathrm{e}^{-bt}t^a\ (a>-1)$	$\frac{\Gamma(a+1)}{(s+b)^{a+1}}$
$\delta(t-c)\quad (c>0)$	e^{-cs}	$\mathrm{sh}^2 at$	$\frac{2a^2}{s(s^2-4a^2)}$
$\begin{cases}0 & t>a\\ 1 & 0<t<a\end{cases}$ （a为正常数）	$\frac{\mathrm{e}^{-as}}{s}$	$\mathrm{ch}^2 at$	$\frac{s^2-2a^2}{s(s^2-4a^2)}$
		$\sin(at+b)$	$\frac{s\sin b+a\cos b}{s^2+a^2}$
$\begin{cases}0 & 0<t<a\\ 1 & a<t<b\\ 0 & b<t<\infty\end{cases}$ $(0\leqslant a<b)$	$\frac{\mathrm{e}^{-as}-\mathrm{e}^{-bs}}{s}$	$\cos(ax+b)$	$\frac{s\cos b-a\sin b}{s^2+a^2}$
		$\mathrm{e}^{-at}\mathrm{sh}bt$	$\frac{b}{(s+a)^2-b^2}$
1	$\frac{1}{s}$	$\mathrm{e}^{-at}\mathrm{ch}bt$	$\frac{s+a}{(s+a)^2-b^2}$
t	$\frac{1}{s^2}$	$at-\sin at$	$\frac{a^3}{s^2(s^2+a^2)}$
t^n （n为非负整数）	$\frac{n!}{s^{n+1}}$	$1-\cos at$	$\frac{a^2}{s(s^2+a^2)}$
		$t\sin at$	$\frac{2as}{(s^2+a^2)^2}$
$t^{n-\frac{1}{2}}$ （n为正整数）	$\frac{\sqrt{\pi}(2n-1)!!}{2^n s^{n+\frac{1}{2}}}$	$t\cos at$	$\frac{s^2-a^2}{(s^2+a^2)^2}$
e^{at}	$\frac{1}{s-a}$	$\frac{1}{t}\sin^2 at$	$\frac{1}{4}\ln\frac{s^2+4a^2}{s^2}$
$\frac{1}{t}(\mathrm{e}^{bt}-\mathrm{e}^{at})$	$\ln\frac{s-a}{s-b}$	$\sin^2 t$	$\frac{1}{2}\left(\frac{1}{s}-\frac{s}{s^2+4}\right)$
$\sin at$	$\frac{a}{s^2+a^2}$	$\cos^2 t$	$\frac{1}{2}\left(\frac{1}{s}+\frac{s}{s^2+4}\right)$
$\cos at$	$\frac{s}{s^2+a^2}$	$\sin at\sin bt$	$\frac{2abs}{[s^2+(a+b)^2][s^2+(a-b)^2]}$
$\mathrm{sh}at$	$\frac{a}{s^2-a^2}$	$\frac{2}{t}(1-\cos at)$	$\ln\frac{s^2+a^2}{s^2}$
$\mathrm{ch}at$	$\frac{a}{s^2-a^2}$	$\frac{2}{t}(1-\mathrm{ch}at)$	$\ln\frac{s^2-a^2}{s^2}$
$\mathrm{e}^{-bt}\sin at$	$\frac{a}{(s+b)^2+a^2}$	$\frac{1}{t}\sin at$	$\arctan\frac{a}{s}$
$\mathrm{e}^{-bt}\cos at$	$\frac{s+b}{(s+b)^2+a^2}$	$\frac{1}{a}\sin at-\frac{1}{b}\sin bt$	$\frac{b^2-a^2}{(s^2+a^2)(s^2+b^2)}$

（续）

$f(t)$	$F(s)=L[f(t)]$	$f(t)$	$F(s)=L[f(t)]$
$\cos at-\cos bt$	$\dfrac{(b^2-a^2)s}{(s^2+a^2)(s^2+b^2)}$	$\mathrm{ch}at+\cos at$	$\dfrac{2s^3}{s^4-a^4}$
$t\,\mathrm{sh}at$	$\dfrac{2as}{(s^2-a^2)^2}$	$\dfrac{2}{t}\mathrm{sh}at$	$\ln\dfrac{s+a}{s-a}$
$t\,\mathrm{ch}at$	$\dfrac{s^2+a^2}{(s^2-a^2)^2}$	$\ln t$	$-\dfrac{1}{s}(\ln s+\gamma)$（$\gamma$为欧拉常数，下同）
$\mathrm{sh}at-\sin at$	$\dfrac{2a^3}{s^4-a^4}$		
$\mathrm{ch}at-\cos at$	$\dfrac{2a^2s}{s^4-a^4}$	$\ln t\sin at$	$\dfrac{1}{s^2+a^2}\left[s\arctan\dfrac{a}{s}-\dfrac{a}{2}\ln(s^2+a^2)-a\gamma\right]$
$\mathrm{sh}at+\sin at$	$\dfrac{2as^2}{s^4-a^4}$	$\ln t\cos at$	$\dfrac{-1}{s^2+a^2}\left[a\arctan\dfrac{a}{s}+\dfrac{s}{2}\ln(s^2+a^2)+s\gamma\right]$

7.4　拉普拉斯逆变换表（见表1.3-22）

表1.3-22　拉普拉斯逆变换表

$F(s)$	$f(t)=L^{-1}[F(s)]$	$F(s)$	$f(t)=L^{-1}[F(s)]$
$\dfrac{1}{s^n}\quad(n=1,2,\cdots)$	$\dfrac{1}{(n-1)!}t^{n-1}$	$\dfrac{1}{(s+a)(s+b)(s+c)}$（$a,b,c$不等）	$\dfrac{e^{-at}}{(b-a)(c-a)}+\dfrac{e^{-bt}}{(a-b)(c-b)}+\dfrac{e^{-ct}}{(a-c)(b-c)}$
$\dfrac{1}{\sqrt{s}}$	$\dfrac{1}{\sqrt{\pi t}}$	$\dfrac{s}{(s+a)(s+b)(s+c)}$（$a,b,c$不等）	$\dfrac{ae^{-at}}{(c-a)(a-b)}+\dfrac{be^{-bt}}{(a-b)(b-c)}+\dfrac{ce^{-ct}}{(b-c)(c-a)}$
$\dfrac{1}{s\sqrt{s}}$	$2\sqrt{\dfrac{t}{\pi}}$	$\dfrac{s^2}{(s+a)(s+b)(s+c)}$（$a,b,c$不等）	$\dfrac{a^2e^{-at}}{(c-a)(b-a)}+\dfrac{b^2e^{-bt}}{(a-b)(c-b)}+\dfrac{c^2e^{-ct}}{(b-c)(a-c)}$
$\dfrac{1}{s}\left(\dfrac{s-1}{s}\right)^n$（$n=0,1,2,\cdots$）	$\dfrac{e^t}{n!}\dfrac{d^n}{dt^n}(t^ne^{-t})$	$\dfrac{1}{(s+a)(s+b)^2}$（$a\neq b$）	$\dfrac{e^{-at}-e^{-bt}[1-(a-b)t]}{(a-b)^2}$
$\dfrac{a-b}{(s-a)(s-b)}$	$e^{at}-e^{bt}$	$\dfrac{s}{(s+a)(s+b)^2}$（$a\neq b$）	$\dfrac{[a-b(a-b)t]e^{-at}-ae^{-bt}}{(a-b)^2}$
$\dfrac{(a-b)s}{(s-a)(s-b)}$	$ae^{at}-be^{bt}$	$\dfrac{3a^2}{s^3+a^3}$	$e^{-at}-e^{\frac{a}{2}t}\left(\cos\dfrac{\sqrt{3}}{2}at-\sqrt{3}\sin\dfrac{\sqrt{3}}{2}at\right)$
$\dfrac{1}{s^2(s^2+a^2)}$	$\dfrac{1}{a^4}(\cos at-1)+\dfrac{1}{2a^2}t^2$	$\dfrac{4a^3}{s^4+4a^4}$	$\sin at\,\mathrm{ch}at-\cos at\,\mathrm{sh}at$
$\dfrac{1}{s^3(s^2-a^2)}$	$\dfrac{1}{a^4}(\mathrm{ch}at-1)-\dfrac{1}{2a^2}t^2$	$\dfrac{s}{s^4+4a^4}$	$\dfrac{1}{2a^2}\sin at\,\mathrm{sh}at$
$\dfrac{1}{(s^2+a^2)^2}$	$\dfrac{1}{2a^3}(\sin at-at\cos at)$	$\dfrac{1}{s^4-a^4}$	$\dfrac{1}{2a^3}(\mathrm{sh}at-\sin at)$
$\dfrac{s^2}{(s^2+a^2)^2}$	$\dfrac{1}{2a}(\sin at+at\cos at)$	$\dfrac{1}{s^4+a^4}$	$\dfrac{1}{\sqrt{2}a^3}\left(\sin\dfrac{at}{\sqrt{2}}\mathrm{ch}\dfrac{at}{\sqrt{2}}-\cos\dfrac{at}{\sqrt{2}}\mathrm{sh}\dfrac{at}{\sqrt{2}}\right)$
$\dfrac{1}{s(s^2+a^2)^2}$	$\dfrac{1}{a^4}(1-\cos at)-\dfrac{1}{2a^3}t\sin at$	$\dfrac{s}{s^4-a^4}$	$\dfrac{1}{2a^2}(\mathrm{ch}at-\cos at)$
$\dfrac{s}{(s+a)^2}$	$(1-at)e^{-at}$	$\dfrac{s}{s^4+a^4}$	$\dfrac{1}{a^2}\sin\dfrac{at}{\sqrt{2}}\mathrm{sh}\dfrac{at}{\sqrt{2}}$
$\dfrac{s}{(s+a)^3}$	$t\left(1-\dfrac{a}{2}t\right)e^{-at}$		
$\dfrac{1}{s(s+a)}$	$\dfrac{1}{a}(1-e^{-at})$		
$\dfrac{1}{s(s+a)(s+b)}$（$a\neq b$）	$\dfrac{1}{ab}+\dfrac{1}{b-a}\left(\dfrac{e^{-bt}}{b}-\dfrac{e^{-at}}{a}\right)$		

（续）

$F(s)$	$f(t)=L^{-1}[F(s)]$	$F(s)$	$f(t)=L^{-1}[F(s)]$
$\arctan\frac{a}{s}$	$\frac{1}{t}\sin at$	$\ln\frac{s^2+b^2}{s^2-a^2}$	$\frac{2}{t}(\mathrm{ch}at-\cos bt)$
$\frac{s}{(s-a)\sqrt{s-a}}$	$\frac{1}{\sqrt{\pi t}}e^{at}(1+2at)$	$\frac{1}{s}\ln\frac{1}{\sqrt{1+s^2}}$	$-\int_t^{\infty}\frac{\cos u}{u}du$
$\sqrt{s-a}-\sqrt{s-b}$ $a\neq b$	$\frac{1}{2\sqrt{\pi t^3}}(e^{bt}-e^{at})$	$\frac{\pi}{2s}-\frac{1}{s}\arctan s$	$-\int_t^{\infty}\frac{\sin u}{u}du$
$\frac{1}{\sqrt{s}}e^{-\frac{a}{s}}$	$\frac{1}{\sqrt{\pi t}}\cos 2\sqrt{at}$	$\frac{1}{s}\ln(1+s)$	$\int_t^{\infty}\frac{e-u}{u}du$
$\frac{1}{\sqrt{s}}e^{\frac{a}{s}}$	$\frac{1}{\sqrt{\pi t}}\mathrm{ch}2\sqrt{at}$	$\frac{1}{\sqrt{s}}e^{-\sqrt{s}}\sin\sqrt{s}$	$\frac{1}{\sqrt{\pi t}}\sin\frac{1}{2t}$
$\frac{1}{s\sqrt{s}}e^{-\frac{a}{s}}$	$\frac{1}{\sqrt{\pi t}}\sin 2\sqrt{at}$	$\frac{1}{\sqrt{s}}e^{-\sqrt{s}}\cos\sqrt{s}$	$\frac{1}{\sqrt{\pi t}}\cos\frac{1}{2t}$
$\frac{1}{s\sqrt{s}}e^{\frac{a}{s}}$	$\frac{1}{\sqrt{\pi t}}\mathrm{sh}2\sqrt{at}$	$\ln\frac{s^2+a^2}{s^2+b^2}$	$\frac{2}{t}(\cos bt-\cos at)$
$\ln\frac{s+a}{s-a}$	$\frac{2}{t}\mathrm{sh}at$	$\ln\frac{s^2-a^2}{s^2-b^2}$	$\frac{2}{t}(\mathrm{ch}bt-\mathrm{ch}at)$

7.5 拉普拉斯变换的应用

7.5.1 常系数线性微分方程的定解问题

（1）设有常系数线性微分方程

$$\begin{cases}y^{(n)}(t)+a_1y^{(n-1)}(t)+\cdots+a_{n-1}y'(t)+a_ny(t)=f(t)\\ y(0)=b_0,\ y'(0)=b_1,\cdots,y^{(n-1)}(0)=b_{n-1}\end{cases}$$

方程两边逐项做拉普拉斯变换（注意利用变换的微分性质和方程的初始条件），并记象函数 $L[y(t)]=Y(s)$，则得关于 $Y(s)$ 的一次代数方程，由此解出 $Y(s)$。

（2）对 $Y(s)$ 做拉普拉斯逆变换，利用拉普拉斯逆变换表求得 $y(t)$，即为满足初始条件的方程的解。

7.5.2 线性定常系统的传递函数

（1）数学模型为常系数线性微分方程的系统称为线性定常系统。设系统的输入函数为 $f(t)$，输出函数为 $g(t)$，二者的拉普拉斯变换的象函数分别为 $F(s)$ 和 $G(s)$，并设 $t=0$ 时，$f(t)$，$g(t)$ 及其各阶导数均为 0（零初始条件），则称

$$H(s)=\frac{G(s)}{F(s)}$$

为系统的传递函数。

特别地，对单输入，单输出的线性定常系统，其输入函数 $f(t)$，输出函数 $g(t)$ 满足

$$a_ng^{(n)}(t)+a_{n-1}g^{(n-1)}(t)+\cdots+a_1g'(t)+a_0g(t)=$$
$$b_mf^{(m)}(t)+b_{m-1}f^{(m-1)}(t)+\cdots+b_1f'(t)+b_0f(t),(n\geqslant m)$$

在零初始条件下，两边做拉普拉斯变换得

$$(a_ns^n+a_{n-1}s^{n-1}+\cdots+a_1s+a_0)G(s)=$$
$$(b_ms^m+b_{m-1}s^{m-1}+\cdots+b_1s+b_0)F(s),$$

则传递函数

$$H(s)=\frac{G(s)}{F(s)}=\frac{b_ms^m+b_{m-1}s^{m-1}+\cdots+b_1s+b_0}{a_ns^n+a_{n-1}s^{n-1}+\cdots+a_1s+a_0}。$$

（2）典型元件的传递函数（见表 1.3-23）

表 1.3-23　典型元件的传递函数

元件名称		数学模型	传递函数 $H(s)$
原始传递元件	比例元件	$g(t)=Kf(t)$	K
	积分元件	$g(t)=K\int f(t)dt$	$\frac{K}{s}$
	微分元件	$g(t)=Kf'(t)$	Ks
	空载时间元件	$g(t)=f(t)(t-T)$	e^{-Ts}

（续）

	元件名称	数学模型	传递函数 $H(s)$
延迟元件	一阶延迟元件	$g(t)+Tg'(t)=Kf(t)$	$\dfrac{K}{1+Ts}$
	二阶延迟元件	$g(t)+\dfrac{2\theta}{\omega_0}g'(t)+\dfrac{1}{\omega_0^2}g''(t)=Kf(t)$ θ：阻尼比 ω_0：特征角频率	$(\theta<1)$ $\dfrac{K\omega_0^2}{\omega_0^2+2\theta\omega_0 s+s^2}$ $(\theta>1)$ $\dfrac{K}{\left[1+\dfrac{s}{\omega_0}\ (\theta+\sqrt{\theta^2-1})\right]\left[1+\dfrac{s}{\omega_0}\ (\theta-\sqrt{\theta^2-1})\right]}$
并联组合元件	比例积分元件	$g(t)=K\int f(t)\mathrm{d}t+Tf(t)$	$\dfrac{K}{s}+T$
	比例微分元件	$g(t)=Kf(t)+Tf'(t)$	$K+Ts$
	比例积分微分元件	$g(t)=K\int f(t)\mathrm{d}t+T_1f(t)+T_2f'(t)$	$\dfrac{K}{s}+T_1+T_2s$
串联组合元件	具有一阶延迟的积分元件	$g(t)+Tg'(t)=K\int f(t)\mathrm{d}t$	$\dfrac{K}{s(1+Ts)}$
	具有一阶延迟的微分元件	$g(t)+Tg'(t)=Kf'(t)$	$\dfrac{Ks}{1+Ts}$
	具有二阶延迟的微分元件	$g(t)+\dfrac{2\theta}{\omega_0}g'(t)+\dfrac{1}{\omega_0^2}g''(t)=Kf'(t)$	$\dfrac{Ks\omega_0^2}{\omega_0^2+2\theta\omega_0 s+s^2}$
群组合元件	具有一阶延迟的比例微分元件	$g(t)+Tg'(t)=K_1f(t)+K_2f'(t)$	$\dfrac{K_1+K_2s}{1+Ts}$
	具有一阶延迟的比例积分微分元件	$g(t)+Tg'(t)=K_1\int f(t)\mathrm{d}t+K_2f(t)+K_3f'(t)$	$\dfrac{K_1+K_2s+K_3s^2}{s(1+Ts)}$

8　Z变换

8.1　Z变换及逆变换

设 $f(n)\ (n=0,1,2,\cdots)$ 为序列，z 为复变量，则级数 $\sum\limits_{n=0}^{+\infty}f(n)z^{-n}$ 在 z 的变化域内收敛时所确定的函数 $F(z)$ 称为序列 $f(n)$ 的Z变换，记为 $Z[f(n)]$，即

$$F(z)=Z[f(n)]=\sum_{n=0}^{+\infty}f(n)z^{-n}。$$

而

$$f(n)=\frac{1}{2\pi i}\oint_C z^{n-1}F(z)\mathrm{d}z,\ (n=0,1,2,\cdots)$$

其中 C 为复平面上半径大于 $F(z)$ 收敛半径的任意圆，称为 $F(z)$ 的Z逆变换，记为 $Z^{-1}[F(z)]$，即

$$f(n)=Z^{-1}[F(z)]$$

$F(z)$ 也称为 $f(n)$ 的象，而 $f(n)$ 称为 $F(z)$ 的原象。

若存在正数 N、R、M，使得当 $n\geqslant N$ 时总有 $|f(n)|\leqslant MR^n$ 成立，则 $f(n)$ 的Z变换 $F(z)$ 在 $|z|>R$ 内存在，且 $F(z)$ 在 $|z|>R$ 内为解析函数。

8.2　Z变换的性质（见表1.3-24）

8.3　Z变换表（见表1.3-25）

表1.3-24　Z变换的性质

性　质	表 达 式
线性性质	$Z[af(n)]=aZ[f(n)]$ $Z[af_1(n)+bf_2(n)]=aZ[f_1(n)]+bZ[f_2(n)]$ 其中 a，b 为常数

（续）

性　质	表 达 式
左移性质	$Z[f(n+k)]=z^k\{Z[f(n)]-\sum_{n=0}^{k-1}f(n)z^{-n}\}$， 其中 k 为正整数 特别地， $Z[f(n+1)]=z\{Z[f(n)]-f(0)\}$， $Z[f(n+2)]=z^2\{Z[f(n)]-f(0)-f(1)z^{-1}\}$
延迟性质	$Z[f(n-k)u(n-k)]=z^{-k}Z[f(n)]$， 其中 k 为正整数，u 为单位阶跃序列：$u(n)=\begin{cases}1,n\geqslant 0\\0,n<0\end{cases}$
初值定理	$f(0)=\lim\limits_{z\to\infty}F(z)$， 其中 $F(z)=Z[f(n)]$
终值定理	$\lim\limits_{n\to\infty}f(n)=\lim\limits_{z\to 1}(z-1)F(z)$， 其中 $F(z)=Z[f(n)]$　且 $\lim\limits_{n\to\infty}f(n)$ 存在
有限和性质	$Z[\sum_{k=1}^{n}f(k)]=\frac{z}{z-1}F(z)$，$(\|z\|>\max\{1,R\})$ 其中 $F(z)=Z[f(n)]$，$\|z\|>R$
微分性质	$Z[nf(n)]=-z\frac{\mathrm{d}F(z)}{\mathrm{d}z}$， 其中 $F(z)=Z[f(n)]$
积分性质	$Z\left[\frac{f(n)}{n+k}\right]=z^k\int_z^{+\infty}x^{-(k+1)}F(x)\mathrm{d}x$，$(k\geqslant 1)$ 其中 $F(z)=Z[f(n)]$
卷积定理	$Z[f_1(n)*f_2(n)]=Z[f_1(n)]Z[f_2(n)]$， 其中 $f_1(n)*f_2(n)=\sum_{k=0}^{n}f_1(k)f_2(n-k)$，称为 $f_1(n)$，$f_2(n)$ 的卷积

表 1.3-25　Z 变换表

$f(n)$	$F(z)=Z[f(n)]$	$f(n)$	$F(z)=Z[f(n)]$
单位脉冲序列 $\delta(n)=\begin{cases}1,n=0\\0,n\neq 0\end{cases}$	1	n	$\frac{z}{(z-1)^2}$
		n^2	$\frac{z^2+z}{(z-1)^3}$
$\delta(n-k)$	z^{-k}	n^3	$\frac{z^3+4z^2+z}{(z-1)^4}$
单位阶跃序列 $u(n)=\begin{cases}1,n\geqslant 0\\0,n<0\end{cases}$	$\frac{z}{z-1}$	n^4	$\frac{z^4+11z^3+11z^2+z}{(z-1)^5}$
$u(n-k)$	$\frac{z^{1-k}}{z-1}$	n^5	$\frac{z^5+26z^4+66z^3+26z^2+z}{(z-1)^6}$
$(-1)^n$	$\frac{z}{z+1}$	na^n	$\frac{az}{(z-a)^2}$
a^n	$\frac{z}{z-a}$	n^2a^n	$\frac{az^2+a^2z}{(z-a)^3}$
e^{an}	$\frac{z}{z-\mathrm{e}^a}$	n^3a^n	$\frac{az^3+4a^2z^2+a^3z}{(z-a)^4}$

（续）

$f(n)$	$F(z)=Z[f(n)]$
n^4a^n	$\dfrac{az^4+11a^2z^3+11a^3z^2+a^4z}{(z-a)^5}$
n^5a^n	$\dfrac{az^5+26a^2z^4+66a^3z^3+26a^4z^2+a^5z}{(z-a)^6}$
$(n+1)^2$	$\dfrac{z^3+z^2}{(z-1)^3}$
n^2+1	$\dfrac{z^3-z^2+2z}{(z-1)^3}$
n^2-1	$\dfrac{-z^3+2z^2}{(z-1)^3}$
$C_{n+k}^k a^n$	$\left(\dfrac{z}{z-a}\right)^{k+1}$
$C_n^k a^n$	$\dfrac{a^k z}{(z-a)^{k+1}}$
$C_k^n a^n b^{k-n}$	$\dfrac{(a+bz)^k}{z^k}$
u_n-u_{n-k}	$\dfrac{z^{k-1}}{z^k-z^{k-1}}$
$a^n\cos\dfrac{n\pi}{2}$	$\dfrac{z^2}{z^2+a^2}$
$a^{n-1}\sin\dfrac{n\pi}{2}$	$\dfrac{z}{z^2+a^2}$
na^{n-1}	$\dfrac{z}{(z-a)^2}$
$(n+1)a^n$	$\dfrac{z^2}{(z-a)^2}$
$\dfrac{a^n-b^n}{a-b}$	$\dfrac{z}{(z-a)(z-b)}$
$\dfrac{a^{n+1}-b^{n+1}}{a-b}$	$\dfrac{z^2}{(z-a)(z-b)}$
$\cos n\theta$	$\dfrac{z(z-\cos\theta)}{z^2-2z\cos\theta+1}$
$\sin n\theta$	$\dfrac{z\sin\theta}{z^2-2z\cos\theta+1}$
$\cos(n\theta+\varphi)$	$\dfrac{z^2\cos\varphi-z\cos(\theta-\varphi)}{z^2-2z\cos\theta+1}$
$\sin(n\theta+\varphi)$	$\dfrac{z^2\sin\varphi+z\sin(\theta-\varphi)}{z^2-2z\cos\theta+1}$
$a^n\cos n\theta$	$\dfrac{z(z-a\cos\theta)}{z^2-2az\cos\theta+a^2}$

$f(n)$	$F(z)=Z[f(n)]$
$a^n\sin n\theta$	$\dfrac{az\sin\theta}{z^2-2az\cos\theta+a^2}$
$\mathrm{ch}\,n\beta$	$\dfrac{z(z-\mathrm{ch}\beta)}{z^2-2z\,\mathrm{ch}\beta+1}$
$\mathrm{sh}\,n\beta$	$\dfrac{z\,\mathrm{sh}\beta}{z^2-2z\,\mathrm{ch}\beta+1}$
$a^n\mathrm{ch}\,n\beta$	$\dfrac{z(z-a\,\mathrm{ch}\beta)}{z^2-2az\,\mathrm{ch}\beta+a^2}$
$a^n\mathrm{sh}\,n\beta$	$\dfrac{az\,\mathrm{sh}\beta}{z^2-2az\,\mathrm{ch}\beta+a^2}$
$n\cos n\theta$	$\dfrac{(z^3+z)\cos\theta-2z^2}{(z^2-2z\cos\theta+1)^2}$
$n\sin n\theta$	$\dfrac{(z^3-z)\sin\theta}{(z^2-2z\cos\theta+1)^2}$
$na^n\cos n\theta$	$\dfrac{(az^3+a^3z)\cos\theta-2a^2z^2}{(z^2-2az\cos\theta+a^2)^2}$
$na^n\sin n\theta$	$\dfrac{(az^3-a^3z)\sin\theta}{(z^2-2az\cos\theta+a^2)^2}$
$\dfrac{1}{n+1}$	$z\ln\left(\dfrac{z}{z+1}\right)$
$\dfrac{1}{(n+1)(n+2)}$	$z+(z-z^2)\ln\left(\dfrac{z}{z-1}\right)$
$\dfrac{n}{(n+1)(n+2)}$	$-2z+(2z^2-z)\ln\left(\dfrac{z}{z-1}\right)$
$\dfrac{2}{(n+1)(n+2)(n+3)}$	$\dfrac{3}{2}z-z^2+z(1-z)^2\ln\left(\dfrac{z}{z-1}\right)$
$\dfrac{1}{2n+1}$	$\sqrt{z}\arctan\sqrt{\dfrac{1}{z}}$
$\dfrac{a^n}{n!}$	$e^{\frac{a}{z}}$
$\dfrac{(\ln a)^n}{n!}$	$a^{\frac{1}{z}}$
$\dfrac{1}{(2n)!}$	$\mathrm{ch}\sqrt{\dfrac{1}{z}}$
$\dfrac{(2n)!\,a^n}{(2^n n!)^2}$	$\sqrt{\dfrac{z}{z-a}}$
$\dfrac{(2n)!\,(-a)^n}{(2^n n!)^2}$	$\sqrt{\dfrac{z}{z+a}}$

8.4　Z 逆变换表（见表 1.3-26）

表 1.3-26　Z 逆变换表

$F(z)$	$f(n)=Z^{-1}[F(z)]$
$\frac{z^2}{z^2-1}$	$\frac{1}{2}u_n+\frac{1}{2}(-1)^n$
$\frac{z^3}{(z-1)^3}$	$\frac{(n+1)(n+2)}{2}$
$\frac{z^2}{(z-1)^3}$	$\frac{n(n+1)}{2}$
$\frac{z}{(z-1)^3}$	$\frac{n(n-1)}{2}$
$\frac{1}{(z-1)^3}$	$\frac{(n-1)(n-2)}{2}u_{n-1}$
$\frac{1}{z^2-a^2}$	$\frac{a^n+(-a)^n}{2a^2}u_{n-1}$
$\frac{z}{z^2-a^2}$	$\frac{a^n-(-a)^n}{2a}$
$\frac{z^2}{z^2-a^2}$	$\frac{a^n+(-a)^n}{2}$
$\frac{1}{z^2+a^2}$	$-a^{n-2}u_{n-1}\cos\frac{n\pi}{2}$
$\frac{1}{(z-a)^2}$	$(n-1)a^{n-2}u_{n-1}$
$\frac{1}{(z-a)(z-b)}$	$\frac{a^{n-1}-b^{n-1}}{a-b}u_{n-1}$
$\ln\left(\frac{z}{z-a}\right)$	$\begin{cases}0, & n=0;\\ \frac{a^n}{n}, & n\neq 0\end{cases}$
$\ln\left(\frac{z}{z+a}\right)$	$\begin{cases}0, & n=0;\\ \frac{(-a)^n}{n}, & n\neq 0\end{cases}$
$\frac{1}{2}\ln\left(\frac{z+a}{z-a}\right)$	$\begin{cases}\frac{a^n}{n}, & n=1,3,5,\cdots\\ 0, & n=0,2,4,\cdots\end{cases}$
$\ln\left(\frac{z}{\sqrt{z^2-a^2}}\right)$	$\begin{cases}\frac{a^n}{n}, & n=2,4,6,\cdots\\ 0, & n=0,1,3,\cdots\end{cases}$
$\frac{z}{(z-a)(z-b)^2}$	$\frac{a^n-b^n}{(a-b)^2}-\frac{nb^n-1}{a-b}$
$\frac{z}{(z-a)(z-b)^3}$	$\frac{a^n-b^n}{(a-b)^3}-\frac{nb^{n-1}}{(a-b)^2}-\frac{n(n-1)b^{n-2}}{2(a-b)}$
$\frac{z}{(z-a)^2(z-b)^2}$	$\frac{n(a^{n-1}+b^{n-1})}{(a-b)^2}-\frac{2(a^n-b^n)}{(a-b)^3}$
$\frac{z}{(z-a)^2(z-b)^3}$	$\frac{n(a^{n-1}+2b^{n-1})}{(a-b)^3}-\frac{3(a^n-b^n)}{(a-b)^4}+\frac{n(n-1)b^{n-2}}{2(a-b)^2}$
$\frac{z^3}{(z-a)(z-b)(z-c)}$	$\frac{a^{n+2}}{(a-b)(a-c)}+\frac{b^{n+2}}{(b-a)(b-c)}+\frac{c^{n+2}}{(c-a)(c-b)}$
$\frac{z}{(z-a)(z-b)(z-c)}$	$\frac{1}{a-b}\left(\frac{a^n-c^n}{a-c}-\frac{b^n-c^n}{b-c}\right)$

（续）

$F(z)$	$f(n)=Z^{-1}[F(z)]$
$\dfrac{z}{(z-a)(z-b)(z-c)^2}$	$\dfrac{a^n-c^n}{(a-b)(a-c)^2}-\dfrac{b^n-c^n}{(a-b)(b-c)^2}+\dfrac{nc^{n-1}}{(a-c)(b-c)}$
$\arctan\dfrac{\sin\theta}{z-\cos\theta}$	$\begin{cases}0, & n=0;\\ \dfrac{\sin n\theta}{n}, & n\neq 0\end{cases}$
$\arctan\dfrac{1}{z}$	$\begin{cases}0, & n=0;\\ \dfrac{1}{n}\sin\dfrac{n\pi}{2}, & n\neq 0\end{cases}$

第 4 章　常用力学公式

1　静力学基本公式（见表 1.4-1 ~ 表 1.4-3）

表 1.4-1　力的分解及在直角坐标轴上的投影

序号	分解类型	图　示	计 算 式	说　明
1	力沿两非正交方向的分解	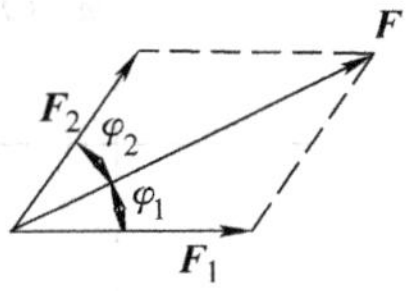	$\boldsymbol{F}=\boldsymbol{F}_1+\boldsymbol{F}_2$ $F=\sqrt{F_1^2+F_2^2+2F_1F_2\cos(\varphi_1+\varphi_2)}$ $F_1=\dfrac{F}{\sin(\varphi_1+\varphi_2)}\sin\varphi_2$ $F_2=\dfrac{F}{\sin(\varphi_1+\varphi_2)}\sin\varphi_1$	分力 $\boldsymbol{F}_1$、$\boldsymbol{F}_2$ 与力 $\boldsymbol{F}$ 作用点相同
2	力在平面直角坐标系中的分解与投影	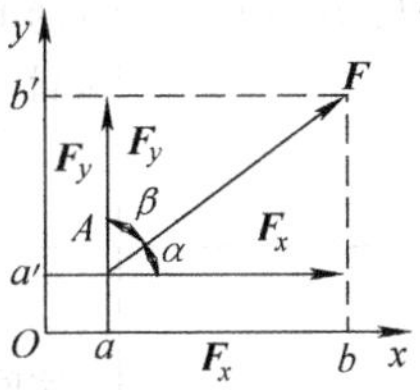	$\boldsymbol{F}=\boldsymbol{F}_x+\boldsymbol{F}_y=F_x\boldsymbol{i}+F_y\boldsymbol{j}$ 式中，$\begin{cases}F_x=F\cos\alpha\\F_y=F\cos\beta\end{cases}$分别称为力 $\boldsymbol{F}$ 在 x、y 轴上的投影 $F=\sqrt{F_x^2+F_y^2}$	分力 $\boldsymbol{F}_x$、$\boldsymbol{F}_y$ 与力 $\boldsymbol{F}$ 作用点相同
3	力在空间直角坐标系中的分解与投影	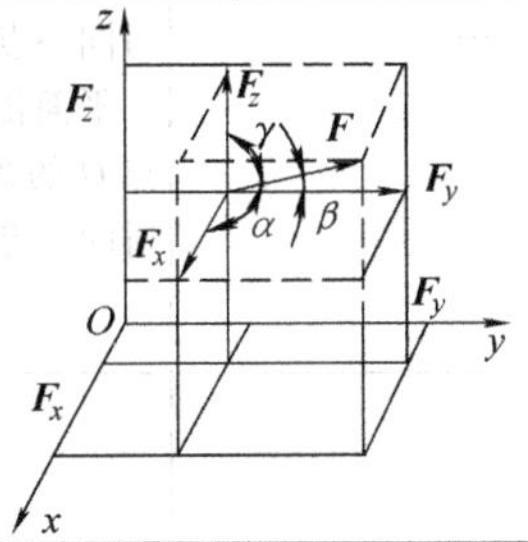	$\boldsymbol{F}=\boldsymbol{F}_x+\boldsymbol{F}_y+\boldsymbol{F}_z=F_x\boldsymbol{i}+F_y\boldsymbol{j}+F_z\boldsymbol{k}$ 式中，$\begin{cases}F_x=F\cos\alpha\\F_y=F\cos\beta\\F_z=F\cos\gamma\end{cases}$分别称为力 $\boldsymbol{F}$ 在 x、y 和 z 轴上的投影 $F=\sqrt{F_x^2+F_y^2+F_z^2}$	分力 $\boldsymbol{F}_x$、$\boldsymbol{F}_y$、$\boldsymbol{F}_z$ 与力 $\boldsymbol{F}$ 作用点相同

注：1. $\boldsymbol{i}$、$\boldsymbol{j}$、$\boldsymbol{k}$ 分别为沿坐标轴 x、y 和 z 的单位矢量。

2. 规定：如力的始末端在坐标轴上的投影指向与坐标轴正向一致，则力在该轴上的投影为正，反之为负。

3. 本表力的分解与投影的计算方法也适用于其他力学矢量，如后面提到的力矩、动量和动量矩矢量等。

表 1.4-2　力矩和力偶矩的计算公式

类型	图　示	计 算 公 式	说　明
平面力矩	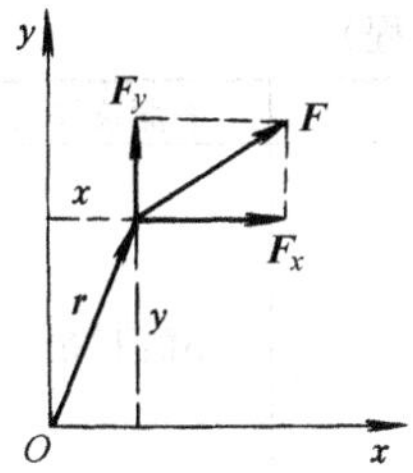	$\boldsymbol{m}_O(\boldsymbol{F})=\boldsymbol{r}\times\boldsymbol{F}$ $=(x\boldsymbol{i}+y\boldsymbol{j})\times(F_x\boldsymbol{i}+F_y\boldsymbol{j})$ $=(xF_y-yF_x)\boldsymbol{k}$ $=m_z(\boldsymbol{F})\boldsymbol{k}$	力 $\boldsymbol{F}$ 在作用面内对任一点 O 的矩 $\boldsymbol{m}_O(\boldsymbol{F})$ 等于其分力对该点的矩的代数和 力对点的矩就是力对通过该点且垂直于作用面的 z 轴的矩

（续）

类型	图　示	计 算 公 式	说　明
空间力矩	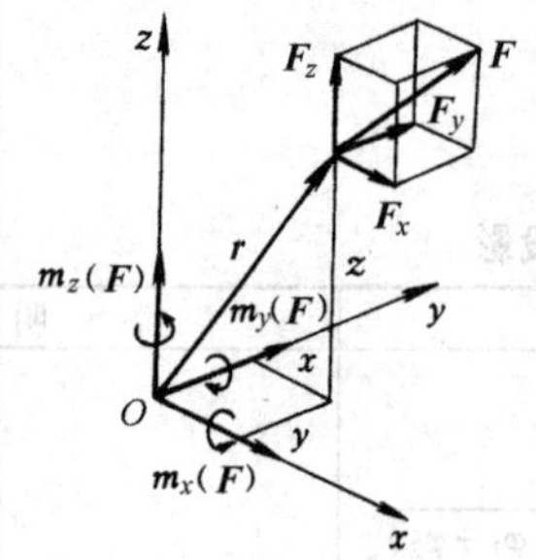	$m_O(F)=r\times F=\begin{vmatrix} i & j & k \\ x & y & z \\ F_x & F_y & F_z \end{vmatrix}$ $=(yF_z-zF_y)i+(zF_x-xF_z)j+(xF_y-yF_x)k$ $=m_x(F)i+m_y(F)j+m_z(F)k$ 式中　$m_x(F)=yF_z-zF_y$ $m_y(F)=zF_x-xF_z$ $m_z(F)=xF_y-yF_x$	力 F 对空间任一点 O 的矩 $m_O(F)$ 等于其分力对该点的矩之矢量和 力 F 对任一点 O 的矩 $m_O(F)$ 沿通过该点的坐标轴方向的分量，等于力 F 对坐标轴 x、y、z 的矩 $m_x(F)$、$m_y(F)$、$m_z(F)$
力对特定方向的轴的矩	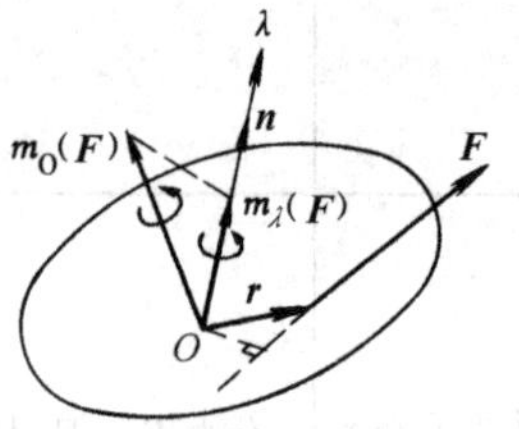	$m_\lambda(F)=(r\times F)\cdot n=\begin{vmatrix} x & y & z \\ F_x & F_y & F_z \\ \alpha & \beta & \gamma \end{vmatrix}$ $=(yF_z-zF_y)\alpha+(zF_x-xF_z)\beta+(xF_y-yF_x)\gamma$	力 F 对 λ 轴的矩等于力矩 $m_O(F)$ 沿 λ 方向的投影 式中，$n=\alpha i+\beta j+\gamma k$ 为 λ 方向的单位矢量，α、β、γ 为单位矢量 n 的方向余弦
若干汇交力对点的矩	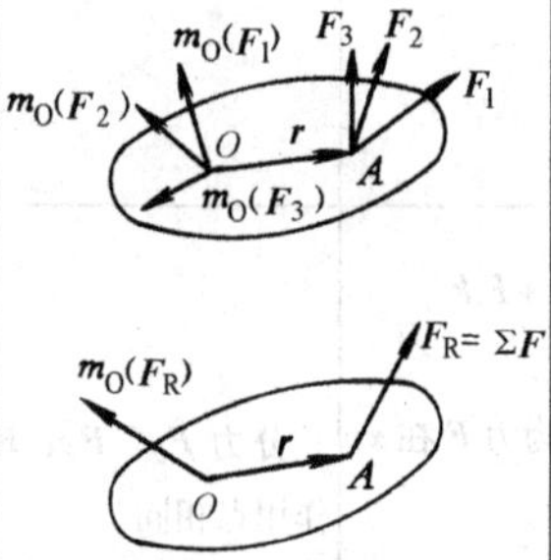	$m_O(F_1)+m_O(F_2)+m_O(F_3)+\cdots$ $=r\times F_1+r\times F_2+r\times F_3+\cdots$ $=r\times\sum F$ 即　$\sum m_O(F_i)=m_O(R)$	空间汇交力系中各力对任一点 O 的矩的矢量和，等于合力对同一点的矩 平面汇交力系中各力对任一点 O 的矩的代数和，等于合力对同一点的矩
合力偶矩	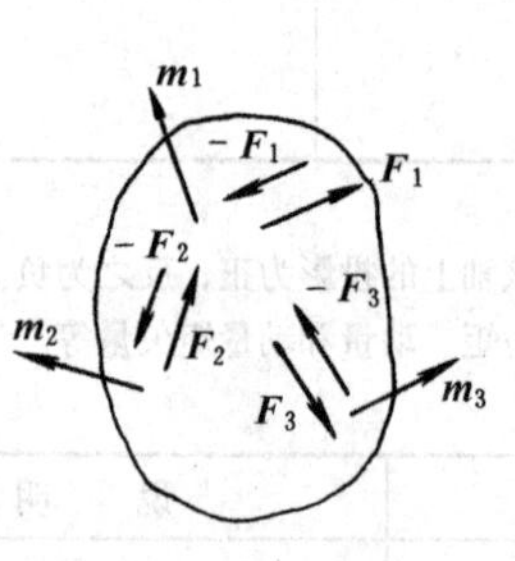	$M=\sum m_i$	空间合力偶矩为各力偶矩的矢量和 平面合力偶矩为各力偶矩的代数和

表 1.4-3　力系的简化与合成及平衡条件（平衡方程）

序号	力系类型	图　示	简化与合成	平衡条件（平衡方程）
1	两同向平行力	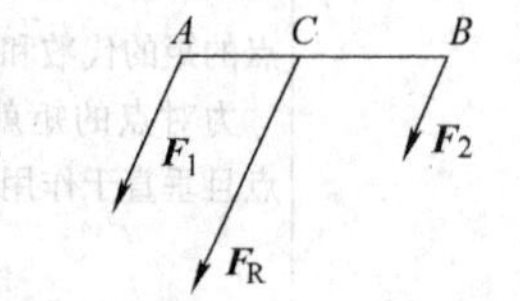	合力大小 $F_R=F_1+F_2$ 合力作用线位置 $\frac{AC}{CB}=\frac{F_2}{F_1}$（$F_R$ 与两力平行）	不能平衡

（续）

<table>
<tr><th>序号</th><th>力系类型</th><th>图　示</th><th>简化与合成</th><th>平衡条件（平衡方程）</th></tr>
<tr><td>2</td><td>两反向平行力</td><td>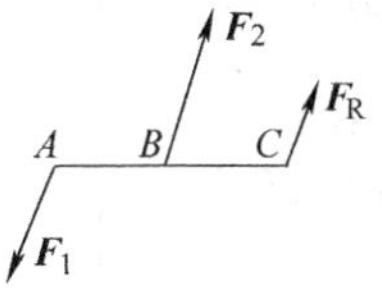

（$F_2 > F_1$）</td><td>合力大小
$F_R = F_2 - F_1$
合力作用线位置（在大力 $\boldsymbol{F}_2$ 外侧）
$\frac{BC}{AB} = \frac{F_1}{F_R}$（$\boldsymbol{F}_R$ 与两力平行）</td><td>不能平衡</td></tr>
<tr><td>3</td><td>平面汇交力系</td><td>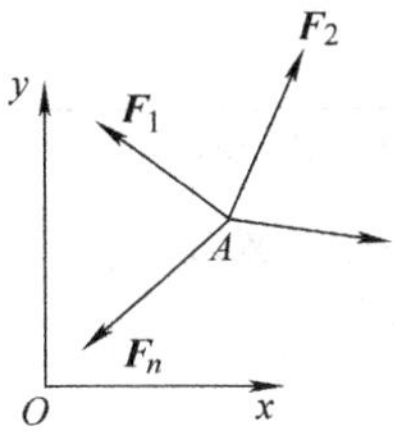
</td><td>合成为过力系汇交点的合力
$\boldsymbol{F}_R = F_{Rx}\boldsymbol{i} + F_{Ry}\boldsymbol{j}$
式中，合力在 x、y 轴上的投影
$\begin{cases} F_{Rx} = \sum F_x \\ F_{Ry} = \sum F_y \end{cases}$ 称合力投影定理
合力大小
$F_R = \sqrt{F_{Rx}^2 + F_{Ry}^2} = \sqrt{(\sum F_x)^2 + (\sum F_y)^2}$
合力与 x 轴夹角
$\tan(\boldsymbol{F}_R, \boldsymbol{i}) = \frac{\sum F_y}{\sum F_x}$</td><td>$\begin{cases} \sum F_x = 0 \\ \sum F_y = 0 \end{cases}$</td></tr>
<tr><td rowspan="2">4</td><td rowspan="2">平面一般力系（图 a）</td><td rowspan="2">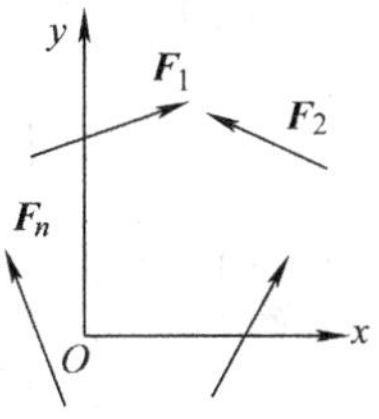

a)
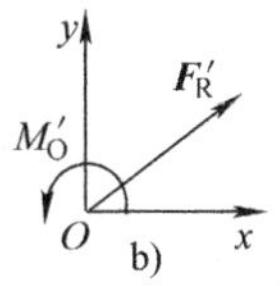

b)
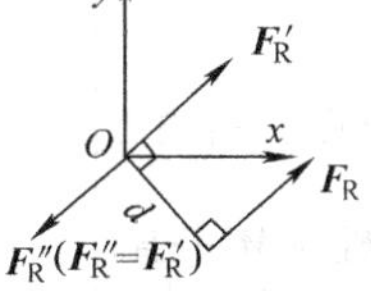

c)
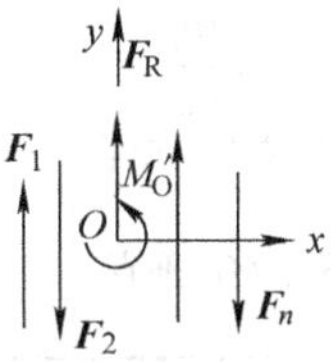

d)</td><td>向任一点 O 简化得主矢和主矩（图 b）
主矢 $\boldsymbol{F}'_R = F'_{Rx}\boldsymbol{i} + F'_{Ry}\boldsymbol{j}$（与简化中心位置无关）
其中
$F'_{Rx} = \sum F_x$
$F'_{Ry} = \sum F_y$
$F'_R = \sqrt{(\sum F_x)^2 + (\sum F_y)^2}$
$\tan(\boldsymbol{F}'_R, \boldsymbol{i}) = \frac{\sum F_y}{\sum F_x}$
主矩 $M'_O = \sum M_O(\boldsymbol{F}_i)$（一般与简化中心位置有关），若
1）$F'_R = 0$，$M'_O \neq 0$，则力系合成为一个合力偶，合力偶矩即为 M'_O（此时与简化中心的位置无关）
2）$F'_R \neq 0$，$M'_O = 0$，则力系合成一个合力 $\boldsymbol{F}_R = \boldsymbol{F}'_R$，作用线通过 O 点
3）$F'_R \neq 0$，$M'_O \neq 0$，力系仍可合成为一个合力 $\boldsymbol{F}_R$（图 c），大小、方向与主矢同，其作用线到 O 点的垂直距离为：$d = \frac{M'_O}{F'_R}$，且 F_R 对 O 的转矩与 M'_O 相同</td><td>基本形式
$\begin{cases} \sum F_x = 0 \\ \sum F_y = 0 \\ \sum M_O(\boldsymbol{F}_i) = 0 \end{cases}$
两矩式
$\begin{cases} \sum F_x = 0 \\ \sum M_A(\boldsymbol{F}_i) = 0 \\ \sum M_B(\boldsymbol{F}_i) = 0 \end{cases}$
两矩心 A、B 两点的连线不能与 x 轴垂直
三矩式
$\begin{cases} \sum M_A(\boldsymbol{F}_i) = 0 \\ \sum M_B(\boldsymbol{F}_i) = 0 \\ \sum M_C(\boldsymbol{F}_i) = 0 \end{cases}$
三矩心 A、B、C 三点不能在一条直线上</td></tr>
<tr><td>若为平行力系，并取 x 轴与力作用线垂直（图 d）
主矢 $\boldsymbol{F}_R = F'_{Ry}\boldsymbol{j}$
$F_R = F'_{Ry} = \sum F_y$
主矩 $M'_O = \sum M_O(\boldsymbol{F}_i)$</td><td>基本形式
$\begin{cases} \sum F_y = 0 \\ \sum M_O(\boldsymbol{F}_i) = 0 \end{cases}$
两矩式
$\begin{cases} \sum M_A(\boldsymbol{F}_i) = 0 \\ \sum M_B(\boldsymbol{F}_i) = 0 \end{cases}$
矩心 A、B 连线不能与力作用线平行</td></tr>
</table>

（续）

序号	力系类型	图　示	简化与合成	平衡条件（平衡方程）
5	空间汇交力系（图a）	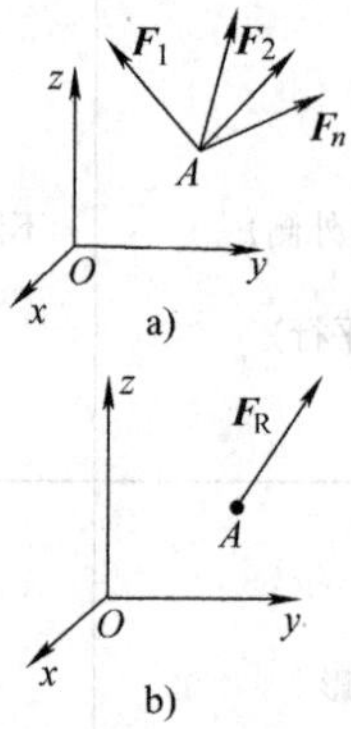	可合成为过力系汇交点的合力（图b） $\boldsymbol{F}_R=F_{Rx}\boldsymbol{i}+F_{Ry}\boldsymbol{j}+F_{Rz}\boldsymbol{k}$ 式中合力$\boldsymbol{F}_R$在三坐标轴上的投影 $F_{Rx}=\sum F_x$，$F_{Ry}=\sum F_y$，$F_{Rz}=\sum F_z$ 合力大小 $F_R=\sqrt{F_{Rx}^2+F_{Ry}^2+F_{Rz}^2}$ $=\sqrt{(\sum F_x)^2+(\sum F_y)^2+(\sum F_z)^2}$ 合力方位 $\cos(\boldsymbol{F}_R,\boldsymbol{i})=\frac{\sum F_x}{F_R}$，$\cos(\boldsymbol{F}_R,\boldsymbol{j})=\frac{\sum F_y}{F_R}$，$\cos(\boldsymbol{F}_R,\boldsymbol{k})=\frac{\sum F_z}{F_R}$	$\begin{cases}\sum F_x=0\\ \sum F_y=0\\ \sum F_z=0\end{cases}$
6	空间一般力系（图a）	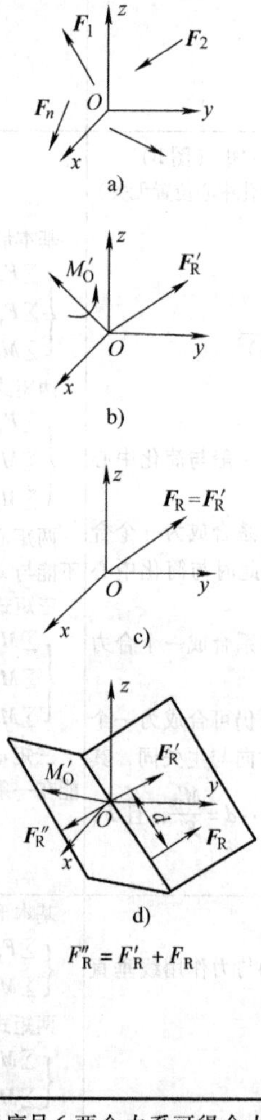 $F''_R=F'_R+F_R$	向任一点O简化得主矢和主矩矢（图b） 主矢 $\boldsymbol{F}'_R=F'_{Rx}\boldsymbol{i}+F'_{Ry}\boldsymbol{j}+F'_{Rz}\boldsymbol{k}$（与$O$点位置无关） 式中，主矢在坐标轴上的投影 $F'_{Rx}=\sum F_x$，$F'_{Ry}=\sum F_y$，$F'_{Rz}=\sum F_z$ 主矢大小 $F'_R=\sqrt{F'^2_{Rx}+F'^2_{Ry}+F'^2_{Rz}}$ $=\sqrt{(\sum F_x)^2+(\sum F_y)^2+(\sum F_z)^2}$ 主矢方位 $\cos(\boldsymbol{F}_R,\boldsymbol{i})=\frac{\sum F_x}{F'_R}$，$\cos(\boldsymbol{F}_R,\boldsymbol{j})=\frac{\sum F_y}{F'_R}$，$\cos(\boldsymbol{F}_R,\boldsymbol{k})=\frac{\sum F_z}{F'_R}$ 主矩矢 $\boldsymbol{M}'_O=\sum \boldsymbol{M}_O(\boldsymbol{F}_i)=\sum M_x(\boldsymbol{F}_i)\boldsymbol{i}+\sum M_y(\boldsymbol{F}_i)\boldsymbol{j}+\sum M_z(\boldsymbol{F}_i)\boldsymbol{k}$（与$O$点位置有关） 主矩矢大小 $M'_O=\sqrt{(\sum M_x(\boldsymbol{F}_i))^2+(\sum M_y(\boldsymbol{F}_i))^2+(\sum M_z(\boldsymbol{F}_i))^2}$ 主矩矢方位 $\cos(\boldsymbol{M}'_O,\boldsymbol{i})=\frac{\sum M_x(\boldsymbol{F}_i)}{M'_O}$ $\cos(\boldsymbol{M}'_O,\boldsymbol{j})=\frac{\sum M_y(\boldsymbol{F}_i)}{M'_O}$ $\cos(\boldsymbol{M}'_O,\boldsymbol{k})=\frac{\sum M_z(\boldsymbol{F}_i)}{M'_O}$ 若 1）$F'_R\neq0$、$M'_O=0$则力系合成为一个合力$\boldsymbol{F}_R=\boldsymbol{F}'_R$（图c） 2）若$F'_R\neq0$，$M'_O\neq0$，但$\boldsymbol{F}'_R$与$\boldsymbol{M}'_O$垂直，仍可合成为一个合力$\boldsymbol{F}_R$（图d），其大小和方向与$\boldsymbol{F}'_R$同，且$\boldsymbol{F}_R$与$\boldsymbol{F}'_R$确定的平面与$\boldsymbol{M}'_O$垂直，$\boldsymbol{F}_R$作用线到$O$点垂直距离$d=\frac{M'_O}{F'_R}$ 3）$F'_R=0$，$M'_O\neq0$，即力系合成为一个合力偶$\boldsymbol{M}_O=\boldsymbol{M}'_O$ 4）$F'_R\neq0$，$M'_O\neq0$，且$\boldsymbol{F}'_R$不与$\boldsymbol{M}_O$垂直，则为一般情况	$\begin{cases}\sum F_x=0\\ \sum F_y=0\\ \sum F_z=0\\ \sum M_x(\boldsymbol{F}_i)=0\\ \sum M_y(\boldsymbol{F}_i)=0\\ \sum M_z(\boldsymbol{F}_i)=0\end{cases}$ 特例：若为空间平行力系，取z轴与各力作用线平行 $\begin{cases}\sum F_z=0\\ \sum M_x(\boldsymbol{F}_i)=0\\ \sum M_y(\boldsymbol{F}_i)=0\end{cases}$

注：由序号4及序号6两个力系可得合力矩定理：平面力系 $M_O(\boldsymbol{F}_R)=\sum M_O(\boldsymbol{F}_i)$（$O$为平面上任一点）；空间力系 $M_x(\boldsymbol{F}_R)=\sum M_x(\boldsymbol{F}_i)$（$x$可沿力系空间任意方向）。

2　运动学基本公式（见表 1.4-4 ~ 表 1.4-8）

表 1.4-4　质点的运动方程、速度和加速度计算式

质点运动类型	图　　示	运动方程、速度和加速度计算式
直线运动	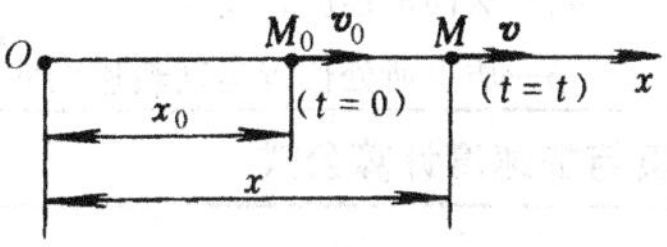	匀速运动（$a=0$，$v=$常数） $x=x_0+vt$ 匀变速运动（$a=$常数） $\begin{cases} x=x_0+v_0t+\frac{1}{2}at^2 \\ v=v_0+at \\ v^2-v_0^2=2a(x-x_0) \end{cases}$ 若为自由落体运动 $a=g$（重力加速度），x 轴垂直向下 一般变速运动 （1）运动方程 $x=f(t)$ 已知时 $v=\frac{dx}{dt}$，$a=\frac{d^2x}{dt^2}$ （2）加速度 $a=\varphi(t)$ 已知时 $v=v_0+\int_0^t a dt$，$x=x_0+\int_0^t v dt$
圆周运动	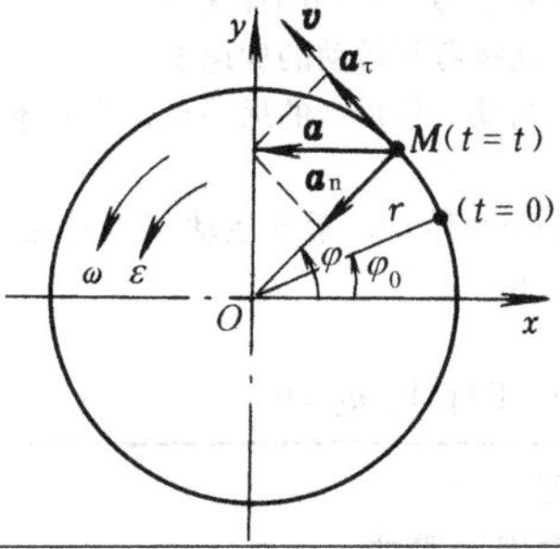	弧长　$s=r\varphi=r(\omega t+\varphi_0)$ 速度　$v=r\omega$ 切向加速度　$a_\tau=r\varepsilon$ 法向加速度　$a_n=r\omega^2=\frac{v^2}{r}$ 式中　φ_0—初始角； r—圆半径； ω—角速度； ε—角加速度，$\varepsilon=\frac{d\omega}{dt}$
简谐运动	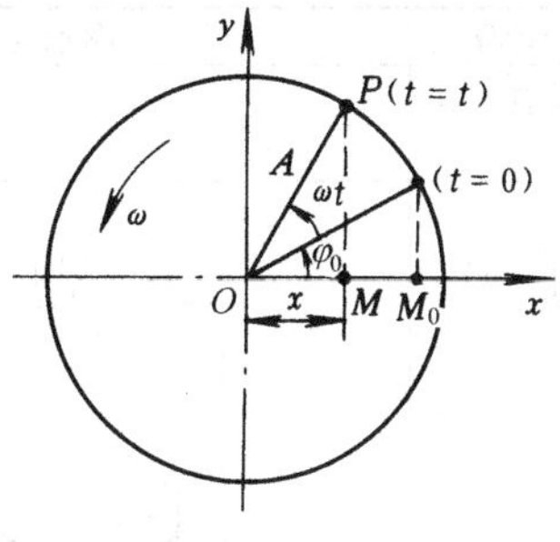	运动方程　$x=A\cos(\omega t+\varphi_0)$ 速度　$v=\frac{dx}{dt}=-A\omega\sin(\omega t+\varphi_0)$ 加速度　$a=\frac{d^2x}{dt^2}=-A\omega^2\cos(\omega t+\varphi_0)$ 周期　$T=2\pi/\omega$ 频率　$f=1/T=\omega/2\pi$ 式中　A—振幅，动点 M 距 O 的最大距离； φ_0—初相位角； ω—角频率； $\omega t+\varphi_0$—相位角
抛物线运动	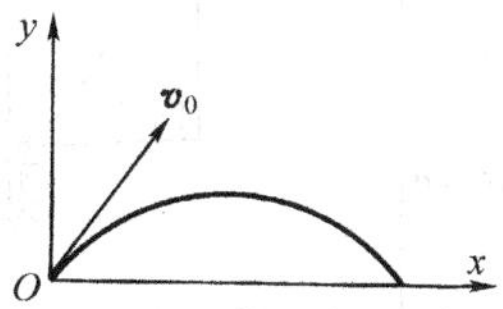	运动方程　$x=v_{0x}t$，$y=v_{0y}t-\frac{1}{2}gt^2$ 速度　$v_x=v_{0x}$，$v_y=v_{0y}-gt$ 加速度　$a_x=0$，$a_y=-g$ 式中　v_{0x}—沿 x 方向初速度； v_{0y}—沿 y 方向初速度； g—重力加速度
一般曲线运动	空间直角坐标系 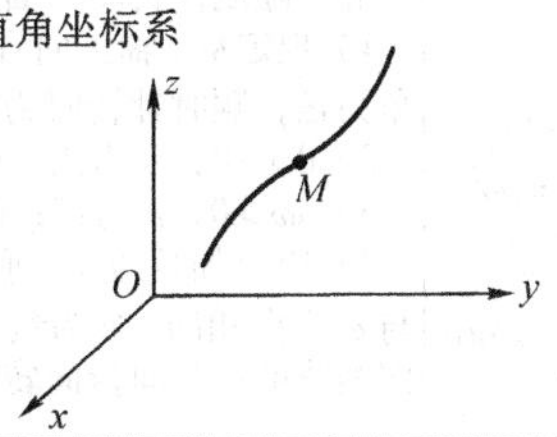	运动方程　$x=x(t)$，$y=y(t)$，$z=z(t)$ 速度　$v=\sqrt{\left(\frac{dx}{dt}\right)^2+\left(\frac{dy}{dt}\right)^2+\left(\frac{dz}{dt}\right)^2}$ 加速度　$a=\sqrt{\left(\frac{d^2x}{dt^2}\right)^2+\left(\frac{d^2y}{dt^2}\right)^2+\left(\frac{d^2z}{dt^2}\right)^2}$

（续）

质点运动类型	图　示	运动方程、速度和加速度计算式
一般曲线运动	自然坐标 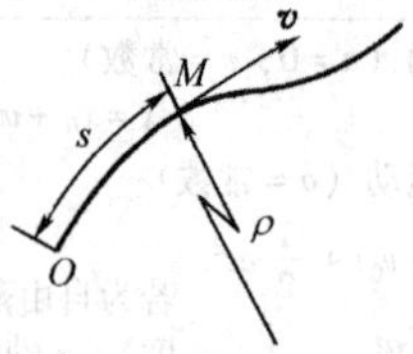	运动方程　$s=s\ (t)$ 速度　$v=\dfrac{\mathrm{d}s}{\mathrm{d}t}$ 加速度　$a=\sqrt{a_\tau^2+a_n^2}=\sqrt{\left(\dfrac{\mathrm{d}v}{\mathrm{d}t}\right)^2+\left(\dfrac{v^2}{\rho}\right)^2}$ 式中　a_τ—切向加速度，$a_\tau=\dfrac{\mathrm{d}v}{\mathrm{d}t}$； a_n—法向加速度，$a_n=\dfrac{v^2}{\rho}$； ρ—质点所处位置运动轨迹的曲率半径

表 1.4-5　点的合成运动的速度与加速度计算公式

合 成 名 称	计算公式	说　明
点的速度合成定理	$v_a=v_e+v_r$	绝对速度v_a：动点相对于定参考系运动的速度 相对速度v_r：动点相对于动参考系运动的速度 牵连速度v_e：动参考系上与动点相重合的那一点，相对于定参考系运动的速度
点的加速度合成定理	$\boldsymbol{a}_a=\boldsymbol{a}_e+\boldsymbol{a}_r+\boldsymbol{a}_k$	绝对加速度 $\boldsymbol{a}_a$：动点相对于定参考系运动的加速度 相对加速度 $\boldsymbol{a}_r$：动点相对于动参考系运动的加速度 牵连加速度 $\boldsymbol{a}_e$：动参考系上与动点相重合的那一点，相对于定参考系运动的加速度 科氏加速度 $\boldsymbol{a}_k$：由于牵连运动为转动，牵连运动和相对运动相互影响而出现的附加的加速度 $\boldsymbol{a}_k=2\boldsymbol{\omega}_e\times v_r$ 当动参考系做平动或 $\boldsymbol{\omega}_e$ 与v_r 平行时，$\boldsymbol{a}_k=0$

注：计算时可用矢量合成的图解法，也可用直角坐标投影解析求解。

表 1.4-6　刚体运动的常用计算式

序号	运动类型	刚体整体运动的计算式	刚体内任一点运动的计算式	图示与说明
1	平动	刚体内各点运动的轨迹、速度和加速度相同，故其计算与质点的运动一样（表 1.4-4）		
2	定轴转动	转角 $\varphi=\varphi\ (t)$ 角速度 $\omega=\dfrac{\mathrm{d}\varphi}{\mathrm{d}t}$ 角加速度 $\varepsilon=\dfrac{\mathrm{d}\omega}{\mathrm{d}t}$ $\begin{cases}\varphi=\varphi_0+\int_0^t\omega\mathrm{d}t\\ \omega=\omega_0+\int_0^t\varepsilon\mathrm{d}t\end{cases}$ 特例 1：匀速转动（$\varepsilon=0$） $\omega=$常数 $\varphi=\varphi_0+\omega t$ 特例 2：匀变速转动（$\varepsilon=$常数） $\varphi=\varphi_0+\omega_0t+\dfrac{1}{2}\varepsilon t^2$ $\omega=\omega_0+\varepsilon t$ $\omega^2=\omega_0^2+2\varepsilon\ (\varphi-\varphi_0)$	$s=r\varphi=r(\varphi_0+\int_0^t\omega\mathrm{d}t)$ $v=r\omega$ $a=\sqrt{a_\tau^2+a_n^2}$ $a_\tau=r\varepsilon$，$a_n=r\omega^2$ $\theta=\arctan\dfrac{\varepsilon}{\omega^2}<90°$ 特例 1：匀速转动 $s=r\ (\varphi_0+\omega t)$ $v=r\omega$ $a_\tau=0$，$a_n=r\omega^2=a$ $\theta=0$ 特例 2：匀变速转动 $s=r\ (\varphi_0+\omega_0t+\dfrac{1}{2}\times\varepsilon t^2)$ $v=r\ (\omega_0+\varepsilon t)$ $a_\tau=r\varepsilon$，$a_n=r\omega^2$ $a=r\sqrt{\varepsilon^2+\omega^4}$ $\theta=\arctan\dfrac{\varepsilon}{\omega^2}<90°$	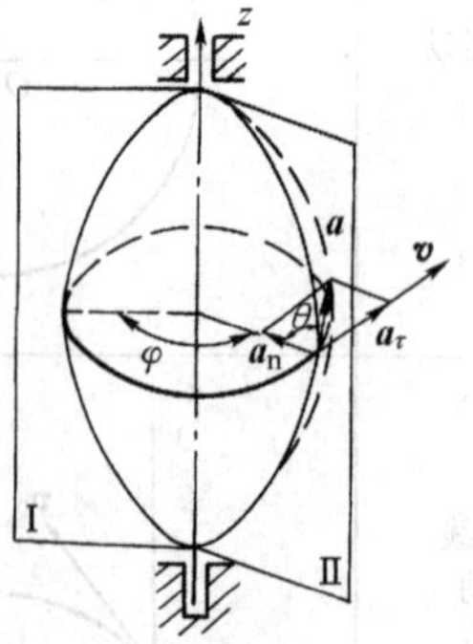 Ⅰ—固定平面； Ⅱ—随刚体转动平面 1）规定从 z 轴正向看去，逆时针转时 φ_0、φ 角为正，顺时针转时为负 2）$\mathrm{d}\varphi>0$，ω 为正；$\mathrm{d}\varphi<0$，ω 为负 3）$\mathrm{d}\omega>0$，ε 为正；$\mathrm{d}\omega<0$，ε 为负 4）切向加速度 a_τ 垂直于半径，ε 为正时，与 ω 方向相同，ε 为负时，与 ω 方向相反。法向加速度沿径向指向转轴

（续）

序号	运动类型	刚体整体运动的计算式	刚体内任一点运动的计算式	图示与说明
3	平面运动	为随基点 A 的牵连运动和绕基点 A 的相对转动的合成。基点 A 的位移、速度与加速度分别为 $\boldsymbol{u}_A$、v_A、$\boldsymbol{a}_A$（与所选的基点位置有关），绕基点的转角、角速度、角加速度分别为 φ、ω 和 ε（与基点选择无关） xAy—固定直角坐标系 $x'A'y'$—与基点 A 固结，相对 xAy 做平动的直角坐标系 A、B—初始点位置 A'、B'—某瞬时位置	速度合成法（图 a）： $v_B = v_A + v_{BA}$ $v_{BA} = \overline{AB}\omega$（$v_{BA}$ 方向垂直于 $A'B'$，沿 ω 转向） $v_B \cos\alpha = v_C \cos\beta$（图 b）（速度投影定理） 瞬心法： $v_B = \overline{BP}\omega$（图 c），（$v_B$ 垂直于 BP，沿 ω 转向） $\boldsymbol{a}_B = \boldsymbol{a}_A + \boldsymbol{a}^{\tau}_{BA} + \boldsymbol{a}^{n}_{BA}$（图 d） $a^{\tau}_{BA} = \overline{AB} \times \varepsilon$（与 ε 同向） $a^{n}_{BA} = \overline{AB}\omega^2$（由 B 点指向 A 点） $\alpha = \arctan\dfrac{\varepsilon}{\omega^2} < 90°$	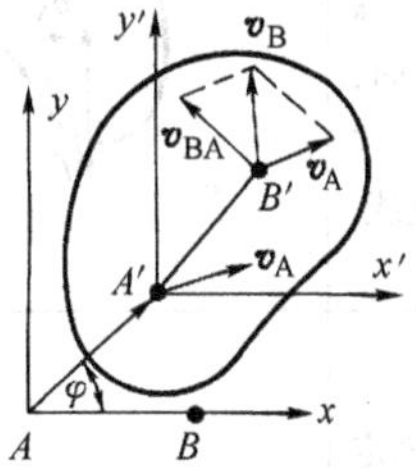 A 为刚体上任选的基点（通常选速度、加速度已知的点） a) 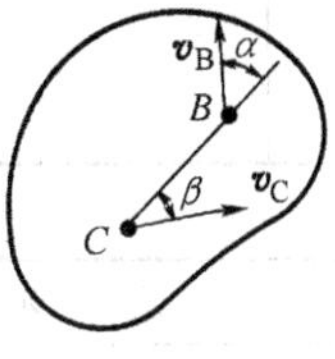 B、C 为刚体上的任两点 b) 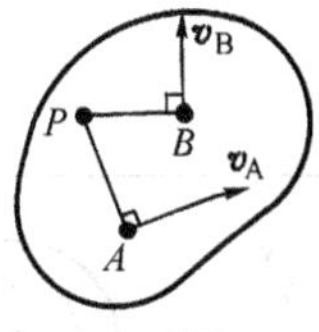 速度瞬心位置 P 的确定见表 1.4-7 c) 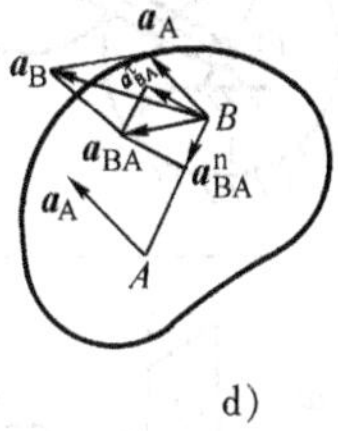 d)

表 1.4-7　确定刚体平面运动速度瞬心的方法

序号	已 知 条 件	图　　示	确 定 方 法
1	已知点 A 速度 v_A 的大小和方向，及刚体角速度 ω 的大小和转向	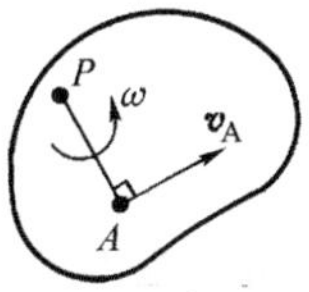	将 v_A 沿 ω 方向转 90° 作一直线，在该直线上由 $\overline{AP} = \dfrac{v_A}{\omega}$ 定速度瞬心 P 点
2	已知 A、B 两点速度 v_A、v_B 的方向（序号 3 的情况除外）	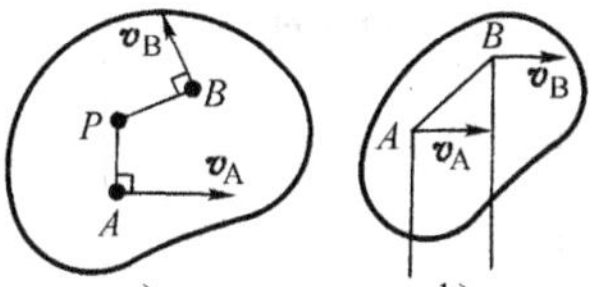 a)　　　　b)	过 A、B 点作 v_A、v_B 的垂线，其交点即为速度瞬心 P（图 a） 特例：v_A、v_B 平行且不垂直 AB，P 在无穷远（图 b）

（续）

序号	已知条件	图示	确定方法
3	已知A、B两点速度v_A、v_B的大小及方向，且两者平行，并垂直于AB连线	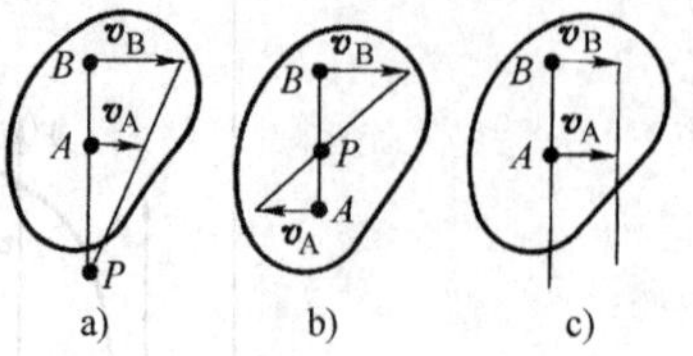	A、B两点速度端点的连线与AB直线的交点即为速度瞬心P（图a、图b） 特例：$v_A=v_B$，速度瞬心在无穷远（图c）
4	刚体沿某固定面做无滑动的滚动	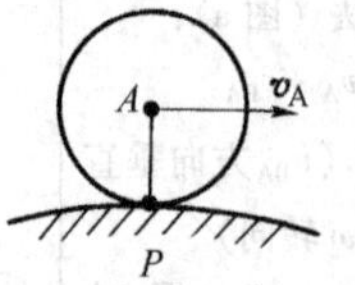	刚体与固定面的接触点即为速度瞬心

表1.4-8 刚体运动的合成

合成类型	图示	速度和加速度	说明
平动与平动合成		$v=v_1+v_2$ $\boldsymbol{a}=\boldsymbol{a}_1+\boldsymbol{a}_2$	合成运动仍为平动，合成运动的速度与加速度分别等于两个平动的速度的矢量和及加速度的矢量和
绕两个平行轴转动的合成	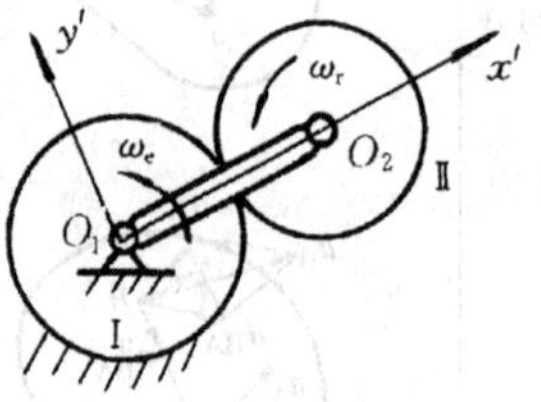	$\boldsymbol{\omega}_a=\boldsymbol{\omega}_r+\boldsymbol{\omega}_e$	合成运动为绕瞬时轴的转动。瞬时轴与这两轴平行并在同一平面内，轴的位置在较大的角速度的一侧。合成转动的角速度等于绕两平行轴转动的角速度的代数和
绕相交轴转动的合成	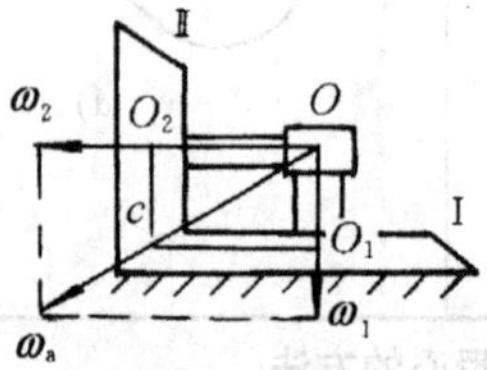	$\boldsymbol{\omega}_a=\boldsymbol{\omega}_1+\boldsymbol{\omega}_2$	合成运动为绕通过该点的瞬时轴的转动，其角速度等于绕各轴转动的角速度的矢量和
平动与转动的合成	平动速度矢与转动角速度矢垂直 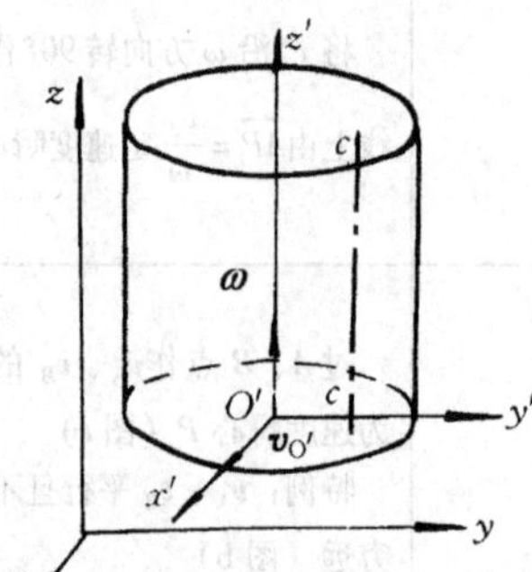	$O'c=\dfrac{v_{O'}}{\omega}$ $\boldsymbol{\omega}_a=\boldsymbol{\omega}$	刚体做平面运动，可看成绕瞬时转动轴cc转动，它与轴O′z′平行，线段O′c与速度$v_{O'}$垂直 绕瞬时轴转动的角速度为$\boldsymbol{\omega}_a$

（续）

合成类型	图　示	速度和加速度	说　明
平动与转动的合成	平动速度矢与转动角速度矢平行 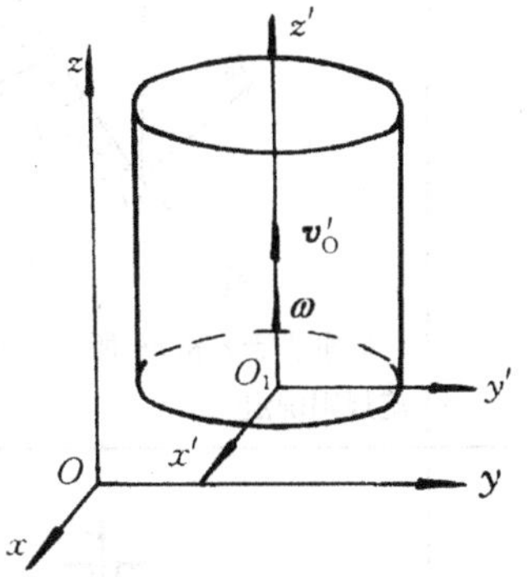	$p=\frac{v_{O'}}{\omega}=\frac{\mathrm{d}s}{\mathrm{d}\varphi}$	刚体做螺旋运动 p 为螺旋运动的螺旋率 s 为螺距
	平动速度矢与转动角速度矢成任意角 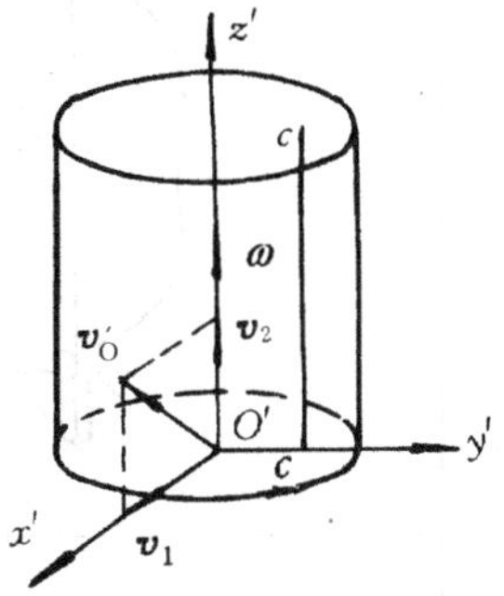	$v_{O'}=v_1+v_2$	刚体做瞬时螺旋运动 v_1 与 $\boldsymbol{\omega}$ 垂直，v_2 与 $\boldsymbol{\omega}$ 平行，刚体以速度v 的平动和以角速度 $\boldsymbol{\omega}$ 的转动，可以合成为绕瞬时轴 cc 的转动。所以，刚体的运动成为以v_2 的平动和以 $\boldsymbol{\omega}$ 绕瞬时轴 cc 的转动的合成运动

3　动力学基本公式（见表 1.4-9 ~ 表 1.4-14）

表 1.4-9　常用动力学物理量的计算公式

序号	物理量名称	计 算 公 式	图示与说明
1	质点系的质量中心位置 $\boldsymbol{r}_c$（x_c，y_c，z_c）	矢径 $\boldsymbol{r}_c=\frac{\sum m_i\boldsymbol{r}_i}{M}$ 坐标公式（又称质心运动方程） $x_c=\frac{\sum m_i x_i}{M}$ $y_c=\frac{\sum m_i y_i}{M}$ $z_c=\frac{\sum m_i z_i}{M}$	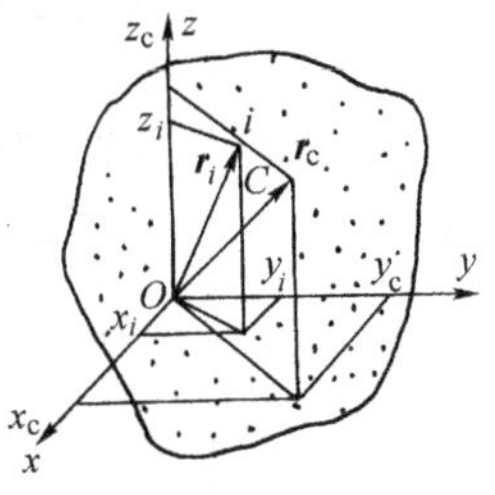$\boldsymbol{r}_i$，x_i，y_i，z_i 分别为某质点的矢径和坐标值 $\boldsymbol{r}_c$，x_c，y_c，z_c 分别为质心的矢径和坐标值 m_i，M 分别为某质点质量和质点系总质量
2	动量 $\boldsymbol{p}$	质点动量 $\boldsymbol{p}=mv=m(v_x\boldsymbol{i}+v_y\boldsymbol{j}+v_z\boldsymbol{k})$ 质点系动量 $\boldsymbol{p}=\sum m_iv_i=Mv_c$ $v_c=v_{cx}\boldsymbol{i}+v_{cy}\boldsymbol{j}+v_{cz}\boldsymbol{k}$	v_x、v_y、v_z 为质点速度v 沿 x、y、z 轴的分量 v_{cx}、v_{cy}、v_{cz} 为质心速度v_c沿 x、y、z 轴的分量
3	力的冲量 $\boldsymbol{I}$	$\boldsymbol{I}=\int_{t_1}^{t_2}\boldsymbol{F}\mathrm{d}t=\int_{t_1}^{t_2}F_x\mathrm{d}t\boldsymbol{i}+\int_{t_1}^{t_2}F_y\mathrm{d}t\boldsymbol{j}+\int_{t_1}^{t_2}F_z\mathrm{d}t\boldsymbol{k}$	F_x、F_y、F_z 分别为力 $\boldsymbol{F}$ 在三直角坐标 x、y、z 轴上的投影

（续）

序号	物理量名称	计算公式	图示与说明
4	动量矩 l_0 和 L_0	质点动量对固定点 O 的动量矩 矢量式：$\boldsymbol{l}_0 = M_0(mv) = \boldsymbol{r} \times mv$ 投影式（即为质点动量对坐标轴的矩） $l_x = M_x(mv) = y(mv_z) - z(mv_y)$ $l_y = M_y(mv) = z(mv_x) - x(mv_z)$ $l_z = M_z(mv) = x(mv_y) - y(mv_x)$	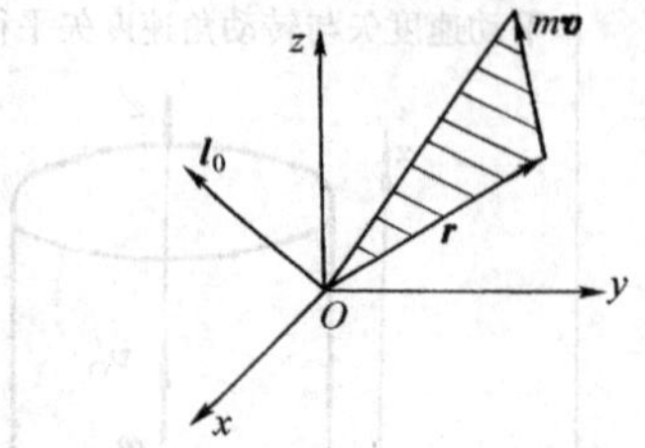 $\boldsymbol{l}_0$ 垂直于 $\boldsymbol{r}$ 和 mv 所在平面，指向按右手螺旋规则确定
		质点系对某固定点 O 的动量矩 矢量式 $\boldsymbol{L}_0 = \sum \boldsymbol{l}_{0i} = \sum \boldsymbol{r}_i \times mv_i$ 投影式（即质点系对原点为 O 的三坐标轴的动量矩） $L_x = \sum l_x = \sum(y_i m_i v_{zi} - z_i m_i v_{yi})$ $L_y = \sum l_y = \sum(z_i m_i v_{xi} - x_i m_i v_{zi})$ $L_z = \sum l_z = \sum(x_i m_i v_{yi} - y_i m_i v_{xi})$ 特例：刚体绕定轴 z 的动量矩 $L_z = J_z\omega$ 式中 ω—角速度； J_z—刚体对 z 轴转动惯量，$J_z = \sum m_i r_i^2$	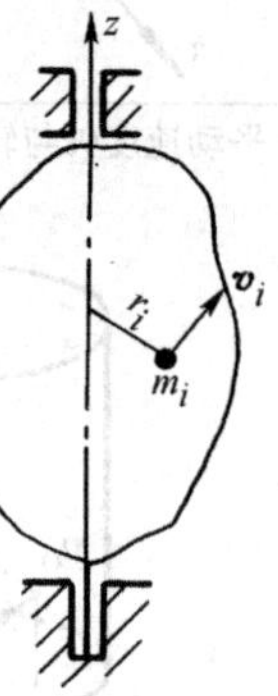
5	刚体转动惯量 J_z 与回转半径 ρ_z	对 z 轴的转动惯量 $J_z = \sum m_i r_i^2 \xlongequal{当质量连续分布时} \int_M r^2 \mathrm{d}m$ 回转半径 $\rho_z = \sqrt{\dfrac{J_z}{M}}$ 平行移轴定理 $J'_z = J_z + Md^2$ z' 与 z 平行相距距离为 d，M 为刚体总质量	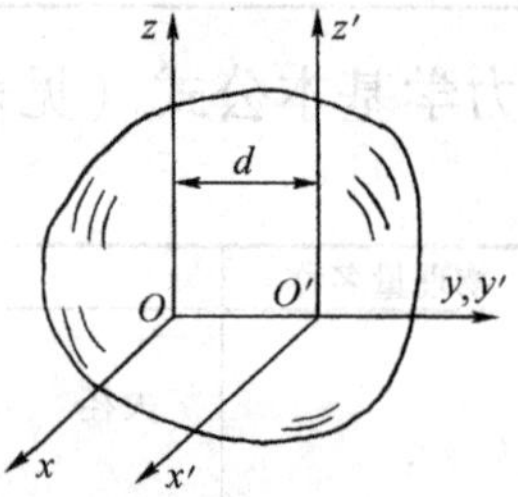
6	功 W	一般计算式： $W = \int_{M_1}^{M_2} \boldsymbol{F} \cdot \mathrm{d}\boldsymbol{r}$ $= \int_{M_1}^{M_2} (F_x\mathrm{d}x + F_y\mathrm{d}y + F_z\mathrm{d}z)$ F_x、F_y、F_z 为力 $\boldsymbol{F}$ 在坐标轴上的投影	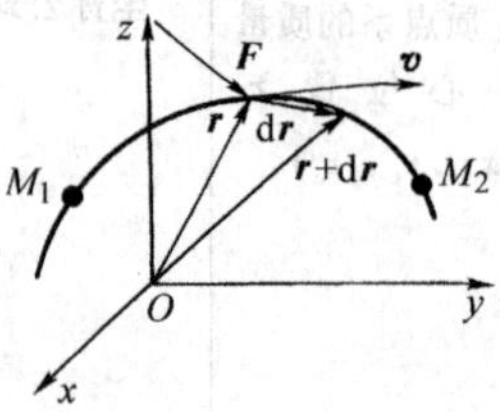
		重力的功 $W = mg(z_1 - z_2)$ z_1、z_2 为物体重心在始末位置的高度	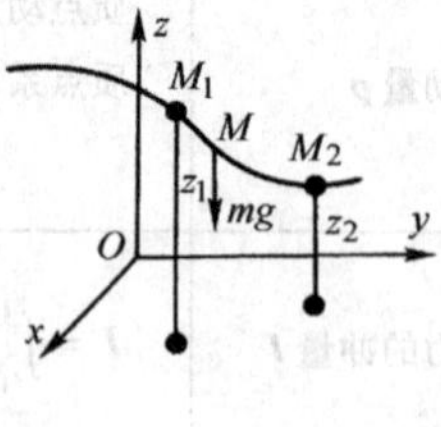

（续）

序号	物理量名称	计 算 公 式	图示与说明
6	功 W	弹性力的功 $$W=\frac{1}{2}k\left(\lambda_1^2-\lambda_2^2\right)$$ 式中　k—弹簧劲度系数； λ_1、λ_2—弹簧在始末位置的变形量	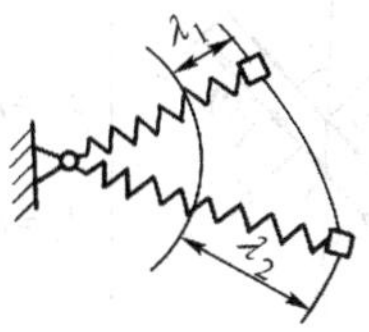
		作用于绕定轴转动刚体上力的功 $$W=\int_0^{\varphi} r(F'\cos\alpha)\,\mathrm{d}\varphi$$ $$=\int_0^{\varphi} M_z(\boldsymbol{F})\,\mathrm{d}\varphi$$ $M_z(\boldsymbol{F})$—力 $\boldsymbol{F}$ 对轴的力矩（或力偶矩）； F'—力 F 沿轴垂直平面上的分力	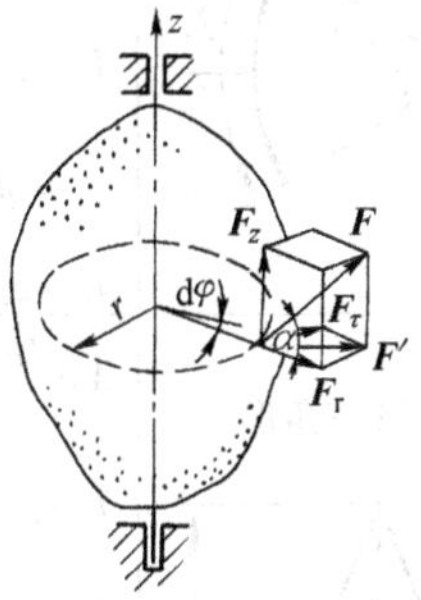
7	动能 T	质点的动能 $E_k=\frac{1}{2}mv^2$ 质点系的动能 $E_k=\sum\frac{1}{2}m_iv_i^2$ 平动刚体的动能 $E_k=\frac{1}{2}Mv_c^2$ 绕定轴 z 转动的刚体的动能 $E_k=\frac{1}{2}J_z\omega^2$ 平面运动刚体的动能 $E_k=\frac{1}{2}Mv_c^2+\frac{1}{2}J_c\omega^2$	式中　m、m_i—质点的质量； v、v_i—质点的速度； M—刚体总质量； v_c—质心 C 的速度； J_z、J_c—刚体绕 z 轴和质心轴的转动惯量； ω—刚体的转动角速度
8	势能 E_p	重力势能 $E_p=Mgz$ 弹性力势能 $E_p=\frac{1}{2}k\lambda^2$ 牛顿引力势能 $E_p=-f\frac{M_1M_2}{r}$	式中　z—质心到选定零势面的高度； λ—弹簧变形量（选弹簧原长为零势面）； M—重物质量； M_1，M_2—1、2两物体质量； f—引力常数； r—1、2两物体质心距离
9	功率 P	通过力计算 $$P=\boldsymbol{F}\cdot v=Fv\cos\alpha$$ 通过力矩或力偶矩计算 $$P=M\omega$$	式中　α—力 $\boldsymbol{F}$ 与速度 v 的夹角； M—力对转轴的矩或力偶矩； ω—角速度

表 1.4-10　均质物体的转动惯量

序号	图形	转动惯量
1	直线 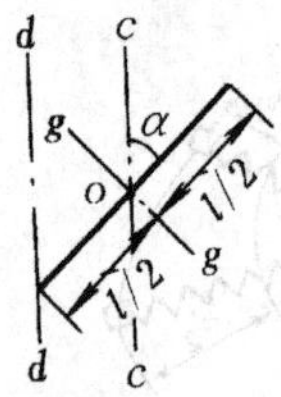	$J_g=\rho_1\dfrac{l^3}{12}=M\dfrac{l^2}{12}$ $J_C=\rho_1\dfrac{l^3\sin^2\alpha}{12}=M\dfrac{l^2\sin^2\alpha}{12}$ $J_d=\rho_1\dfrac{l^3\sin^2\alpha}{3}=M\dfrac{l^2\sin^2\alpha}{3}$
2	圆弧线 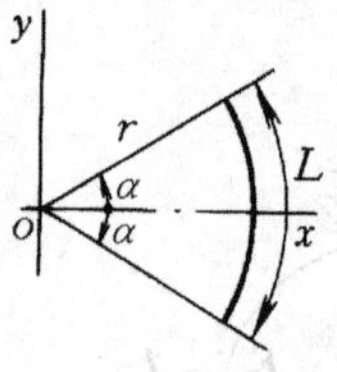	$L=2\alpha r$ $J_x=\rho_1\dfrac{r^3}{2}\ (2\alpha-\sin2\alpha)$ $=M\dfrac{r^2}{2}\left(1-\dfrac{\sin2\alpha}{2\alpha}\right)$ $J_y=\rho_1\dfrac{r^3}{2}\ (2\alpha+\sin2\alpha)$ $=M\dfrac{r^2}{2}\left(1+\dfrac{\sin2\alpha}{2\alpha}\right)$ $J_O=\rho_1 r^3 2\alpha=Mr^2$
3	等腰三角形 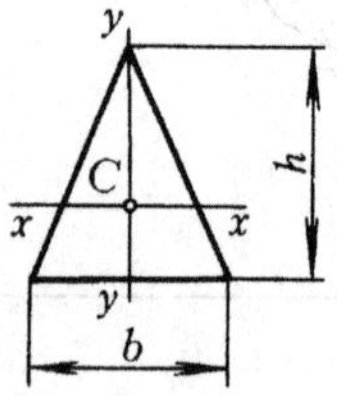	$A=\dfrac{bh}{2}$ $J_x=\rho_A\dfrac{bh^3}{36}=M\dfrac{h^2}{18}$ $J_y=\rho_A\dfrac{hb^3}{48}=M\dfrac{b^2}{24}$ $J_C=\rho_A\dfrac{bh\ (4h^2+3b^2)}{144}$ $=M\dfrac{4h^2+3b^2}{72}$
4	矩形 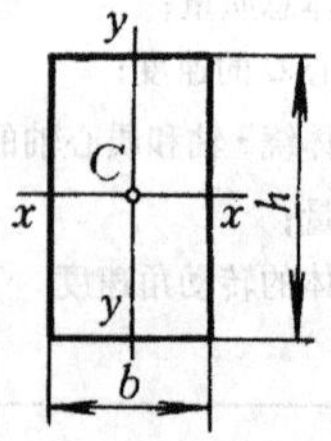	$A=bh$ $J_x=\rho_A\dfrac{bh^3}{12}=M\dfrac{h^2}{12}$ $J_y=\rho_A\dfrac{hb^3}{12}=M\dfrac{b^2}{12}$ $J_C=\rho_A\dfrac{bh\ (b^2+h^2)}{12}$ $=M\dfrac{b^2+h^2}{12}$
5	正 n 边形 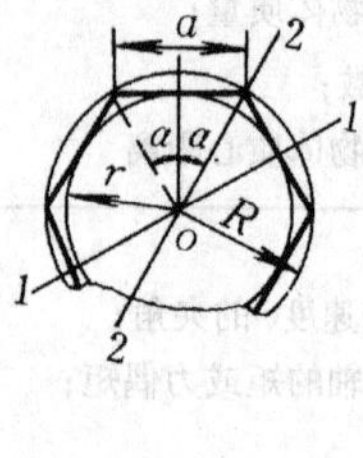	$A=\dfrac{a^2n}{4\tan\alpha}=\dfrac{nar}{2}$ $J_1=J_2=\rho_A\dfrac{nar}{48}\ (6R^2-a^2)$ $=\dfrac{M}{24}\ (6R^2-a^2)$ $=\dfrac{M}{48}\ (12r^2+a^2)$ $J_O=\rho_A\dfrac{nar}{24}\ (6R^2-a^2)$ $=\dfrac{M}{12}\ (6R^2-a^2)$ $=\dfrac{M}{24}\ (12r^2+a^2)$
6	圆 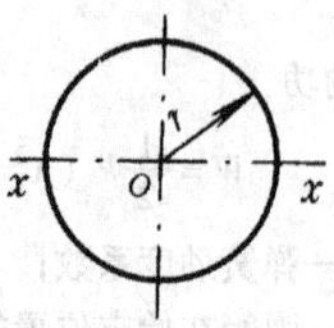	$A=\pi r^2$ $J_x=\rho_A\dfrac{\pi}{4}r^4=M\dfrac{r^2}{4}$ $J_O=\rho_A\dfrac{\pi}{2}r^4=M\dfrac{r^2}{2}$
7	半圆 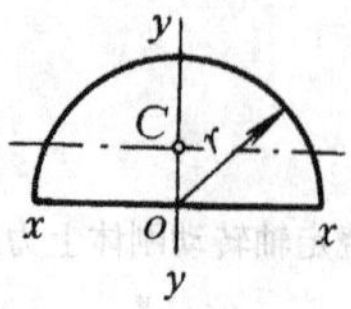	$A=\dfrac{\pi}{2}r^2$ $J_x=J_y=\rho_A\dfrac{\pi}{8}r^4=M\dfrac{r^2}{4}$ $J_O=\rho_A\dfrac{\pi}{4}r^4=M\dfrac{r^2}{2}$
8	椭圆 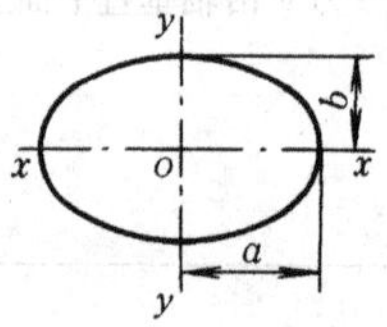	$A=\pi ab$ $J_x=\rho_A\dfrac{\pi}{4}ab^3=M\dfrac{b^2}{4}$ $J_y=\rho_A\dfrac{\pi}{4}ba^3=M\dfrac{a^2}{4}$ $J_O=\rho_A\dfrac{\pi}{4}ab\ (a^2+b^2)$ $=M\dfrac{a^2+b^2}{4}$
9	正圆柱 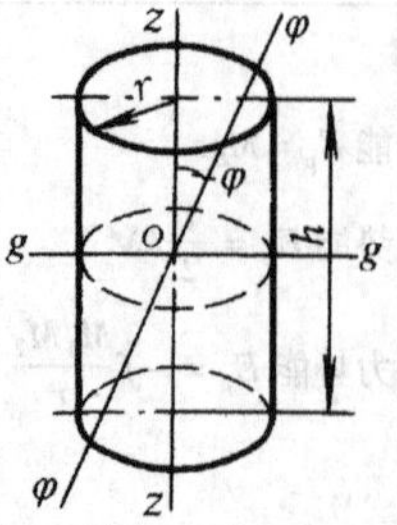	$V=\pi r^2h$ $J_z=\rho\dfrac{\pi r^4h}{2}=M\dfrac{r^2}{2}$ $J_g=\rho\dfrac{\pi r^2h}{12}\ (3r^2+h^2)$ $=M\dfrac{3r^2+h^2}{12}$ $J_\varphi=\rho\dfrac{\pi r^2h}{12}\left[3r^2\ (1+\cos^2\varphi)+h^2\sin^2\varphi\right]$ $=M\dfrac{1}{12}\left[3r^2\ (1+\cos^2\varphi)+h^2\sin^2\varphi\right]$ 正圆柱侧面 $A=2\pi rh$ $J_z=\rho_A 2\pi r^3h=Mr^2$ $J_g=\rho_A\dfrac{\pi rh}{6}\ (6r^2+h^2)$ $=M\dfrac{1}{12}\ (6r^2+h^2)$

（续）

序号	图　形	转动惯量	序号	图　形	转动惯量
10	正六面体 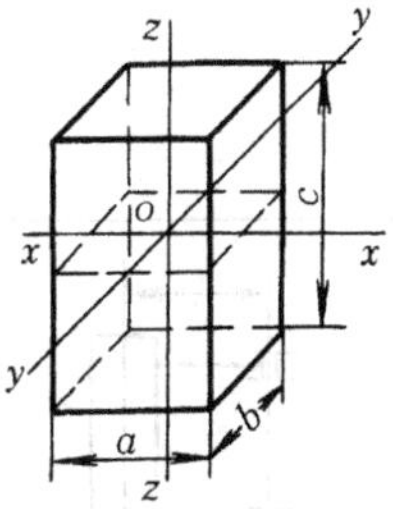	$V=abc$ $J_x=\rho\frac{abc}{12}(b^2+c^2)=M\frac{b^2+c^2}{12}$ $J_y=\rho\frac{abc}{12}(c^2+a^2)=M\frac{c^2+a^2}{12}$ $J_z=\rho\frac{abc}{12}(a^2+b^2)=M\frac{a^2+b^2}{12}$ 正立方体（$a=b=c$） $J_x=J_y=J_z=\rho\frac{a^5}{6}=M\frac{a^2}{6}$	15	正圆台 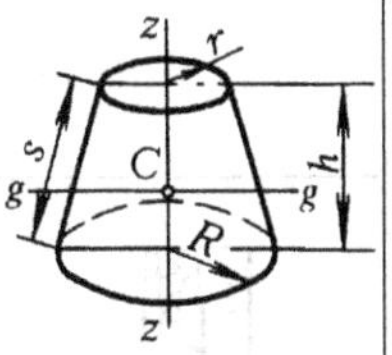	$V=\frac{\pi h}{3}(R^2+Rr+r^2)$ $J_z=\rho\frac{\pi h(R^5-r^5)}{10(R-r)}$ $=M\frac{3}{10}\left(\frac{R^5-r^5}{R^3-r^3}\right)$ 正圆台 $A=\pi s(R+r)$ $J_z=\rho_A\frac{\pi s}{2}\left(\frac{R^4-r^4}{R-r}\right)$ $=M\left(\frac{R^2+r^2}{2}\right)$
11	空心正圆柱 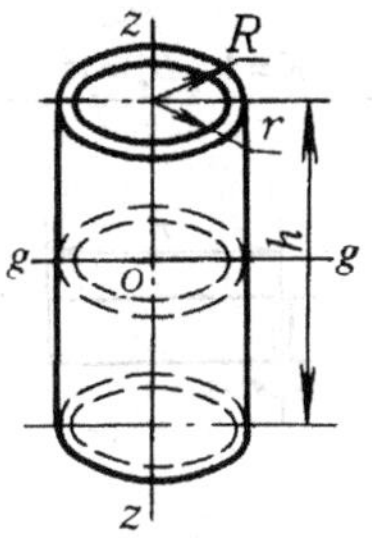	$V=\pi(R^2-r^2)h$ $J_z=\rho\frac{\pi h}{2}(R^4-r^4)=M\times\frac{R^2+r^2}{2}$ $J_g=\rho\frac{\pi(R^2-r^2)h}{4}\left(R^2+r^2+\frac{h^2}{3}\right)$ $=M\frac{1}{4}\left(R^2+r^2+\frac{h^2}{3}\right)$	16	球 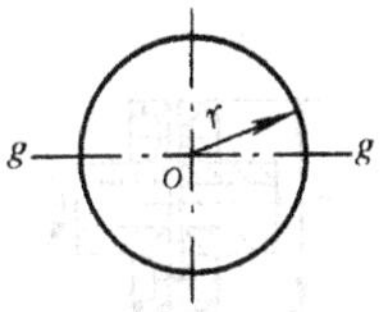	$V=\frac{4}{3}\pi r^3$ $J_g=\rho\frac{8\pi}{15}r^5=M\frac{2}{5}r^2$ 球面 $A=4\pi r^2$ $J_g=\rho_A\frac{8\pi}{3}r^4=M\frac{2r^2}{3}$
12	正椭圆柱 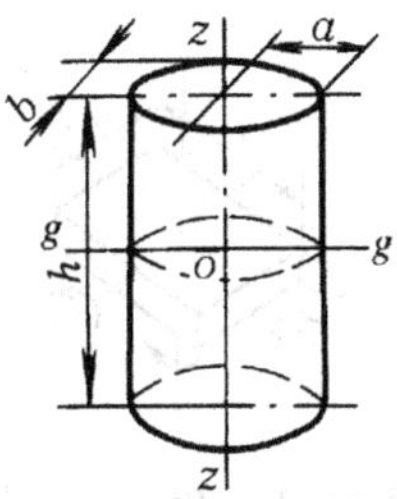	$V=\pi abh$ $J_z=\rho\frac{\pi abh}{4}(a^2+b^2)$ $=M\frac{1}{4}(a^2+b^2)$ $J_g=\rho\frac{\pi abh}{12}(3b^2+h^2)$ $=M\frac{1}{12}(3b^2+h^2)$	17	空心球 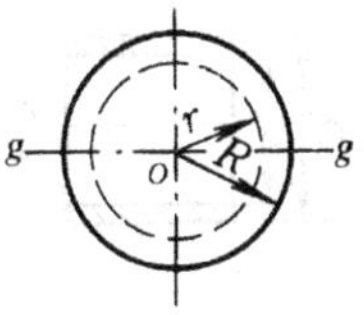	$V=\frac{4}{3}\pi(R^3-r^3)$ $J_g=\rho\frac{8\pi}{15}(R^5-r^5)$ $=M\frac{2}{5}\left(\frac{R^5-r^5}{R^3-r^3}\right)$
13	正四棱锥 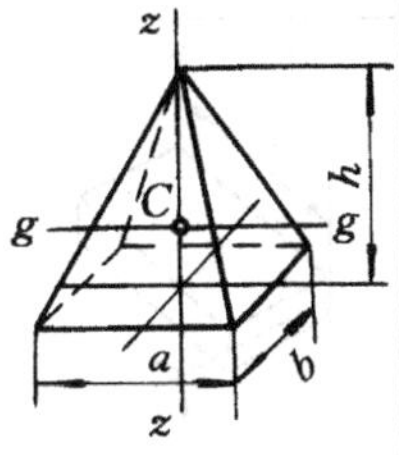	$V=\frac{abh}{3}$ $J_z=\rho\frac{abh}{60}(a^2+b^2)$ $=\frac{M}{20}(a^2+b^2)$ $J_g=\rho\frac{abh}{60}\left(b^2+\frac{3h^2}{4}\right)$ $=\frac{M}{20}\left(b^2+\frac{3h^2}{4}\right)$	18	半　球 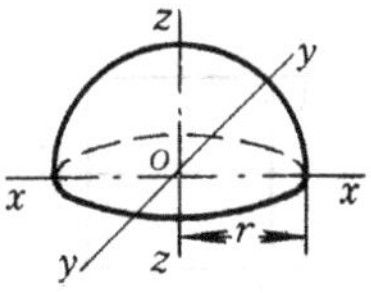	$V=\frac{2}{3}\pi r^3$ $J_x=J_y=J_z=\rho\frac{4\pi}{15}r^5=M\frac{2r^2}{5}$
14	正圆锥 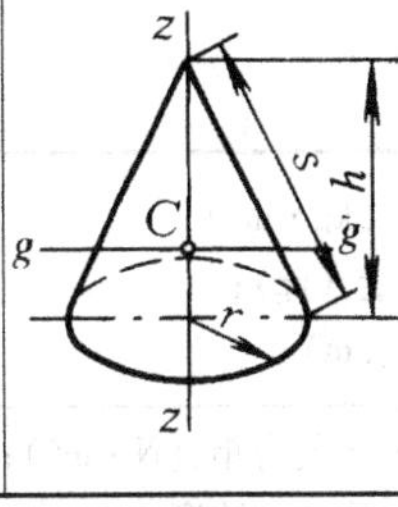	$V=\frac{\pi r^2h}{3}$ $J_z=\rho\frac{\pi r^4h}{10}=M\frac{3r^2}{10}$ $J_g=\rho\frac{\pi r^2h}{20}\left(r^2+\frac{h^2}{4}\right)$ $=M\frac{3}{20}\left(r^2+\frac{h^2}{4}\right)$ 正圆锥侧面 $A=\pi rs=\pi r\sqrt{r^2+h^2}$ $J_z=\rho\frac{\pi r^3\sqrt{r^2+h^2}}{2}=M\frac{r^2}{2}$	19	圆截面环形体 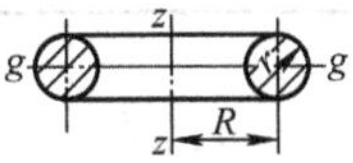	$V=2\pi^2Rr^2$ $J_x=\rho\frac{\pi^2Rr^2}{2}(4R^2+3r^2)$ $=M\left(R^2+\frac{3}{4}r^2\right)$ $J_g=\rho\frac{\pi^2Rr^2}{4}(4R^2+5r^2)$ $=M\left(\frac{R^2}{2}+\frac{5}{8}r^2\right)$

注：A—面积；V—体积；J_x、J_y、J_z、J_1、J_2、J_g、J_φ—对 x、y、z、1、2、g、φ 轴的转动惯量；J_O、J_C—对 O、C 点的转动惯量；ρ_1、ρ_A、ρ—线密度、面密度、体密度；M—总质量。

表 1.4-11　常用旋转体的转动惯量的近似计算式

计算通式：$J=\dfrac{KMD_e^2}{4}$

式中　J—转动惯量（kg·m²）；

M—旋转体质量（kg）；

K—系数，见本表；

D_e—旋转体的计算直径（m）

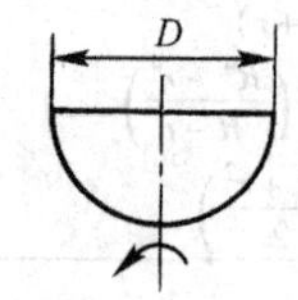	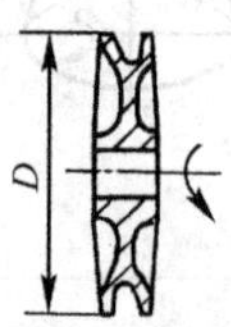	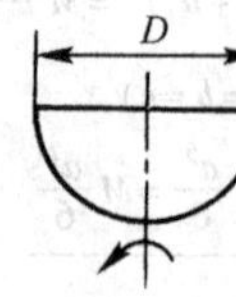	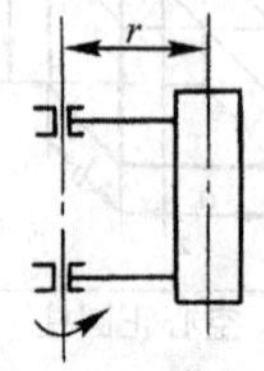
$K=0.4\quad D_e^2=D^2$	$K=0.55\quad D_e^2=D^2$	$K=0.3\quad D_e^2=D^2$	$K=4\quad D_e^2=r^2$
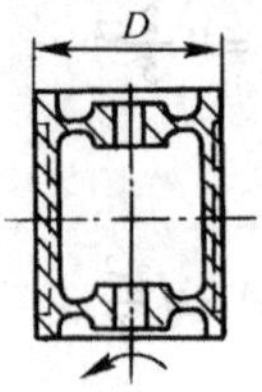	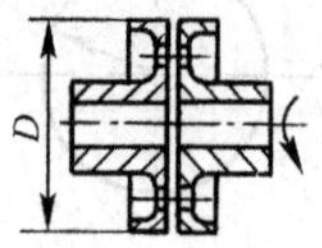	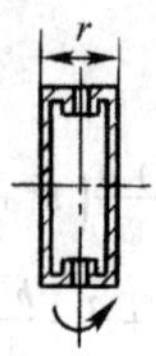	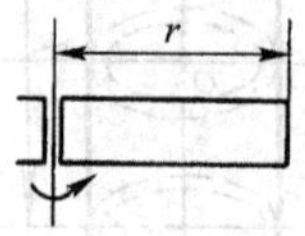
$K=0.7\quad D_e^2=D^2$	$K=0.45\quad D_e^2=D^2$	$K=2\quad D_e^2=r^2$	$K=1.33\quad D_e^2=r^2$
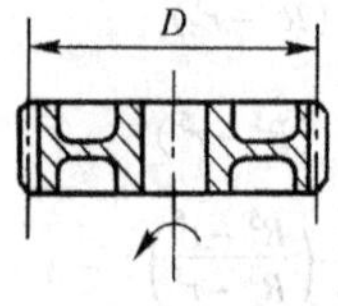	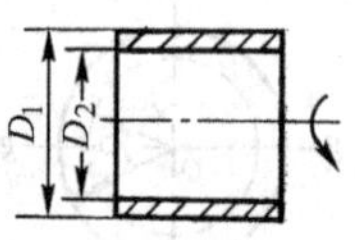	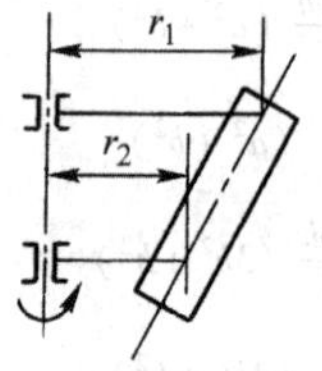	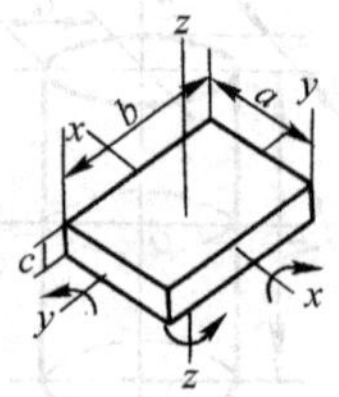
$K=0.6\quad D_e^2=D^2$	$K=0.5\quad D_e^2=D_1^2+D_2^2$	$K=1.33\quad D_e^2=r_1^2+r_1r_2+r_2^2$	$K=0.33\quad D_{ex}^2=b^2+c^2$ $D_{ey}^2=c^2+a^2\quad D_{ez}^2=b^2+a^2$
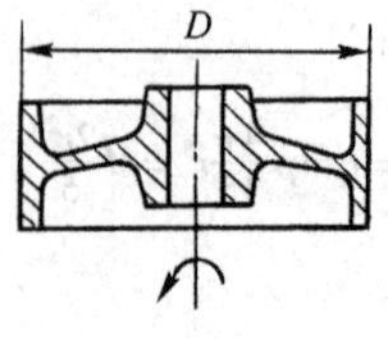	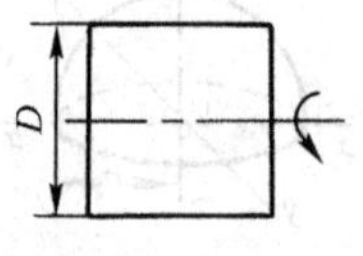	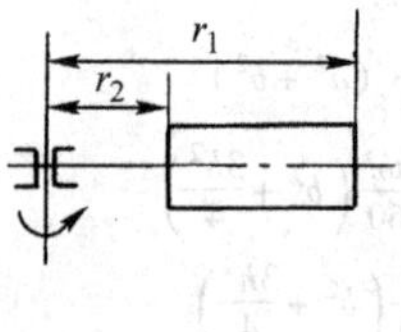	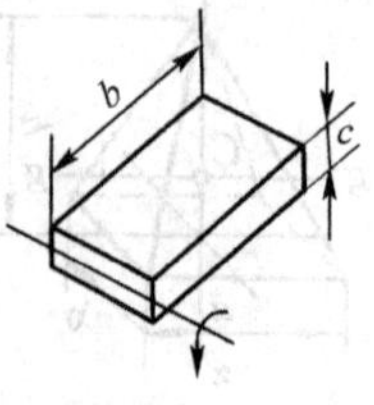
$K=0.6\quad D_e^2=D^2$	$K=0.5\quad D_e^2=D^2$	$K=1.33\quad D_e^2=\dfrac{r_1^3-r_2^3}{r_1-r_2}$	$K=0.166\quad D_e^2=4b^2+c^2$

注：表中部分零件只给出主要尺寸，计算出的转动惯量是近似的。

表 1.4-12　机械传动中转动惯量的换算

转动惯量及飞轮矩	$J=mr^2$	式中　J—转动惯量（kg·m²）； m—物体的质量（kg）； r—惯性半径（m）
	转动惯量 J 与飞轮力矩（GD^2）的关系 $J=(GD^2)/4g$　　（1） $J=(GD^2)/4$　　（2）	式（1）中（GD^2）—飞轮力矩（N·m²）； g—重力加速度 式（2）中（GD^2）—飞轮力矩（kg·m²）；

（续）

转动惯量的换算	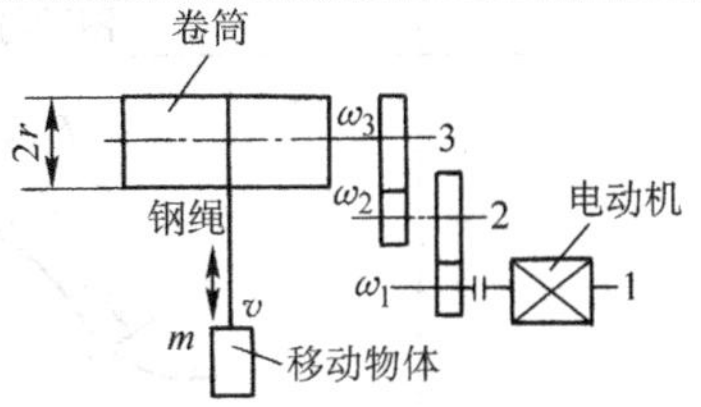 $i_1=\omega_1/\omega_2$ $i_2=\omega_2/\omega_3$ $v=r\omega_3$ 系统总动能　$E=J_1\omega_1^2/2+J_2\omega_2^2/2+J_3\omega_3^2/2+m\ (r\omega_3)^2/2$ 换算到电动机轴上的转动惯量 $J=\frac{2E}{\omega_1^2}=J_1+J_2\left(\frac{\omega_2}{\omega_1}\right)^2+J_3\left(\frac{\omega_3}{\omega_1}\right)^2+mr^2\left(\frac{\omega_3}{\omega_1}\right)^2$ $=J_1+J_2/i_1^2+J_3/(i_1i_2)^2+mr^2/(i_1i_2)^2$ 换算到移动物体上的当量质量 $m=\frac{2E}{v^2}=J_1(i_1i_2)^2/r^2+J_2i_2^2/r^2+J_3/r^2+m$	J—换算到电动机轴上的总转动惯量（kg·m²）； J_1、J_2、J_3—轴1、轴2、轴3上回转体的转动惯量（kg·m²）； m—吊在钢绳上移动物体的质量（kg）； r—卷筒的半径（m）； ω_1、ω_2、ω_3—轴1、轴2、轴3的角速度（rad/s）； i_1、i_2—轴1与轴2、轴2与轴3间的传动比； v—移动物体速度（m/s）
移动物体转动惯量的换算	一般移动物体　$J=\frac{mv_m^2}{\omega_0^2}$，$\omega_0=\frac{\pi n_0}{30}$ 丝杠传动　$J=\frac{mt^2}{4\pi^2i^2}$ 齿轮齿条传动　$J=\frac{md^2}{4i^2}$ 转动物体换算为移动速度为 v_m 时的当量质量 $m=\frac{J_n\omega^2}{v_m^2}$，$\omega=\frac{\pi n}{30}$	J—换算到电动机轴上的转动惯量（kg·m²）； m—移动物体的质量（kg）； v_m—物体的移动速度（m/s）； ω_0—电动机角速度（rad/s）； n_0—电动机转速（r/min）； t—丝杠螺距（m）； d—与齿条相啮合的齿轮节圆直径（m）； i—电动机与丝杠或齿条间的传动比； J_n—物体绕某轴转动角速度为 ω 时的转动惯量（kg·m²）； ω—物体绕某轴转动的角速度（rad/s）； n—转动物体转速（r/min）
物体对某一轴线 AA（平行 OO）的转动惯量	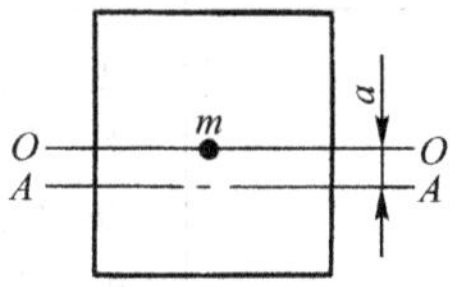 $J=J_0+ma^2$	J—物体对 AA 轴的转动惯量（kg·m²）； J_0—物体对通过重心 OO 轴线的转动惯量（kg·m²）； a—OO 轴与 AA 轴间的距离（m）

表 1.4-13　动力学普遍定理

序号	定理名称	关　系　式	图示与说明
1	恒质量质点的动量定理	直角坐标投影式（图 a） 矢量式 $m\frac{\mathrm{d}\boldsymbol{v}}{\mathrm{d}t}=\sum\boldsymbol{F}_i\begin{cases}m\frac{\mathrm{d}v_x}{\mathrm{d}t}=m\ddot{x}=\sum F_{xi}\\m\frac{\mathrm{d}v_y}{\mathrm{d}t}=m\ddot{y}=\sum F_{yi}\\m\frac{\mathrm{d}v_z}{\mathrm{d}t}=m\ddot{z}=\sum F_{zi}\end{cases}$	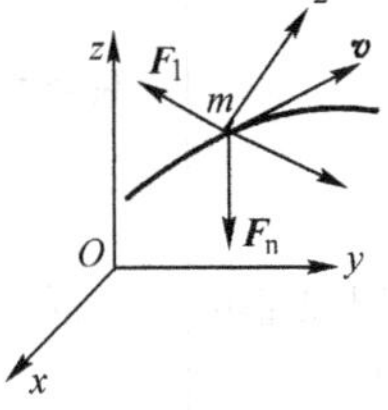 a) x、y、z—质点瞬时坐标； F_{xi}、F_{yi}、F_{zi}—第 i 个力在三坐标轴上的投影

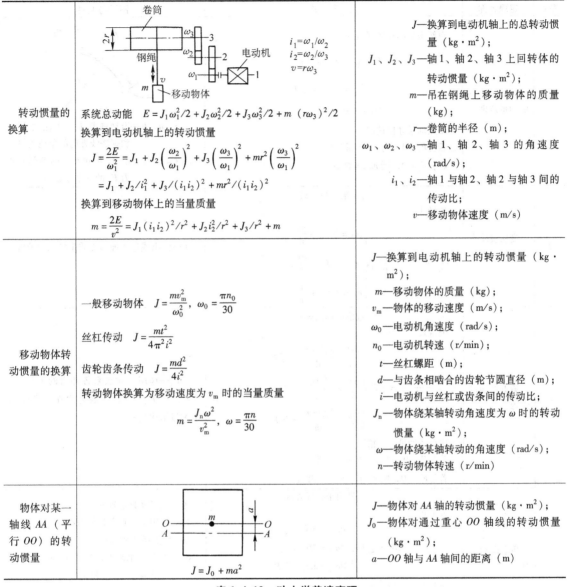

（续）

序号	定理名称	关 系 式	图示与说明
1	恒质量质点的动量定理	自然坐标的投影式（图b） $\begin{cases} m\dfrac{\mathrm{d}v}{\mathrm{d}t}=m\ddot{s}=\sum F_{\tau i} \\ m\dfrac{v^2}{\rho}=m\dfrac{\dot{s}^2}{\rho}=\sum F_{ni} \\ 0=\sum F_{bi} \end{cases}$ 质点动量守恒情况： 若$\sum \boldsymbol{F}_i=0$，则 mv = 常矢量 若$\sum F_x=0$，则 mv_x = 常量	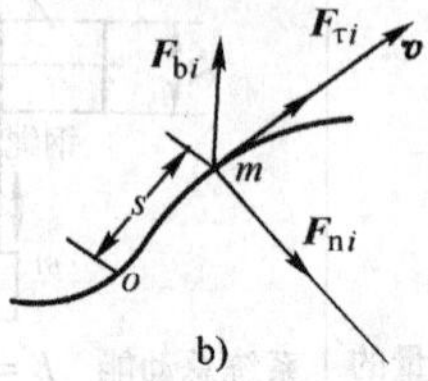 b) $\boldsymbol{\tau}$、$\boldsymbol{n}$、$\boldsymbol{b}$—沿轨迹切向、主法线方向和副法线方向的单位矢量； $F_{\tau i}$、F_{ni}、F_{bi}—沿 $\boldsymbol{\tau}$、$\boldsymbol{n}$ 和 $\boldsymbol{b}$ 方向的第 i 个力 $\boldsymbol{F}_i$ 的三个分量
2	变质量质点的动量定理	矢量式　　直角坐标投影式 $m\dfrac{\mathrm{d}\boldsymbol{v}}{\mathrm{d}t}=\sum \boldsymbol{F}_i+\dfrac{\mathrm{d}m}{\mathrm{d}t}\boldsymbol{v}_{\mathrm{r}}$　$\begin{cases} m\ddot{x}=\sum F_{xi}+\dfrac{\mathrm{d}m}{\mathrm{d}t}v_{\mathrm{r}x} \\ m\ddot{y}=\sum F_{yi}+\dfrac{\mathrm{d}m}{\mathrm{d}t}v_{\mathrm{r}y} \\ m\ddot{z}=\sum F_{zi}+\dfrac{\mathrm{d}m}{\mathrm{d}t}v_{\mathrm{r}z} \end{cases}$	v_{r}—流出或进入原质点质量的相对速度
3	质点系动量定理	矢量式　　直角坐标投影式 $\dfrac{\mathrm{d}\boldsymbol{p}}{\mathrm{d}t}=\dfrac{\mathrm{d}\sum m_i\boldsymbol{v}_i}{\mathrm{d}t}=\sum \boldsymbol{F}_i$　$\begin{cases} \dfrac{\mathrm{d}p_x}{\mathrm{d}t}=\dfrac{\mathrm{d}\sum m_iv_{xi}}{\mathrm{d}t}=\sum F_{xi} \\ \dfrac{\mathrm{d}p_y}{\mathrm{d}t}=\dfrac{\mathrm{d}\sum m_iv_{yi}}{\mathrm{d}t}=\sum F_{yi} \\ \dfrac{\mathrm{d}p_z}{\mathrm{d}t}=\dfrac{\mathrm{d}\sum m_iv_{zi}}{\mathrm{d}t}=\sum F_{zi} \end{cases}$ 质点系动量守恒情况： 若$\sum \boldsymbol{F}_i=0$，则 $\boldsymbol{p}=\sum m_i\boldsymbol{v}_i$ = 常矢量 若$\sum F_{xi}=0$，则 $p_x=\sum m_iv_{xi}$ = 常量	$\sum \boldsymbol{F}_i$—作用于质点系各外力的矢量和；$\sum F_{xi}$、$\sum F_{yi}$、$\sum F_{zi}$—各外力在三坐标轴上的投影代数和
4	质心运动定理	矢量式　　直角坐标投影式 $M\boldsymbol{a}_{\mathrm{c}}=\sum \boldsymbol{F}_i$　$\begin{cases} Ma_{\mathrm{c}x}=M\ddot{x}_{\mathrm{c}}=\sum F_{xi} \\ Ma_{\mathrm{c}y}=M\ddot{y}_{\mathrm{c}}=\sum F_{yi} \\ Ma_{\mathrm{c}z}=M\ddot{z}_{\mathrm{c}}=\sum F_{zi} \end{cases}$ 质心运动守恒情况： 若$\sum \boldsymbol{F}_i=0$，则$\boldsymbol{v}_{\mathrm{c}}$ = 常矢量 若$\sum F_x=0$，则 $v_{\mathrm{c}x}$ = 常量	由质点系动量定理导出 $\boldsymbol{F}_i$—作用于质点系的外力； M—质点系总质量； $\boldsymbol{a}_{\mathrm{c}}$—质心的加速度，其沿 x、y、z 轴的分量为 $a_{\mathrm{c}x}$、$a_{\mathrm{c}y}$ 和 $a_{\mathrm{c}z}$； $\boldsymbol{v}_{\mathrm{c}}$—质心速度，其沿 x、y、z 轴的分量为 $v_{\mathrm{c}x}$、$v_{\mathrm{c}y}$ 和 $v_{\mathrm{c}z}$
5	质点动量矩定理	矢量式　　直角坐标投影式 $\dfrac{\mathrm{d}\boldsymbol{l}_0}{\mathrm{d}t}=\dfrac{\mathrm{d}\boldsymbol{M}_0(m\boldsymbol{v})}{\mathrm{d}t}=\boldsymbol{M}_0(\boldsymbol{F})=\boldsymbol{r}\times\boldsymbol{F}$　$\begin{cases} \dfrac{\mathrm{d}l_x}{\mathrm{d}t}=M_x(\boldsymbol{F}) \\ \dfrac{\mathrm{d}l_y}{\mathrm{d}t}=M_y(\boldsymbol{F}) \\ \dfrac{\mathrm{d}l_z}{\mathrm{d}t}=M_z(\boldsymbol{F}) \end{cases}$ 质点动量矩守恒情况： 若 $\boldsymbol{M}_0(\boldsymbol{F})=0$，则 $\boldsymbol{l}_0$ = 常矢量 若 $M_z(\boldsymbol{F})=0$，则 l_z = 常量	$\boldsymbol{l}_0$、l_x、l_y、l_z 的计算见表1.4-9 $\boldsymbol{M}_0(\boldsymbol{F})$、$M_x(\boldsymbol{F})$、$M_y(\boldsymbol{F})$、$M_z(\boldsymbol{F})$的计算见表1.4-2

（续）

序号	定理名称	关 系 式	图示与说明
6	质点系动量矩定理	1）相对于固定点（或轴）的动量矩定理 矢量式　　直角坐标投影式 $\frac{\mathrm{d}\boldsymbol{L}_0}{\mathrm{d}t}=\frac{\mathrm{d}}{\mathrm{d}t}\sum M_0(m_i v_i)=\sum M_0(\boldsymbol{F}_i)\begin{cases}\frac{\mathrm{d}L_x}{\mathrm{d}t}=\sum M_x(\boldsymbol{F}_i)\\ \frac{\mathrm{d}L_y}{\mathrm{d}t}=\sum M_y(\boldsymbol{F}_i)\\ \frac{\mathrm{d}L_z}{\mathrm{d}t}=\sum M_z(\boldsymbol{F}_i)\end{cases}$ 质点系动量矩守恒情况： 若 $\sum M_0(\boldsymbol{F}_i)=0$，$\boldsymbol{L}_0=$常矢量 若 $\sum M_z(\boldsymbol{F}_i)=0$，$L_z=$常量	$\boldsymbol{F}_i$ 为外力 $\boldsymbol{L}_0$、L_x、L_y、L_z 计算见表 1.4-9 $M_x(\boldsymbol{F}_i)$、$M_y(\boldsymbol{F}_i)$、$M_z(\boldsymbol{F}_i)$ 计算见表 1.4-2
		2）相对于质心的动量矩定理 $\frac{\mathrm{d}\boldsymbol{L}_c^r}{\mathrm{d}t}=\boldsymbol{M}_c$ $\boldsymbol{L}_c^r=\sum \boldsymbol{r}'_i\times m_i v_i^r$ 为质点系对于质心相对运动的动量矩 $\boldsymbol{M}_c$—质点系所受外力对质心的主矩	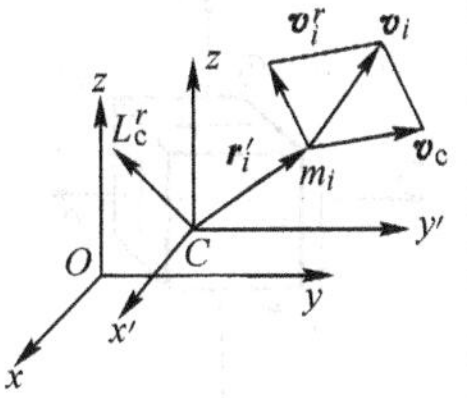 $Cx'y'z'$—以质心 C 为原点的平动坐标系（质心坐标系）； $Oxyz$—以固定点 O 为原点的坐标系； v_i^r—任一质点对质心坐标系的相对速度
7	动能定理	$T-T_0=\sum W_i$	T_0、T—质点或质点系始末位置的动能； $\sum W_i$—作用在质点或质点系上所有外力和内力从运动初始到终了所做的功
8	机械能守恒定律	$T+V=$常量	T、V—质点或质点系某瞬时的动能和势能 本定律仅在有势力作用下适用。如还有其他力作用，但其不做功，本定律仍适用

表 1.4-14　质点及刚体的运动微分方程

序号	运动类型	运动微分方程	说　明
1	质点运动（恒质量）	直角坐标系　自然坐标系 $m\ddot{x}=\sum F_{xi}$　　$m\ddot{s}=\sum F_{\tau i}$ $m\ddot{y}=\sum F_{yi}$　　$m\frac{\dot{s}^2}{\rho}=\sum F_{ni}$ $m\ddot{z}=\sum F_{zi}$	即恒质量质点动量定理，见表 1.4-13
2	刚体平动	$M\ddot{x}_c=\sum F_{xi}$ $M\ddot{y}_c=\sum F_{yi}$ $M\ddot{z}_c=\sum F_{zi}$	$\ddot{x}_c$、$\ddot{y}_c$、$\ddot{z}_c$—刚体质心在 x、y、z 方向的加速度分量； M—刚体总质量
3	刚体定轴转动	$J_z\ddot{\varphi}=M_z$	由动量矩定理导出 J_z—刚体对 z 轴的转动惯量； M_z—作用于刚体外力对 z 轴的合力矩
4	刚体平面运动	$M\ddot{x}_c=\sum F_{xi}$ $M\ddot{y}_c=\sum F_{yi}$ $J_c\ddot{\varphi}=M_c$	由质心运动定理和相对于质心动量矩定理导出 M—刚体总质量； J_c—刚体对质心轴的转动惯量； M_c—作用于刚体外力对质心轴合力矩

4　点的应力、应变状态分析和强度理论（见表1.4-15～表1.4-18）

表1.4-15　点的应力状态分析

序号	应力状态类型	图　示	斜截面上的应力	主应力	主方向	主切应力和最大切应力
1	单向应力状态	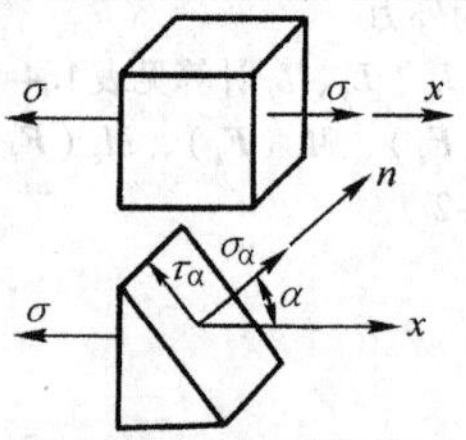	$\sigma_\alpha=\frac{1}{2}\sigma(1+\cos2\alpha)$ $\tau_\alpha=-\frac{1}{2}\sigma\sin2\alpha$	$\sigma_1=\sigma$ $\sigma_2=\sigma_3=0$	$\alpha_p=\begin{cases}0^\circ\\90^\circ\end{cases}$	$\tau_{max}=\frac{1}{2}\sigma$ （作用面法线与 x 轴成45°）
2	两向应力状态	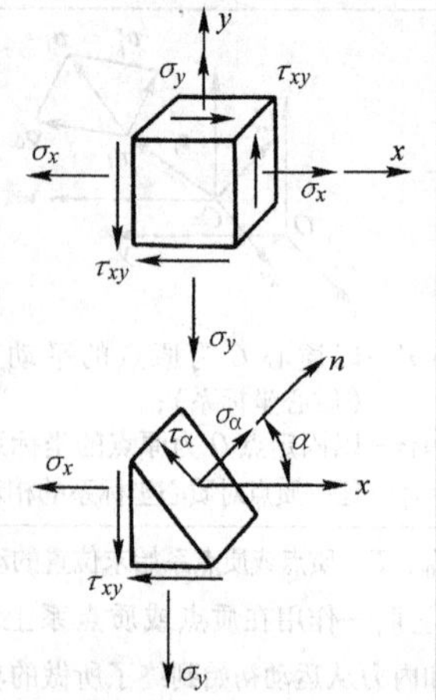	$\sigma_\alpha=\frac{\sigma_x+\sigma_y}{2}+\frac{\sigma_x-\sigma_y}{2}\cos2\alpha+\tau_{xy}\sin2\alpha$ $\tau_\alpha=\frac{-(\sigma_x-\sigma_y)}{2}\times\sin2\alpha+\tau_{xy}\cos2\alpha$	$\sigma_{min}^{max}=\frac{\sigma_x+\sigma_y}{2}\pm\sqrt{\left(\frac{\sigma_x-\sigma_y}{2}\right)^2+\tau_{xy}^2}$ 据 σ_{max}、σ_{min} 及另一主应力（为零）代数值的大小，由大至小依次定为 σ_1、σ_2、σ_3	$\tan2\alpha_p=\frac{2\tau_{xy}}{\sigma_x-\sigma_y}$ 若取 $2\alpha_p$ 为主值（$-\frac{\pi}{2}\leqslant2\alpha_p\leqslant\frac{\pi}{2}$），则当 $\sigma_x\geqslant\sigma_y$ 时，由 x 轴转 α_p 角至 σ_{max}，若 $\sigma_x<\sigma_y$，由 x 轴转 α_p 角至 σ_{min}	主切应力 $\tau_{1,2}=\pm\sqrt{\left(\frac{\sigma_x-\sigma_y}{2}\right)^2+\tau_{xy}^2}$ （在垂直 xy 面的斜截面中） 最大切应力 $\tau_{max}=\frac{\sigma_1-\sigma_3}{2}$ （作用面与 σ_2 平行，与 σ_1、σ_3 向成45°）
3	三向应力状态	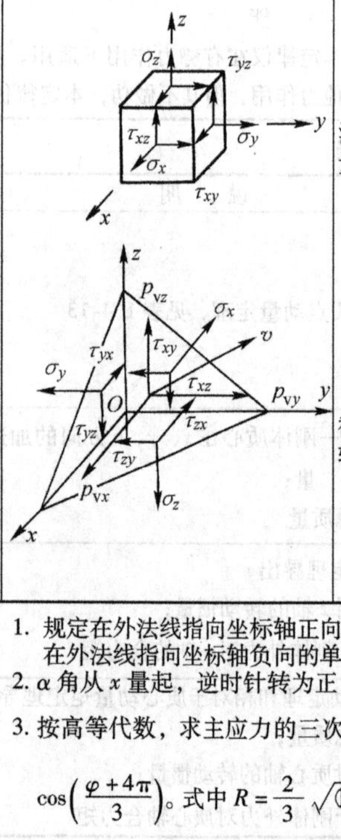	斜截面上总应力沿坐标轴的三个分量： $p_{vx}=\sigma_xl+\tau_{xy}m+\tau_{xz}n$ $p_{vy}=\tau_{yx}l+\sigma_ym+\tau_{yz}n$ $p_{vz}=\tau_{zx}l+\tau_{zy}m+\sigma_zn$ （l、m、n 为斜截面法线与 x、y、z 轴的方向余弦）	三个主应力值（σ_{I}、σ_{II}和σ_{III}）由下式解得： $\sigma_i^3-\textcircled{H}_1\sigma_i^2-\textcircled{H}_2\sigma_i-\textcircled{H}_3=0$ （下标 i 为Ⅰ、Ⅱ、Ⅲ表示三个主应力） 式中 $\textcircled{H}_1=\sigma_x+\sigma_y+\sigma_z$ $\textcircled{H}_2=-(\sigma_x\sigma_y+\sigma_y\sigma_z+\sigma_z\sigma_x)+\tau_{xy}^2+\tau_{yz}^2+\tau_{zx}^2$ $\textcircled{H}_3=\sigma_x\sigma_y\sigma_z+2\tau_{xy}\tau_{yz}\times\tau_{zx}-\sigma_x\tau_{yz}^2-\sigma_y\tau_{zx}^2-\sigma_z\tau_{xy}^2$ $\textcircled{H}_1$、$\textcircled{H}_2$、$\textcircled{H}_3$ 分别称为第一、二、三应力不变量。按解得的 σ_{I}、σ_{II}、σ_{III} 的代数值的由大到小的顺序，定为 σ_1、σ_2 和 σ_3	三个主应力方向的方向余弦由如下方程前三个的任二个及第四个方程联立求得 $(\sigma_x-\sigma_i)l+\tau_{xy}\times m+\tau_{xz}n=0$ $\tau_{yx}l+(\sigma_y-\sigma_i)\times m+\tau_{yz}n=0$ $\tau_{zx}l+\tau_{zy}m+(\sigma_z-\sigma_i)n=0$ $l^2+m^2+n^2=1$	主切应力 $\tau_1=\frac{1}{2}(\sigma_{\mathrm{I}}-\sigma_{\mathrm{II}})$ $\tau_2=\frac{1}{2}(\sigma_{\mathrm{II}}-\sigma_{\mathrm{III}})$ $\tau_3=\frac{1}{2}(\sigma_{\mathrm{III}}-\sigma_{\mathrm{I}})$ 最大切应力 $\tau_{max}=\frac{\sigma_1-\sigma_3}{2}$ （作用面与 σ_2 平行与 σ_1 和 σ_3 向成45°）

注：1. 规定在外法线指向坐标轴正向的单元体表面上，如作用的应力分量方向沿坐标轴正向，则取其为正值，反之取负值；在外法线指向坐标轴负向的单元体表面上，如作用的应力分量方向沿坐标轴负向，则取其为正值，反之为负值。

2. α 角从 x 量起，逆时针转为正，顺时针转为负。

3. 按高等代数，求主应力的三次方程的三个根为：$\sigma_{\mathrm{I}}=\frac{\textcircled{H}_1}{3}+R\cos\varphi$，$\sigma_{\mathrm{II}}=\frac{\textcircled{H}_1}{3}+R\cos\left(\frac{\varphi+2\pi}{3}\right)$、$\sigma_{\mathrm{III}}=\frac{\textcircled{H}_1}{3}+R\times\cos\left(\frac{\varphi+4\pi}{3}\right)$。式中 $R=\frac{2}{3}\sqrt{\textcircled{H}_1^2+3\textcircled{H}_2}$，$\cos\varphi=\frac{2\textcircled{H}_1^3+9\textcircled{H}_1\textcircled{H}_2+27\textcircled{H}_3}{2(\textcircled{H}_1^2+3\textcircled{H}_2)^{3/2}}$。

表 1.4-16　点的应变状态分析（小变形条件）

序号	分析项目	图　示	表示或关系式
1	点的应变状态表示及应变与点的位移间的关系	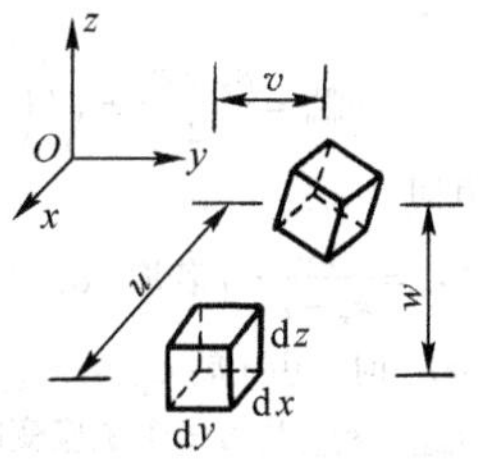 u、v、w 分别为点沿 x、y、z 向位移，为点的坐标的函数	单元体三棱边单位长度的伸长或缩短量：线应变 $\varepsilon_x=\frac{\partial u}{\partial x}$，$\varepsilon_y=\frac{\partial v}{\partial y}$，$\varepsilon_z=\frac{\partial w}{\partial z}$（拉伸变形为正，压缩变形为负） 单元体三正交棱边直角的改变量：切应变 $\gamma_{xy}=\frac{\partial u}{\partial y}+\frac{\partial v}{\partial x}$，$\gamma_{yz}=\frac{\partial v}{\partial z}+\frac{\partial w}{\partial y}$，$\gamma_{zx}=\frac{\partial u}{\partial z}+\frac{\partial w}{\partial x}$ （直角减小，切应变为正，反之，切应变为负）
2	一般应变状态	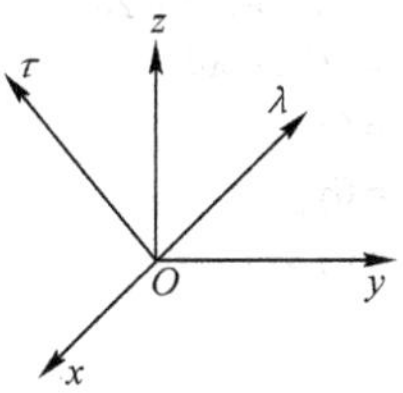 过一点沿任意两正交方向，λ 和 τ 对 x、y、z 轴的方向余弦分别为 l、m、n 和 l'、m'、n'	沿任意方向 λ 的线应变 $\varepsilon_\lambda=\varepsilon_x l^2+\varepsilon_y m^2+\varepsilon_z n^2+\gamma_{xy}lm+\gamma_{yz}mn+\gamma_{zx}nl$ 沿 $\lambda-\tau$ 正交方向的切应变 $\gamma_{\lambda\tau}=2(\varepsilon_x ll'+\varepsilon_y mm'+\varepsilon_z nn')+\gamma_{xy}(lm'+l'm)+\gamma_{yz}(mn'+m'n)+\gamma_{zx}(nl'+n'l)$ 主应变： 由如下方程求得三个实根 ε_{I}、$\varepsilon_{\mathrm{II}}$、$\varepsilon_{\mathrm{III}}$ $\varepsilon_\nu^3-J_1\varepsilon_\nu^2-J_2\varepsilon_\nu-J_3=0$（$\nu$ 取 Ⅰ、Ⅱ、Ⅲ） 式中 $J_1=\varepsilon_x+\varepsilon_y+\varepsilon_z$ $J_2=-(\varepsilon_x\varepsilon_y+\varepsilon_y\varepsilon_z+\varepsilon_z\varepsilon_x)+\frac{1}{4}(\gamma_{xy}^2+\gamma_{yz}^2+\gamma_{zx}^2)$ $J_3=\varepsilon_x\varepsilon_y\varepsilon_z+\frac{1}{4}(\gamma_{xy}\gamma_{yz}\gamma_{zx}-\varepsilon_x\gamma_{yz}^2-\varepsilon_y\gamma_{zx}^2-\varepsilon_z\gamma_{xy}^2)$ （J_1、J_2、J_3 分别称为第一、二、三应变不变量） 按解得的 ε_{I}、$\varepsilon_{\mathrm{II}}$、$\varepsilon_{\mathrm{III}}$ 的代数值的由大到小的顺序，定为 ε_1、ε_2、ε_3 三主应变的方向余弦，可由以下方程中前三个方程的任两个及第四个方程求得： $(\varepsilon_x-\varepsilon_\nu)l+\frac{1}{2}\gamma_{xy}m+\frac{1}{2}\gamma_{zx}n=0$ $\frac{1}{2}\gamma_{xy}l+(\varepsilon_y-\varepsilon_\nu)m+\frac{1}{2}\gamma_{yz}n=0$ $\frac{1}{2}\gamma_{zx}l+\frac{1}{2}\gamma_{yz}m+(\varepsilon_z-\varepsilon_\nu)n=0$ $l^2+m^2+n^2=1$ 最大切应变 $\gamma_{\max}=\varepsilon_1-\varepsilon_3$
3	与平面应力状态相应的应变状态（$\gamma_{yz}=\gamma_{zx}=0$，$\varepsilon_z=\varepsilon_z(x,y)$）	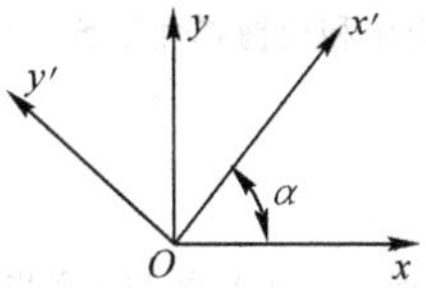	x'向的线应变 $\varepsilon_{x'}=\frac{\varepsilon_x+\varepsilon_y}{2}+\frac{\varepsilon_x-\varepsilon_y}{2}\cos2\alpha+\frac{\gamma_{xy}}{2}\sin2\alpha$ x'-y'正交方向的切应变 $\frac{1}{2}\gamma_{x'y'}=-\frac{(\varepsilon_x-\varepsilon_y)}{2}\sin2\alpha+\frac{\gamma_{xy}}{2}\cos2\alpha$

（续）

序号	分析项目	图　示	表示或关系式
3	与平面应力状态相应的应变状态（$\gamma_{yz}=\gamma_{zx}=0$，$\varepsilon_z=\varepsilon_z(x,y)$）		主应变 $$\varepsilon_{\min}^{\max}=\frac{\varepsilon_x+\varepsilon_y}{2}\pm\sqrt{\left(\frac{\varepsilon_x-\varepsilon_y}{2}\right)^2+\left(\frac{\gamma_{xy}}{2}\right)^2}$$ 主方向 $\tan 2\alpha_p=\frac{\gamma_{xy}}{\varepsilon_x-\varepsilon_y}$［若取 $2\alpha_p$ 为主值（$-\frac{\pi}{2}\leqslant\alpha\leqslant\frac{\pi}{2}$），则当 $\varepsilon_x\geqslant\varepsilon_y$ 时，由 x 转 α_p 至 $\varepsilon_{\max}$，反之至 $\varepsilon_{\min}$］ 按 $\varepsilon_{\max}$、$\varepsilon_{\min}$ 及另一个主应变的代数值的由大至小的顺序，定为 ε_1、ε_2、ε_3 最大切应变 $\gamma_{\max}=\varepsilon_1-\varepsilon_3$

表 1.4-17　线弹性材料的应力应变关系式（广义胡克定律）

序号	应力状态	用应力分量表示应变分量	用应变分量表示应力分量
1	三向应力状态	$\varepsilon_x=\frac{1}{E}[\sigma_x-\nu(\sigma_y+\sigma_z)]$ $=\frac{1}{2G}\left(\sigma_x-\frac{\nu}{1+\nu}\Theta_1\right)$ $\varepsilon_y=\frac{1}{E}[\sigma_y-\nu(\sigma_z+\sigma_x)]$ $=\frac{1}{2G}\left(\sigma_y-\frac{\nu}{1+\nu}\Theta_1\right)$ $\varepsilon_z=\frac{1}{E}[\sigma_z-\nu(\sigma_x+\sigma_y)]$ $=\frac{1}{2G}\left(\sigma_z-\frac{\nu}{1+\nu}\Theta_1\right)$ $\gamma_{xy}=\frac{\tau_{xy}}{G}$ $\gamma_{yz}=\frac{\tau_{yz}}{G}$ $\gamma_{yz}=\frac{\tau_{zx}}{G}$	$\sigma_x=\frac{E}{(1+\nu)(1-2\nu)}[(1-\nu)\varepsilon_x+\nu(\varepsilon_y+\varepsilon_z)]$ $=2G\varepsilon_x+\lambda\theta$ $\sigma_y=\frac{E}{(1+\nu)(1-2\nu)}[(1-\nu)\varepsilon_y+\nu(\varepsilon_z+\varepsilon_x)]$ $=2G\varepsilon_y+\lambda\theta$ $\sigma_z=\frac{E}{(1+\nu)(1-2\nu)}[(1-\nu)\varepsilon_z+\nu(\varepsilon_x+\varepsilon_y)]$ $=2G\varepsilon_z+\lambda\theta$ $\tau_{xy}=G\gamma_{xy}$ $\tau_{yz}=G\gamma_{yz}$ $\tau_{zx}=G\gamma_{zx}$
2	平面应力状态（$\sigma_z=\tau_{yz}=\tau_{zx}=0$）	$\varepsilon_x=\frac{1}{E}(\sigma_x-\nu\sigma_y)$ $\varepsilon_y=\frac{1}{E}(\sigma_y-\nu\sigma_x)$ $\varepsilon_z=\frac{-\nu}{E}(\sigma_x+\sigma_y)$ $\gamma_{xy}=\frac{\tau_{xy}}{G}$	$\sigma_x=\frac{E}{1-\nu^2}(\varepsilon_x+\nu\varepsilon_y)$ $\sigma_y=\frac{E}{1-\nu^2}(\varepsilon_y+\nu\varepsilon_x)$ $\tau_{xy}=G\gamma_{xy}$
3	平面应变状态（$\varepsilon_z=\gamma_{yz}=\gamma_{zx}=0$）	$\varepsilon_x=\frac{1-\nu^2}{E}\left(\sigma_x-\frac{\nu}{1-\nu}\sigma_y\right)$ $\varepsilon_y=\frac{1-\nu^2}{E}\left(\sigma_y-\frac{\nu}{1-\nu}\sigma_x\right)$ $\gamma_{xy}=\frac{\tau_{xy}}{G}$	$\sigma_x=\frac{E}{(1+\nu)(1-2\nu)}[(1-\nu)\varepsilon_x+\nu\varepsilon_y]$ $\sigma_y=\frac{E}{(1+\nu)(1-2\nu)}[(1-\nu)\varepsilon_y+\nu\varepsilon_x]$ $\sigma_z=\frac{E\nu}{(1+\nu)(1-2\nu)}(\varepsilon_x+\varepsilon_y)$ $\tau_{xy}=G\gamma_{xy}$

注：1. E、G、ν、λ 分别为材料的弹性模量、剪切弹性模量、泊松比和拉梅弹性常数。它们之间有关系式 $G=\frac{E}{2(1+\nu)}$ 和 $\lambda=\frac{E\nu}{(1+\nu)(1-2\nu)}$。

2. $\Theta_1=\sigma_x+\sigma_y+\sigma_z$，$\theta=\varepsilon_x+\varepsilon_y+\varepsilon_z$。

3. 表中应力 σ_x、σ_y、σ_z（或 σ_x、σ_y）及应变 ε_x、ε_y、ε_z（或 ε_x、ε_y）间的关系也适用于主应力 σ_1、σ_2、σ_3 与主应变 ε_1、ε_2、ε_3 间的关系。

表1.4-18　常用的强度理论

序号	强度理论名称	破坏条件	强度条件	适用范围	
				破坏形式	应力状态与材料
1	第一强度理论（最大拉应力理论）	$\sigma_1=R_m$ （R_m—抗拉强度，下同）	$\sigma_1\leqslant[\sigma]_{R_m}\leqslant\frac{R_m}{n}$ （$[\sigma]_{R_m}$—许用拉应力 n—安全系数）	脆性断裂	1）单向拉伸、二向应力状态（二向压缩除外）的极脆材料 2）单向拉伸、二向应力状态（压大于拉或二向压缩除外）的拉、压强度不等的脆材或低塑性材料 3）三向拉伸应力状态的塑材和脆材
2	第二强度理论（最大伸长线应变理论）	$\varepsilon_1=\frac{1}{E}[\sigma_1-\nu(\sigma_2+\sigma_3)]$ $=\varepsilon_b=\frac{R_m}{E}$	$\sigma_1-\nu(\sigma_2+\sigma_3)\leqslant[\sigma]_{R_m}=\frac{R_m}{n}$	脆性断裂	1）石料、混凝土等脆材的单向压缩 2）拉压强度不等的脆材或低塑性材料的压缩应力大于拉伸应力的二向应力状态
3	第三强度理论（最大切应力理论）	$\tau_{max}=\frac{\sigma_1-\sigma_3}{2}=\tau_{p0.2}=\frac{R_{eL}}{2}$ （R_{eL}—屈服强度，下同）	$\sigma_1-\sigma_3\leqslant[\sigma]_{R_{eL}}=\frac{R_{eL}}{n}$	塑性屈服	1）除三向拉伸之外各种应力状态的塑性材料 2）三向压缩应力状态的脆材
4	第四强度理论（形状改变比能理论）	$\sqrt{\frac{1}{2}[(\sigma_1-\sigma_2)^2+(\sigma_2-\sigma_3)^2+(\sigma_3-\sigma_1)^2]}$ $=R_{eL}$	$\sqrt{\frac{1}{2}[(\sigma_1-\sigma_2)^2+(\sigma_2-\sigma_3)^2+(\sigma_3-\sigma_1)^2]}$ $\leqslant[\sigma]_{R_{eL}}=\frac{R_{eL}}{n}$	塑性屈服	1）除三向拉伸之外各种应力状态的塑性材料 2）三向压缩应力状态的脆材
5	莫尔强度理论	$\sigma_1-\frac{R_m}{R_{mc}}\sigma_3=R_m$ （R_{mc}—抗压强度）	$\sigma_1-\frac{[\sigma]_{R_m}}{[\sigma]_{R_{mc}}}\sigma_3\leqslant[\sigma]_{R_m}=\frac{R_m}{n}$ （$[\sigma]_{R_{mc}}=\frac{R_{mc}}{n}$，许用压应力）	切断	单向拉伸和二向应力状态的拉、压强度不等的脆材或低塑性材料

注：极脆材料如淬硬工具钢和陶瓷等；拉、压强度不等的脆材如铸铁、混凝土和岩石等；低塑性材料如淬硬高强钢等；塑性材料如低碳钢、非淬硬中碳钢、退火球墨铸铁、铜、铝等。

5　平面图形几何性质的计算公式（见表1.4-19、表1.4-20）

表1.4-19　平面图形几何性质的一般计算公式

截面与坐标轴的相对位置	一般定义和计算公式
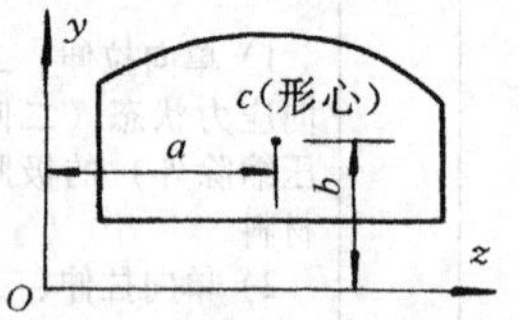 Oyz—任意直角坐标系	形心位置　$b=\int_A \frac{y\mathrm{d}A}{A}$　$a=\int_A \frac{z\mathrm{d}A}{A}$　(1) 静矩　$S_z=\int_A y\mathrm{d}A=Ab$；$S_y=\int_A z\mathrm{d}A=Aa$　(2) 惯性积　$I_{yz}=\int_A yz\mathrm{d}A$　(3) 惯性矩　$I_z=\int_A y^2\mathrm{d}A$；$I_y=\int_A z^2\mathrm{d}A$　(4) 极惯性矩　$I_0=\int_A (z^2+y^2)\mathrm{d}A=I_y+I_z$　(5)
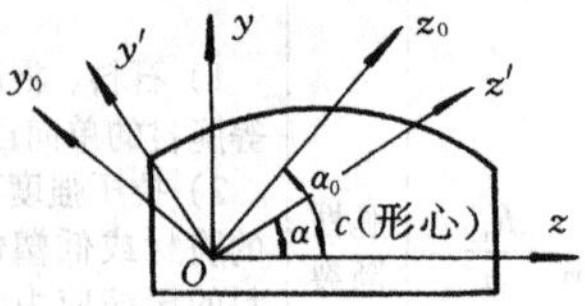 Oyz—任意位置坐标系； $Oy'z'$—与Oyz共原点，但转动α角（规定逆时针为正）的直角坐标系； Oy_0、Oz_0—通过O点的主惯性轴	转轴公式如下： 惯性积 $I_{y'z'}=\frac{I_z-I_y}{2}\sin2\alpha+I_{yz}\cos2\alpha$　(6) 惯性矩 $I_{z'}=\frac{I_z+I_y}{2}+\frac{I_z-I_y}{2}\cos2\alpha-I_{yz}\sin2\alpha$　(7) $I_{y'}=\frac{I_z+I_y}{2}-\frac{I_z-I_y}{2}\cos2\alpha+I_{yz}\sin2\alpha$　(8) 主惯性轴（对应于惯性积$I_{y0z0}=0$的坐标轴）方位角为 $\alpha_0=\frac{1}{2}\arctan\left(-\frac{2I_{yz}}{I_z-I_y}\right)$　（有正交的两个主值）　(9) 主惯性矩（对主惯性轴的惯性矩） $\begin{matrix}I_{z0}\\I_{y0}\end{matrix}=\frac{1}{2}(I_z+I_y)\pm\frac{1}{2}\sqrt{(I_z-I_y)^2+4I_{yz}^2}$　(10) 形心主惯性轴—坐标原点与形心重合的主惯性轴 形心主惯性矩—对形心主惯性轴的惯性矩，计算式可按本表式（10），但Ozy坐标系原点要与形心c重合
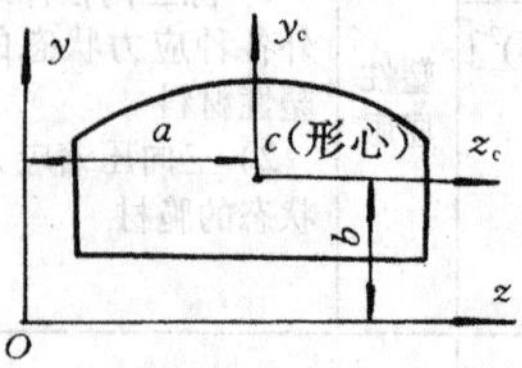 cy_cz_c—坐标原点为形心c的直角坐标系； Oyz—与cy_cz_c平行的直角坐标系	平行移轴公式如下： 惯性矩 $I_z=I_{z_c}+b^2A$ $I_y=I_{y_c}+a^2A$ 惯性积 $I_{yz}=I_{y_cz_c}+abA$

注：对由任意个图形组合的平面图形，根据定义的积分式可得：其静矩、惯性积、惯性矩和极惯性矩可由各个图形对同一轴（或同一极点）相应量之和算得（空心图形面积可视为负值）。

表 1.4-20　常用截面几何性质的计算公式

序号	截面形状	面积 A	惯性矩 I	惯性半径 $i=\sqrt{I/A}$	形心到边缘（或顶点）距离 e	抗弯截面系数 $W=I/e$	特　例
1	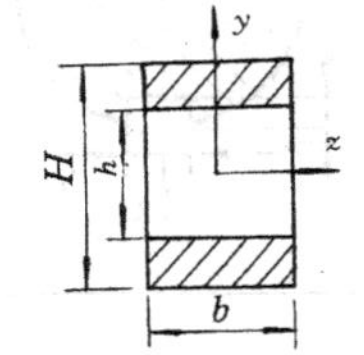	$A=b(H-h)$	$I_z=\frac{1}{12}b(H^3-h^3)$ $I_y=\frac{1}{12}b^3(H-h)$	$i_z=\frac{1}{\sqrt{12}}\sqrt{\frac{H^3-h^3}{H-h}}$ $i_y=\frac{1}{\sqrt{12}}b=0.289b$	$e_z=\frac{1}{2}b$ $e_y=\frac{1}{2}H$	$W_z=\frac{1}{6}\frac{b(H^3-h^3)}{H}$ $W_y=\frac{1}{6}b^2(H-h)$	$h=0$ 即为实心矩形截面
2	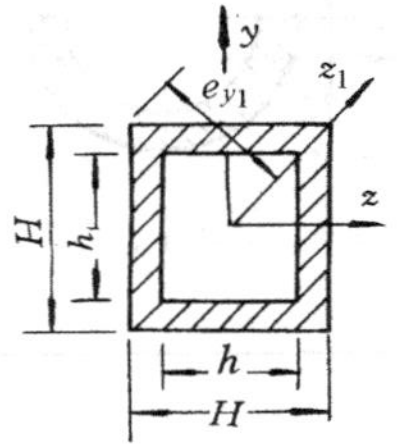	$A=H^2-h^2$	$I=\frac{1}{12}(H^4-h^4)$	$i=0.289\sqrt{H^2+h^2}$	$e_y=\frac{1}{2}H$ $e_{y1}=\frac{\sqrt{2}}{2}H$	$W_z=\frac{H^4-h^4}{6H}$ $W_{z1}=\frac{\sqrt{2}(H^4-h^4)}{12H}$	$h=0$ 即为正方形实心截面
3	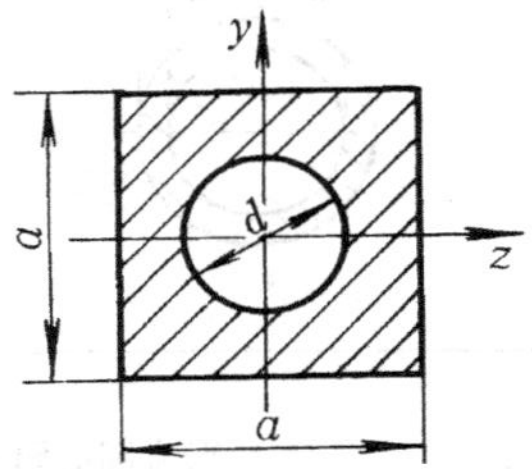	$A=a^2-\frac{\pi d^2}{4}$	$I=\frac{1}{12}\left(a^4-\frac{3\pi d^4}{16}\right)$	$i=\sqrt{\frac{16a^4-3\pi d^4}{48(4a^2-\pi d^2)}}$	$e_y=\frac{a}{2}$ $e_z=\frac{a}{2}$	$W_y=W_z$ $=\frac{1}{6a}\left(a^4-\frac{3\pi d^4}{16}\right)$	$d=0$ 即为正方形实心截面
4	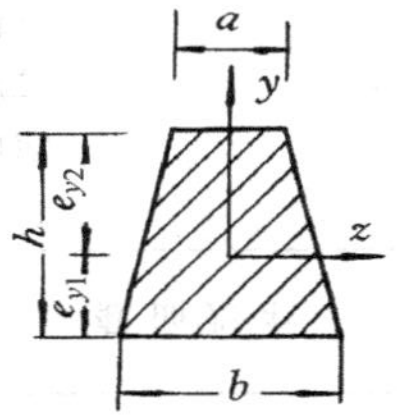	$A=\frac{h(a+b)}{2}$	$I_z=\frac{h^3(a^2+4ab+b^2)}{36(a+b)}$	$i_z=\frac{h}{3(a+b)}\times\sqrt{\frac{a^2+4ab+b^2}{2}}$	$e_{y1}=\frac{h(2a+b)}{3(a+b)}$ $e_{y2}=\frac{h(a+2b)}{3(a+b)}$	$W_{z1}=\frac{h^2(a^2+4ab+b^2)}{12(2a+b)}$ （对底边） $W_{z2}=\frac{h^2(a^2+4ab+b^2)}{12(a+2b)}$ （对顶边）	$a=0$ 即为任意三角形截面

（续）

序号	截面形状	面积 A	惯性矩 I	惯性半径 $i=\sqrt{I/A}$	形心到边缘（或顶点）距离 e	抗弯截面系数 $W=I/e$	特例
5	正多边形 n—边数 a—边长 R—外接圆半径 r—内切圆半径	$A=\frac{nR^2}{2}\sin\frac{2\pi}{n}$ $=\frac{nar}{2}$	$I=\frac{A}{24}(6R^2-a^2)$ $=\frac{A}{48}(12r^2+a^2)$	$i=\frac{1}{\sqrt{24}}\sqrt{6R^2-a^2}$	$e_y=r$（到底边） $e_{y1}=R$（到顶点）	$W_z=\frac{I}{R\cos\pi/n}\approx\frac{AR}{4}$ （对底边）（n 很大时） $W_{z1}=\frac{I}{R}$（对顶点）	
6	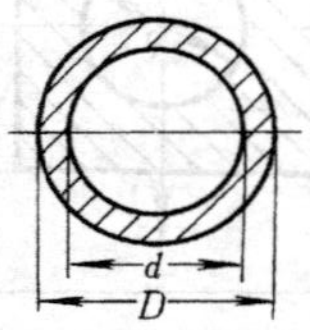	$A=\frac{\pi}{4}(D^2-d^2)$	$I=\frac{\pi}{64}(D^4-d^4)$ $=\frac{\pi D^4}{64}(1-\alpha^4)$ $\alpha=d/D$	$i=\frac{1}{4}\sqrt{D^2+d^2}$	$e=\frac{1}{2}D$	$W=\frac{\pi}{32}\frac{D^4-d^4}{D}$ $=\frac{\pi D^3}{32}(1-\alpha^4)$ $\alpha=d/D$	当 $d=0$，即 $\alpha=0$ 时，为实心圆截面
7	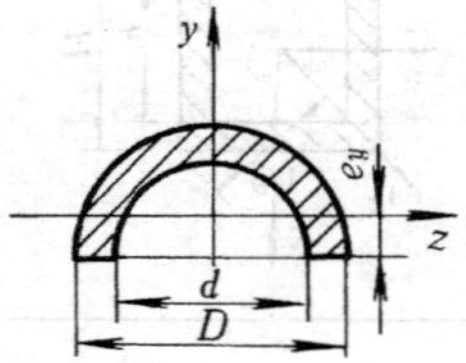	$A=\frac{\pi}{8}(D^2-d^2)$ $=\frac{\pi}{8}D^2(1-\alpha^2)$ $\alpha=d/D$	$I_z=0.00686(D^4-d^4)-\frac{0.0177D^2d^2(D-d)}{D+d}$ $I_y=\frac{\pi}{128}(D^4-d^4)$ $=\frac{\pi}{128}D^4(1-\alpha^4)$	$i_z=\sqrt{\frac{I_z}{A}}$ $i_y=\sqrt{\frac{I_y}{A}}=\frac{D}{4}\sqrt{1+\alpha^2}$	$e_y=\frac{2(D^2+Dd+d^2)}{3\pi(D+d)}$ $e_z=\frac{D}{2}$	$W_{z1}=\frac{I_z}{e_y}$（对底边） $W_z=\frac{I_z}{D/2-e_y}$（对顶点） $W_y=\frac{\pi D^3}{64}\left(1-\frac{d^4}{D^4}\right)$	当 $d=0$，即 $\alpha=0$ 时，为实心半圆截面
8	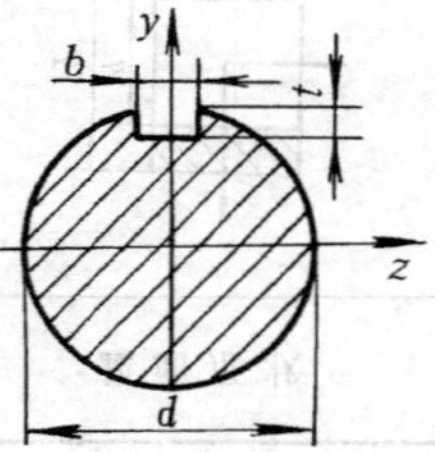	$A\approx\frac{\pi}{4}d^2-bt$	$I_z\approx\frac{\pi d^4}{64}-\frac{bt(d-t)^2}{4}$ $I_y\approx\frac{\pi d^4}{64}-\frac{tb^3}{12}$	$i_z=\frac{1}{4}\sqrt{\frac{\pi d^4-16bt(d-t)^2}{\pi d^2-4bt}}$ $i_y=\frac{1}{8}\sqrt{\frac{4(3\pi d^4-16tb^3)}{3(\pi d^2-4bt)}}$	$e_z=\frac{d}{2}$ $e_y=\frac{d}{2}$	$W_z\approx\frac{\pi d^3}{32}-\frac{bt(d-t)^2}{2d}$ $W_y\approx\frac{\pi d^3}{32}-\frac{tb^3}{6d}$	

9	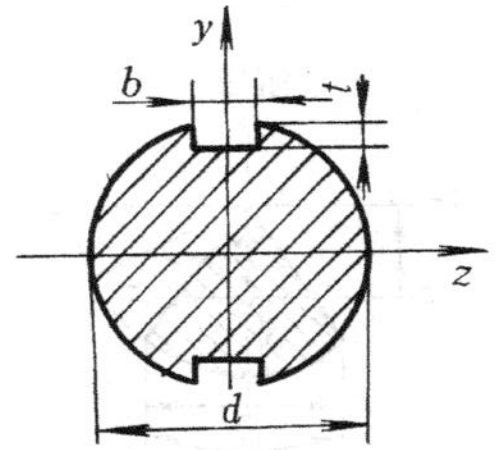	$A=\frac{\pi}{4}d^2-2bt$	$I_z\approx\frac{\pi d^4}{64}-\frac{bt(d-t)^2}{2}$ $I_y\approx\frac{\pi d^4}{64}-\frac{tb^3}{6}$	$i_z=\sqrt{\frac{I_z}{A}}$ $i_y=\sqrt{\frac{I_y}{A}}$	$e_z=\frac{d}{2}$ $e_y=\frac{d}{2}$	$W_z\approx\frac{\pi d^3}{32}-\frac{bt(d-t)^2}{d}$ $W_y\approx\frac{\pi d^3}{32}-\frac{tb^3}{3d}$	
10	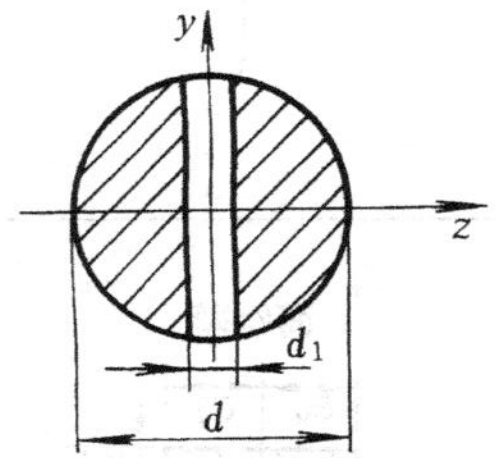	$A\approx\frac{\pi}{4}d^2-d_1d$	$I_z=\frac{\pi d^4}{64}(1-1.69\beta)$ $I_y=\frac{\pi d^4}{64}(1-1.69\beta^3)$ $\beta=\frac{d_1}{d}$	$i_z=\sqrt{\frac{I_z}{A}}$ $i_y=\sqrt{\frac{I_y}{A}}$	$e_z=\frac{d}{2}$ $e_y=\frac{d}{2}$	$W_z=\frac{\pi d^3}{32}(1-1.69\beta)$ $W_y=\frac{\pi d^3}{32}(1-1.69\beta^3)$	
11	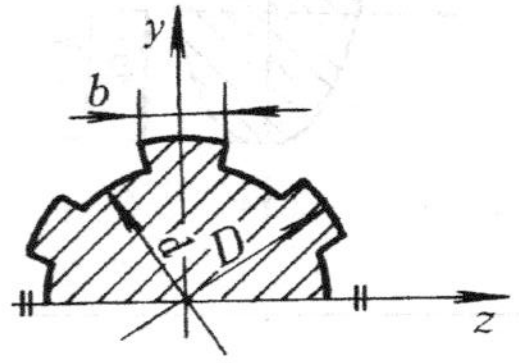	$A=\frac{\pi}{4}d^2+\frac{zb(D-d)}{2}$ （z—花键齿数）	$I_z=\frac{\pi d^4}{64}+\frac{bz(D-d)(D+d)^2}{64}$	$i_z=\frac{1}{4}\times\sqrt{\frac{\pi d^4+bz(D-d)(D+d)^2}{\pi d^2+2zb(D-d)}}$	$e_z=\frac{d}{2}$ $e_y=\frac{D}{2}$	$W_z=\frac{\pi d^4+bz(D-d)(D+d)^2}{32D}$	
12	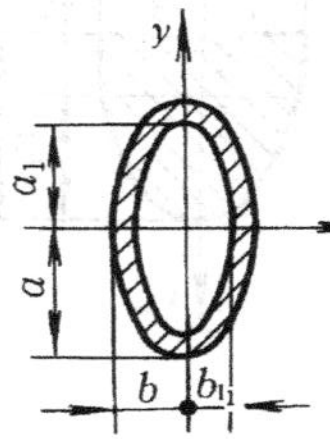空心椭圆	$A=\pi(ab-a_1b_1)$	$I_z=\frac{\pi}{4}(a^3b-a_1^3b_1)$ $\approx\frac{\pi}{4}a^2(a+3b)t$ $I_y=\frac{\pi}{4}(ab^3-a_1b_1^3)$ $\approx\frac{\pi}{4}b^2(b+3a)t$ $t=a-a_1=b-b_1$	$i_z=\sqrt{\frac{I_z}{A}}$ $i_y=\sqrt{\frac{I_y}{A}}$	$e_z=b$ $e_y=a$	$W_z=\frac{\pi}{4}\frac{(a^3b-a_1^3b_1)}{a}$ $\approx\frac{\pi}{4}a(a+3b)t$ $W_y=\frac{\pi}{4}\frac{(ab^3-a_1b_1^3)}{b}$ $\approx\frac{\pi}{4}b(b+3a)t$	当 $a_1=b_1=0$ 时，即为实心椭圆截面

（续）

序号	截面形状	面积 A	惯性矩 I	惯性半径 $i=\sqrt{I/A}$	形心到边缘（或顶点）距离 e	抗弯截面系数 $W=I/e$	特例
13	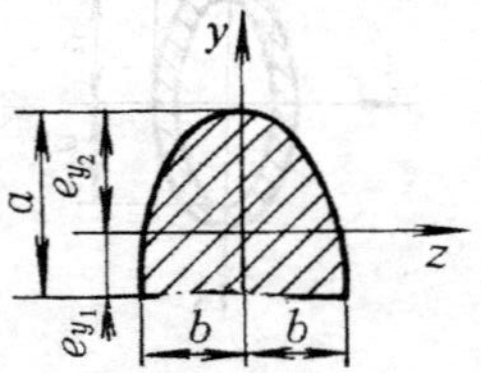 半椭圆	$A=\dfrac{\pi ab}{2}$	$I_z=ba^3\left(\dfrac{\pi}{8}-\dfrac{8}{9\pi}\right)$ $=0.10975ba^3$ $I_y=\dfrac{\pi}{8}ab^3$	$i_z=\dfrac{a}{2}\sqrt{1-\left(\dfrac{8}{3\pi}\right)^2}$ $i_y=\dfrac{b}{2}$	$e_z=b$ $e_{y_1}=\dfrac{4}{3\pi}a$ $e_{y_2}=\left(1-\dfrac{4}{3\pi}\right)a$	$W_{z1}=\dfrac{3}{4}ba^2\left(\dfrac{\pi^2}{8}-\dfrac{8}{9}\right)$ $W_{z2}=\dfrac{ba^2\left(\dfrac{\pi}{8}-\dfrac{8}{9\pi}\right)}{1-\dfrac{4}{3\pi}}$ $W_y=\dfrac{\pi ab^2}{8}\approx0.392ab^2$	
14	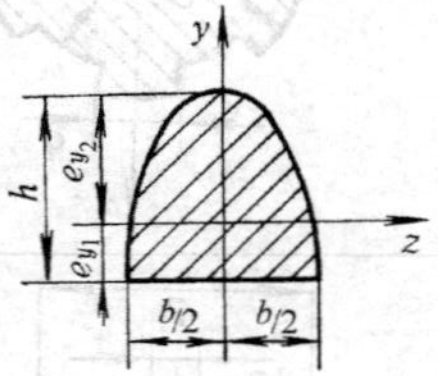 抛物线	$A=\dfrac{2}{3}bh$	$I_z=\dfrac{8}{175}bh^3$ $I_y=\dfrac{hb^3}{30}$	$i_z=\dfrac{2}{5}h\sqrt{\dfrac{3}{7}}$ $i_y=\dfrac{b}{2\sqrt{5}}$	$e_z=\dfrac{b}{2}$ $e_{y_1}=\dfrac{2}{5}h$ $e_{y_2}=\dfrac{3}{5}h$	$W_{z1}=\dfrac{4}{35}bh^2$ $W_{z2}=\dfrac{8}{105}bh^2$ $W_y=\dfrac{hb^2}{15}$	
15	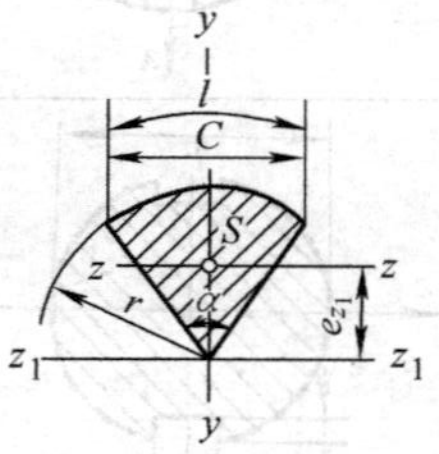 扇形	$A=\dfrac{\pi r^2\alpha}{360°}$ $l=\dfrac{\pi r\alpha}{180°}$ $C=2r\sin\dfrac{\alpha}{2}$	$I_{z_1}=\dfrac{r^4}{8}\left(\pi\dfrac{\alpha}{180°}+\sin\alpha\right)$ $I_z=\dfrac{r^4}{8}\left(\pi\dfrac{\alpha}{180°}+\sin\alpha-\right.$ $\left.\dfrac{64}{9}\sin^2\dfrac{\alpha}{2}\times\dfrac{180°}{\pi\alpha}\right)$ $I_y=\dfrac{r^4}{8}\left(\pi\dfrac{\alpha}{180°}-\sin\alpha\right)$	$i_z=\dfrac{r}{2}\times$ $\sqrt{1+\dfrac{\sin\alpha}{\alpha}\times\dfrac{180°}{\pi}-\dfrac{64}{9}\times\dfrac{\sin^2\dfrac{\alpha}{2}}{\left(\dfrac{\pi\alpha}{180°}\right)^2}}$ $i_y=\dfrac{r}{2}\sqrt{1-\dfrac{\sin\alpha}{\alpha}\times\dfrac{180°}{\pi}}$	$e_{z_1}=\dfrac{2rC}{3l}$	$W_z=\dfrac{I_z}{r-e_{z_1}}$ （对上边） $W_z=\dfrac{I_z}{e_{z_1}}$ （对下边）	

16	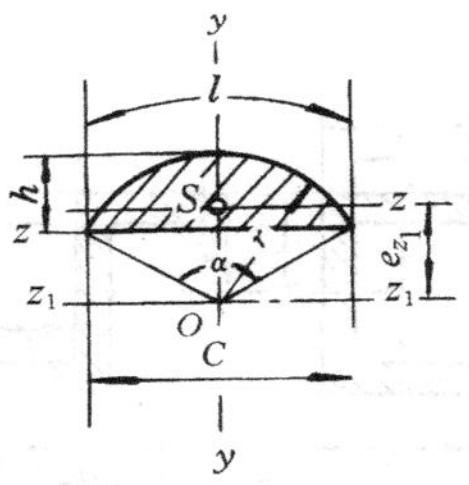 弓　形	$A=\frac{1}{2}[rl-C(r-h)]$ $C=2\sqrt{h(2r-h)}$ $r=\frac{C^2+4h^2}{8h}$ $h=r-\frac{1}{2}\sqrt{4r^2-C^2}$ $l=0.01745r\alpha$ $\alpha=\frac{57.296l}{r}$	$I_{z_1}=\frac{lr^3}{8}-\frac{r^4}{16}\sin2\alpha$ $I_z=I_{z_1}-Ae_{z_1}^2$ $I_y=\frac{r^4}{8}\left(\frac{\alpha\pi}{180°}-\sin\alpha-\frac{2}{3}\sin\alpha\sin^2\frac{\alpha}{2}\right)$	$i_z=\sqrt{\frac{I_z}{A}}$	$e_{z_1}=\frac{C^3}{12A}$	$W_z=\frac{I_z}{(r-e_{z_1})}$ （对上边）	
17	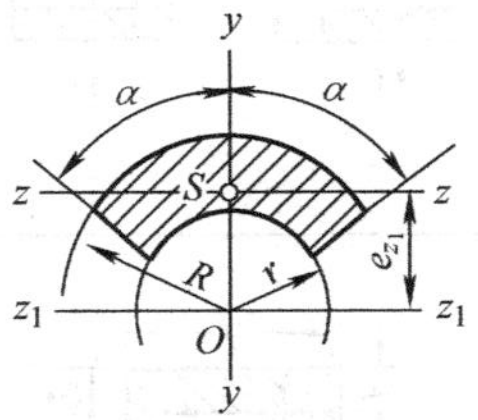 扇形圆环	$A=\frac{\pi\alpha}{180°}(R^2-r^2)$	$I_{z_1}=\frac{R^4-r^4}{8}\left(\frac{\pi\alpha}{90°}+\sin2\alpha\right)$ $I_z=I_{z_1}-Ae_{z_1}^2$ $I_y=\frac{R^4-r^4}{8}\left(\frac{\pi\alpha}{90°}-\sin2\alpha\right)$	$I_z=\sqrt{\frac{I_z}{A}}$ $i_y=\sqrt{\frac{I_y}{A}}$	$e_{z_1}=38.197\times\frac{(R^3-r^3)\sin\alpha}{(R^2-r^2)\alpha}$	$W_z=\frac{I_z}{R-e_{z_1}}$ （对上边） $W_z=\frac{I_z}{e_{z_1}-r}$ （对下边）	
18	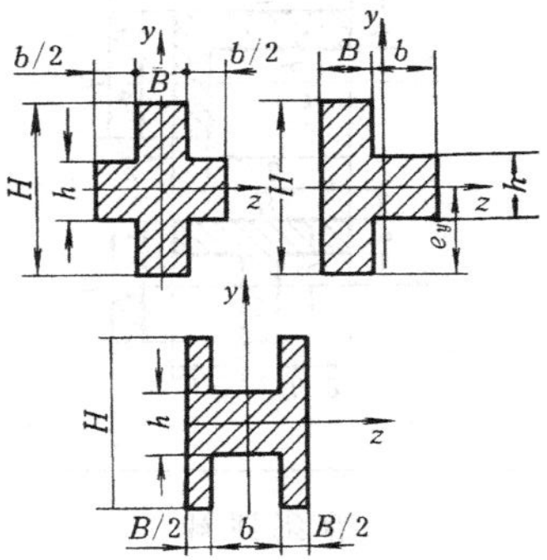	$A=BH+bh$	$I_z=\frac{BH^3+bh^3}{12}$	$i_z=\sqrt{\frac{I_z}{A}}$	$e_y=\frac{H}{2}$	$W_z=\frac{BH^3+bh^3}{6H}$	

（续）

序号	截面形状	面积 A	惯性矩 I	惯性半径 $i=\sqrt{I/A}$	形心到边缘（或顶点）距离 e	抗弯截面系数 $W=I/e$	特例
19	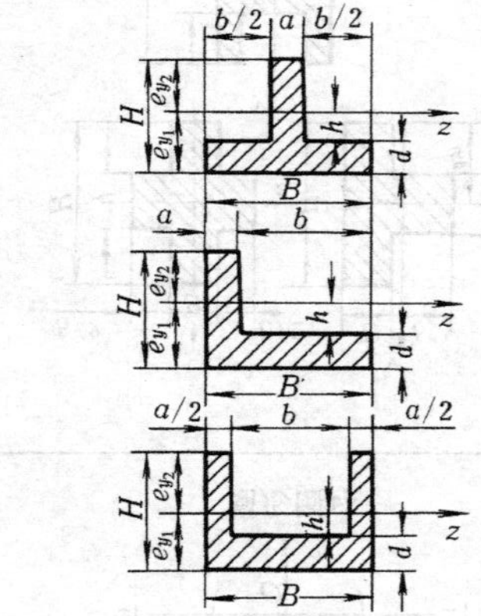	$A=BH-b\times(e_{y_2}+h)$	$I_z=\frac{1}{3}(Be_{y_1}^3+ae_{y_2}^3-bh^3)$	$i_z=\sqrt{\frac{I_z}{A}}$	$e_{y_1}=\frac{aH^2+bd^2}{2(aH+bd)}$ $e_{y_2}=H-e_{y_1}$	$W_{z_1}=\frac{I_z}{e_{y_1}}$ $W_{z_2}=\frac{I_z}{e_{y_2}}$	
20	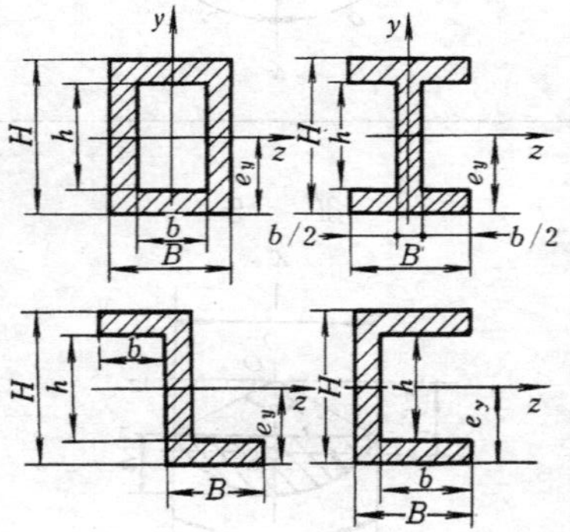	$A=BH-bh$	$I_z=\frac{BH^3-bh^3}{12}$	$i_z=\sqrt{\frac{I_z}{A}}$	$e_y=\frac{H}{2}$	$W_z=\frac{BH^3-bh^3}{6H}$	

注：1. 惯性矩 I、惯性半径 i 及抗弯截面系数 W 的符号未加右下角标的指对任意形心主轴而言。

2. 组合图形的形心主惯性矩可将图形分块查本表，再应用平行移轴公式（见表1.4-19）分别计算，然后求和得到。

6 杆件的强度和刚度计算公式（见表 1.4-21 ~ 表 1.4-29）

表 1.4-21 直杆的内力、应力、变形和位移计算式及强度与刚度条件

序号	变形类型与图示	内力计算	横截面的应力分布与计算	强度条件	变形和位移		刚度条件	外力的适用范围
					应变	横截面的位移和变形量		
1	轴向拉伸与压缩 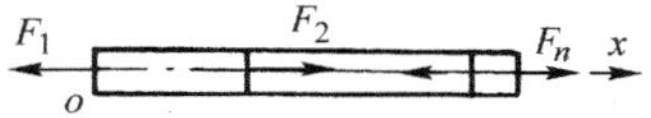 	轴力 $F_N = \sum_{一侧} F_i$ 正负规定 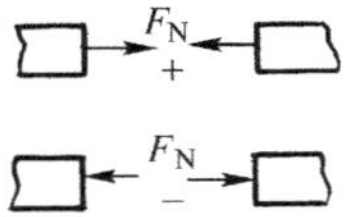 	拉伸　压缩 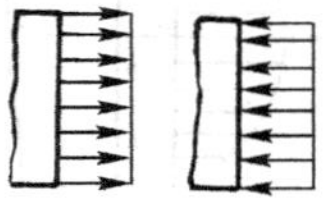 $\sigma = \frac{F_N}{A}$ A—横截面面积	$\sigma_{max} = \left(\frac{F_N}{A}\right)_{max} \leqslant [\sigma]$	1）轴向线应变 $\varepsilon = \frac{du}{dx} = \frac{\sigma}{E}$ 2）横向线应变 $\varepsilon' = -\nu\varepsilon$	1）轴向位移 $u = \int \frac{F_N dx}{EA} + C$ 积分常数 C 由边界条件定 2）伸长或缩短量（在 l 长度段内） $\Delta l = \int_0^l \frac{F_N dx}{EA}$	$u_{max} \leqslant [u]$ 或 $\Delta l \leqslant [\Delta l]$	作用于各横截面上的合外力 F_i 要通过轴线
2	圆截面直杆的扭转 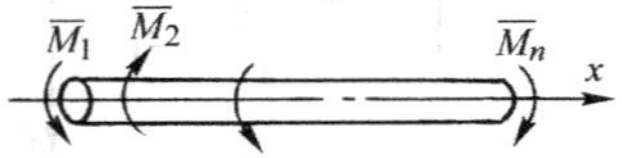 （非圆截面直杆扭转的应力和变形计算见表 1.4-22）	扭矩 $T = \sum_{一侧} \overline{M}_i$ 正负规定 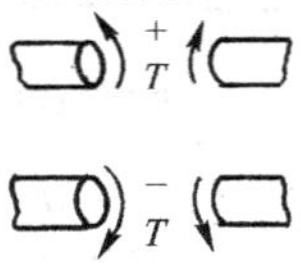 	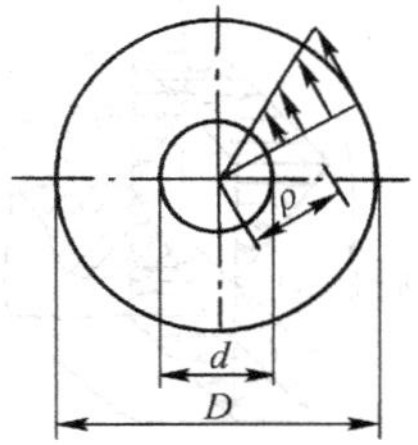 $\tau = \frac{T\rho}{I_p}$ 极惯性矩 $I_p = \frac{\pi D^4}{32}(1-\alpha^4)$ $\alpha = d/D$	$\tau_{max} = \left(\frac{T}{W_p}\right)_{max} \leqslant [\tau]$ 抗扭截面系数 $W_p = \frac{\pi D^3}{16}(1-\alpha^4)$	切应变 $\gamma = \rho\frac{d\varphi}{dx} = \tau/G$	1）横截面绕轴线转角： $\varphi = \int \frac{Tdx}{GI_p} + C$ 积分常数 C 由边界条件定 2）相对转角（l 段） $\Delta\varphi = \int_l \frac{Tdx}{GI_p}$ 3）单位杆长相对扭转角 $\theta = \frac{d\varphi}{dx} = \frac{T}{GI_p}$	$\theta_{max} = \frac{180°}{\pi} \times \left(\frac{T}{GI_p}\right)_{max} \leqslant [\theta]$	作用于横截面上绕轴线的外力偶 $\overline{M}_i$

（续）

序号	变形类型与图示	内力计算	横截面的应力分布与计算	强度条件	变形和位移：应变	变形和位移：横截面的位移和变形量	刚度条件	外力的适用范围
3	平面弯曲 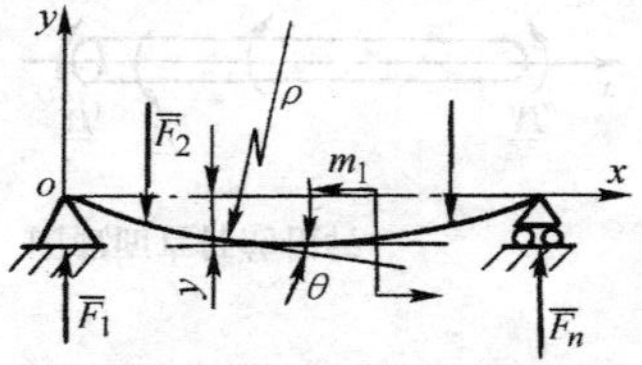 y—横截面挠度（垂直位移），向上为正，向下为负； θ—横截面转角，逆时针转为正，反之为负； ρ—挠曲线（弯曲变形后的轴线）任一处的曲率半径	1）剪力 $F_s=\sum\limits_{一侧}\overline{F}_i$ 正负规定 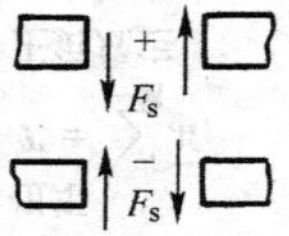 2）弯矩 $M=\sum\limits_{一侧}m_i$ m_i—截面一侧第 i 个力（或力偶）对计算截面中性轴之矩 正负规定 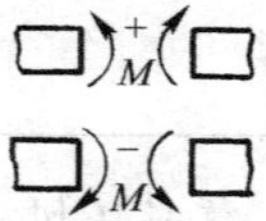 	1）弯曲正应力 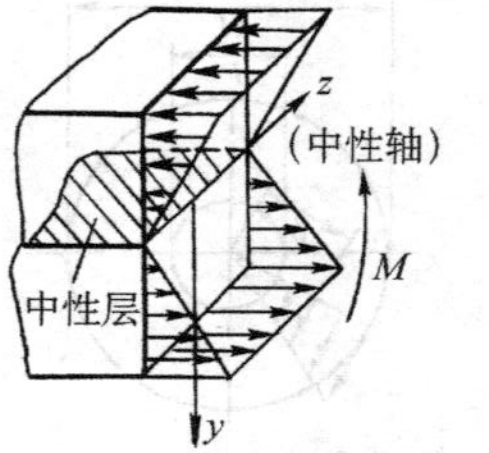 （沿宽度方向均布，沿高度方向线性分布） $\sigma=\dfrac{My}{I_z}$ 2）弯曲切应力（对矩形及开口薄壁截面） 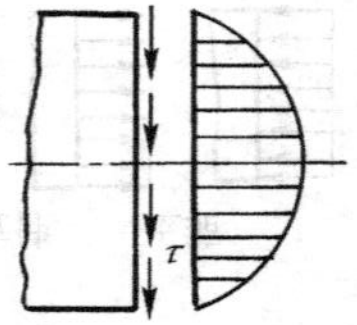 （沿厚度方向均布） $\tau=\dfrac{F_sS_z^*}{bI_z}$ I_z—截面对中性轴惯性矩； S_z^*—所求点一侧截面对中性轴的静矩； b—所求点处的厚度	1）对上、下底边： $\sigma_{max}=\left(\dfrac{M}{W_z}\right)_{max}\leqslant[\sigma]$ 2）对中性层： $\tau_{max}\leqslant[\tau]$ 3）对其他各点： 第三强度理论 $\sqrt{\sigma^2+4\tau^2}\leqslant[\sigma]$ 第四强度理论 $\sqrt{\sigma^2+3\tau^2}\leqslant[\sigma]$	1）轴向线应变 $\varepsilon=\dfrac{\sigma}{E}$ 2）横向线应变 $\varepsilon'=-\nu\varepsilon$ 3）切应变 $\gamma=\dfrac{\tau}{G}$	1）曲率 $k=\dfrac{1}{\rho}\approx\dfrac{d^2y}{dx^2}=\dfrac{M}{EI}$ 2）转角 $\theta=\int\dfrac{Mdx}{EI}+C$ 3）挠度 $y=\iint\dfrac{Mdxdx}{EI}+Cx+D$ 积分常数 C、D 由边界条件和光滑连续条件确定 某些受载梁的挠度和转角见表 1.4-25	$y_{max}\leqslant[y]$ $\theta_{max}\leqslant[\theta]$	外力 $\overline{F}_i$（或 m_i）作用线（或作用面）通过弯曲中心且与形心主惯性平面平行或重合（常用截面的弯曲中心位置见表 1.4-24）

4	拉伸（或压缩）与弯曲的组合变形 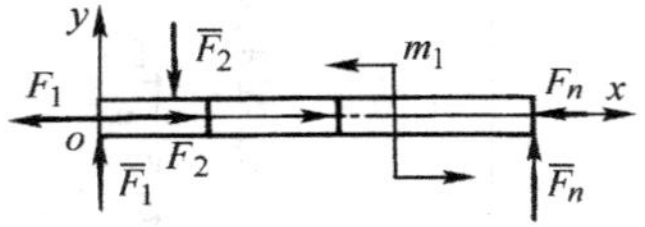	1）轴力 $F_N=\sum_{一侧}F_i$ 2）剪力 $F_s=\sum_{一侧}\overline{F}_i$ 3）弯矩 $M=\sum_{一侧}m_i$	当拉与正弯组合时 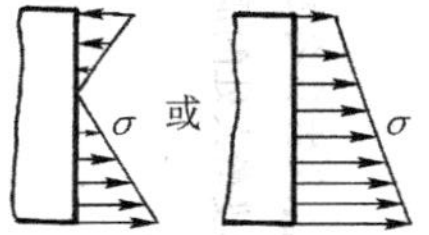 $\sigma=\frac{F_N}{A}+\frac{My}{I_z}$	危险点一般在上下底 $\left(\frac{F_N}{A}+\frac{M}{W_z}\right)_{max}\leqslant[\sigma]$	序号1与序号3叠加	序号1与序号3的组合		
5	圆截面直杆的拉伸（或压缩）与扭转组合变形 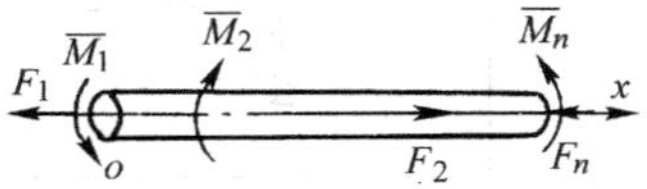	1）轴力 $F_N=\sum_{一侧}F_i$ 2）扭矩 $T=\sum_{一侧}\overline{M}_i$	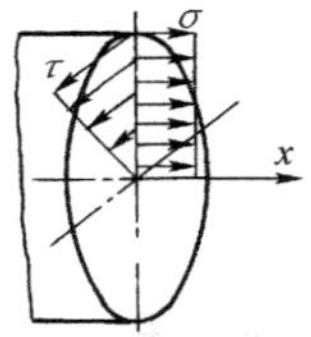 $\sigma=\frac{F_N}{A}$ $\tau=\frac{T\rho}{I_p}$	危险点在周边。第三强度理论 $\sqrt{\left(\frac{F_N}{A}\right)^2+\left(\frac{T}{W_z}\right)^2}\leqslant[\sigma]$ 第四强度理论 $\sqrt{\left(\frac{F_N}{A}\right)^2+0.75\left(\frac{T}{W_z}\right)^2}\leqslant[\sigma]$	序号1与序号2的叠加	序号1与序号2的组合		
6	圆截面直杆弯曲与扭转的组合变形 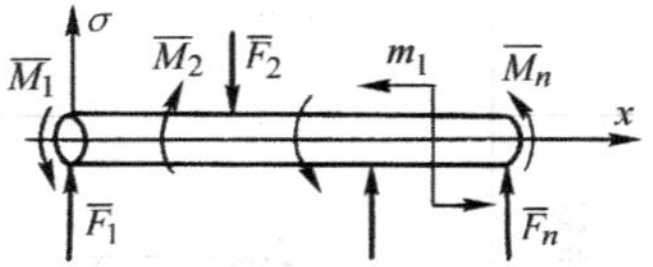	1）剪力 $F_s=\sum_{一侧}\overline{F}_i$ 2）弯矩 $M=\sum_{一侧}m_i$ 3）扭矩 $T=\sum_{一侧}\overline{M}_i$	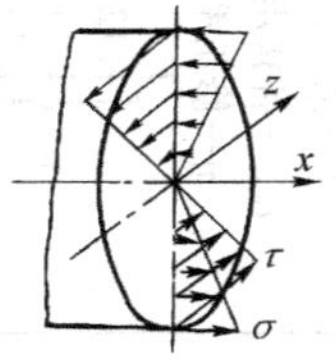 $\sigma=\frac{My}{I_z}$ $\tau=\frac{T\rho}{I_p}$ 此外还有弯曲切应力（略）	危险点在周边的弯曲应力最大点 第三强度理论 $\frac{\sqrt{M^2+T^2}}{W_z}\leqslant[\sigma]$ 第四强度理论 $\frac{\sqrt{M^2+0.75T^2}}{W_z}\leqslant[\sigma]$	序号2与序号3的叠加	序号2与序号3的组合		

注：1. 表中所列各类变形的应力和变位计算式只限于线弹性材料和截面无突变的直杆段。
2. 求内力式中 $\sum_{一侧}$ 是指对计算横截面一侧各外力所引起的内力求和。
3. E、G、ν 和 $[\sigma]$、$[\tau]$ 分别指材料的弹性模量、切变弹性模量、泊松比及许用拉应力和许用切应力。$[\Delta l]$、$[y]$、$[\theta]$ 分别为杆件的许用伸长量、许用挠度及单位杆长许用扭转角。
4. 某些常用截面的弯曲切应力的具体分布和计算式见表1.4-23。
5. 表中未列其他组合变形可类似本表序号4～序号6的方法，应用序号1～序号3计算式叠加法计算。

表 1.4-22　非圆截面直杆自由扭转时的应力和变形计算式（线弹性范围）

最大扭转切应力　$\tau_{max}=\dfrac{T}{W_k}$　(1)

单位杆长相对扭转角　$\theta=\dfrac{T}{GI_k}$　(2)

式中　T—扭矩；G—切变模量；I_k、W_k—截面抗扭几何特性参数

<table>
<tr><th>序号</th><th>截面形状与扭转切应力分布</th><th>I_k</th><th>W_k</th><th>附　注</th></tr>
<tr><td>1</td><td>矩形（$b/a \geqslant 1$）
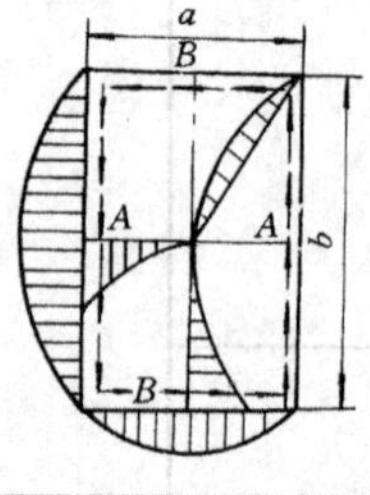</td><td colspan="2">$I_k=\beta a^3 b$　　$W_k=\alpha a^2 b$
<table>
<tr><td>b/a</td><td>1</td><td>1.2</td><td>1.5</td><td>1.75</td><td>2</td><td>2.5</td><td>3</td></tr>
<tr><td>α</td><td>0.208</td><td>0.219</td><td>0.231</td><td>0.239</td><td>0.246</td><td>0.258</td><td>0.267</td></tr>
<tr><td>β</td><td>0.141</td><td>0.166</td><td>0.196</td><td>0.214</td><td>0.229</td><td>0.249</td><td>0.263</td></tr>
<tr><td>γ</td><td>1.0</td><td>0.930</td><td>0.860</td><td>0.820</td><td>0.795</td><td>0.766</td><td>0.753</td></tr>
<tr><td>b/a</td><td>4</td><td>5</td><td>6</td><td>8</td><td>10</td><td>∞</td><td></td></tr>
<tr><td>α</td><td>0.282</td><td>0.291</td><td>0.299</td><td>0.307</td><td>0.312</td><td>0.333</td><td></td></tr>
<tr><td>β</td><td>0.281</td><td>0.291</td><td>0.299</td><td>0.307</td><td>0.312</td><td>0.333</td><td></td></tr>
<tr><td>γ</td><td>0.745</td><td>0.744</td><td>0.743</td><td>0.742</td><td>0.742</td><td>0.742</td><td></td></tr>
</table></td><td>τ_{max}在长边中点 A，短边中点 B 的应力为
$\tau_B=\gamma\tau_{max}$</td></tr>
<tr><td>2</td><td>正多边形
（边长为 a）</td><td>$I_k=\begin{cases}0.02165a^4 & \text{（正三角形）}\\ 1.039a^4 & \text{（正六边形）}\\ 3.658a^4 & \text{（正八边形）}\end{cases}$</td><td>$W_k=\begin{cases}0.05a^3 & \text{（正三角形）}\\ 0.981a^3 & \text{（正六边形）}\\ 2.605a^3 & \text{（正八边形）}\end{cases}$</td><td>$\tau_{max}$在各边中点</td></tr>
<tr><td>3</td><td>开口薄壁截面
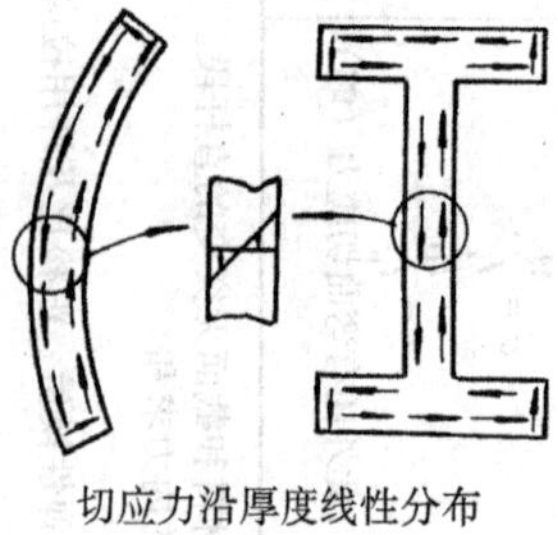
切应力沿厚度线性分布</td><td colspan="2">$I_k=\eta\dfrac{1}{3}\sum s_i t_i^3$　　$W_k=I_k/t_{max}$
式中　s_i—第 i 个狭矩形（直的或弯的）的长度；
t_i—第 i 个狭矩形的厚度；
t_{max}—各狭矩形中的最大厚度；
η—修正系数：
$\eta=\begin{cases}1 & \text{对非型钢和角钢}\\ 1.12 & \text{槽钢}\\ 1.14 & \text{Z 型钢}\\ 1.15 & \text{T 型钢}\\ 1.20 & \text{工字钢}\end{cases}$</td><td>$\tau_{max}$发生在各狭条矩形中厚度最大处的周边上</td></tr>
<tr><td>4</td><td>闭口薄壁截面
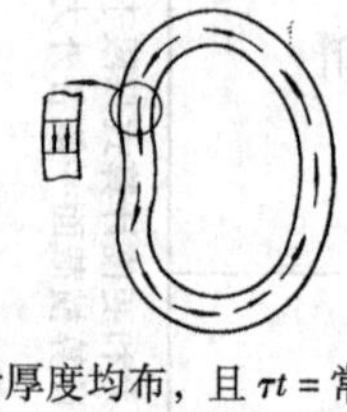
沿厚度均布，且 τt = 常数</td><td colspan="2">$I_k=4A_c^2\Big/\oint\dfrac{ds}{t}$　　$W_k=2A_c t_{min}$
式中　A_c—截面中线所围面积的两倍；
t_{min}—壁的最小厚度</td><td>τ_{max}发生在最小厚度上的各点</td></tr>
<tr><td>5</td><td>空心椭圆
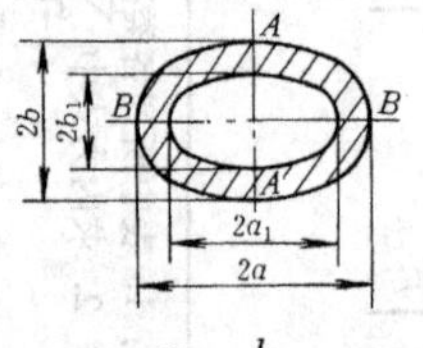
$\dfrac{a}{b}>1$　$\dfrac{a_1}{a}=\dfrac{b_1}{b}=c<1$</td><td>$I_k=\dfrac{\pi a^3(b^4-b_1^4)}{b(a^2+b^2)}$
实心椭圆
$I_k=\dfrac{\pi a^3 b^3}{a^2+b^2}$</td><td>$W_k=\dfrac{\pi(ab^3-a_1b_1^3)}{2b}$
实心椭圆
$W_k=\dfrac{\pi ab^2}{2}$</td><td>τ_{max}在 A 点，B 点应力为
$\tau_B=\dfrac{b}{a}\tau_{max}$</td></tr>
</table>

（续）

<table>
<tr><th>序号</th><th>截面形状与扭转切应力分布</th><th>I_k</th><th>W_k</th><th>附　注</th></tr>
<tr><td>6</td><td>带光平面的圆
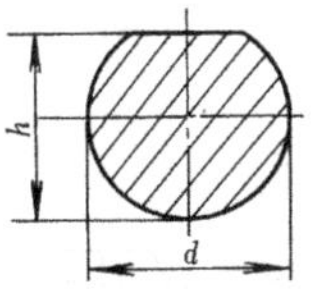
$\alpha=\frac{h}{d}>0.5$</td><td>$I_k=\frac{d^4}{16}\left(2.6\frac{h}{d}-1\right)$
$=\frac{d^4}{16}(2.6\alpha-1)$</td><td>$W_k=\frac{d^3(2.6\alpha-1)}{8(0.3\alpha+0.7)}$</td><td>$\tau_{max}$在平切面中间</td></tr>
<tr><td>7</td><td>带一个键槽的圆
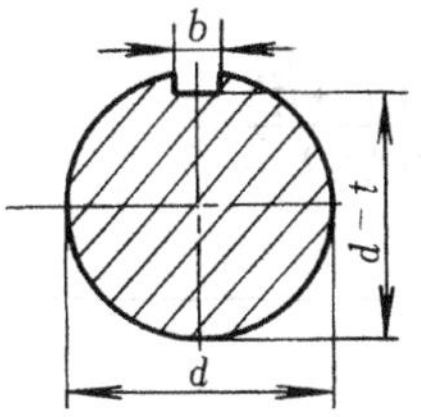</td><td>$I_k\approx\frac{\pi d^4}{32}-\frac{bt(d-t)^2}{4}$</td><td>$W_k\approx\frac{\pi d^3}{16}-\frac{bt(d-t)^2}{2d}$</td><td></td></tr>
<tr><td>8</td><td>带两个键槽的圆
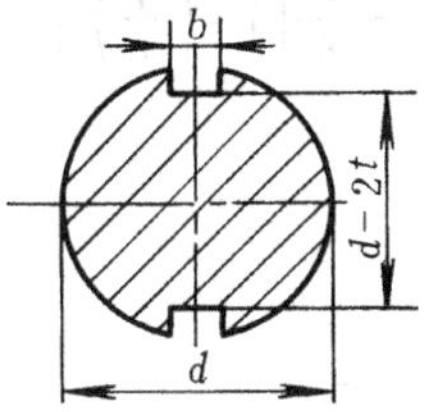</td><td>$I_k\approx\frac{\pi d^4}{32}-\frac{bt(d-t)^2}{2}$</td><td>$W_k\approx\frac{\pi d^3}{16}-\frac{bt(d-t)^2}{d}$</td><td></td></tr>
<tr><td>9</td><td>带半圆弧切口的圆
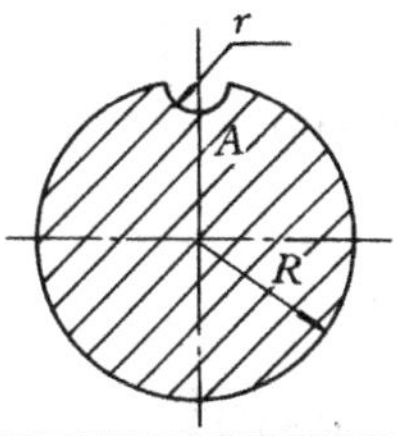</td><td>$I_k=k_1R^4$</td><td>$W_k=k_2R^3$</td><td>τ_{max}在 A 点</td></tr>
</table>

r/R	0	0.05	0.1	0.2	0.4	0.6	0.8	1.0	1.5
k_1	1.57	1.56	1.56	1.46	1.22	0.92	0.63	0.38	0.07
k_2	1.57	0.98	0.82	0.81	0.76	0.66	0.52	0.38	0.14

注：截面周边各点切应力方向与周边相切，凸角点切应力为零，凹角点有应力集中现象。

表 1.4-23　弯曲切应力的计算公式及其分布（线弹性范围）

<table>
<tr><th>序号</th><th>截面形状和切应力分布图</th><th>垂直切应力 τ、沿周边切应力 τ_1 和最大切应力 τ_{max}</th></tr>
<tr><td>1</td><td>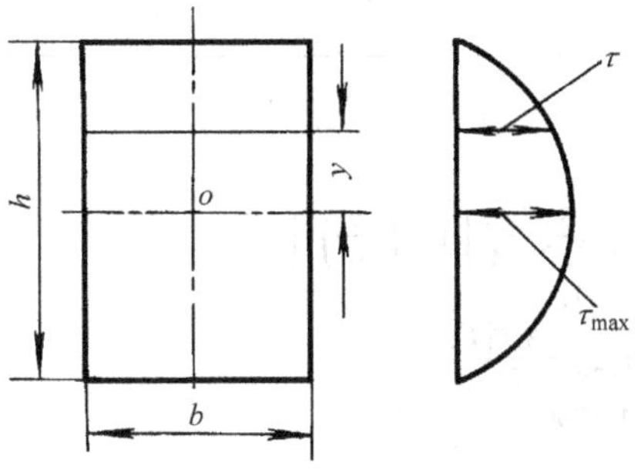</td><td>$\tau=\tau_1=\frac{3}{2}\frac{F_s}{A}\left[1-4\left(\frac{y}{h}\right)^2\right]$
$y=0$：
$\tau_{max}=\tau_{1max}=\frac{3}{2}\frac{F_s}{A}$
$A=bh$</td></tr>
</table>

（续）

序号	截面形状和切应力分布图	垂直切应力 τ、沿周边切应力 τ_1 和最大切应力 τ_{max}
2	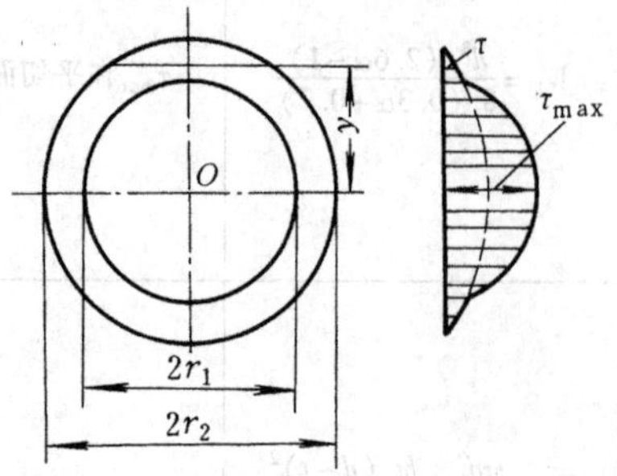 	$r_1 \leqslant y \leqslant r_2$： $\tau = \frac{4F_s}{3\pi(r_2^4 - r_1^4)}(r_2^2 - y^2)$ $0 \leqslant y \leqslant r_1$： $\tau = \frac{4F_s}{3\pi(r_2^4 - r_1^4)}\left[r_2^2 + r_1^2 - 2y^2 + \sqrt{(r_2^2 - y^2)(r_1^2 - y^2)}\right]$ $0 \leqslant y \leqslant r_1$ $\tau_1 = \tau \Big/ \sqrt{1 - \left(\frac{y}{r_2}\right)^2}$ $y = 0$： $\tau_{max} = \tau_{1max} = \frac{F_s}{A}\frac{4(r_2^2 + r_2 r_1 + r_1^2)}{3(r_2^2 + r_1^2)}$ $A = \pi(r_2^2 - r_1^2)$
3	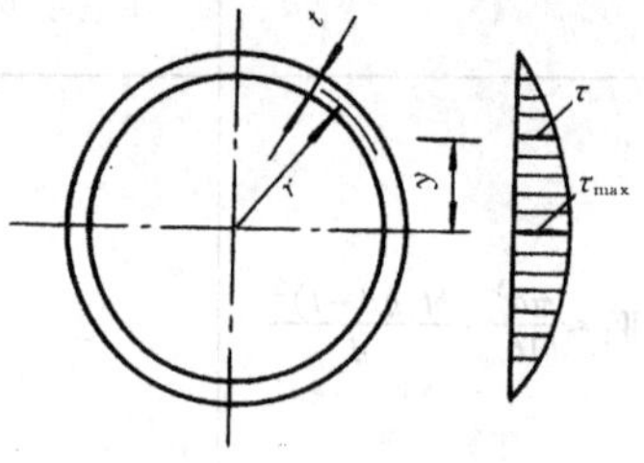 薄壁圆环$\left(\frac{t}{r} \leqslant 5\right)$	$\tau = \frac{2F_s}{A}\left[1 - \left(\frac{y}{r}\right)^2\right]$，$\tau_1 = \frac{2F_s}{A}\left[1 - \left(\frac{y}{r}\right)^2\right]^{1/2}$ $y = 0$： $\tau_{max} = \frac{2F_s}{A} = \tau_{1max}$ $A = 2\pi rt$
4	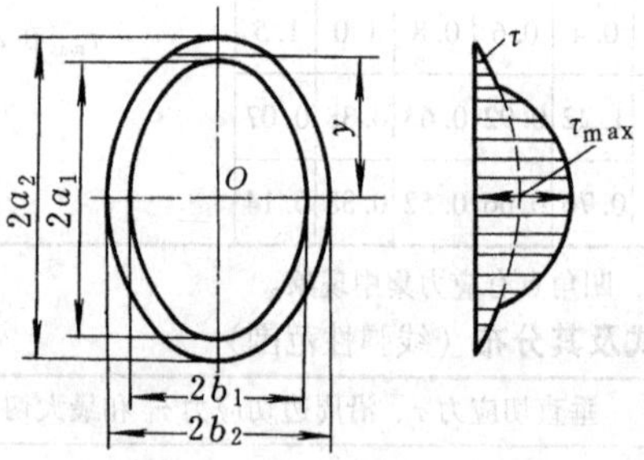 	$a_1 \leqslant y \leqslant a_2$： $\tau = \frac{4F_s}{3\pi(a_2^3 b_2 - a_1^3 b_1)}(a_2^2 - y^2)$ $0 \leqslant y \leqslant a_1$： $\tau = \frac{4F_s}{3\pi(a_2^3 b_2 - a_1^3 b_1)} \times \frac{\frac{b_2}{a_2}(a_2^2 - y^2)^{\frac{3}{2}} - \frac{b_1}{a_1}(a_1^2 - y^2)^{\frac{3}{2}}}{\frac{b_2}{a_2}(a_2^2 - y^2)^{\frac{1}{2}} - \frac{b_1}{a_1}(a_1^2 - y^2)^{\frac{1}{2}}}$ $y = 0$： $\tau_{max} = \frac{F_s}{A}\frac{4(a_2^2 b_2 - a_1^2 b_1)(a_2 b_2 - a_1 b_1)}{3(a_2^3 b_2 - a_1^3 b_1)(b_2 - b_1)}$ $A = \pi(a_2 b_2 - a_1 b_1)$
5	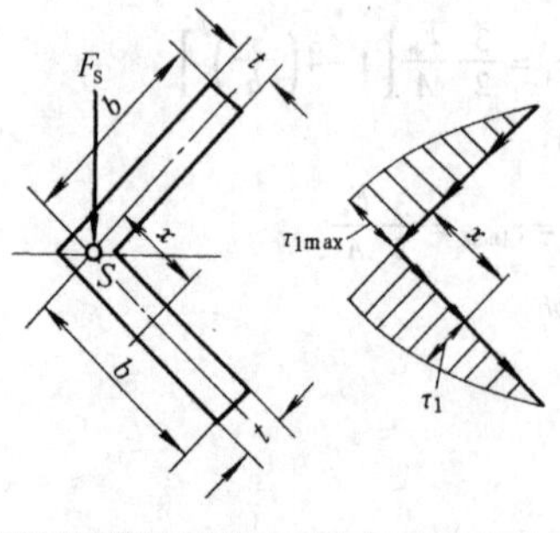 	$\tau_1 = \frac{3\sqrt{2}}{2}\frac{F_s}{A}\left[1 - \left(\frac{x}{b}\right)^2\right]$ $x = 0$： $\tau_{1max} = \frac{3\sqrt{2}}{2}\frac{F_s}{A}$ $A = 2bt$

（续）

序号	截面形状和切应力分布图	垂直切应力 τ、沿周边切应力 τ_1 和最大切应力 τ_{max}
6	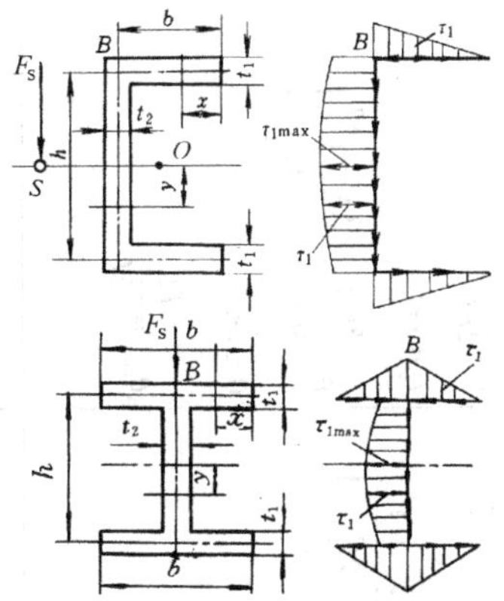	翼缘：$\tau_1=\frac{F_s h}{2I}x=\frac{F_s}{t_1 h\ (1+ht_2/6bt_1)}\frac{x}{b}$ 腹板：$\tau_1=\frac{F_s}{2t_2 I}\left[hbt_1+\left(\frac{h^2}{4}-y^2\right)t_2\right]$ $y=0$： $\tau_{1max}=\frac{F_s h}{2t_2 I}\left(bt_1+\frac{1}{4}ht_2\right)$ $I=\frac{1}{2}bt_1h^2\left(1+\frac{ht_2}{6bt_1}\right)$
7	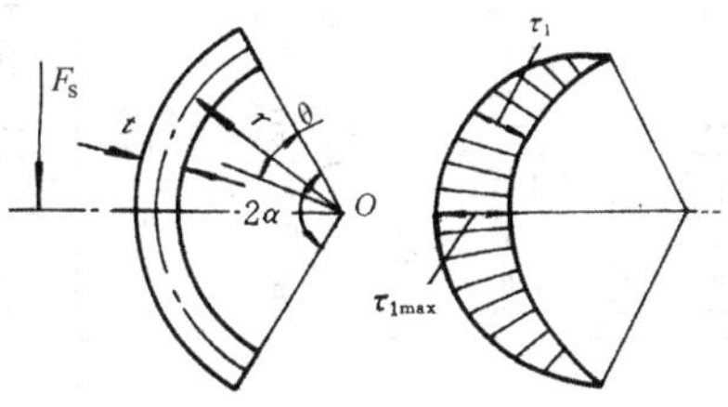	$\tau_1=\frac{F_s}{rt}\frac{[\sin\alpha\sin\theta-\cos\alpha\ (1-\cos\theta)]}{\alpha-\sin\alpha\cos\alpha}$ $\theta=\alpha$ $\tau_{1max}=\frac{F_s}{rt}\frac{(1-\cos\alpha)}{(\alpha-\sin\alpha\cos\alpha)}=\frac{2F_s}{A}\frac{\alpha\ (1-\cos\alpha)}{(\alpha-\sin\alpha\cos\alpha)}$ $A=2\alpha rt$ 半圆形：$\alpha=\pi/2$，$\tau_{1max}=2\frac{F_s}{A}$ 有缝隙的圆形：$\tau_1=\frac{F_s}{\pi rt}\ (1-\cos\theta)$ $\alpha\to\pi$，$\tau_{1max}=4\frac{F_s}{A}$

注：1. F_s—作用在横截面上垂直于中性轴的剪力。

2. 垂直切应力 τ 沿中性轴等垂直距离处均布，周边切应力 τ_1 与周边相切，且为全切应力。对薄壁截面序号3、5、6和7各点的全切应力即为 τ_1，且沿厚度均布。

表1.4-24 常用截面弯曲中心的位置

序号	截面形状	弯曲中心位置
1	具有两个对称轴的截面	两对称轴的交点
2	实心截面或闭口薄壁截面	通常与形心位置很接近
3	各窄条矩形中心线汇交于一点的开口薄壁组合截面 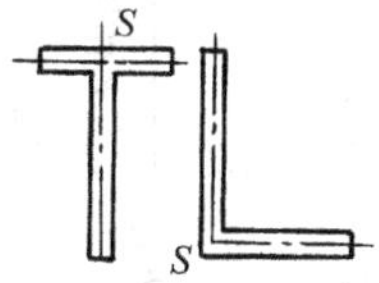	在各矩形中心线的汇交点
4	I字形薄壁截面（非对称） 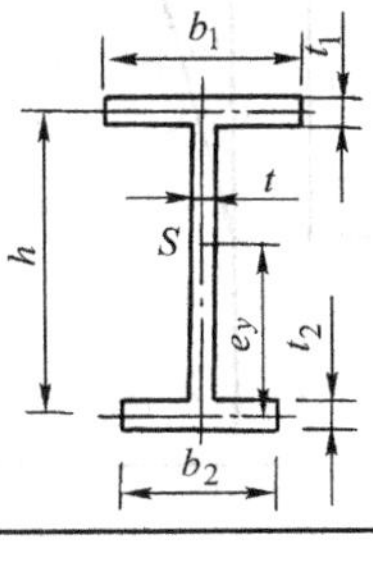	$e_y=\frac{t_1b_1^3}{t_1b_1^3+t_2b_2^3}h$
5	槽形薄壁截面 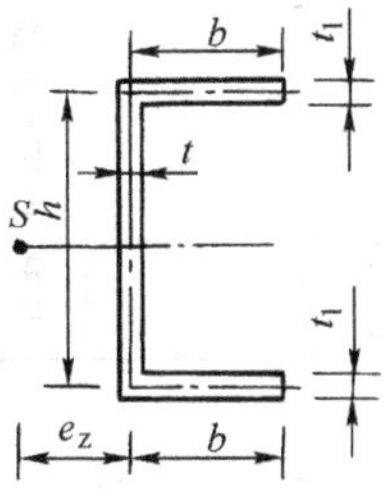	$e_z=\frac{3b^2t_1}{6bt_1+ht}$
6	环形段薄壁截面 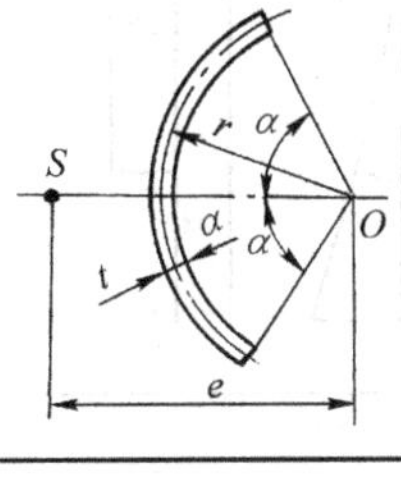	$e=2\frac{(\sin\alpha-\alpha\cos\alpha)}{(\alpha-\sin\alpha\cos\alpha)}r$ 当 $\alpha=\frac{\pi}{2}$ $e=\frac{4}{\pi}r$ $\alpha=\pi$ $e=2r$

表 1.4-25　单跨直梁的剪力、弯矩、挠度和转角的计算公式（EI＝常数）

序号	载荷、挠曲线、剪力图及弯矩图	反力及剪力 F_s	弯　矩　M	挠　度　y	转　角　θ
1	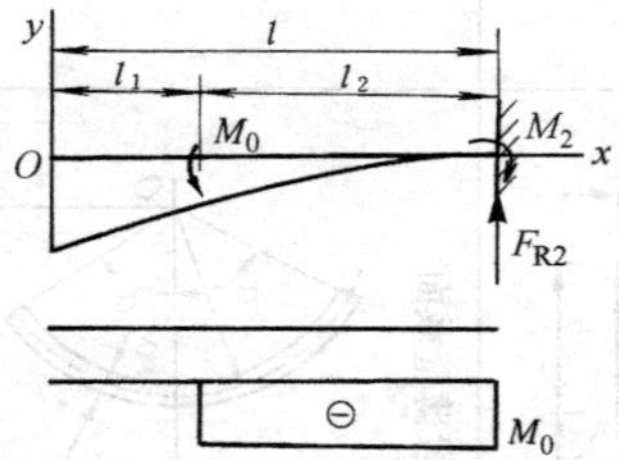	$F_{R2}=0$ $M_2=M_0$ $0\leqslant x\leqslant l$: $F_s=0$	$0\leqslant x<l_1$: $M=0$ $l_1<x<l$: $M=-M_0$	$0\leqslant x\leqslant l_1$: $y=-\frac{M_0}{2EI}[l_2^2+2l_2(l_1-x)]$ $l_1\leqslant x\leqslant l$: $y=-\frac{M_0}{2EI}(l-x)^2$ $x=0$: $y_{max}=-\frac{M_0}{2EI}l_2(2l_1+l_2)$	$0\leqslant x\leqslant l_1$: $\theta=\frac{M_0}{EI}l_2$ $l_1\leqslant x\leqslant l$: $\theta=\frac{M_0}{EI}(l-x)$ $0\leqslant x\leqslant l_1$: $\theta_{max}=\frac{M_0 l_2}{EI}$
		当 M_0 作用在左端 $F_{R2}=0, M_2=M_0$	$0\leqslant x<l$: $M=-M_0$	$y=-\frac{M_0}{2EI}(l-x)^2, y_{max}=-\frac{M_0 l^2}{2EI}$	$\theta=\frac{M_0}{EI}(l-x), \theta_{max}=\frac{M_0 l}{EI}$
2	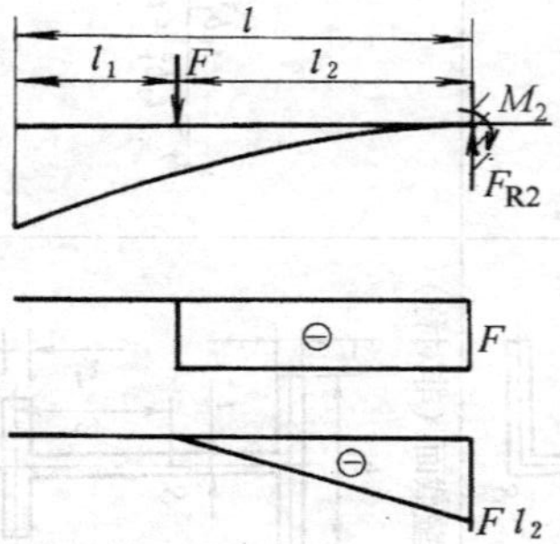	$M_2=Fl_2$ $F_{R2}=F$ $0\leqslant x<l_1$: $F_s=0$ $l_1<x<l$: $F_s=-F$ $F_{smax}=-F$	$0\leqslant x\leqslant l_1$: $M=0$ $l_1\leqslant x\leqslant l$: $M=-F(x-l_1)$ $x=l$: $M_{max}=-Fl_2$	$0\leqslant x\leqslant l_1$: $y=-\frac{Fl_2^3}{3EI}\left[1-\frac{3(x-l_1)}{2l_2}\right]$ $l_1\leqslant x\leqslant l$: $y=-\frac{Fl_2^3}{3EI}\left[1-\frac{3(x-l_1)}{2l_2}+\frac{(x-l_1)^3}{2l_2^3}\right]$ $x=0$: $y_{max}=-\frac{Fl_2^3}{3EI}\left(1+\frac{3l_1}{2l_2}\right)$ $y_{x=l_1}=-\frac{Fl_2^3}{3EI}$	$0\leqslant x\leqslant l_1$ $\theta=\frac{Fl_2^2}{2EI}$ $l_1\leqslant x\leqslant l$: $\theta=\frac{Fl_2^2}{2EI}\left[1-\frac{(x-l_1)^2}{l_2^2}\right]$ $0\leqslant x\leqslant l_1$: $\theta_{max}=\frac{Fl_2^2}{2EI}$
		当 F 作用在梁左端 $F_{R2}=F$ $M_2=Fl$ $F_s=-F$	$M=-Fx$ $x=l$: $M_{max}=-Fl$	$y=-\frac{Fl^3}{3EI}\left(1-\frac{3x}{2l}+\frac{x^3}{2l^3}\right)$ $x=0$: $y_{max}=-\frac{Fl^3}{3EI}$	$\theta=\frac{Fl^2}{2EI}\left(1-\frac{x^2}{l^2}\right)$ $x=0$: $\theta_{max}=\frac{Fl^2}{2EI}$

3	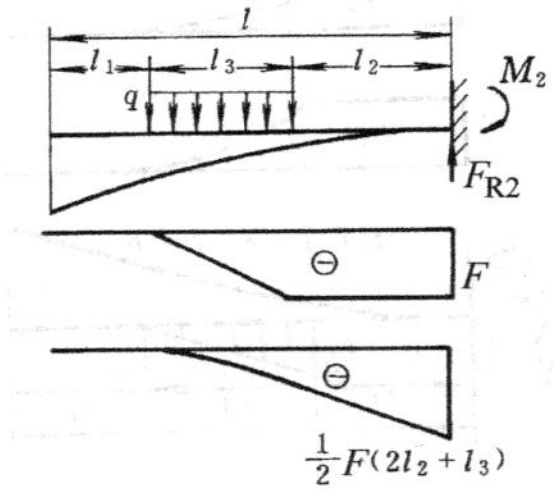	$F=ql_3$ $F_{R2}=F, M_2=F\left(\frac{l_3}{2}+l_2\right)$ $0\leqslant x\leqslant l_1$: $F_s=0$ $l_1\leqslant x\leqslant (l_1+l_3)$: $F_s=-\frac{F}{l_3}(x-l_1)$ $(l_1+l_3)\leqslant x<l$: $F_s=-F$	$0\leqslant x\leqslant l_1$: $M=0$ $l_1\leqslant x\leqslant (l_1+l_3)$: $M=-\frac{F}{2l_3}(x-l_1)^2$ $(l_1+l_3)\leqslant x<l$: $M=-\frac{1}{2}F(2x-2l_1-l_3)$ $x=l$: $M_{max}=-\frac{1}{2}F(2l_2+l_3)$	$0\leqslant x\leqslant l_1$: $y=\frac{-F}{24EI}[4(3l_2^2+3l_2l_3+l_3^2)\times$ $(l-x)-(4l_2^3+6l_2^2l_3+4l_2l_3^2+l_3^3)]$ $l_1\leqslant x\leqslant (l_1+l_3)$: $y=-\frac{F}{24EI}[6(2l_2+l_3)(l-x)^2-$ $4(l-x)^3+\frac{1}{l_3}(l_1+l_3-x)^4]$ $(l_1+l_3)\leqslant x\leqslant l$: $y=-\frac{F}{12EI}[3(2l_2+l_3)(l-x)^2-$ $2(l-x)^3]$ $x=0$: $y_{max}=-\frac{F}{24EI}[4(3l_2^2+3l_2l_3+$ $l_3^2)l-(4l_2^3+6l_2^2l_3+4l_2l_3^2+l_3^3)]$	$0\leqslant x\leqslant l_1$: $\theta=\frac{F}{6EI}(3l_2^2+3l_2l_3+l_3^2)$ $l_1<x<(l_1+l_3)$: $\theta=\frac{F}{6EI}[3(2l_2+l_3)(l-x)-$ $3(l-x)^2+\frac{1}{l_3}(l_1+l_3-x)^3]$ $(l_1+l_3)\leqslant x\leqslant l$: $\theta=\frac{F}{2EI}[(2l_2+l_3)(l-x)-(l-$ $x)^2]$ $0\leqslant x\leqslant l_1$: $\theta=\theta_{max}=\frac{F}{6EI}(3l_2^2+3l_2l_3+l_3^2)$
		当q沿全长均布 $F_{R2}=ql$ $M_2=\frac{1}{2}ql^2$ $F_s=-qx$ $x=l$: $F_{smax}=-ql$	$M=-\frac{q}{2}x^2$ $x=l$: $M_{max}=-\frac{ql^2}{2}$	$y=-\frac{ql^4}{8EI}\left(1-\frac{4x}{3l}+\frac{x^4}{3l^4}\right)$ $x=0$: $y_{max}=\frac{-ql^4}{8EI}$	$\theta=\frac{ql^3}{6EI}\left(1-\frac{x^3}{l^3}\right)$ $x=0$: $\theta_{max}=\frac{ql^3}{6EI}$

（续）

序号	载荷、挠曲线、剪力图及弯矩图	反力及剪力 F_s	弯　矩　M	挠　度　y	转　角　θ
4	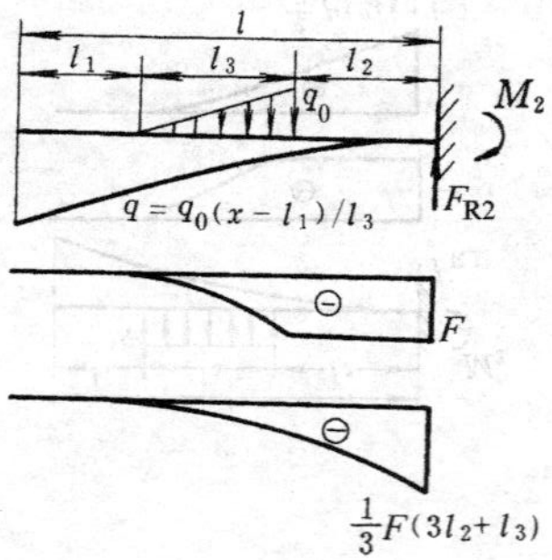	$F=\frac{1}{2}q_0l_3$ $F_{R2}=F, M_2=\frac{F}{3}(3l_2+l_3)$ $0\leqslant x\leqslant l_1$： $F_s=0$ $l_1\leqslant x\leqslant(l_1+l_3)$： $F_s=-F\frac{(x-l_1)^2}{l_3^2}$ $(l_1+l_3)\leqslant x<l$： $F_s=-F$	$0\leqslant x\leqslant l_1$： $M=0$ $l_1\leqslant x\leqslant(l_1+l_3)$： $M=-\frac{F(x-l_1)^3}{3l_3^2}$ $(l_1+l_3)\leqslant x<l$： $M=-\frac{F}{3}[3x-3l_1-2l_3]$ $x=l$： $M_{max}=-\frac{1}{3}F(3l_2+l_3)$	$0\leqslant x\leqslant l_1$： $y=-\frac{F}{60EI}[5(6l_2^2+4l_2l_3+l_3^2)(l_1-x)+4(5l_2^3+10l_2^2l_3+5l_2l_3^2+l_3^3)]$ $l_1\leqslant x\leqslant(l_1+l_3)$： $y=-\frac{F}{60EI}[20l_2^3+10l_2^2l_3-l_3^3-5(6l_2^2+4l_2l_3+l_3^2)(x-l_1-l_3)+\frac{1}{l_3^2}(x-l_1)^5]$ $(l_1+l_3)\leqslant x\leqslant l$： $y=-\frac{F}{6EI}[(3l_2+l_3)(l-x)^2-(l-x)^3]$ $x=0$： $y_{max}=-\frac{F}{60EI}[5(6l_2^2+4l_2l_3+l_3^2)l_1+4(5l_2^3+10l_2^2l_3+5l_2l_3^2+l_3^3)]$	$0\leqslant x\leqslant l_1$： $\theta=\frac{F}{12EI}(6l_2^2+4l_2l_3+l_3^2)=\theta_{max}$ $l_1\leqslant x\leqslant(l_1+l_3)$： $\theta=\frac{F}{12EI}[6l_2^2+4l_2l_3+l_3^2-\frac{1}{l_3^2}\times(x-l_1)^4]$ $(l_1+l_3)\leqslant x\leqslant l$： $\theta=\frac{F}{6EI}[2(3l_2+l_3)(l-x)-3(l-x)^2]$
		当载荷沿全长分布 $F_{R2}=\frac{1}{2}q_0l$ $M_2=\frac{1}{6}q_0l^2$ $F_s=-\frac{q_0x^2}{2l}$	$M=-\frac{q_0x^3}{6l}$ $x=l$： $M_{max}=-\frac{q_0l^2}{6}$	$y=-\frac{q_0l^4}{30EI}\left(1-\frac{5x}{4l}+\frac{x^5}{4l^5}\right)$ $x=0$： $y_{max}=-\frac{q_0l^4}{30EI}$	$\theta=\frac{q_0l^3}{24EI}\left(1-\frac{x^4}{l^4}\right)$ $x=0$： $\theta_{max}=\frac{q_0l^3}{24EI}$

5	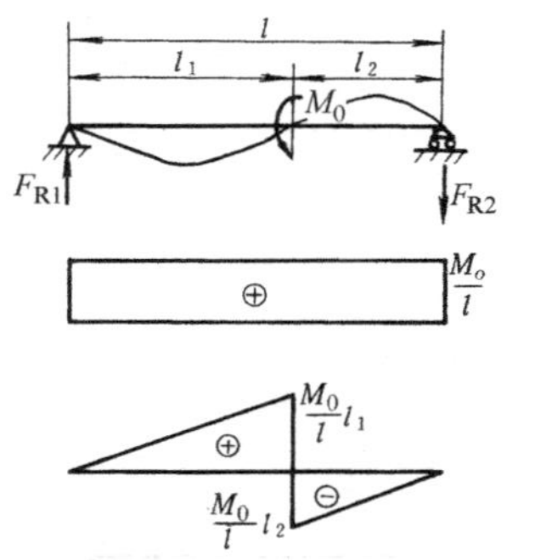	$F_{R1}=\frac{M_0}{l}$ $F_{R2}=F_{R1}$ $F_s=\frac{M_0}{l}$	$0\leqslant x<l_1$: $M=\frac{M_0}{l}x$ $l_1<x\leqslant l$: $M=-\frac{M_0}{l}(l-x)$	$0\leqslant x\leqslant l_1$: $y=-\frac{M_0x}{6EIl}(l^2-3l_2^2-x^2)$ $l_1\leqslant x\leqslant l$ $y=\frac{M_0}{6EIl}[x^3-3l(x-l_1)^2-(l^2-3l_2^2)x]$	$0\leqslant x\leqslant l_1$ $\theta=-\frac{M_0}{6EIl}(l^2-3l_2^2-3x^2)$ $l_1\leqslant x\leqslant l$ $\theta=\frac{M_0}{6EIl}[3x^2-6l(x-l_1)-(l^2-3l_2^2)]$
		力偶作用在左端 $l_1=0,l_2=l$ $F_{R1}=F_{R2}=\frac{M_0}{l}$ $F_s=\frac{M_0}{l}$	$0<x\leqslant l$: $M=-\frac{M_0}{l}(l-x)$	$0\leqslant x\leqslant l$: $y=\frac{M_0x}{6EIl}(x^2-3lx+2l^2)$ $x=0.423l$ $y_{max}=0.0642\frac{M_0l^2}{EI}$	$0\leqslant x\leqslant l$ $\theta=\frac{M_0}{6EIl}(3x^2-6lx+2l^2)$ $x=0,\theta=\frac{M_0l}{3EI}=\theta_{max}$ $x=l,\theta=-\frac{M_0l}{6EI}$
6	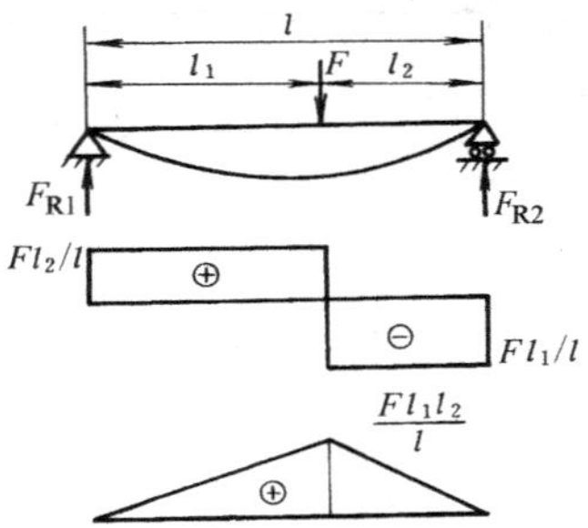	$F_{R1}=\frac{Fl_2}{l}$ $F_{R2}=\frac{Fl_1}{l}$ $0<x<l_1$: $F_s=\frac{Fl_2}{l}$ $l_1<x<l$: $F_s=-\frac{Fl_1}{l}$	$0\leqslant x\leqslant l_1$: $M=\frac{Fl_2x}{l}$ $l_1\leqslant x\leqslant l$: $M=\frac{Fl_1(l-x)}{l}$ $x=l_1$: $M_{max}=\frac{Fl_1l_2}{l}$	$0\leqslant x\leqslant l_1$: $y=-\frac{Fl_1^2l_2^2}{6EIl}\left(\frac{2x}{l_1}+\frac{x}{l_2}-\frac{x^3}{l_1^2l_2}\right)$ $l_1\leqslant x\leqslant l$: $y=-\frac{Fl_1}{6EIl}[l_2(2l_1+l_2)(l-x)-(l-x)^3]$ $l_1>l_2$ 时 $x=\sqrt{(l^2-l_2^2)/3}$: $y_{max}=-\frac{Fl_2(l^2-l_2^2)^{3/2}}{9\sqrt{3}EIl}$ $y_{x=\frac{l}{2}}=-\frac{Fl_2(3l^2-4l_2^2)}{48EI}$ $y_{x=l_1}=-\frac{Fl_1^2l_2^2}{3EIl}$	$0\leqslant x\leqslant l_1$: $\theta=-\frac{Fl_1l_2^2}{6EIl}\left(2+\frac{l_1}{l_2}-\frac{3x^2}{l_1l_2}\right)$ $l_1\leqslant x\leqslant l$: $\theta=\frac{Fl_1}{6EIl}[l_2(2l_1+l_2)-3(l-x)^2]$ $\theta_{x=0}=-\frac{Fl_1l_2}{6EIl}(l_1+2l_2)$ $\theta_{x=l}=\frac{Fl_1l_2}{6EIl}(2l_1+l_2)$
		当 F 作用在中点 $F_{R1}=F_{R2}=\frac{F}{2}$ $0<x<l/2$: $F_s=F/2$	$0\leqslant x\leqslant l/2$: $M=\frac{F}{2}x$ $x=l/2$: $M_{max}=\frac{Fl}{4}$	$0\leqslant x\leqslant l/2$: $y=-\frac{Fl^3}{48EI}\left(\frac{3x}{l}-\frac{4x^3}{l^3}\right)$ $x=l/2$: $y_{max}=-\frac{Fl^3}{48EI}$	$0\leqslant x\leqslant l/2$: $\theta=-\frac{Fl^2}{16EI}\left(1-\frac{4x^2}{l^2}\right)$ $x=0,x=l$: $\theta_{max}=\mp\frac{Fl^2}{16EI}$

（续）

序号	载荷、挠曲线、剪力图及弯矩图	反力及剪力 F_s	弯　矩　M	挠　度　y	转　角　θ
7	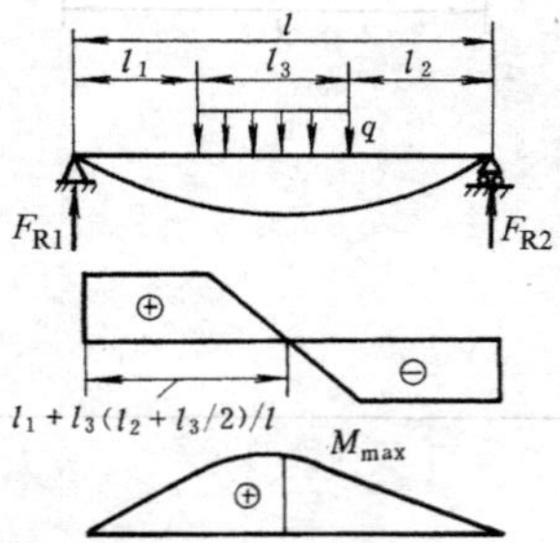	$F_{R1}=\frac{ql_3}{l}\left(l_2+\frac{l_3}{2}\right)$ $F_{R2}=\frac{ql_3}{l}\left(l_1+\frac{l_3}{2}\right)$ $0<x\leqslant l_1$： $F_s=\frac{ql_3}{l}\left(l_2+\frac{l_3}{2}\right)$ $l_1\leqslant x\leqslant(l_1+l_3)$： $F_s=\frac{ql_3}{l}\left(l_2+\frac{l_3}{2}\right)-q\times(x-l_1)$ $(l_1+l_3)\leqslant x<l$： $F_s=-\frac{ql_3}{l}\left(l_1+\frac{l_3}{2}\right)$	$0\leqslant x\leqslant l_1$： $M=\frac{ql_3}{l}\left(l_2+\frac{l_3}{2}\right)x$ $l_1\leqslant x\leqslant(l_1+l_3)$： $M=q\left[\frac{l_3}{l}\left(l_2+\frac{l_3}{2}\right)x-\frac{(x-l_1)^2}{2}\right]$ $x=l_1+\frac{l_3}{l}\left(l_2+\frac{l_3}{2}\right)$： $M_{max}=\frac{ql_3}{l}\left(l_2+\frac{l_3}{2}\right)\times\left(l_1+\frac{2l_2l_3+l_3^2}{4l}\right)$ $(l_1+l_3)\leqslant x\leqslant l$ $M=\frac{ql_3}{l}\left(l_1+\frac{l_3}{2}\right)(l-x)$	$0\leqslant x\leqslant l_1$： $y=-\frac{ql_3}{6EIl}\left(l_2+\frac{l_3}{2}\right)x\left[\left(l_1+\frac{l_3}{2}\right)\times\left(l+l_2+\frac{l_3}{2}\right)-\frac{1}{4}l_3^2-x^2\right]$ $l_1\leqslant x\leqslant(l_1+l_3)$： $y=-\frac{ql_3}{6EIl}\left\{x\left(l_2+\frac{l_3}{2}\right)\left[\left(l_1+\frac{l_3}{2}\right)\times\left(l+l_2+\frac{l_3}{2}\right)-\frac{1}{4}l_3^2-x^2\right]+\frac{l}{4l_3}(x-l_1)^4\right\}$ $(l_1+l_3)\leqslant x\leqslant l$： $y=-\frac{ql_3}{6EIl}\left(l_1+\frac{l_3}{2}\right)(l-x)\left[\left(l_2+\frac{l_3}{2}\right)\times\left(l+l_1+\frac{l_3}{2}\right)-\frac{1}{4}l_3^2-(l-x)^2\right]$	$0\leqslant x\leqslant l_1$： $\theta=-\frac{ql_3}{6EIl}\left(l_2+\frac{l_3}{2}\right)\times\left[\left(l_1+\frac{l_3}{2}\right)\times\left(l+l_2+\frac{l_3}{2}\right)-\frac{1}{4}l_3^2-3x^2\right]$ $l_1\leqslant x\leqslant(l_1+l_3)$： $\theta=-\frac{ql_3}{6EIl}\left\{\left(l_2+\frac{l_3}{2}\right)\left[\left(l_1+\frac{l_3}{2}\right)\times\left(l+l_2+\frac{l_3}{2}\right)-\frac{1}{4}l_3^2-3x^2\right]+\frac{l}{l_3}(x-l_1)^3\right\}$ $(l_1+l_3)\leqslant x\leqslant l$： $\theta=\frac{ql_3}{6EIl}\left(l_1+\frac{l_3}{2}\right)\left[\left(l_2+\frac{l_3}{2}\right)\times\left(l+l_1+\frac{l_3}{2}\right)-\frac{1}{4}l_3^2-3(l-x)^2\right]$
		当 q 沿全长作用 $F_{R1}=F_{R2}=\frac{ql}{2}$ $F_s=\frac{ql}{2}-qx$	$M=\frac{ql}{2}x-\frac{qx^2}{2}$ $x=l/2$： $M_{max}=\frac{ql^2}{8}$	$y=-\frac{ql^4}{24EI}\left(\frac{x}{l}-2\frac{x^3}{l^3}+\frac{x^4}{l^4}\right)$ $x=l/2$： $y_{max}=-\frac{5ql^4}{384EI}$	$\theta=-\frac{ql^3}{24EI}\left(1-6\frac{x^2}{l^2}+4\frac{x^3}{l^3}\right)$ $x=0,x=l$： $\theta_{max}=\mp\frac{ql^3}{24EI}$

8	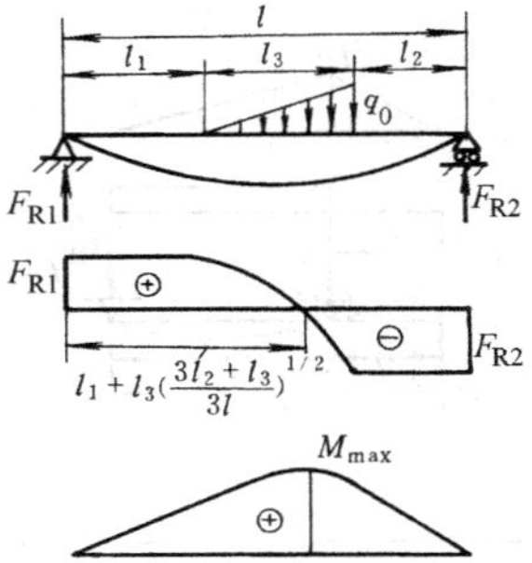	$F=\frac{1}{2}q_0l_3$ $F_{R1}=\frac{F}{3l}(3l_2+l_3)$ $F_{R2}=\frac{F}{3l}(3l_1+2l_3)$ $0<x\leqslant l_1$: $F_s=F_{R1}$ $l_1\leqslant x\leqslant(l_1+l_3)$ $F_s=F_{R1}-F\frac{(x-l_1)^2}{l_3^2}$ $(l_1+l_3)\leqslant x<l$: $F_s=-F_{R2}$	$0\leqslant x\leqslant l_1$: $M=F_{R1}x$ $l_1\leqslant x\leqslant(l_1+l_3)$: $M=F_{R1}x-\frac{F}{3l_3^2}(x-l_1)^3$ $(l_1+l_3)\leqslant x\leqslant l$: $M=F_{R2}(l-x)$ $x=l_1+l_3\left(\frac{3l_2+l_3}{3l}\right)^{1/2}$: $M_{max}=F\frac{(3l_2+l_3)}{3l}\times$ $\left[l_1+\frac{2}{3}l_3\times\left(\frac{3l_2+l_3}{3l}\right)^{1/2}\right]$	$0\leqslant x\leqslant l_1$: $y=\frac{F}{18EIl}\left\{(3l_2+l_3)(x^3-l^2x)+x\left[\frac{1}{9}(3l_2+l_3)^3+\frac{1}{2}l_2l_3^2+\frac{17}{90}l_3^3\right]\right\}$ $l_1\leqslant x\leqslant(l_1+l_3)$: $y=\frac{F}{18EIl}\left\{(3l_2+l_3)(x^3-l^2x)+x\left[\frac{1}{9}(3l_2+l_3)^3+\frac{1}{2}l_2l_3^2+\frac{17}{90}l_3^3\right]-\frac{3}{10}\frac{l}{l_3^2}(x-l_1)^5\right\}$ $(l_1+l_3)\leqslant x\leqslant l$: $y=\frac{F}{18EIl}\left\{(3l_1+2l_3)(l-x)^3-(l-x)\left[\frac{1}{9}(3l_2+l_3)^3+\frac{1}{2}l_2l_3^2+\frac{17}{90}l_3^3-l(3l_2+l_3)^2+\frac{1}{2}ll_3^2+2(3l_2+l_3)l^2\right]\right\}$	$0\leqslant x\leqslant l$: $\theta=\frac{F}{18EIl}\left\{(3l_2+l_3)(3x^2-l^2)+\left[\frac{1}{9}(3l_2+l_3)^3+\frac{1}{2}l_2l_3^2+\frac{17}{90}l_3^3\right]\right\}$ $l_1\leqslant x\leqslant(l_1+l_3)$: $\theta=\frac{F}{18EIl}\left\{(3l_2+l_3)(3x^2-l^2)+\left[\frac{1}{9}(3l_2+l_3)^3+\frac{1}{2}l_2l_3^2+\frac{17}{90}l_3^3\right]-\frac{3}{2}\frac{l}{l_3^2}(x-l_1)^4\right\}$ $(l_1+l_3)\leqslant x\leqslant l$: $\theta=-\frac{F}{18EIl}\left\{3(3l_1+2l_3)(l-x)^2-\left[\frac{1}{9}(3l_2+l_3)^3+\frac{1}{2}l_2l_3^2+\frac{17}{90}l_3^3-l(3l_2+l_3)^2+\frac{1}{2}ll_3^2+2(3l_2+l_3)l^2\right]\right\}$
		载荷作用在全长上时，则 $l_1=l_2=0, l_3=l$: $F=\frac{1}{2}q_0l$ $F_{R1}=\frac{1}{3}F, F_{R2}=\frac{2}{3}F$ $F_s=\frac{F}{3}-\frac{x^2}{l^2}F$	$M=\frac{F}{3}\left(x-\frac{x^3}{l^2}\right)$ $x=0.5774l$: $M_{max}=0.128Fl$	$y=-\frac{F}{180EIl^2}(3x^5-10l^2x^3+7l^4x)$ $x=0.519l$: $y_{max}=-0.01304\frac{Fl^3}{EI}$	$\theta=-\frac{F}{180EIl^2}(15x^4-30l^2x^2+7l^4)$ $\theta_{x=0}=-\frac{7Fl^2}{180EI}$ $\theta_{x=l}=\frac{8Fl^2}{180EI}$

（续）

序号	载荷、挠曲线、剪力图及弯矩图	反力及剪力 F_s	弯　矩　M	挠　度　y	转　角　θ
9	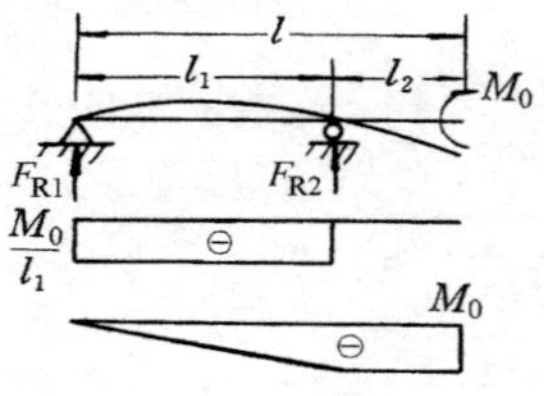	$F_{R1}=-F_{R2}=\frac{-M_0}{l_1}$ $0<x<l_1$： $F_s=\frac{-M_0}{l_1}$ $l_1<x\leqslant l$ $F_s=0$	$0\leqslant x\leqslant l_1$： $M=\frac{-M_0}{l_1}x$ $l_1\leqslant x<l$ $M=-M_0$	$0\leqslant x\leqslant l_1$： $y=\frac{M_0x}{6EIl_1}(l_1^2-x^2)$ $l_1\leqslant x\leqslant l$： $y=\frac{-M_0}{6EI}(l_1^2-4l_1x+3x^2)$ $x=l_1/\sqrt{3}:y_{\max}=\frac{M_0l_1^2}{9\sqrt{3}EI}$ $x=l:y_{\max}=\frac{-M_0l_2}{6EI}(2l_1+3l_2)$	$0\leqslant x\leqslant l_1$： $\theta=\frac{M_0}{6EIl_1}(l_1^2-3x^2)$ $l_1\leqslant x\leqslant l$ $\theta=\frac{-M_0}{3EI}(3x-2l_1)$ $x=0$： $\theta=\frac{M_0l_1}{6EI}$ $x=l$： $\theta=\frac{-M_0}{3EI}(l_1+3l_2)$
10	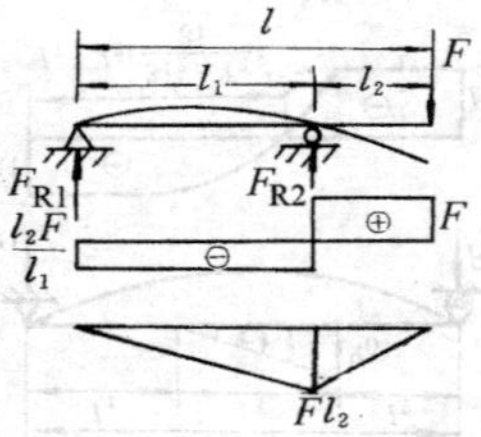	$F_{R1}=-\frac{l_2}{l_1}F$ $F_{R2}=\left(1+\frac{l_2}{l_1}\right)F$ $0<x<l_1$： $F_s=-\frac{l_2}{l_1}F$ $l_1<x<l$： $F_s=F$	$0\leqslant x\leqslant l_1$： $M=-\frac{l_2}{l_1}Fx$ $l_1\leqslant x\leqslant l$： $M=-F(l-x)$	$0\leqslant x\leqslant l_1$： $y=\frac{Fl_2x}{6EIl_1}(l_1^2-x^2)$ $l_1\leqslant x\leqslant l$： $y=-\frac{F(x-l_1)}{6EI}[l_2(3x-l_1)-(x-l_1)^2]$ $x=l_1/\sqrt{3}:y_{\max}=\frac{Fl_2l_1^2}{9\sqrt{3}EI}$ $x=l:y=-\frac{Fl_2^2}{3EI}l$	$0\leqslant x\leqslant l$： $\theta=\frac{Fl_2}{6EIl_1}(l_1^2-3x^2)$ $l_1\leqslant x\leqslant l$ $\theta=-\frac{F}{6EI}[(6x-4l_1)l_2-3(x-l_1)^2]$ $x=0:\theta=\frac{Fl_1l_2}{6EI}$ $x=l:\theta=-\frac{Fl_2}{6EI}(2l_1+3l_2)$
11	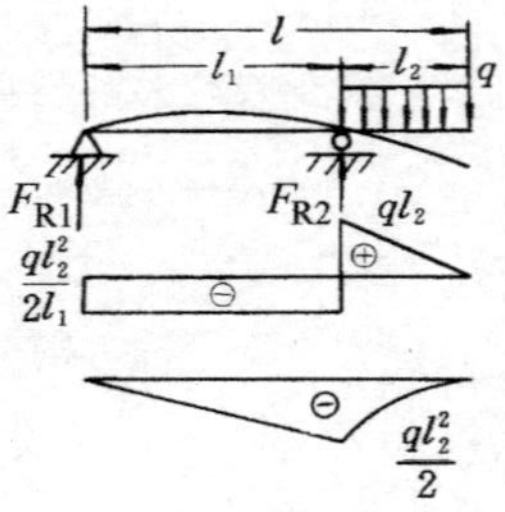	$F_{R1}=-\frac{ql_2^2}{2l_1}$ $F_{R2}=ql_2\left(1+\frac{l_2}{2l_1}\right)$ $0<x<l_1$： $F_s=-\frac{ql_2^2}{2l_1}$ $l_1<x\leqslant l$ $F_s=q(l-x)$	$0\leqslant x\leqslant l_1$： $M=-\frac{ql_2^2}{2l_1}x$ $l_1\leqslant x\leqslant l$： $M=-\frac{q}{2}(l-x)^2$	$0\leqslant x\leqslant l_1$： $y=\frac{ql_2^2x}{12EIl_1}(l_1^2-x^2)$ $l_1\leqslant x\leqslant l$： $y=\frac{-q(x-l_1)}{24EI}[4l_2^2l_1+6l_2^2(x-l_1)-$ $4l_2(x-l_1)^2+(x-l_1)^3]$ $x=l_1/\sqrt{3}:y_{\max}=\frac{ql_1^2l_2^2}{18\sqrt{3}EI}$ $x=l:y_{\max}=-\frac{ql_2^3}{24EI}(4l_1+3l_2)$	$0\leqslant x\leqslant l_1$： $\theta=\frac{ql_2^2}{12EIl_1}(l_1^2-3x^2)$ $l_1\leqslant x\leqslant l$ $\theta=-\frac{q}{6EI}[l_2^2l_1+3l_2^2(x-l_1)-$ $3l_2(x-l_1)^2+(x-l_1)^3]$ $x=0:\theta=ql_1l_2^2/12EI$ $x=l:\theta=-ql_2^2l/6EI$

12	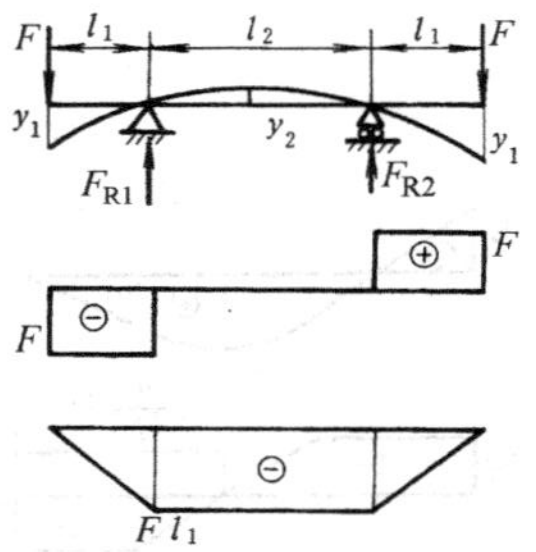	$F_{R1}=F_{R2}=F$ $0<x<l_1$: $F_s=-F$ $l_1<x<(l_1+l_2)$: $F_s=0$	$0\leqslant x\leqslant l_1$: $M=-Fx$ $l_1\leqslant x\leqslant(l_1+l_2)$: $M=-Fl_1$ $M_{max}=-Fl_1$	$0\leqslant x\leqslant l_1$: $y=-\frac{Fl_1^3}{6EI}\left[\frac{x^3}{l_1^3}-\frac{3(l_1+l_2)}{l_1^2}x+\frac{3l_2}{l_1}+2\right]$ $l_1\leqslant x\leqslant(l_1+l_2)$: $y=-\frac{Fl_1^3}{6EI}\left[\frac{x^3}{l_1^3}-\frac{3(l_1+l_2)}{l_1^2}x+\frac{3l_2}{l_1}+2\right]-\frac{F(x-l_1)^3}{6EI}$ $y_1=-\frac{Fl_1^3}{6EI}\left(\frac{3l_2}{l_1}+2\right)$ $y_2=\frac{Fl_1l_2^2}{8EI}$	$0\leqslant x\leqslant l_1$: $\theta=\frac{Fl_1^2}{2EI}\left(1+\frac{l_2}{l_1}-\frac{x^2}{l_1^2}\right)$ $l_1\leqslant x\leqslant(l_1+l_2)$: $\theta=\frac{Fl_1^2}{2EI}\left(1+\frac{l_2}{l_1}-\frac{x^2}{l_1^2}\right)-\frac{F(x-l_1)^2}{2EI}$ $\theta_{x=0}=\frac{Fl_1(l_1+l_2)}{2EI}$ $\theta_{x=l_1}=\frac{Fl_1l_2}{2EI}$
13	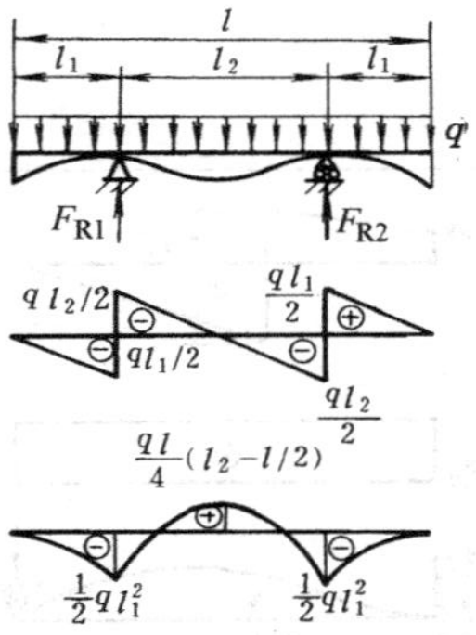	$F_{R1}=F_{R2}=\frac{ql}{2}$ $0\leqslant x<l_1$: $F_s=-qx$ $l_1<x<(l_1+l_2)$: $F_s=-qx+\frac{ql}{2}$ $(l_1+l_2)<x\leqslant l$: $F_s=q(l-x)$	$0\leqslant x\leqslant l_1$: $M=\frac{-q}{2}x^2$ $l_1\leqslant x\leqslant(l_1+l_2)$: $M=-\frac{qx^2}{2}+\frac{ql}{2}(x-l_1)$ $(l_1+l_2)\leqslant x\leqslant l$: $M=-\frac{q}{2}(l-x)^2$	$0\leqslant x\leqslant l_1$: $y=\frac{ql_2^4}{24EI}\left[\left(1-6\frac{l_1^2}{l_2^2}-3\frac{l_1^3}{l_2^3}\right)\frac{l_1}{l_2}-\left(1-6\frac{l_1^2}{l_2^2}-4\frac{l_1^3}{l_2^3}\right)\frac{x}{l_2}-\frac{x^4}{l_2^4}\right]$ $l_1\leqslant x\leqslant(l_1+l_2)$: $y=\frac{ql_2^4}{24EI}\left[\left(1-6\frac{l_1^2}{l_2^2}-3\frac{l_1^3}{l_2^3}\right)\frac{l_1}{l_2}-\left(1-6\frac{l_1^2}{l_2^2}-4\frac{l_1^3}{l_2^3}\right)\frac{x}{l_2}-\frac{x^4}{l_2^4}+2\left(1+2\frac{l_1}{l_2}\right)\frac{(x-l_1)^3}{l_2^3}\right]$ $x=0$ 和 $x=l$: $y=\frac{ql_1l_2^3}{24EI}\left(1-6\frac{l_1^2}{l_2^2}-3\frac{l_1^3}{l_2^3}\right)$ $x=l_1+\frac{l_2}{2}$: $y=-\frac{ql_2^4}{16EI}\left(\frac{5}{24}-\frac{l_1^2}{l_2^2}\right)$	$0\leqslant x\leqslant l_1$: $\theta=-\frac{ql_2^3}{24EI}\left(1-6\frac{l_1^2}{l_2^2}-4\frac{l_1^3}{l_2^3}+4\frac{x^3}{l_2^3}\right)$ $l_1\leqslant x\leqslant(l_1+l_2)$: $\theta=-\frac{ql_2^3}{24EI}\left[1-6\frac{l_1^2}{l_2^2}-4\frac{l_1^3}{l_2^3}+4\frac{x^3}{l_2^3}-6\left(1+\frac{2l_1}{l_2}\right)\frac{(x-l_1)^2}{l_2^2}\right]$ $x=0$: $\theta=-\frac{ql_2^3}{24EI}\left(1-6\frac{l_1^2}{l_2^2}-4\frac{l_1^3}{l_2^3}\right)$ $x=l_1$: $\theta=-\frac{ql_2^3}{24EI}\left(1-6\frac{l_1^2}{l_2^2}\right)$

（续）

序号	载荷、挠曲线、剪力图及弯矩图	反力及剪力 F_s	弯矩 M	挠度 y	转角 θ
14	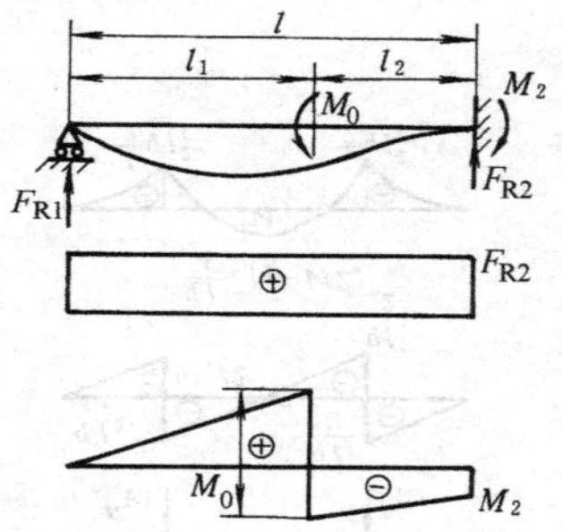	$F_{R1}=\frac{3M_0}{2l^3}(l^2-l_1^2)=-F_{R2}$ $M_2=\frac{(3l_1^2-l^2)}{2l^2}M_0$ $0<x<l$: $F_s=F_{R1}$	$0\leqslant x<l_1$: $M=F_{R1}x$ $l_1<x<l$: $M=-M_0+F_{R1}x$ $x=l$: $M=-M_2$	$0\leqslant x\leqslant l_1$: $y=\frac{M_0}{4EI}\left[\frac{(l^2-l_1^2)}{l^3}(x^3-3l^2x)+4(l-l_1)x\right]$ $l_1\leqslant x\leqslant l$: $y=\frac{M_0}{4EI}\left[\frac{(l^2-l_1^2)}{l^3}(x^3-3l^2x+2l^3)-2(l-x)^2\right]$	$0\leqslant x\leqslant l_1$: $\theta=\frac{M_0}{4EI}\left[3\frac{(l^2-l_1^2)}{l^3}(x^2-l^2)+4(l-l_1)\right]$ $l_1\leqslant x\leqslant l$: $\theta=\frac{M_0}{4EI}\left[3\frac{(l^2-l_1^2)}{l^3}(x^2-l^2)+4(l-x)\right]$
		当 M_0 作用在左端 $F_{R1}=-F_{R2}=\frac{3M_0}{2l}$, $M_2=M_0/2$	$M=\frac{3M_0}{2l}x-M_0$	$y=\frac{M_0l^2}{4EI}\left(\frac{x^3}{l^3}-\frac{2x^2}{l^2}+\frac{x}{l}\right)$	$\theta=\frac{M_0l}{4EI}\left(\frac{3x^2}{l^2}-\frac{4x}{l}+1\right)$
15	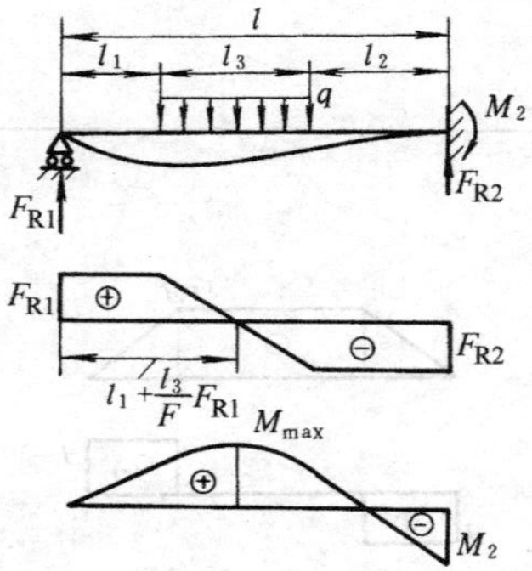	$F=ql_3$ $F_{R1}=\frac{F}{8l^3}[4l(3l_2^2+3l_2l_3+l_3^2)-4l_2^3-6l_2^2l_3-4l_2l_3^2-l_3^3]$ $F_{R2}=F-F_{R1}$ $M_2=\frac{F}{8l^2}[4l^2(2l_2+l_3)-4l(3l_2^2+3l_2l_3+l_3^2)+4l_2^3+6l_2^2l_3+4l_2l_3^2+l_3^3]$ $0<x\leqslant l_1$: $F_s=F_{R1}$ $l_1\leqslant x\leqslant(l_1+l_3)$: $F_s=F_{R1}-\frac{F}{l_3}(x-l_1)$ $(l_1+l_3)\leqslant x<l$: $F_s=-F_{R2}$	$0\leqslant x\leqslant l_1$: $M=F_{R1}x$ $l_1\leqslant x\leqslant(l_1+l_3)$: $M=F_{R1}x-\frac{F}{2l_3}(x-l_1)^2$ $(l_1+l_3)\leqslant x<l$: $M=F_{R1}x-\frac{F}{2}\times[2(x-l_1)-l_3]$ $x=l$: $M=-M_2$ $x=l_1+\frac{l_3}{F}F_{R1}$: $M_{max}=F_{R1}l_1+\frac{l_3F_{R1}^2}{2F}$	$0\leqslant x\leqslant l_1$: $y=\frac{F}{6EI}[3l_2^2+3l_2l_3+l_3^2]x+\frac{F_{R1}}{6EI}(x^3-3l^2x)$ $l_1\leqslant x\leqslant(l_1+l_3)$: $y=-\frac{F}{24EI}\left[6(2l_2+l_3)(l-x)^2-4(l-x)^3+\frac{(l_1+l_3-x)^4}{l_3}\right]+\frac{F_{R1}}{6EI}(x^3-3l^2x+2l^3)$ $(l_1+l_3)\leqslant x\leqslant l$: $y=-\frac{F}{12EI}[3(2l_2+l_3)(l-x)^2-2(l-x)^3]+\frac{F_{R1}}{6EI}(x^3-3l^2x+2l^3)$	$0\leqslant x\leqslant l_1$: $\theta=\frac{F}{6EI}(3l_2^2+3l_2l_3+l_3^2)-\frac{F_{R1}}{2EI}(l^2-x^2)$ $l_1\leqslant x\leqslant(l_1+l_3)$: $\theta=\frac{F}{6EI}\left[3(2l_2+l_3)(l-x)-3(l-x)^2+\frac{(l_1+l_3-x)^3}{l_3}\right]-\frac{F_{R1}}{2EI}(l^2-x^2)$ $(l_1+l_3)\leqslant x\leqslant l$: $\theta=\frac{F}{2EI}[(2l_2+l_3)(l-x)-(l-x)^2]+\frac{F_{R1}}{2EI}(x^2-l^2)$ $\theta_{x=0}=\frac{F}{6EI}(3l_2^2+3l_2l_3+l_3^2)-\frac{F_{R1}}{2EI}l^2$
		载荷在全长上作用时， $l_1=l_2=0, l_3=l$: $F_{R1}=\frac{3}{8}ql, F_{R2}=\frac{5}{8}ql$ $M_2=\frac{ql^2}{8}$	$x=l$: $M=-ql^2/8$ $x=3l/8$: $M_{max}=\frac{9}{128}ql^2$	$y=-\frac{ql^4}{48EI}\left(\frac{x}{l}-3\frac{x^3}{l^3}+2\frac{x^4}{l^4}\right)$ $x=0.4215l$: $y_{max}=-0.0054\frac{ql^4}{EI}$	$\theta=-\frac{ql^3}{48EI}\left(1-9\frac{x^2}{l^2}+8\frac{x^3}{l^3}\right)$ $\theta_{x=0}=-\frac{ql^3}{48EI}$

16	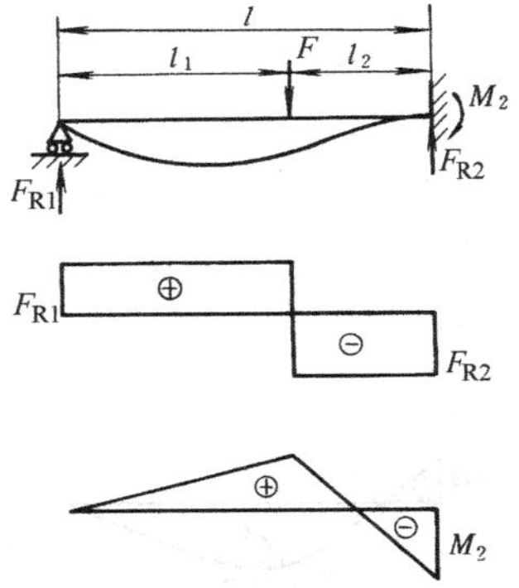	$F_{R1}=\frac{Fl_2^2}{2l^3}(3l_1+2l_2)$ $F_{R2}=F-F_{R1}$ $M_2=\frac{Fl_1l_2}{2l^2}(2l_1+l_2)$ $0<x<l_1$： $F_s=F_{R1}$ $l_1<x<l$ $F_s=-F_{R2}$	$0\leqslant x\leqslant l_1$：　$M=F_{R1}x$ $l_1\leqslant x\leqslant l$： $M=F_{R1}x-F(x-l_1)$ $x=l$： $M_2=-\frac{Fl_1l_2}{2l^2}(2l_1+l_2)$ $M_{x=l_1}=\frac{Fl_1l_2^2}{2l^3}(3l_1+2l_2)$ 当 $l_2\gtrless\sqrt{2}l_1$ 时， $\|M_{x=l_1}\|\gtrless M_2$	$0\leqslant x\leqslant l_1$： $y=-\frac{Fl_2^2}{12EIl}\left[3l_1x-\frac{(3l_1+2l_2)}{l^2}x^3\right]$ $l_1\leqslant x\leqslant l$： $y=-\frac{Fl_1}{12EIl}\left[\frac{3l_2(2l_1+l_2)}{l}(l-x)^2-\frac{(2l_1^2+6l_1l_2+3l_2^2)}{l^2}(l-x)^3\right]$ $y_{x=l_1}=-\frac{Fl_1^2l_2^3(4l_1+3l_2)}{12EIl^3}$ 当 $l_2\gtrless\sqrt{2}l_1$ 时，　在 $x\gtrless l_1$ 处有 y_{max}	$0\leqslant x\leqslant l_1$： $\theta=-\frac{Fl_2^2}{4EIl}\left[l_1-\frac{(3l_1+2l_2)}{l^2}x^2\right]$ $l_1\leqslant x\leqslant l$： $\theta=\frac{Fl_1}{4EIl}\left[\frac{2l_2(2l_1+l_2)}{l}(l-x)-\frac{(2l_1^2+6l_1l_2+3l_2^2)}{l^2}(l-x)^2\right]$ $\theta_{x=0}=-\frac{Fl_1l_2^2}{4EIl}$
		当 $l_1=l_2=l/2$：$F_{R1}=\frac{5}{16}F$， $F_{R2}=\frac{11}{16}F$，$M_2=3Fl/16$	$x=l$ $M_{max}=-\frac{3Fl}{16}$	$x=l/\sqrt{5}$： $y_{max}=\frac{-Fl^3}{48\sqrt{5}EI}$	$x=0$： $\theta=-\frac{Fl^2}{32EI}$
17	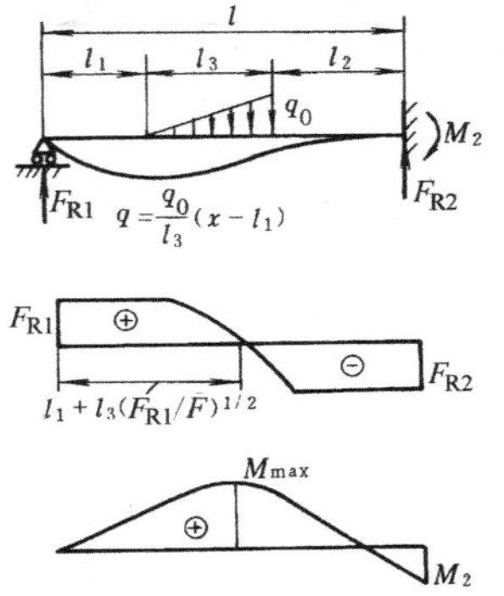	$F=\frac{1}{2}q_0l_3$ $F_{R1}=\frac{F}{20l^3}[5l_1-(6l_2^2+4l_2l_3+l_2^2)+4(5l_2^3+10l_2^2l_3+5l_2l_3^2+l_3^3)]$ $F_{R2}=F-F_{R1}$ $M_2=-F_{R1}l+\frac{F}{3}(3l_2+l_3)$ $0<x\leqslant l_1$：　$F_s=F_{R1}$ $l_1\leqslant x\leqslant(l_1+l_3)$： $F_s=F_{R1}-F\frac{(x-l_1)^2}{l_3^2}$ $(l_1+l_3)\leqslant x<l$：　$F_s=-F_{R2}$	$0\leqslant x\leqslant l_1$：　$M=F_{R1}x$ $l_1\leqslant x\leqslant(l_1+l_3)$： $M=F_{R1}x-\frac{F}{3}\frac{(x-l_1)^3}{l_3^2}$ $(l_1+l_3)\leqslant x<l$： $M=F_{R1}x-\frac{F}{3}(3x-3l_1-2l_3)$ $x=l$：$M=-M_2$ $x=l_1+l_3(F_{R1}/F)^{1/2}$： $M_{max}=F_{R1}\left(l_1+\frac{2}{3}l_3\sqrt{\frac{F_{R1}}{F}}\right)$	$0\leqslant x\leqslant l_1$： $y=-\frac{F}{12EI}(6l_2^2+4l_2l_3+l_3^2)x+\frac{F_{R1}}{6EI}(x^3-3l^2x)$ $l_1\leqslant x\leqslant(l_1+l_3)$： $y=-\frac{F}{60EI}\left[5(6l_2^2+4l_2l_3+l_3^2)x-\frac{(x-l_1)^5}{l_3^2}\right]+\frac{F_{R1}}{6EI}(x^3-3l^2x)$ $(l_1+l_3)\leqslant x\leqslant l$： $y=-\frac{F}{6EI}[(3l_2+l_3)(l-x)^2-(l-x)^3]+\frac{F_{R1}}{6EI}(x^3-3l^2x+2l^3)$	$0\leqslant x\leqslant l_1$： $\theta=\frac{-F}{12EI}(6l_2^2+4l_2l_3+l_3^2)-\frac{F_{R1}}{2EI}(l^2-x^2)$ $l_1\leqslant x\leqslant(l_1+l_3)$： $\theta=\frac{-F}{12EI}\left[6l_2^2+4l_2l_3+l_3^2-\frac{(x-l_1)^4}{l_3^2}\right]-\frac{F_{R1}}{2EI}(l^2-x^2)$ $(l_1+l_3)\leqslant x\leqslant l$： $\theta=\frac{F}{6EI}[2(3l_2+l_3)(l-x)-3(l-x)^2]-\frac{F_{R1}}{2EI}(l^2-x^2)$
		载荷作用全长时 $l_1=l_2=0$， $l_3=l$：$F_{R1}=\frac{1}{5}F$，$F_{R2}=\frac{4}{5}F$ $M_2=\frac{2}{15}Fl$	$M=F\left(\frac{x}{5}-\frac{1}{3}\frac{x^3}{l^2}\right)$ $x=l$：　$M=-0.1333Fl$ $x=0.4472l$ $M_{max}=0.0596Fl$	$y=-\frac{Fl^3}{60EI}\left(\frac{x}{l}-2\frac{x^3}{l^3}+\frac{x^5}{l^5}\right)$ $x=0.4472l$ $y_{max}=-0.00477\frac{Fl^3}{EI}$	$\theta=-\frac{Fl^2}{60EI}\left(1-\frac{6x^2}{l^2}+\frac{5x^4}{l^4}\right)$ $x=0$：$\theta=-\frac{Fl^2}{60EI}$

（续）

序号	载荷、挠曲线、剪力图及弯矩图	反力及剪力 F_s	弯 矩 M	挠 度 y	转 角 θ
18	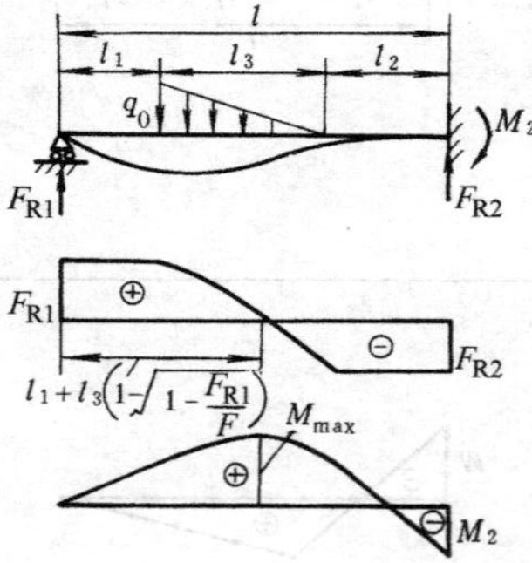 	$F=\frac{1}{2}q_0l_3$ $F_{R1}=\frac{F}{20l^3}[5l_1(6l_2^2+8l_2l_3+3l_3^2)+20l_2^3+50l_2^2l_3+40l_2l_3^2+11l_3^3]$ $F_{R2}=F-F_{R1}$ $M_2=-F_{R1}l+\frac{F}{3}(3l_2+2l_3)$ $0<x\leqslant l_1$: $F_s=F_{R1}$ $l_1\leqslant x\leqslant(l_1+l_3)$: $F_s=F_{R1}-F\times\left[\frac{2(x-l_1)}{l_3}-\frac{(x-l_1)^2}{l_3^2}\right]$ $(l_1+l_3)\leqslant x<l$: $F_s=-F_{R2}$	$0\leqslant x\leqslant l_1$: $M=F_{R1}x$ $l_1\leqslant x\leqslant(l_1+l_3)$: $M=F_{R1}x-\frac{F}{3l_3}\times\left[3(x-l_1)^2-\frac{1}{l_3}(x-l_1)^3\right]$ $(l_1+l_3)\leqslant x<l$: $M=F_{R1}x-\frac{F}{3}(3x-3l_1-l_3)$ $x=l$: $M=-M_2$ $x=l_1+l_3\times\left(1-\sqrt{1-\frac{F_{R1}}{F}}\right)$: $M_{max}=F_{R1}\left(l_1+l_3-l_3\sqrt{1-\frac{F_{R1}}{F}}\right)+\frac{1}{3}Fl_3\times\left(1-\sqrt{1-\frac{F_{R1}}{F}}\right)^2\times\left(2+\sqrt{1-\frac{F_{R1}}{F}}\right)$	$0\leqslant x\leqslant l_1$: $y=\frac{F}{12EI}(6l_2^2+8l_2l_3+3l_3^2)x+\frac{F_{R1}}{6EI}(x^3-3l^2x)$ $l_1\leqslant x\leqslant(l_1+l_3)$: $y=\frac{F}{60EI}\left[5(6l_2^2+8l_2l_3+3l_3^2)x-5\frac{(x-l_1)^4}{l_3}+\frac{(x-l_1)^5}{l_3^2}\right]+\frac{F_{R1}}{6EI}(x^3-3l^2x)$ $(l_1+l_3)\leqslant x\leqslant l$: $y=-\frac{F}{6EI}[(3l_2+2l_3)(l-x)^2-(l-x)^3]+\frac{F_{R1}}{6EI}(x^3-3l^2x+2l^3)$	$0\leqslant x\leqslant l_1$: $\theta=\frac{F}{12EI}(6l_2^2+8l_2l_3+3l_3^2)-\frac{F_{R1}}{2EI}(l^2-x^2)$ $l_1\leqslant x\leqslant(l_1+l_3)$: $\theta=\frac{F}{12EI}\left[6l_2^2+8l_2l_3+3l_3^2-4\frac{(x-l_1)^3}{l_3}+\frac{(x-l_1)^4}{l_3^2}\right]-\frac{F_{R1}}{2EI}(l^2-x^2)$ $(l_1+l_3)\leqslant x\leqslant l$: $\theta=\frac{F}{6EI}[2(3l_2+2l_3)(l-x)-3(l-x)^2]-\frac{F_{R1}}{2EI}(l^2-x^2)$
		载荷作用在全长上时， $l_1=l_2=0, l_3=l$: $F_{R1}=\frac{11}{20}F$ $F_{R2}=\frac{9}{20}F$ $M_2=\frac{7}{60}Fl$ $F_s=F\left(\frac{11}{20}-2\frac{x}{l}+\frac{x^2}{l^2}\right)$	$M=Fl\left(\frac{11}{20}\frac{x}{l}-\frac{x^2}{l^2}+\frac{1}{3}\frac{x^3}{l^3}\right)$ $x=l$: $M=-0.1167Fl$ $x=0.329l$: $M_{max}=0.0846Fl$	$y=-\frac{Fl^3}{120EI}\left(3\frac{x}{l}-11\frac{x^3}{l^3}+10\frac{x^4}{l^4}-2\frac{x^5}{l^5}\right)$ $x=0.402l$: $y_{max}=-0.00609\frac{Fl^3}{EI}$	$\theta=-\frac{Fl^2}{120EI}\left(3-33\frac{x^2}{l^2}+40\frac{x^3}{l^3}-10\frac{x^4}{l^4}\right)$ $\theta_{x=0}=-\frac{Fl^2}{40EI}$

19	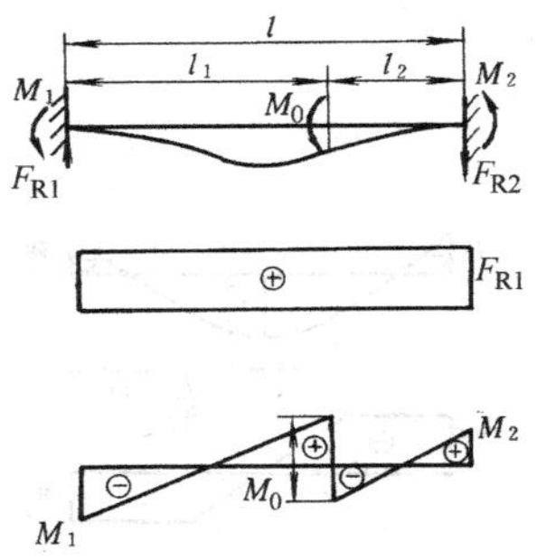	$F_{R1}=6\frac{l_1l_2}{l^3}M_0=F_{R2}$ $M_1=\frac{M_0}{l^2}(2l_1l_2-l_2^2)$ $M_2=\frac{M_0}{l^2}(2l_1l_2-l_1^2)$ $0<x<l$: $F_s=F_{R1}$	$0<x<l_1$: $M=F_{R1}x-M_1$ $l_1<x<l$: $M=M_2-F_{R2}(l-x)$ $x=0$: $M=-M_1$ $x=l$: $M=M_2$	$0\leqslant x\leqslant l_1$: $y=-\frac{1}{6EI}(3M_1x^2-F_{R1}x^3)$ $l_1\leqslant x\leqslant l$: $y=-\frac{1}{6EI}[3M_2(l-x)^2$ $-F_{R2}(l-x)^3]$ 当 $l_1>\frac{l}{3}$ 时, $x=2M_1/F_{R1}$: $y_{max}=-\frac{2}{3EI}\frac{M_1^3}{F_{R1}^2}$	$0\leqslant x\leqslant l_1$: $\theta=-\frac{1}{2EI}(2M_1x-F_{R1}x^2)$ $l_1\leqslant x\leqslant l$: $\theta=\frac{1}{2EI}[2M_2(l-x)-F_{R2}(l-x)^2]$
		力偶作用在中间时: $l_1=l_2=l/2$: $F_{R1}=\frac{3M_0}{2l}=F_{R2}$ $M_1=M_2=\frac{M_0}{4}$	$x=0$: $M=-\frac{M_0}{4}$ $x=l$: $M=\frac{M_0}{4}$	$x=l/3$ $y_{max}=-\frac{M_0l^2}{216EI}$	
20	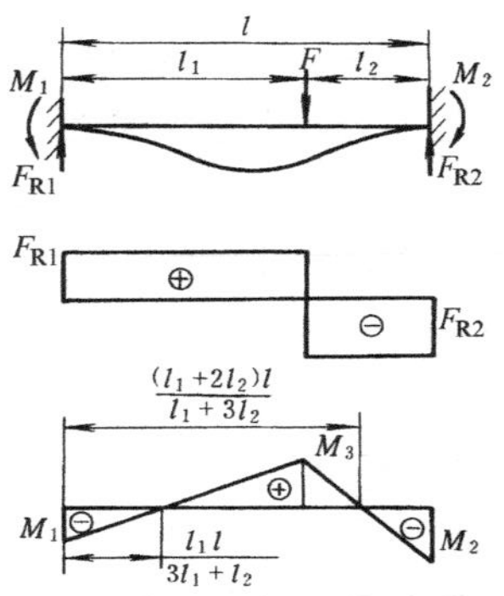	$F_{R1}=\frac{Fl_2^2}{l^3}(3l_1+l_2)$ $F_{R2}=\frac{Fl_1^2}{l^3}(l_1+3l_2)$ $M_1=\frac{Fl_1l_2^2}{l^2}$ $M_2=\frac{Fl_1^2l_2}{l^2}$ $0<x<l_1$: $F_s=F_{R1}$ $l_1<x<l$ $F_s=-F_{R2}$	$0<x\leqslant l_1$: $M=\frac{Fl_2^2}{l^2}\left[\frac{(3l_1+l_2)}{l}x-l_1\right]$ $l_1\leqslant x<l$: $M=\frac{Fl_1^2}{l^2}\times$ $\left[l_1+2l_2-\frac{x}{l}(l_1+3l_2)\right]$ $x=0$: $M=-M_1$ $x=l$ $M=-M_2$ $x=l_1$ $M=M_3=\frac{2Fl_1^2l_2^2}{l^3}$ $l_1\underset{>}{\leqq}l_2:M_1\underset{<}{\geqq}M_3\underset{<}{\geqq}M_2$	$0\leqslant x\leqslant l_1$: $y=-\frac{Fl_1l_2^2}{6EI}\left[3\frac{x^2}{l^2}-\frac{(3l_1+l_2)}{l_1}\frac{x^3}{l^3}\right]$ $l_1\leqslant x\leqslant l$: $y=-\frac{Fl_1^2l_2}{6EI}\left[3\frac{(l-x)^2}{l^2}-\right.$ $\left.\frac{(l_1+3l_2)}{l_2}\frac{(l-x)^3}{l^3}\right]$ $y_{x=l_1}=-\frac{Fl_1^3l_2^3}{3EIl^3}$ 当 $l_1>l_2$ 时, $x=\frac{2l_1l}{3l_1+l_2}$ $y_{max}=-\frac{2Fl_1^3l_2^2}{3EI(3l_1+l_2)^2}$ $y_{x=\frac{l}{2}}=\frac{-Fl_2^2(3l_1-l_2)}{48EI}$	$0\leqslant x\leqslant l$: $\theta=\frac{Fl_1l_2^2}{2EIl}\left[\frac{(3l_1+l_2)}{l_1}\frac{x^2}{l^2}-2\frac{x}{l}\right]$ $l_1\leqslant x\leqslant l$: $\theta=-\frac{Fl_1^2l_2}{2EIl}\left[\frac{(l_1+3l_2)}{l_2}\times\right.$ $\left.\frac{(l-x)^2}{l^2}-2\frac{(l-x)}{l}\right]$

（续）

序号	载荷、挠曲线、剪力图及弯矩图	反力及剪力 F_s	弯矩 M	挠度 y	转角 θ
20		当 F 作用在中间： $F_{R1}=F_{R2}=\frac{F}{2}$ $M_1=M_2=\frac{Fl}{8}$ $0<x<l/2$： $F_s=\frac{F}{2}$	$0<x<l/2$： $M=\frac{Fl}{2}\left(\frac{x}{l}-\frac{1}{4}\right)$ $x=0$： $M=-\frac{Fl}{8}$	$0\leqslant x\leqslant\frac{l}{2}$： $y=-\frac{Fl^3}{16EI}\left(\frac{x^2}{l^2}-\frac{4x^3}{3l^3}\right)$ $x=l/2$： $y_{max}=-\frac{Fl^3}{192EI}$	$0\leqslant x\leqslant\frac{l}{2}$： $\theta=-\frac{Fl^2}{8EI}\left(\frac{x}{l}-\frac{2x^2}{l^2}\right)$ $x=l/4$ $\theta_{max}=-\frac{Fl^2}{64EI}$
21	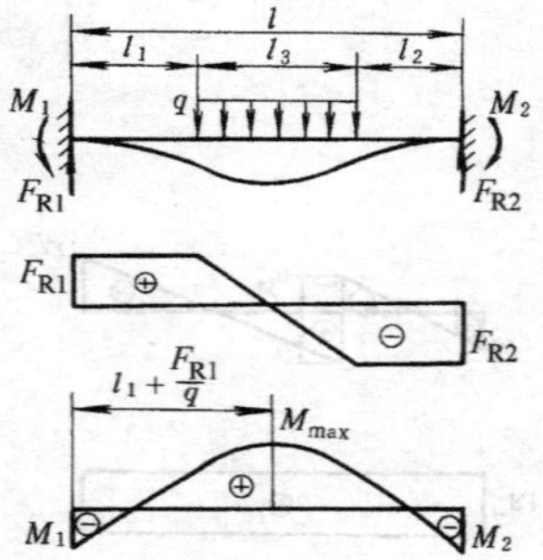	$F=ql_3$ $F_{R1}=\frac{F}{2l^3}[(2l_2+l_3)l^2-(l_1-l_2)\times(2l_1l_2+l_2l_3+l_3l_1)]$ $F_{R2}=F-F_{R1}$ $M_1=\frac{F}{8l^2}\Big[(2l_2+l_3)^2\times(2l_1+l_3)+\frac{1}{3}l_3^2\times(2l-6l_2-3l_3)\Big]$ $M_2=\frac{F}{8l^2}\Big[(2l_1+l_3)^2\times(2l_2+l_3)+\frac{1}{3}l_3^2\times(2l-6l_1-3l_3)\Big]$ $0<x\leqslant l_1$： $F_s=F_{R1}$ $l_1\leqslant x\leqslant(l_1+l_3)$： $F_s=F_{R1}-\frac{F}{l_3}(x-l_1)$ $(l_1+l_3)\leqslant x<l$： $F_s=-F_{R2}$	$0<x\leqslant l_1$： $M=F_{R1}x-M_1$ $l_1\leqslant x\leqslant(l_1+l_3)$： $M=F_{R1}x-M_1-\frac{F}{2l_3}\times(x-l_1)^2$ $(l_1+l_3)\leqslant x<l$： $M=F_{R2}(l-x)-M_2$ $x=0$： $M=-M_1$ $x=l$： $M=-M_2$	$0\leqslant x\leqslant l_1$： $y=-\frac{1}{6EI}(3M_1x^2-F_{R1}x^3)$ $l_1\leqslant x\leqslant(l_1+l_3)$： $y=-\frac{1}{6EI}\Big[3M_1x^2-F_{R1}x^3+\frac{1}{4}\frac{F}{l_3}(x-l_1)^4\Big]$ $(l_1+l_3)\leqslant x\leqslant l$： $y=-\frac{1}{6EI}[3M_2(l-x)^2-F_{R2}(l-x)^3]$	$0\leqslant x\leqslant l_1$： $\theta=-\frac{1}{2EI}(2M_1x-F_{R1}x^2)$ $l_1\leqslant x\leqslant(l_1+l_3)$： $\theta=-\frac{1}{2EI}\Big[2M_1x-F_{R1}x^2+\frac{1}{3}\frac{F}{l_3}(x-l_1)^3\Big]$ $(l_1+l_3)\leqslant x\leqslant l$： $\theta=\frac{1}{2EI}[2M_2(l-x)-F_{R2}(l-x)^2]$
		当 q 作用全长： $F_{R1}=F_{R2}=ql/2$ $M_1=M_2=ql^2/12$ $F_s=\frac{ql}{2}-qx$	$M=\frac{ql^2}{2}\left(-\frac{1}{6}+\frac{x}{l}-\frac{x^2}{l^2}\right)$ $x=0$： $M=-M_1=-\frac{ql^2}{12}$ $x=l$： $M=-M_2=-\frac{ql^2}{12}$	$y=-\frac{ql^4}{24EI}\left(\frac{x^2}{l^2}-\frac{2x^3}{l^3}+\frac{x^4}{l^4}\right)$ $x=l/2$： $y_{max}=-\frac{ql^4}{384EI}$	$\theta=-\frac{ql^3}{12EI}\left(\frac{x}{l}-\frac{3x^2}{l^2}+\frac{2x^3}{l^3}\right)$ $x=\left(\frac{1}{2}\pm\frac{\sqrt{3}}{6}\right)l$： $\theta_{max}=\pm\frac{\sqrt{3}ql^3}{216EI}$

22	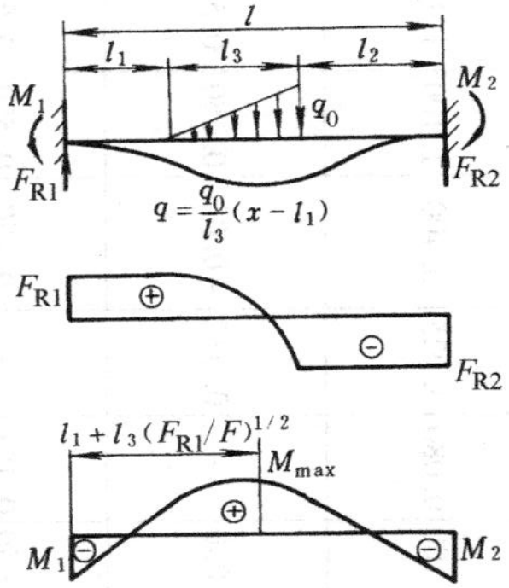 	$F=q_0l_3/2$ $F_{R1}=\frac{F}{3l^3}\left\{\left[(3l_2+l_3)^2+\frac{1}{2}l_3^2\right]l-\frac{2}{9}\times(3l_2+l_3)^3-\frac{17}{45}l_3^3-l_2l_3^2\right\}$ $F_{R2}=F-F_{R1}$ $M_1=\frac{F}{3l^2}\left\{\left[\frac{1}{3}(3l_2+l_3)^2+\frac{1}{6}l_3^2\right]l-\frac{1}{9}\times(3l_2+l_3)^3-\frac{17}{90}l_3^3-\frac{1}{2}l_2l_3^2\right\}$ $M_2=\frac{F}{3l^2}\left\{\frac{1}{9}(3l_2+l_3)^3+\frac{17}{90}l_3^3+\frac{1}{2}l_2l_3^2-l\times\left[\frac{2}{3}(3l_2+l_3)^2+\frac{1}{3}l_3^2\right]+(3l_2+l_3)l^2\right\}$ $0<x\leqslant l_1$: $F_s=F_{R1}$ $l_1\leqslant x\leqslant l_1+l_3$ $F_s=F_{R1}-F\frac{(x-l_1)^2}{l_3^2}$ $l_1+l_3\leqslant x<l$ $F_s=-F_{R2}$	$0<x\leqslant l_1$ $M=F_{R1}x-M_1$ $l_1\leqslant x\leqslant(l_1+l_3)$ $M=F_{R1}x-M_1-F\frac{(x-l_1)^3}{3l_3^2}$ $l_1+l_3\leqslant x<l$: $M=F_{R2}(l-x)-M_2$ $x=0$: $M=-M_1$ $x=l$ $M=-M_2$	$0\leqslant x\leqslant l_1$: $y=-\frac{1}{6EI}(3M_1x^2-F_{R1}x^3)$ $l_1\leqslant x\leqslant l_1+l_3$: $y=-\frac{1}{60EI}\left[30M_1x^2-10F_{R1}x^3+F\frac{(x-l_1)^5}{l_3^2}\right]$ $l_1+l_3\leqslant x\leqslant l$: $y=-\frac{1}{6EI}[3M_2(l-x)^2-F_{R2}(l-x)^3]$	$0\leqslant x\leqslant l_1$: $\theta=-\frac{1}{2EI}(2M_1x-F_{R1}x^2)$ $l_1\leqslant x\leqslant(l_1+l_3)$: $\theta=-\frac{1}{12EI}\left[12M_1x-6F_{R1}x^2+F\frac{(x-l_1)^4}{l_3^2}\right]$ $l_1+l_3\leqslant x\leqslant l$: $\theta=\frac{1}{2EI}[2M_2(l-x)-F_{R2}(l-x)^2]$
		载荷作用全长时 $F_{R1}=\frac{3}{10}F,F_{R2}=\frac{7}{10}F$ $M_1=\frac{Fl}{15},M_2=\frac{Fl}{10}$ $F_s=F\left(\frac{3}{10}-\frac{x^2}{l^2}\right)$	$M=-\frac{Fl}{30}\left(2-9\frac{x}{l}+10\frac{x^3}{l^3}\right)$ $x=0$:　$M=-M_1$ $x=l$:　$M=-M_2$ $x=0.548l$ $M_{max}=0.043Fl$	$y=-\frac{Fl^3}{60EI}\left[2\frac{x^2}{l^2}-3\frac{x^3}{l^3}+\frac{x^5}{l^5}\right]$ $x=0.525l$: $y_{max}=-0.00262\frac{Fl^3}{EI}$	$\theta=-\frac{Fl^2}{60EI}\left(4\frac{x}{l}-9\frac{x^2}{l^2}+5\frac{x^4}{l^4}\right)$

注：1. 取梁左端为 x 坐标原点。

2. 挠度 y，转角 θ 及弯矩的正负规定与表 1.4-21 同，本表挠度和转角最大值指绝对值，剪力 F_s 对截面一侧内一点顺时针转为正。

3. 支反力和支反力矩按图示方向为正。

4. E 为材料弹性模量，I 为截面对中性轴的惯性矩（见表 1.4-20）。

5. 某些组合载荷作用下的挠度和转角可根据叠加原理按本表计算式叠加求得。

表 1.4-26 简单双等跨连续梁计算公式和系数

支座弯矩：$M_B = \alpha_1 ql^2$（或 $\alpha_1 Fl$）

跨内最大弯矩：AB 跨 $M_{\text{I}\max} = \alpha_2 ql^2$（或 $\alpha_2 Fl$）

BC 跨 $M_{\text{II}\max} = \alpha_3 ql^2$（或 $\alpha_3 Fl$）

支座反力：$F_{R_A} = \beta_1 ql$（或 $\beta_1 F$）

$F_{R_B} = \beta_2 ql$（或 $\beta_2 F$）

$F_{R_C} = \beta_3 ql$（或 $\beta_3 F$）

最大挠度：$y_{\max} = -\gamma \dfrac{ql^4}{EI}\left(或 -\gamma \dfrac{Fl^3}{EI}\right)$

序号	受力简图	α_1	α_2	α_3	β_1	β_2	β_3	γ
1	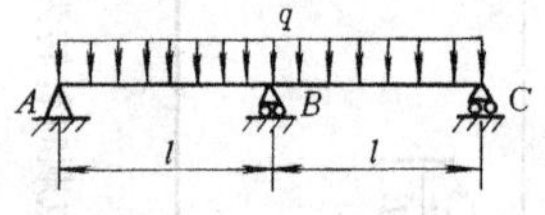	-0.125	0.070	0.070	0.375	1.250	0.375	0.00520
2	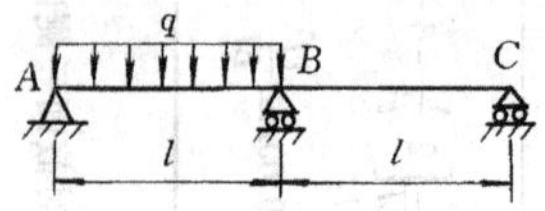	-0.063	0.096	—	0.438	0.625	-0.063	0.00906
3	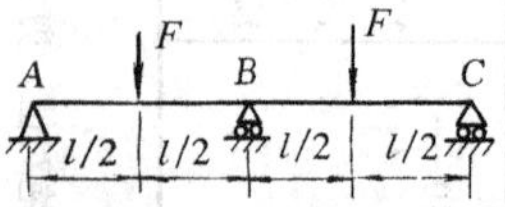	-0.188	0.156	0.156	0.313	1.375	0.313	0.00915
4	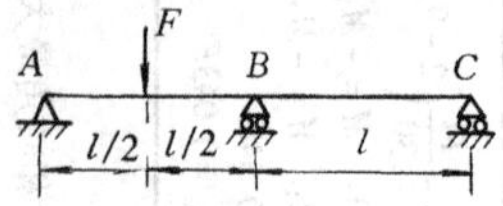	-0.094	0.203	—	0.406	0.688	-0.094	0.01502

注：弯矩和挠度的正负规定见表 1.4-21 序号 3，支反力向上为正，向下为负。

表 1.4-27 三等跨连续梁计算公式和系数

支座弯矩：$M_B = \alpha_1 ql^2$（或 $\alpha_1 Fl$）

$M_C = \alpha_2 ql^2$（或 $\alpha_2 Fl$）

跨内最大弯矩：AB 跨 $M_{\text{I}\max} = \alpha_3 ql^2$（或 $\alpha_3 Fl$）

BC 跨 $M_{\text{II}\max} = \alpha_4 ql^2$（或 $\alpha_4 Fl$）

支座反力：$F_{R_A} = \beta_1 ql$（或 $\beta_1 F$）

$F_{R_B} = \beta_2 ql$（或 $\beta_2 F$）

$F_{R_C} = \beta_3 ql$（或 $\beta_3 F$）

$F_{R_D} = \beta_4 ql$（或 $\beta_4 F$）

最大挠度：AB 跨 $y_{\text{I}\max} = \gamma_1 \dfrac{ql^4}{EI}\left(或 \gamma_1 \dfrac{Fl^3}{EI}\right)$

BC 跨 $y_{\text{II}\max} = \gamma_2 \dfrac{ql^4}{EI}\left(或 \gamma_2 \dfrac{Fl^3}{EI}\right)$

序号	受力简图	α_1	α_2	α_3	α_4	β_1	β_2	β_3	β_4	γ_1	γ_2
1	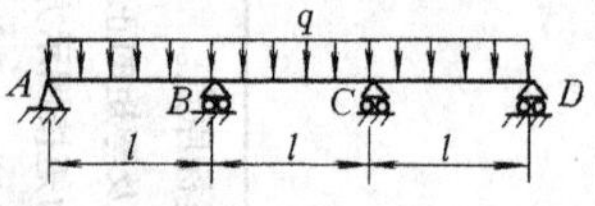	-0.100	-0.100	0.080	0.025	0.400	1.100	1.100	0.400	-0.0068	-0.0005
2	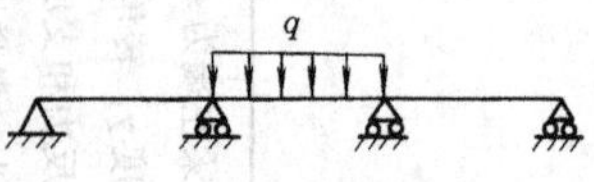	-0.050	-0.050	—	0.075	-0.050	0.550	0.550	-0.050	—	-0.0068
3	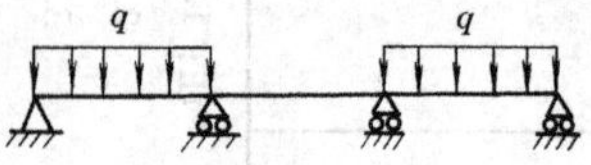	-0.050	-0.050	0.101	—	0.450	0.550	0.550	0.450	-0.0099	—

（续）

序号	受力简图	α_1	α_2	α_3	α_4	β_1	β_2	β_3	β_4	γ_1	γ_2
4	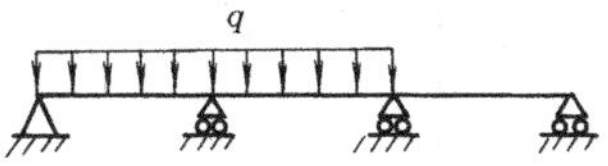	-0.117	-0.033	0.073	0.054	0.383	1.200	0.450	-0.033	—	—
5	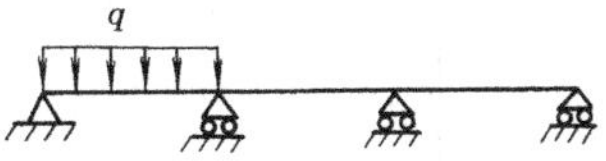	-0.067	0.017	0.094	—	0.433	0.650	0.100	0.017	-0.0088	—
6	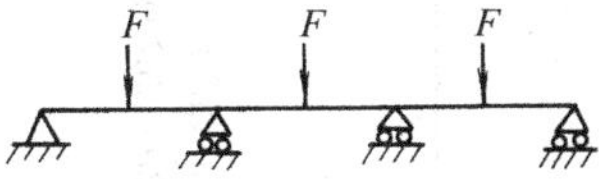	-0.150	-0.150	0.175	0.100	0.350	1.150	1.150	0.350	-0.0115	-0.0021
7	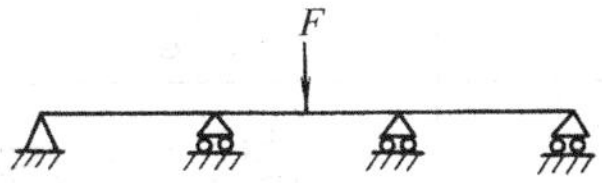	-0.075	-0.075	—	0.175	-0.075	0.575	0.575	-0.075	—	-0.0115
8	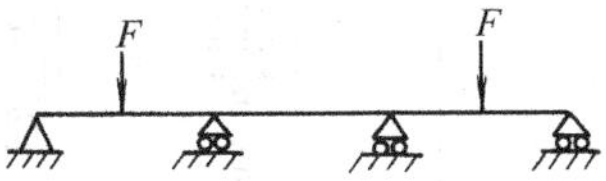	-0.075	-0.075	0.213	—	0.425	0.575	0.575	0.425	-0.0162	—
9	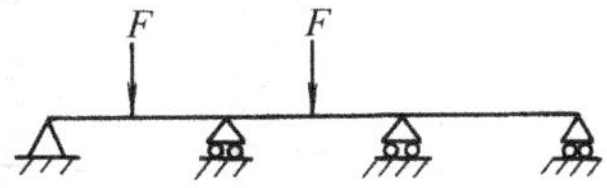	-0.175	-0.050	0.163	0.138	0.325	1.300	0.425	-0.050	—	—
10	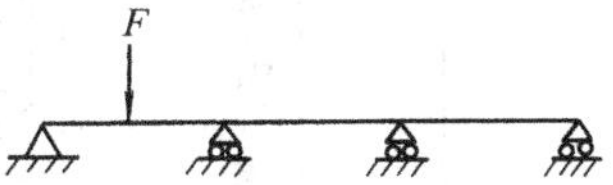	-0.100	0.025	0.200	—	0.400	0.725	-0.150	0.025	-0.0146	—

注：1. 简图中每跨长均为 l。

2. 弯矩和挠度正负规定见表1.4-21序号3，支反力向上为正，向下为负。

表1.4-28　曲杆平面弯曲时的应力与位移计算式（线弹性范围）

横截面上的正应力	强度条件	任一截面处的广义位移	刚度条件
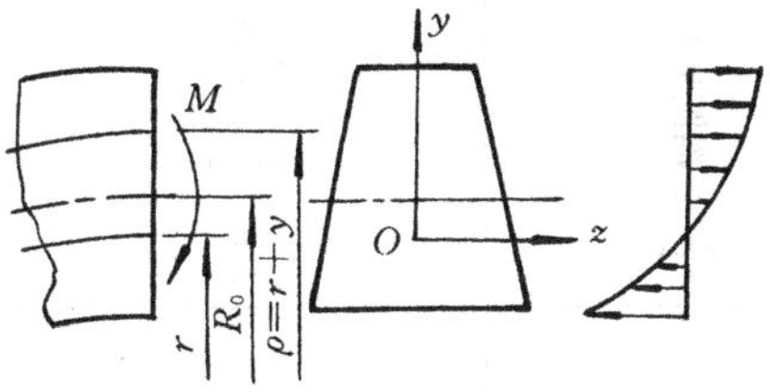 弯曲正应力：$\sigma_W=\frac{My}{S\rho}$ 拉伸（或压缩）正应力：$\sigma_l=\frac{F_N}{A}$ 总正应力：$\sigma=\sigma_W+\sigma_l$	$\sigma_{l\max}\leqslant[\sigma_l]$ $\sigma_{c\max}\leqslant[\sigma_c]$	$\Delta_i=\int_s\left(\frac{MM^\circ}{ESR_0}+\frac{MF_N^\circ+F_NM^\circ}{EAR_0}+\frac{F_NF_N^\circ}{EA}+k\frac{F_sF_s^\circ}{GA}\right)ds$ $k=\begin{cases}6/5 & （矩形截面）\\ 10/9 & （圆形截面）\end{cases}$	$\Delta_{\max}\leqslant[\Delta]$

符号及正负规定：M—弯矩，使梁曲率增大为正；F_N—轴力，拉为正；F_s—剪力，对截面一侧任一点顺时针转为正；M°、F_N°、F_s°依次为所求广义位移处所加相应的单位广义力引起的弯矩、轴力和剪力，正负规定与 M、F_N、F_s 相同。y—所求应力点至中性轴垂直距离；ρ—所求应力点 y 层处的曲率半径，$\rho=r+y$；$r=A\Big/\int\frac{dA}{\rho}$—中性层的曲率半径；$R_0$—形心层的曲率半径；$S$—横截面对中性轴的静矩，$S=A(R_0-r)$；$A$—横截面面积；$E$、$G$—材料的弹性模量和切变模量。$[\sigma_l]$、$[\sigma_c]$——材料的许用拉应力和许用压应力。

注：1. 若为小曲率曲杆（$R_0/h>5$），应力和位移可按直杆弯曲公式计算，h 为横截面高。

2. 与剪力 F_s 对应的切应力一般很小，可略去不计。

3. 常见曲杆横截面的 A、r 和 R_0 计算式见表1.4-29。

表 1.4-29　常用曲杆的 A、r 和 R_0 的计算式

序号	横截面形状	面　积 A	中性层曲率半径 r	形心层曲率半径 R_0
1	矩形 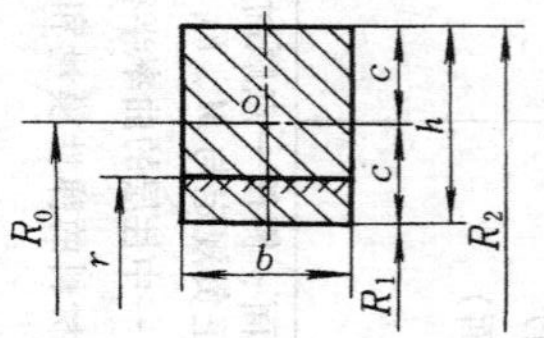	bh	$\dfrac{h}{\ln\dfrac{R_2}{R_1}}$	$R_1+\dfrac{h}{2}$
2	等腰梯形 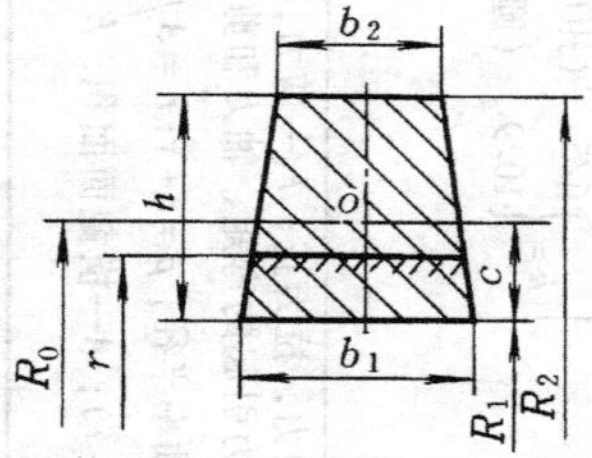	$\dfrac{1}{2}(b_1+b_2)h$	$\dfrac{\dfrac{1}{2}(b_1+b_2)h}{\dfrac{b_1R_2-b_2R_1}{h}\ln\dfrac{R_2}{R_1}-(b_1-b_2)}$	$R_1+\dfrac{(b_1+2b_2)}{3(b_1+b_2)}h$
		等腰三角形 ($b_1=b;b_2=0$) $\dfrac{1}{2}bh$	$\dfrac{h}{2\left(\dfrac{R_2}{h}\ln\dfrac{R_2}{R_1}-1\right)}$	$R_1+\dfrac{h}{3}$
3	圆形及椭圆形 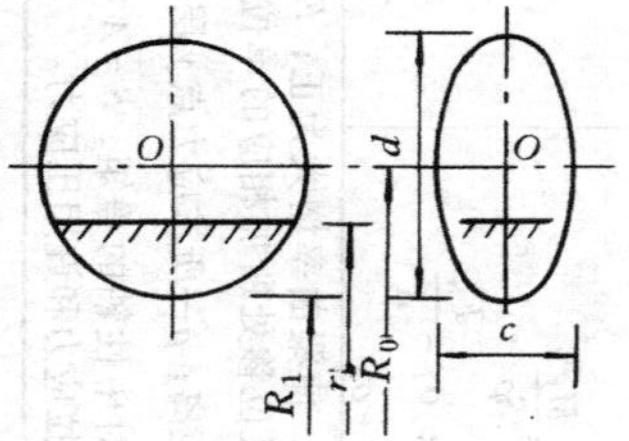	$\dfrac{\pi}{4}d^2$(圆形) $\dfrac{\pi}{4}cd$(椭圆形)	$\dfrac{d^2}{8R_0\left[1-\sqrt{1-\left(\dfrac{d}{2R_0}\right)^2}\right]}$	$R_1+\dfrac{d}{2}$
4	弓形 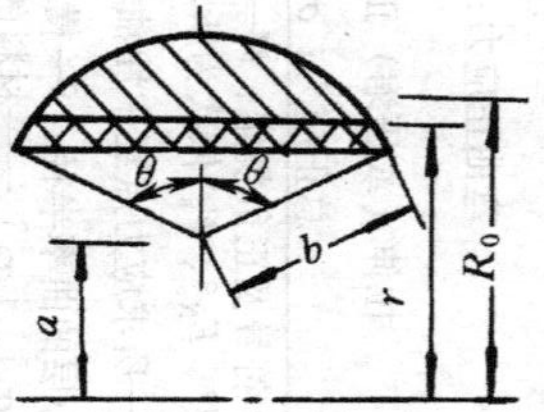	$b^2\theta-\dfrac{1}{2}b^2\sin2\theta$	若 $a>b$: $\dfrac{A}{2a\theta-2b\sin\theta-\pi\sqrt{a^2-b^2}+2\sqrt{a^2-b^2}\arcsin\left[\dfrac{b+a\cos\theta}{a+b\cos\theta}\right]}$ 若 $a<b$: $\dfrac{A}{2a\theta-2b\sin\theta+2\sqrt{b^2-a^2}\ln\left[\dfrac{b+a\cos\theta+\sqrt{b^2-a^2}\sin\theta}{a+b\cos\theta}\right]}$	$a+\dfrac{4b\sin^3\theta}{3(2\theta-\sin2\theta)}$

5	倒弓形 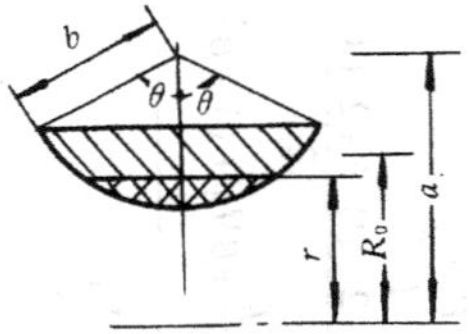	$b^2\theta-\frac{b^2}{2}\sin2\theta$	$\frac{A}{2a\theta+2b\sin\theta-\sqrt{a^2-b^2}\left\{\pi+2\arcsin\left[\frac{b-a\cos\theta}{a-b\cos\theta}\right]\right\}}$	$a-\frac{4b\sin^3\theta}{3(2\theta-\sin2\theta)}$
6	半椭圆形 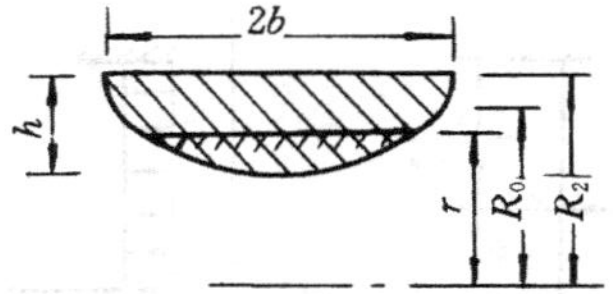	$\frac{1}{2}\pi bh$	$\frac{A}{2b+\frac{\pi b}{h}(R_2-\sqrt{R_2^2-h^2})-\frac{2b}{h}\sqrt{R_2^2-h^2}\arcsin\left(\frac{h}{R_2}\right)}$	$R_2-\frac{4h}{3\pi}$
7	"┴""└┘"形 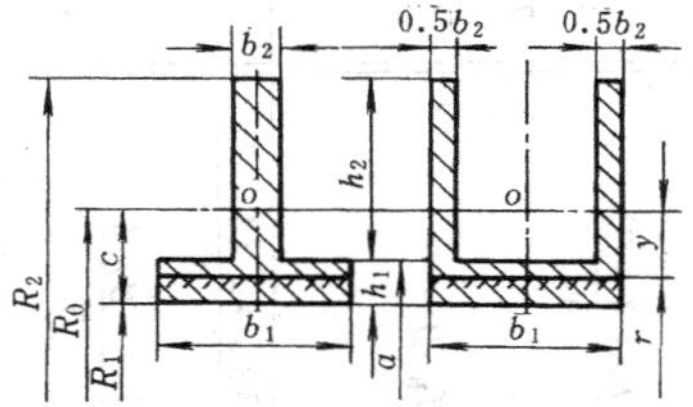	$b_1h_1+b_2h_2$	$\frac{b_1h_1+b_2h_2}{b_1\ln\frac{a}{R_1}+b_2\ln\frac{R_2}{a}}$	$R_1+\frac{\frac{1}{2}b_1h_1^2+b_2h_2\left(\frac{h_2}{2}+h_1\right)}{A}$
8	"工"字形 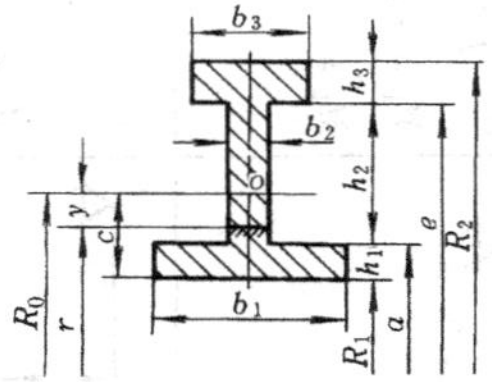	$b_1h_1+b_2h_2+b_3h_3$	$\frac{b_1h_1+b_2h_2+b_3h_3}{b_1\ln\frac{a}{R_1}+b_2\ln\frac{e}{a}+b_3\ln\frac{R_2}{e}}$	$R_1+\frac{\frac{1}{2}b_1h_1^2+b_2h_2\left(\frac{h_2}{2}+h_1\right)+b_3h_3\left(\frac{h_3}{2}+h_1+h_2\right)}{A}$
		当 $b_3=b_1$， $h_3=h_1$： $2b_1h_1+b_2h_2$	$\frac{2b_1h_1+b_2h_2}{b_1\left(\ln\frac{a}{R_1}+\ln\frac{R_2}{e}\right)+b_2\ln\frac{e}{a}}$	$R_1+h_1+\frac{h_2}{2}$

注：对其他由 n 个图形组成的组合截面，$A=\sum_{i=1}^{n}A_i$；$r=\frac{A}{\sum_{i=1}^{n}\int_{A_i}\frac{dA}{\rho}}$；$R_0=R_1+\frac{\sum_{i=1}^{n}A_iy_{ic}}{A}$（$y_{ic}$ 为第 i 个图形的形心到曲杆内侧底边的距离）

7 杆系结构的内力、应力和位移计算公式（见表1.4-30～表1.4-32）

表1.4-30 在载荷作用下，杆结构横截面的位移计算式（线弹性范围）

结构的类型	梁与刚架	桁架	组合构架
位移计算式	$\Delta_i = \sum\int_l \frac{MM^\circ}{EI}\mathrm{d}x$	$\Delta_i = \sum \frac{F_N F_N{}^\circ l}{EA}$	$\Delta_i = \sum\int_l \frac{MM^\circ}{EI}\mathrm{d}x + \sum \frac{F_N F_N{}^\circ l}{EA}$

注：1. Δ_i—广义位移；M、F_N—载荷引起的弯矩和轴力；M°、$F_N{}^\circ$—所求广义位移处作用单位广义力引起的弯矩和轴力。

2. 对有扭矩的圆截面杆段，计算式中还应加 $\sum\int\frac{TT^\circ}{GI_p}\mathrm{d}x$ 项。T— 载荷引起的扭矩；T°— 单位广义力所引起的扭矩。

3. E、G— 材料的弹性模量和切变模量；I、A、I_p— 截面的惯性矩、面积和极惯性矩。

表1.4-31 简单超静定刚架的弯矩计算公式

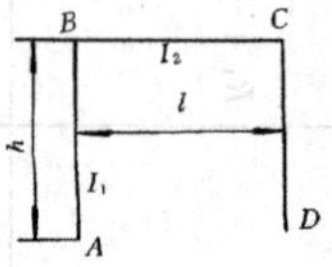

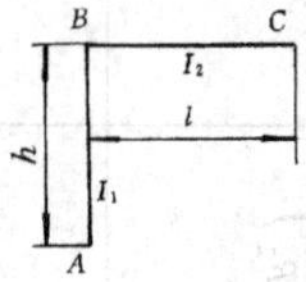

序号	$k=\frac{I_2}{I_1}\cdot\frac{h}{l}$，$N=k+1$		序号	$k=\frac{I_2}{I_1}\cdot\frac{h}{l}$，$N=3k+4$	
1	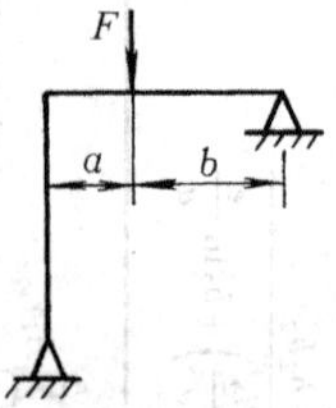	$\beta=\frac{b}{l}$，$M_B=-\frac{Fa\beta(1+\beta)}{2N}$ $M_F=(Fa+M_B)\beta$	5	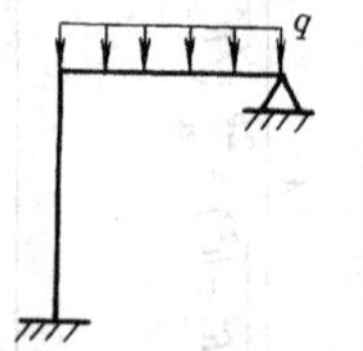	$M_A=-\frac{M_B}{2}$ $M_B=-\frac{ql^2}{2N}$
2	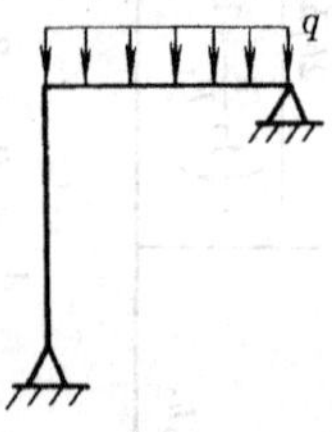	$M_B=-\frac{ql^2}{8N}$	6	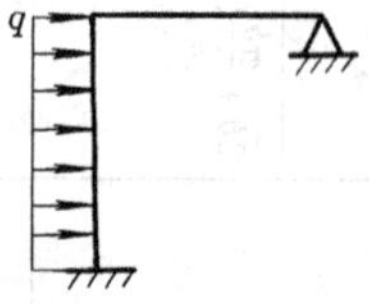	$M_A=-\frac{qh^2(k+2)}{4N}$ $M_B=-\frac{qh^2k}{4N}$
	$k=\frac{I_2}{I_1}\cdot\frac{h}{l}$，$N=3k+4$			$k=\frac{I_2}{I_1}\cdot\frac{h}{l}$，$N=k+1$	
3	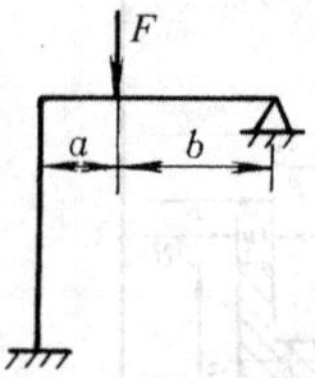	$\beta=\frac{b}{l}$，$M_A=\frac{Fa\beta(1+\beta)}{N}$ $M_B=-2M_A$ $M_F=(Fa-M_B)\beta$	7	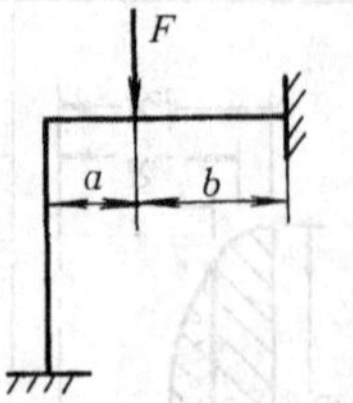	$\beta=b/l$，$M_A=\frac{Fab\beta}{2lN}$ $M_B=-2M_A$ $M_C=-\frac{Fab}{l}\times\left[\frac{(2-\beta)k+2(1-\beta)}{2N}\right]$ $M_F=\frac{Fab}{l}+\beta M_B+(1-\beta)M_C$
4	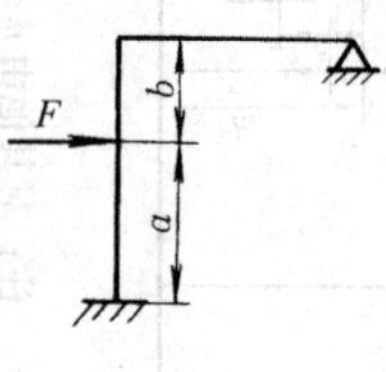	$M_A=-\frac{Fab}{h}\cdot\frac{3\beta k+2(1+\beta)}{N}$ $M_B=-\frac{Fab}{h}\cdot\frac{3(1-\beta)k}{N}$ $M_F=\frac{Fab}{h}+\beta M_A+(1-\beta)M_B$ $\beta=b/h$	8	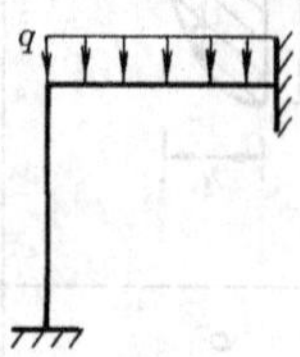	$M_A=-\frac{M_B}{2}$ $M_B=-\frac{ql^2}{12N}$ $M_C=-\frac{ql^2(3k+2)}{24N}$

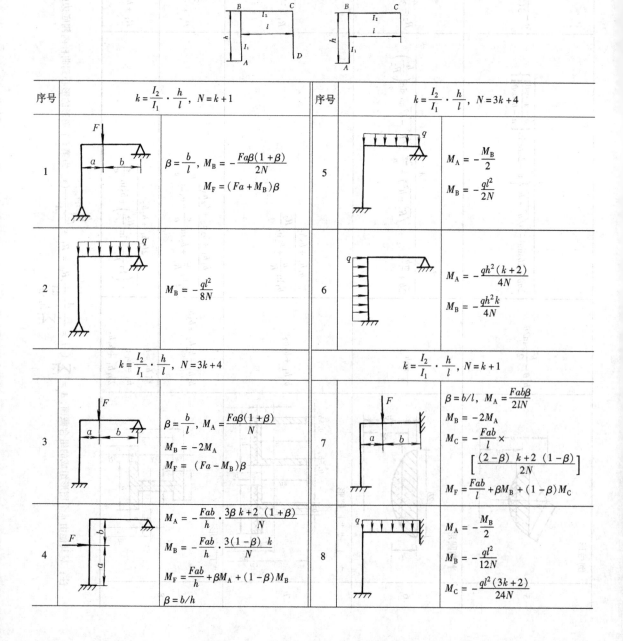

（续）

序号	$k=\frac{I_2}{I_1}\cdot\frac{h}{l}$，$N=2k+3$	
9	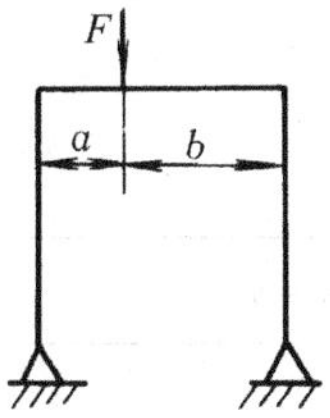	$M_B=M_C=-\frac{Fab}{l}\cdot\frac{3}{2N}$ $M_F=\frac{(3+4k)}{2N}\cdot\frac{Fab}{l}$
10	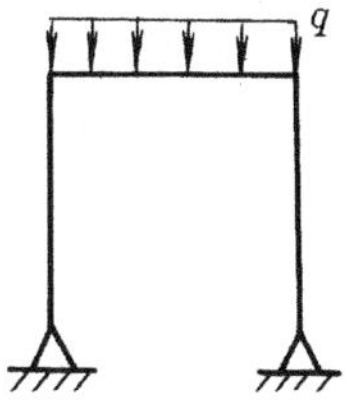	$M_B=M_C=-\frac{ql^2}{4N}$ $M_{max}=(1+2k)\frac{ql^2}{8N}$
11	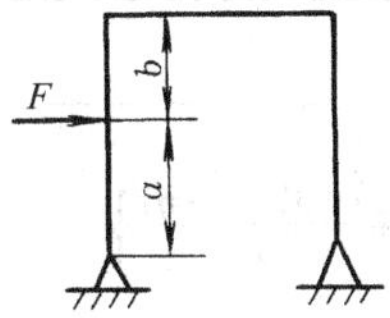	$\beta=\frac{b}{h}$ $M_B=\frac{Fa}{2}\left[-\frac{(2-\beta)\beta k}{N}+1\right]$ $M_C=\frac{Fa}{2}\left[-\frac{(2-\beta)\beta k}{N}-1\right]$ $M_F=(1-\beta)(Fb+M_B)$
12	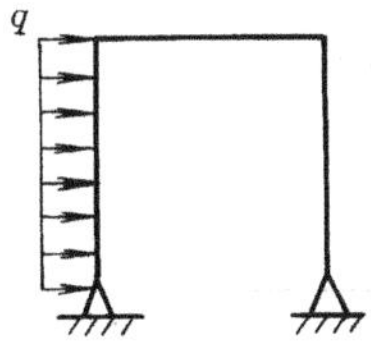	$M_B=\frac{qh^2}{4}\left(-\frac{k}{2N}+1\right)$ $M_C=\frac{qh^2}{4}\left(-\frac{k}{2N}-1\right)$
	$k=\frac{I_2}{I_1}\cdot\frac{h}{l}$，$N_1=k+2$，$N_2=6k+1$，$\beta=\frac{b}{l}$	
13	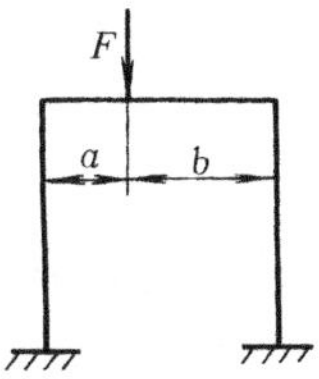	$M_A=\frac{Fab}{l}\left(\frac{1}{2N_1}-\frac{2\beta-1}{2N_2}\right)$ $M_B=-\frac{Fab}{l}\left(\frac{1}{N_1}+\frac{2\beta-1}{2N_2}\right)$ $M_C=-\frac{Fab}{l}\left(\frac{1}{N_1}-\frac{2\beta-1}{2N_2}\right)$ $M_D=\frac{Fab}{l}\left(\frac{1}{2N_1}+\frac{2\beta-1}{2N_2}\right)$

序号	$k=\frac{I_2}{I_1}\cdot\frac{h}{l}$，$N_1=k+2$，$N_2=6k+1$，$\beta=\frac{b}{l}$	
14	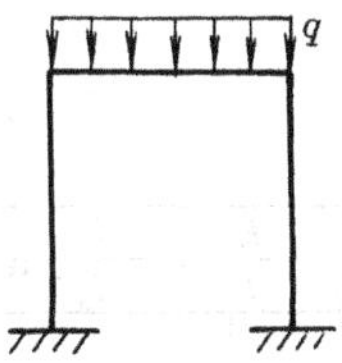	$M_A=M_D=\frac{ql^2}{12N_1}$ $M_B=M_C=-\frac{ql^2}{6N_1}$ $M_{max}=\frac{ql^2}{8}+M_B=\frac{(2+3k)}{24N_1}ql^2$
15	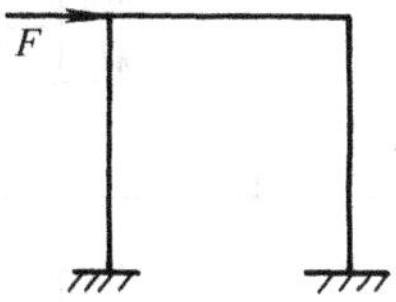	$M_A=-\frac{Fh}{2}\cdot\frac{(3k+1)}{N_2}$ $M_B=\frac{Fh}{2}\cdot\frac{3k}{N_2}$ $M_C=-M_B$ $M_D=-M_A$
16	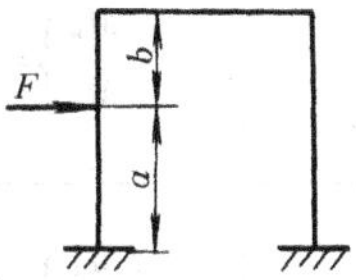	$\left.\begin{matrix}M_A\\M_D\end{matrix}\right\}=-X_1\mp\left(\frac{Fa}{2}-X_3\right)$ $\left.\begin{matrix}M_B\\M_C\end{matrix}\right\}=-X_2\pm X_3$ $X_1=\frac{Fab}{h}\cdot\frac{(1+\beta+\beta k)}{2N_1}$ $X_2=\frac{Fab}{h}\cdot\frac{(1-\beta)k}{2N_1}$ $X_3=\frac{3Fa(1-\beta)k}{2N_2}$
17	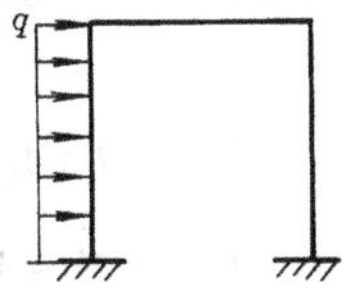	$M_A=\frac{qh^2}{4}\left(-\frac{k+3}{6N_1}-\frac{4k+1}{N_2}\right)$ $M_B=\frac{qh^2}{4}\left(-\frac{k}{6N_1}+\frac{2k}{N_2}\right)$ $M_C=\frac{qh^2}{4}\left(-\frac{k}{6N_1}-\frac{2k}{N_2}\right)$ $M_D=\frac{qh^2}{4}\left(-\frac{k+3}{6N_1}+\frac{4k+1}{N_2}\right)$

（续）

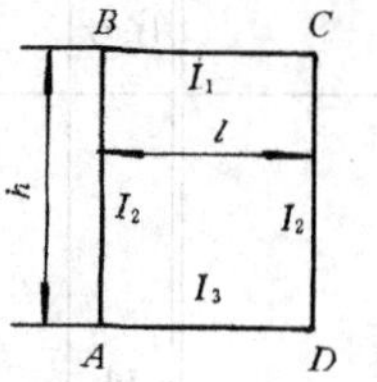

序号		$k=\frac{I_1}{I_2}\cdot\frac{h}{l}$，$m=\frac{I_1}{I_3}$，$\alpha=\frac{x}{l}$，$\nu=(2+k)+\frac{m}{k}(3+2k)$，$\mu=1+6k+m$
18	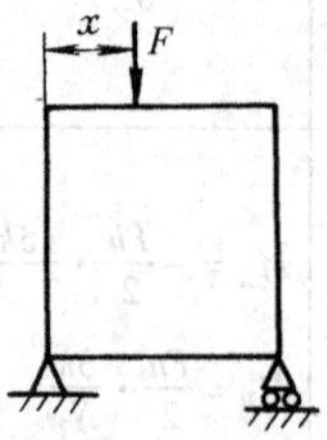	$\left.\begin{matrix}M_A\\M_D\end{matrix}\right\}=\frac{Fl}{2}\alpha(1-\alpha)\left(\frac{1}{\nu}\mp\frac{1-2\alpha}{\mu}\right)$ $\left.\begin{matrix}M_B\\M_C\end{matrix}\right\}=\frac{Fl}{2}\alpha(1-\alpha)\left(-\frac{2k+3m}{k\nu}\mp\frac{1-2\alpha}{\mu}\right)$
19	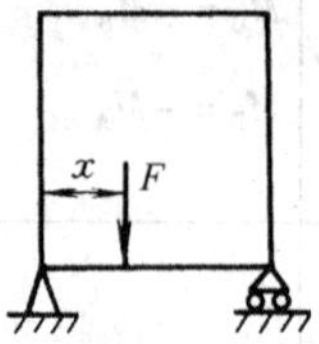	$\left.\begin{matrix}M_A\\M_D\end{matrix}\right\}=\frac{Fl}{2}\alpha(1-\alpha)\,m\left(\frac{3+2k}{k\nu}\pm\frac{1-2\alpha}{\mu}\right)$ $\left.\begin{matrix}M_B\\M_C\end{matrix}\right\}=-\frac{Fl}{2}\alpha(1-\alpha)\,m\left(\frac{1}{\nu}\mp\frac{1-2\alpha}{\mu}\right)$
		$k=\frac{I_1}{I_2}\cdot\frac{h}{l}$，$m=\frac{I_1}{I_3}$，$\nu=(2+k)+\frac{m}{k}(3+2k)$，$\mu=1+6k+m$
20	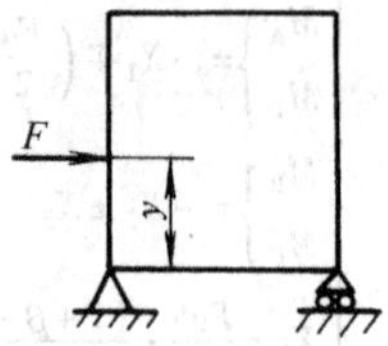	$\eta=\frac{y}{h}$，$\left.\begin{matrix}M_A\\M_D\end{matrix}\right\}=\frac{Fh}{2}\eta\left\{\frac{1-\eta}{\nu}[(1+k)\eta-(2+k)]\mp\frac{1+3k(2-\eta)}{\mu}\right\}$ $\left.\begin{matrix}M_B\\M_C\end{matrix}\right\}=\frac{Fh}{2}\eta\left\{-\frac{1-\eta}{\nu}[(k+m)\eta+m]\pm\frac{3k\eta+m}{\mu}\right\}$
21	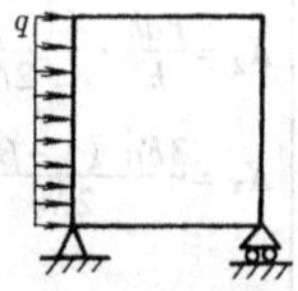	$\left.\begin{matrix}M_A\\M_D\end{matrix}\right\}=\frac{qh^2}{4}\left(-\frac{3+k}{6\nu}\mp\frac{1+4k}{\mu}\right)$ $\left.\begin{matrix}M_B\\M_C\end{matrix}\right\}=\frac{qh^2}{4}\left(-\frac{k+3m}{6\nu}\mp\frac{2k+m}{\mu}\right)$
22	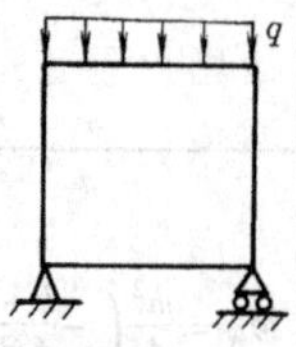	（1）载荷在构件 BC 上 $M_A=M_D=\frac{ql^2}{12}\cdot\frac{1}{\nu}$　　$M_B=M_C=-\frac{ql^2}{12}\cdot\frac{2k+3m}{k\nu}$ （2）载荷在构件 AD 上 $M_A=M_D=\frac{ql^2}{12}\cdot m\cdot\frac{3+2k}{k\nu}$　　$M_B=M_C=-\frac{ql^2}{12}\cdot\frac{m}{\nu}$
23	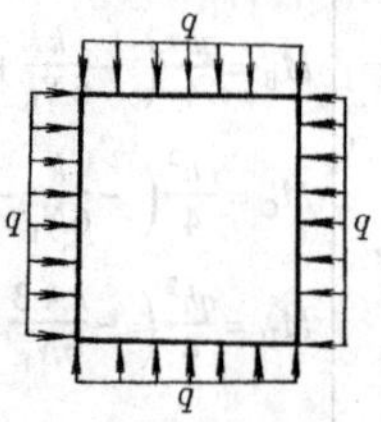	$I_1=I_3$ $M_A=M_B=M_C=M_D=-\frac{q}{12}\cdot\frac{l^2+kh^2}{k+1}$

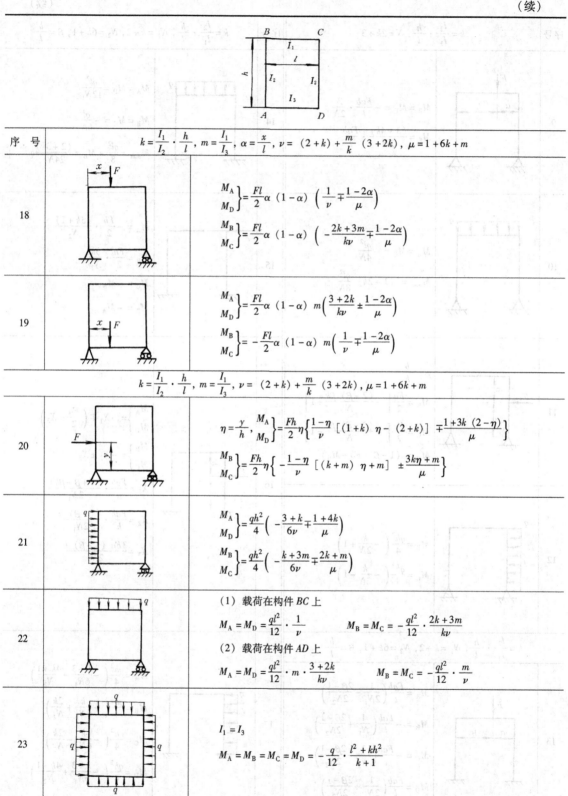

注：引起刚架内侧拉伸的是正弯矩。

表1.4-32　杆结构的冲击和振动应力及位移的计算式（线弹性范围）

类　型	冲击或振动动荷系数 K_d	动应力 σ_d	动位移 Δ_d
自由落体冲击 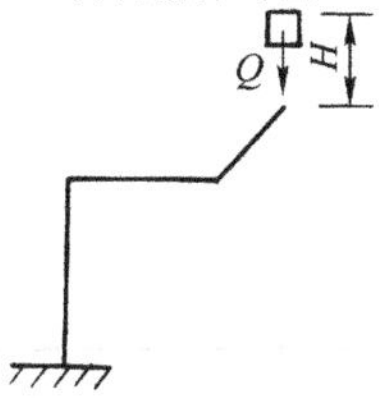	$K_d=1+\sqrt{1+\frac{2H}{\Delta_{st}^*}}$	$\sigma_d=K_d\sigma_{st}$	$\Delta_d=K_d\Delta_{st}$
水平匀速冲击 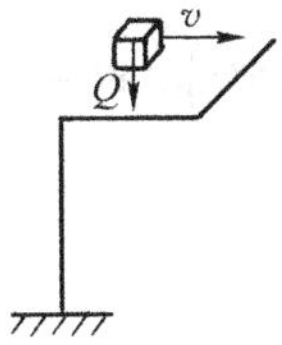	$K_d=\sqrt{\frac{v^2}{g\Delta_{st}^*}}$		
单自由度小阻尼强迫振动（简谐载荷） 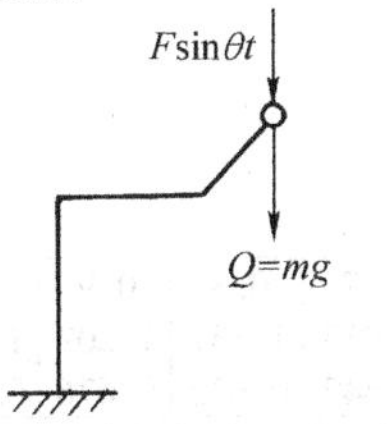	$K_d=1+\beta\frac{\Delta_F}{\Delta_{st}^*}$ $\beta=\frac{1}{\sqrt{\left(\left[1-\frac{\theta^2}{\omega^2}\right)^2+4\left(\frac{n}{\omega}\right)^2\left(\frac{\theta}{\omega}\right)^2\right]}}$	$\sigma_{dmax}=K_d\sigma_{st}$ $\sigma_{dmin}=\left(1-\beta\frac{\Delta_F}{\Delta_{st}^*}\right)\sigma_{st}$	$\Delta_{dmax}=K_d\Delta_{st}$ $\Delta_{dmin}=\left(1-\beta\frac{\Delta_F}{\Delta_{st}^*}\right)\Delta_{st}$
符号含义：Δ_{st}^*、Δ_{st}—在冲击点（或集中质量 m 处）沿冲击（或振动）方向，在静载 Q 作用下，于该处及所求点所产生的静位移；Δ_F—在最大干扰力 F 静载作用下，在集中质量 m 处沿振动方向产生的位移；σ_{st}—在冲击点（或集中质量 m 处）静载 Q 作用下，于所求点所产生的静应力；$\omega=\sqrt{\frac{k}{m}}$结构的固有频率；$k$—结构的刚度（在冲击点或集中质量 m 处，沿冲击或振动方向产生单位位移所需的力）；θ—简谐载荷的圆频率；n—阻尼系数			

注：1. 表中计算式适用于单杆、折杆、刚架和桁架等各种杆结构。

2. 表中 K_d 的计算略去了杆结构的质量。

8　薄板小挠度弯曲时的应力与位移计算公式（线弹性范围）（见表1.4-33～表1.4-36）

表1.4-33　等厚实心圆板的应力和位移（$\nu=0.3$）

序号	载荷，约束条件及下表面的应力分布	应力与位移计算式
		在整个板面作用均布载荷 q
1	周边简支 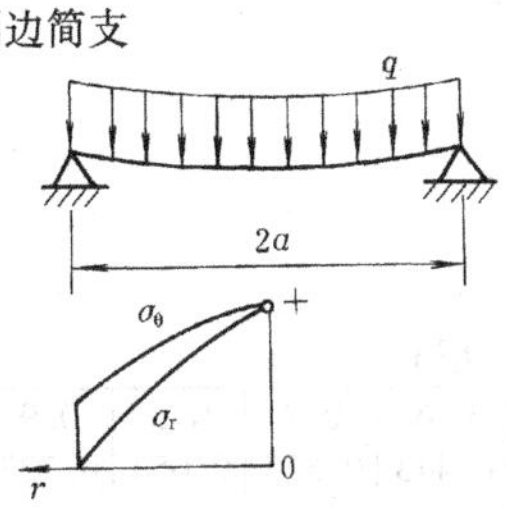	$\sigma_r=\mp1.24\ (1-k^2)\ m^2q$ $\sigma_\theta=\mp1.24\ (1-0.576k^2)\ m^2q$ $\sigma_{max}=(\sigma_r)_{k=0}=(\sigma_\theta)_{k=0}=\mp1.24m^2q$ $w=0.171\ (1-k^2)\ (4.08-k^2)\ m^4\frac{qt}{E}$ $w_{max}=(w)_{k=0}=0.698\frac{qt}{E}m^4$

（续）

<table>
<tr><th>序号</th><th>载荷，约束条件及下表面的应力分布</th><th>应力与位移计算式</th></tr>
<tr><td>2</td><td>周边固定
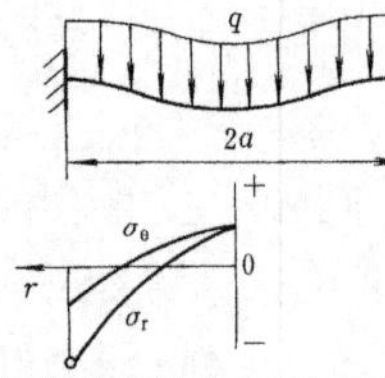</td><td>$\sigma_r = \mp\ (0.488-1.24k^2)\ m^2q$
$\sigma_\theta = \mp\ (0.488-0.713k^2)\ m^2q$
$\sigma_{max} = (\sigma_r)_{k=1} = \pm 0.750m^2q$
$w = 0.171\ (1-k^2)^2 m^4\ \dfrac{qt}{E}$
$w_{max} = (w)_{k=0} = 0.171m^4\ \dfrac{qt}{E}$</td></tr>
<tr><td colspan="3">在半径为 b 的同心圆域内作用均布载荷 q</td></tr>
<tr><td>3</td><td>周边简支
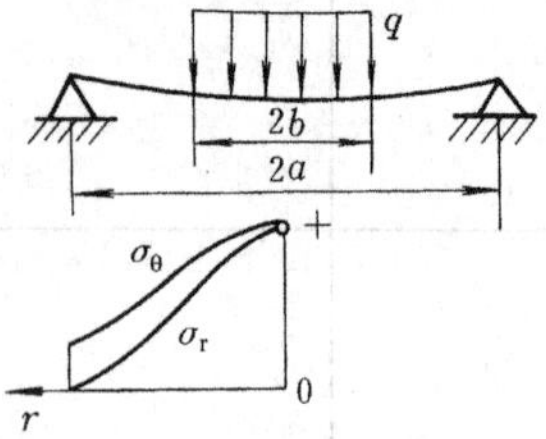</td><td>当 $0 \leqslant k \leqslant K$：
$\sigma_r = \mp\ (1.5K^2-0.263K^4-1.95K^2\ln K-1.24k^2)\ m^2q$
$\sigma_\theta = \sigma_r + 0.525m^2qk^2$
$w = \left[0.171k^4-(1.05-0.184K^2)\ k^2K^2+\left(1.37\dfrac{k^2}{K^2}+0.683\right)K^4\ln K+1.73K^2-1.04K^4\right]m^4qt/E$
当 $K \leqslant k \leqslant 1$：
$\sigma_r = \mp\ [0.263\ (1/k^2-1)\ K^4-1.95K^2\ln k]\ m^2q$
$\sigma_\theta = \mp\ [-1.5K^2-0.263\ (1/k^2+1)\ K^4-1.95K^2\ln k]\ m^2q$
$w = \left[0.263\ (1-k^2)\ (6.6/K^2-0.7)+0.683\left(1+\dfrac{2k^2}{K^2}\right)\ln k\right]\dfrac{K^4m^4qt}{E}$
在中心（$k=0$）：
$\sigma_r = \sigma_\theta = \mp\alpha m^2q$
（$\alpha = 1.5K^2-0.263K^4-1.95K^2\ln K$）
$w = w_{max} = \beta m^4\ \dfrac{qt}{E}$
（$\beta = 1.73K^2-1.04K^4+0.683K^4\ln K$）
<table>
<tr><td>K</td><td>0.1</td><td>0.2</td><td>0.3</td><td>0.4</td><td>0.5</td><td>0.6</td><td>0.7</td><td>0.8</td><td>0.9</td><td>1.0</td></tr>
<tr><td>α</td><td>0.060</td><td>0.185</td><td>0.344</td><td>0.519</td><td>0.697</td><td>0.865</td><td>1.013</td><td>1.137</td><td>1.209</td><td>1.238</td></tr>
<tr><td>β</td><td>0.017</td><td>0.066</td><td>0.141</td><td>0.235</td><td>0.339</td><td>0.444</td><td>0.542</td><td>0.622</td><td>0.676</td><td>0.696</td></tr>
</table></td></tr>
<tr><td>4</td><td>周边固定
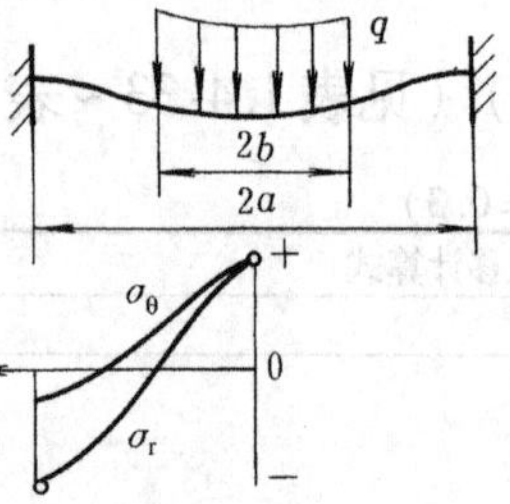</td><td>当 $0 \leqslant k \leqslant K$：
$\sigma_r = \mp\ [0.488\ (K^4-4K^2\ln K)-1.24k^2]\ m^2q$
$\sigma_\theta = \mp\ [0.488\ (K^4-4K^2\ln K)-0.713k^2]\ m^2q$
$w = \left[0.171k^4-0.341k^2K^4+0.683K^4\left(1+\dfrac{2k^2}{K^2}\right)\times\ln K+0.683K^2-0.512K^4\right]m^4\ \dfrac{q}{E}t$
当 $K \leqslant k \leqslant 1$：
$\sigma_r = \mp\left[0.488\ (K^2-4\ln k)+0.263\dfrac{K^2}{k^2}-1.5\right]K^2m^2q$
$\sigma_\theta = \mp\left[0.488\ (K^2-4\ln k)-0.263\dfrac{K^2}{k^2}-0.45\right]K^2m^2q$
$w = 0.683K^4\left[\dfrac{(1-k^2)}{K^2}-0.5k^2+\left(1+\dfrac{2k^2}{K^2}\right)\ln k+0.5\right]\dfrac{m^4qt}{E}$
在中心（$k=0$）；当 $K<0.569$：
$\sigma_r = \sigma_\theta = \sigma_{max} = \mp\alpha m^2q$
（$\alpha = 0.488\ (K^2-4\ln K)\ K^2$）
当 $K>0.569$：
$\sigma_{max} = (\sigma_r)_{k=1} = \pm\alpha m^2q$
$\alpha = 1.5K^2-0.75K^4$
$w = w_{max} = \beta m^4\ \dfrac{qt}{E}$
（$\beta = (0.683-0.512K^2+0.683K^2\ln K)\ K^2$）
<table>
<tr><td>K</td><td>0.1</td><td>0.2</td><td>0.3</td><td>0.4</td><td>0.5</td><td>0.6</td><td>0.7</td><td>0.8</td><td>0.9</td><td>1.0</td></tr>
<tr><td>α</td><td>0.045</td><td>0.126</td><td>0.215</td><td>0.298</td><td>0.368</td><td>0.443</td><td>0.555</td><td>0.653</td><td>0.723</td><td>0.750</td></tr>
<tr><td>β</td><td>0.017</td><td>0.025</td><td>0.051</td><td>0.080</td><td>0.109</td><td>0.134</td><td>0.153</td><td>0.165</td><td>0.170</td><td>0.171</td></tr>
</table></td></tr>
</table>

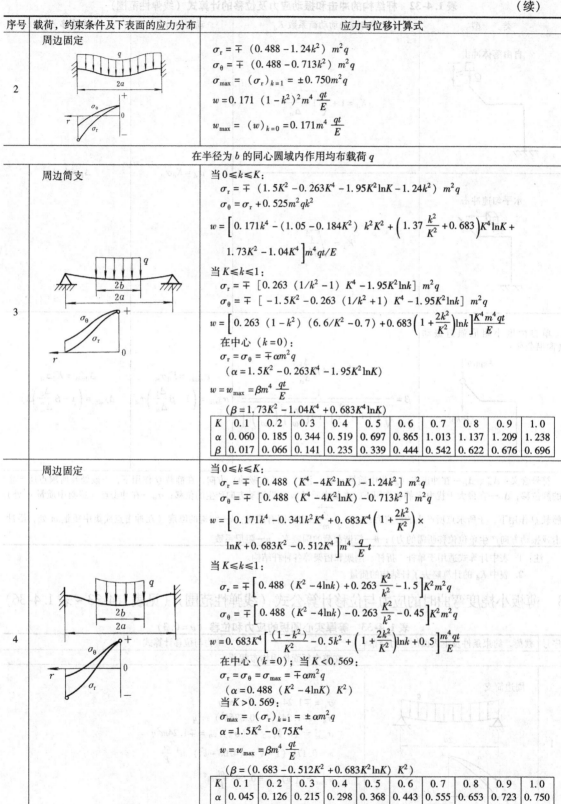

（续）

序号	载荷，约束条件及下表面的应力分布	应力与位移计算式

在板的中心作用集中力 F

5　周边简支

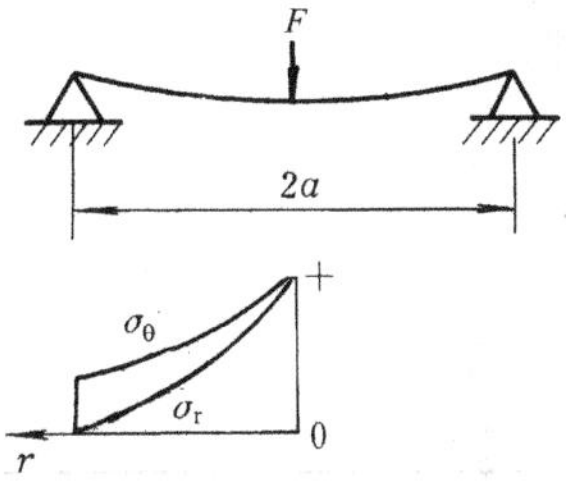

$$\sigma_r = \mp \left(0.621\ln\frac{1}{k}\right)\frac{F}{t^2}$$

$$\sigma_\theta = \mp \left(0.334 - 0.621\ln k\right)\frac{F}{t^2}$$

$$\sigma_{max} = \left(\sigma_r\right)_{\substack{k=0\\下面}} = \left(\sigma_\theta\right)_{\substack{k=0\\下面}} = \left(1.153 + 0.631\ln m\right)\frac{F}{t^2}$$

$$w = \left[0.551\left(1-k^2\right) + 0.434k^2\ln k\right]m^2\frac{F}{Et}$$

$$w_{max} = w_{k=0} = 0.551m^2\frac{F}{Et}$$

6　周边固定

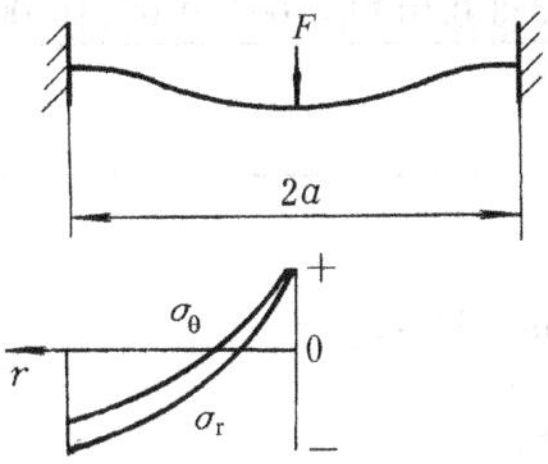

$$\sigma_r = \mp \left(0.621\ln\frac{1}{k} - 0.477\right)\frac{F}{t^2}$$

$$\sigma_\theta = \mp \left(0.621\ln\frac{1}{k} - 0.143\right)\frac{F}{t^2}$$

$$\sigma_{max} = \left(\sigma_r\right)_{\substack{k=0\\下面}} = \left(\sigma_\theta\right)_{\substack{k=0\\下面}} = \left(0.631\ln m + 0.676\right)\frac{F}{t^2}$$

$$\left(\sigma_r\right)_{k=1} = \pm 0.477\frac{F}{t^2}$$

$$w = 0.217\left[1 - \left(1 - 2\ln k\right)k^2\right]m^2\frac{F}{Et}$$

$$w_{max} = w_{k=0} = 0.217m^2\frac{F}{Et}$$

说　明	σ_r、σ_θ—板上、下表面处的径向与周向弯曲应力，式前的"$+$""$-$"号中，上面的指上板面，下面的指下板面；w—挠度，向下为正；r—所求点半径；$k = \dfrac{r}{a}$；$K = \dfrac{b}{a}$；$m = \dfrac{a}{t}$；t—板厚

表 1.4-34　等厚圆环板的应力与位移（$\nu = 0.3$）

序号	载荷，约束条件及下表面的应力分布	应力与位移计算式

在整个板面作用均布载荷

$$\sigma_r = \pm \left[1.24k^2 + 1.95\left(A - \ln k\right)C - 0.263\left(2C + BD/k^2\right)\right]m^2 q$$

$$\sigma_\theta = \pm \left[0.713k^2 + 1.95\left(A - \ln k\right)C + 0.263\left(2C + BD/k^2\right)\right]m^2 q$$

对内边自由，外边简支；内边自由，外边固定；内边可动固定，外边简支；内边可动固定，外边固定等情况：

$$w = 0.171\left[1 - k^4 + 8\left(A+1\right)\left(1-k^2\right)K^2 - 4\left(B - 2K^2k^2\right)\ln k\right]m^4\frac{qt}{E}$$

对内边简支、外边自由和内边固定、外边自由的情况：

$$w = 0.171\left\{\left[K^2 + k^2 + 8\left(A+1-\ln k\right)\right]\left(k^2 - K^2\right) - 4\left(B + 2K^2\right)\ln\frac{k}{K}\right\}\frac{m^4 qt}{E}$$

1　内边自由，外边简支

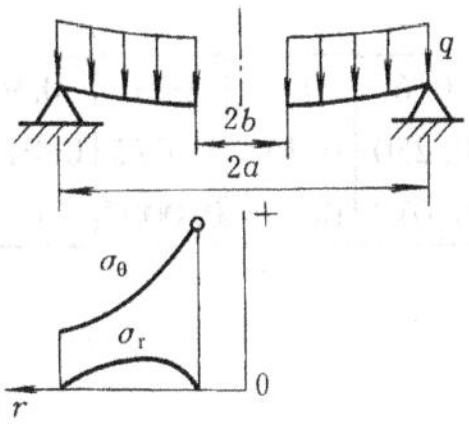

$$A = \frac{K^2}{K^2-1}\ln K - 0.365 - 0.635/K^2 \qquad B = 7.43\frac{K^4}{K^2-1}\ln K - 4.71K^2$$

$$C = K^2, \qquad D = 1 \qquad \sigma_{max} = \left(\sigma_\theta\right)_{k=K} = \mp\alpha m^2 q \qquad w_{max} = w_{k=K} = \beta m^4\frac{q}{E}t$$

K	0	0.1	0.2	0.3	0.4	0.5	0.6	0.7	0.8	0.9	1.0
α	2.475	2.379	2.192	1.964	1.710	1.443	1.165	0.881	0.592	0.298	0
β	0.696	0.750	0.813	0.831	0.787	0.682	0.530	0.354	0.184	0.053	0

（续）

<table>
<tr><th>序号</th><th>载荷，约束条件及下表面的应力分布</th><th>应力与位移计算式</th></tr>
<tr><td>2</td><td>内边自由，外边固定
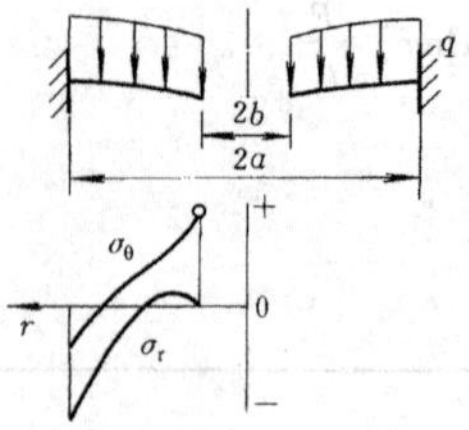
</td><td>

$A=-\frac{1}{2.8+5.2K^2}[0.7(2+1/K^2)+(1.9-5.2\ln K)K^2]$

$B=\frac{-K^2}{0.7+1.3K^2}[1.3(1+4K^2\ln K)+0.7K^2]$

$C=K^2$，$D=1$

当 $K<0.168$，$\sigma_{\max}=(\sigma_\theta)_{k=K}=\mp\alpha m^2 q$

当 $K>0.168$，$\sigma_{\max}=(\sigma_r)_{k=1}=\pm\alpha m^2 q$

$w_{\max}=w_{k=K}=\beta m^4\frac{q}{E}t$

<table>
<tr><td>K</td><td>0</td><td>0.1</td><td>0.2</td><td>0.3</td><td>0.4</td><td>0.5</td><td>0.6</td><td>0.7</td><td>0.8</td><td>0.9</td><td>1.0</td></tr>
<tr><td>α</td><td>0.975</td><td>0.869</td><td>0.730</td><td>0.681</td><td>0.596</td><td>0.480</td><td>0.348</td><td>0.217</td><td>0.105</td><td>0.028</td><td>0</td></tr>
<tr><td>β</td><td>0.171</td><td>0.181</td><td>0.175</td><td>0.144</td><td>0.100</td><td>0.058</td><td>0.0130</td><td>0.009</td><td>0.002</td><td>0.001</td><td>0</td></tr>
</table>
</td></tr>
<tr><td>3</td><td>内边可动固定，外边简支
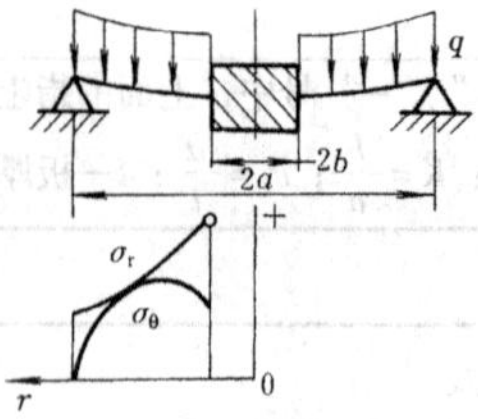
</td><td>

$A=-\frac{1}{5.2+2.8K^2}\{3.3/K^2+0.7[(3-4\ln K)K^2-2]\}$

$B=\frac{K^2}{1.3+0.7K^2}[3.3-(5.3-5.2\ln K)K^2]$

$C=K^2$，$D=1$

$\sigma_{\max}=(\sigma_r)_{k=K}=\mp\alpha m^2 q$

$w_{\max}=w_{k=K}=\beta m^4\frac{q}{E}t$

<table>
<tr><td>K</td><td>0</td><td>0.1</td><td>0.2</td><td>0.3</td><td>0.4</td><td>0.5</td><td>0.6</td><td>0.7</td><td>0.8</td><td>0.9</td><td>1.0</td></tr>
<tr><td>α</td><td>1.904</td><td>1.802</td><td>1.585</td><td>1.311</td><td>1.017</td><td>0.733</td><td>0.481</td><td>0.282</td><td>0.122</td><td>0.030</td><td>0</td></tr>
<tr><td>β</td><td>0.696</td><td>0.628</td><td>0.493</td><td>0.343</td><td>0.211</td><td>0.113</td><td>0.050</td><td>0.017</td><td>0.003</td><td>0.0002</td><td>0</td></tr>
</table>
</td></tr>
<tr><td>4</td><td>内边可动固定，外边固定
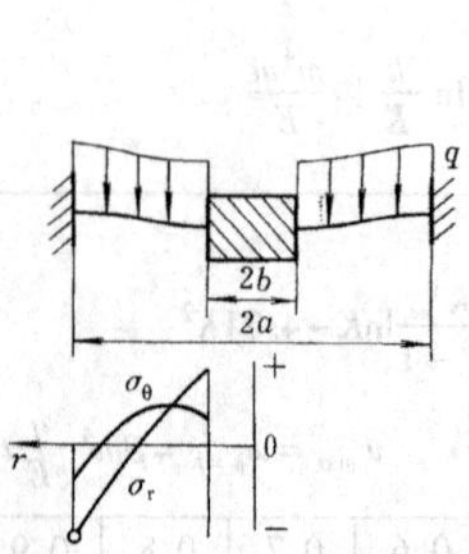
</td><td>

$A=-0.25(3+1/K^2)-\frac{K^2}{1-K^2}\ln K$

$B=\left(1+\frac{4K^2}{1-K^2}\ln K\right)K^2$

$C=K^2$，$D=1$

$\sigma_{\max}=(\sigma_r)_{k=1}=\pm\alpha m^2 q$

$w_{\max}=w_{k=K}=\beta m^4\frac{q}{E}t$

<table>
<tr><td>K</td><td>0</td><td>0.1</td><td>0.2</td><td>0.3</td><td>0.4</td><td>0.5</td><td>0.6</td><td>0.7</td><td>0.8</td><td>0.9</td><td>1.0</td></tr>
<tr><td>α</td><td>0.750</td><td>0.728</td><td>0.668</td><td>0.580</td><td>0.474</td><td>0.361</td><td>0.250</td><td>0.151</td><td>0.072</td><td>0.017</td><td>0</td></tr>
<tr><td>β</td><td>0.171</td><td>0.150</td><td>0.112</td><td>0.075</td><td>0.044</td><td>0.023</td><td>0.010</td><td>0.003</td><td>0.0007</td><td>0</td><td>0</td></tr>
</table>
</td></tr>
</table>

（续）

序号	载荷，约束条件及下表面的应力分布	应力与位移计算式
5	内边简支，外边自由	$A = \dfrac{-K^2}{1-K^2}\ln K - 0.365 - 0.635K^2$ $B = 4.71K^2 + 7.43\dfrac{K^2}{1-K^2}\ln K$ $C = 1,\ D = -1$ $\sigma_{\max} = (\sigma_\theta)_{k=K} = \pm\alpha m^2 q$ $w_{\max} = w_{k=1} = \beta m^4\dfrac{q}{E}t$

K	0	0.1	0.2	0.3	0.4	0.5	0.6	0.7	0.8	0.9	1.0
α	—	7.641	5.092	3.688	2.745	2.048	1.499	1.045	0.656	0.312	0
β	1.037	1.217	1.309	1.265	1.117	0.902	0.656	0.412	0.202	0.055	0

| 6 | 内边固定，外边自由 | $A = -\dfrac{1}{5.2+2.8K^2}\left[1.9+0.7\left(2+K^2-4\ln K\right)K^2\right]$
 $B = \dfrac{K^2}{1.3+0.7K^2}\left[0.7+1.3\left(K^2-4\ln K\right)\right]$
 $C = 1,\ D = -1$
 $\sigma_{\max} = (\sigma_r)_{k=K} = \pm\alpha m^2 q$
 $w_{\max} = w_{k=1} = \beta m^4\dfrac{q}{E}t$ |

K	0	0.1	0.2	0.3	0.4	0.5	0.6	0.7	0.8	0.9	1.0
α	—	5.787	3.680	2.462	1.633	1.041	0.618	0.324	0.135	0.032	0
β	1.037	0.827	0.560	0.347	0.193	0.094	0.038	0.012	0.002	0.0001	0

在内周边上作用均布载荷，其合力为 F

$$\sigma_r = \mp\left[0.621\left(A-\ln k\right)-0.167\left(1-B/k^2\right)\right]\dfrac{F}{t^2}$$

$$\sigma_\theta = \mp\left[0.621\left(A-\ln k\right)+0.167\left(1-B/k^2\right)\right]\dfrac{F}{t^2}$$

$$w = 0.434\left[\left(1+A\right)\left(1-k^2\right)+\left(B+k^2\right)\ln k\right]m^2\dfrac{F}{Et}$$

| 77 | 内边自由，外边简支 | $A = 0.269 - \dfrac{K^2}{1-K^2}\ln K$
 $B = 3.71\dfrac{K^2}{1-K^2}\ln K$
 $\sigma_{\max} = (\sigma_\theta)_{k=K} = \mp\alpha\dfrac{F}{t^2}$
 $w_{\max} = w_{k=K} = \beta m^2\dfrac{F}{Et}$ |

K	0	0.1	0.2	0.3	0.4	0.5	0.6	0.7	0.8	0.9	1.0
α	—	3.222	2.415	1.977	1.688	1.482	1.325	1.202	1.104	1.023	0.955
β	0.550	0.632	0.704	0.733	0.721	0.672	0.590	0.478	0.341	0.181	0

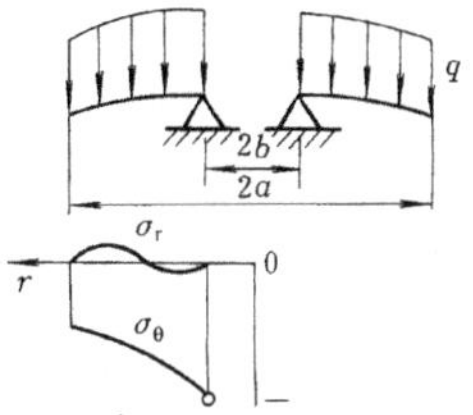

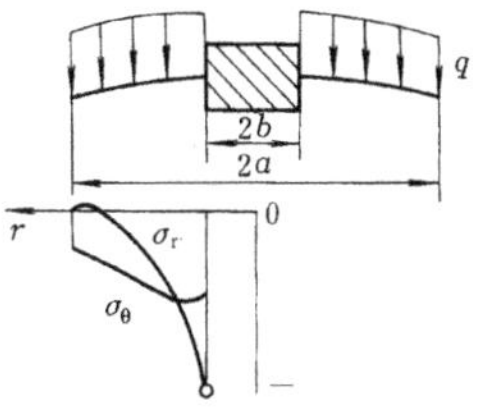

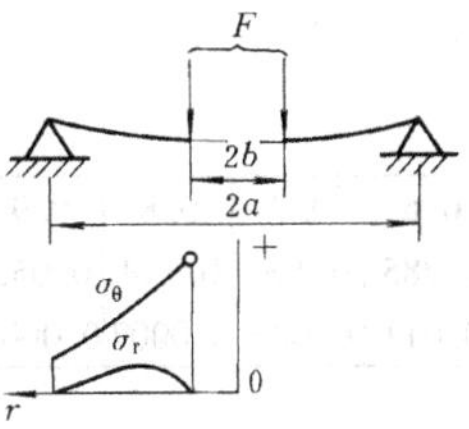

（续）

序号	载荷，约束条件及下表面的应力分布	应力与位移计算式

8　内边自由，外边固定

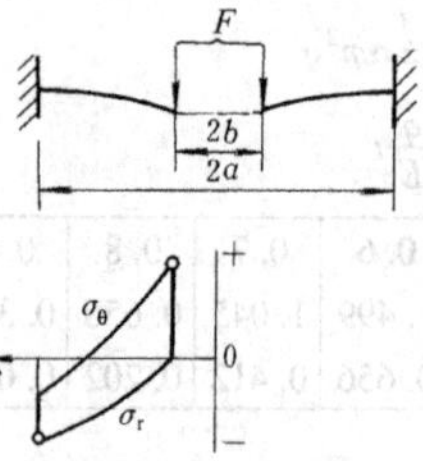

$$A=\frac{1}{0.538+K^2}\left[K^2\ln K-0.269\ (1-K^2)\right]$$

$$B=\frac{2K^2}{0.538+K^2}\ (\ln K+0.769)$$

当 $K<0.385$，$\sigma_{\max}=(\sigma_\theta)_{k=K}=\mp\alpha\dfrac{F}{t^2}$

当 $K>0.385$，$\sigma_{\max}=(\sigma_r)_{k=1}=\pm\alpha\dfrac{F}{t^2}$

$$w_{\max}=w_{k=K}=\beta m^2\frac{F}{Et}$$

K	0	0.1	0.2	0.3	0.4	0.5	0.6	0.7	0.8	0.9	1.0
α	—	2.203	1.305	0.797	0.510	0.454	0.379	0.290	0.194	0.097	0
β	0.217	0.247	0.238	0.191	0.123	0.081	0.042	0.017	0.005	0.001	0

9　内边可动固定，外边简支

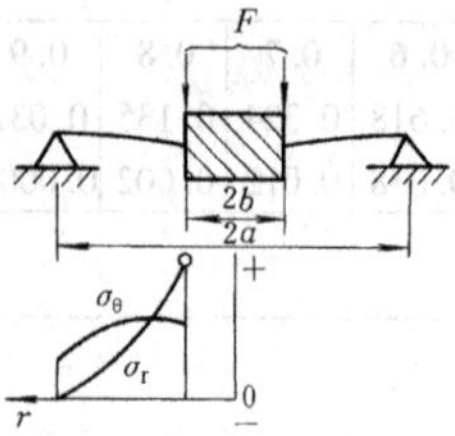

$$A=\frac{1}{3.71+2K^2}\left[1-\ (1-2\ln K)\ K^2\right]$$

$$B=\frac{2K^2}{1.3+0.7K^2}\ (1-1.3\ln K)$$

$$\sigma_{\max}=(\sigma_r)_{k=K}=\mp\alpha\frac{F}{t^2}$$

$$w_{\max}=w_{k=K}=\beta m^2\frac{F}{Et}$$

K	0	0.1	0.2	0.3	0.4	0.5	0.6	0.7	0.8	0.9	1.0
α	—	2.440	1.746	1.320	1.004	0.753	0.546	0.373	0.227	0.104	0
β	0.551	0.468	0.352	0.241	0.153	0.088	0.044	0.018	0.005	0.0006	0

10　内边可动固定，外边固定

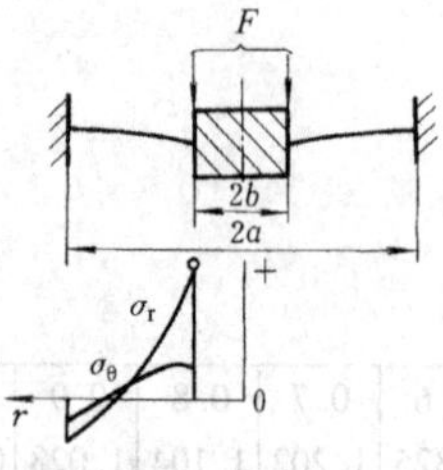

$$A=\frac{-K^2}{1-K^2}\ln K-0.5,\quad B=\frac{-2K^2}{1-K^2}\ln K$$

$$\sigma_{\max}=(\sigma_r)_{k=K}=\mp\alpha\frac{F}{t^2}$$

$$w_{\max}=w_{k=K}=\beta m^2\frac{F}{Et}$$

K	0	0.1	0.2	0.3	0.4	0.5	0.6	0.7	0.8	0.9	1.0
α	—	1.744	1.123	0.786	0.564	0.405	0.285	0.190	0.114	0.052	0
β	0.217	0.169	0.115	0.073	0.044	0.024	0.011	0.005	0.0007	0.0002	0

注：符号表示与表 1.4-33 同。

表 1.4-35　等厚矩形板的应力与位移（$\nu=0.3$）

序号	约束条件，σ_{max}、w_{max}位置	α、β系数值

在整个板面上作用均布载荷 q

$$\sigma_{max}=\alpha\left(\frac{b}{t}\right)^2 q,\qquad w_{max}=\beta\left(\frac{b}{t}\right)^4\frac{q}{E}t$$

1　四边简支

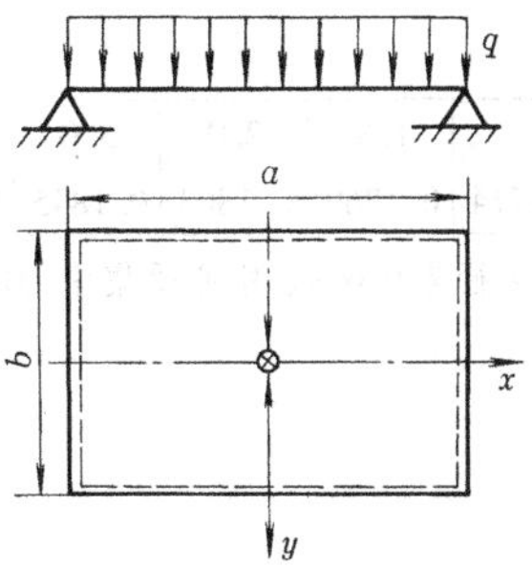

a/b	1.0	1.1	1.2	1.3	1.4	1.5	1.6
α	0.2874	0.3318	0.3756	0.4158	0.4518	0.4872	0.5172
β	0.0443	0.0530	0.0616	0.0697	0.0770	0.0843	0.0906
a/b	1.7	1.8	1.9	2.0	3.0	4.0	∞
α	0.5448	0.5688	0.5910	0.6102	0.7134	0.7410	0.7500
β	0.0964	0.1017	0.1064	0.1106	0.1336	0.1400	0.1422

2　四边固定

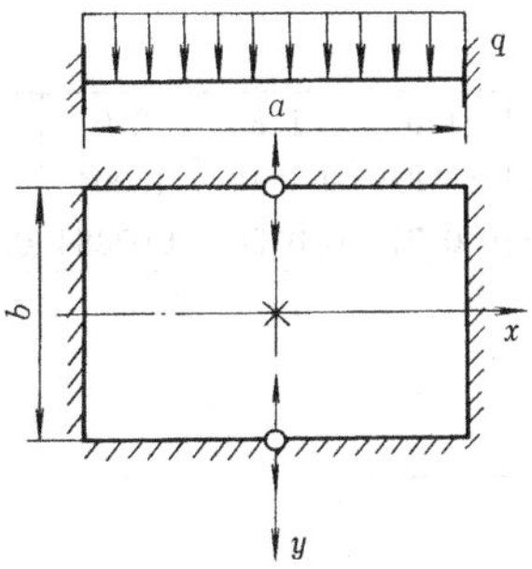

a/b	1.0	1.2	1.4	1.6	1.8	2.0	∞
α	0.3078	0.3834	0.4356	0.4680	0.4872	0.4974	0.5000
β	0.0138	0.0188	0.0226	0.0251	0.0267	0.0277	0.0284

3　一对边简支，另一对边固定

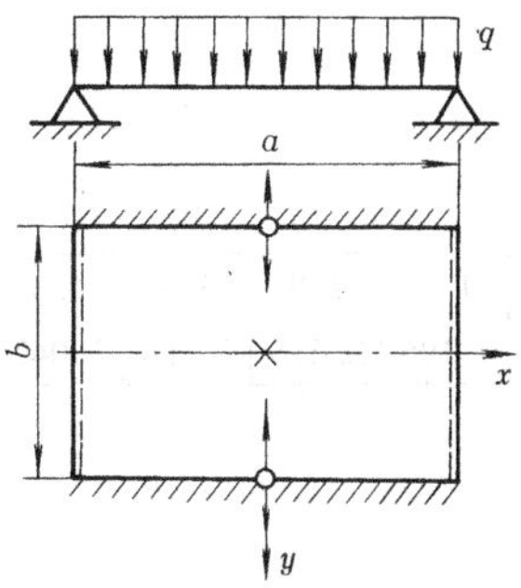

a/b	0	0.5	1/1.8	1/1.6	1/1.4	1/1.2	1.0
α	0.750	0.7146	0.6912	0.6540	0.5988	0.5208	0.4182
β	0.1422	0.0922	0.0800	0.0658	0.0502	0.0349	0.0210
a/b	1.2	1.4	1.6	1.8	2.0	∞	
α	0.4626	0.4860	0.4968	0.4971	0.4973	0.5000	
β	0.0243	0.0262	0.0273	0.0280	0.0283	0.0285	

当 $a/b<1$：　$\sigma_{max}=\alpha\left(\frac{a}{t}\right)^2 q,\quad w_{max}=\beta\left(\frac{a}{t}\right)^4\frac{q}{E}t$

4　三边简支，一边自由

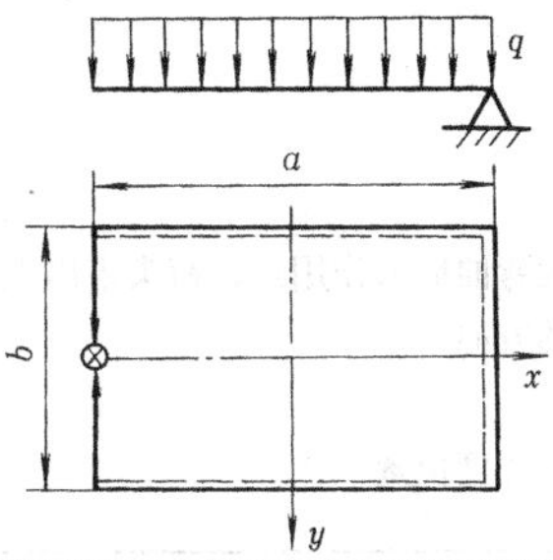

a/b	1/2	2/3	1.0	1.5	2.0	3.0	4.0
α	0.36	0.50	0.67	0.768	0.79	0.798	0.80
β	0.080	0.106	0.140	0.160	0.165	0.166	0.167

（续）

序号	约束条件，σ_{max}、w_{max}位置	α、β系数值

在板的中心作用集中力 F

$$\sigma_{max}=\alpha\frac{F}{t^2}\qquad w_{max}=\beta\left(\frac{b}{t}\right)^2\frac{F}{Et}$$

5　四边简支

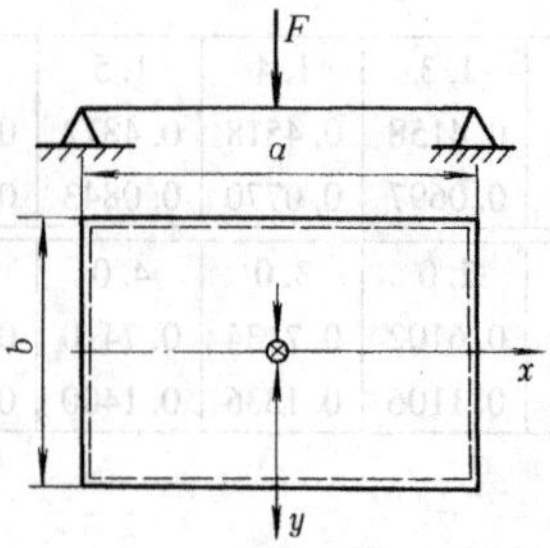

a/b	1.0	1.2	1.4	1.6	1.8	2.0	3.0	∞
β	0.1267	0.1478	0.1621	0.1714	0.1769	0.1803	0.1845	0.1851

载荷作用点附近的应力分布大致与半径为0.64b、中心受集中力的简支圆板相同

6　四边固定

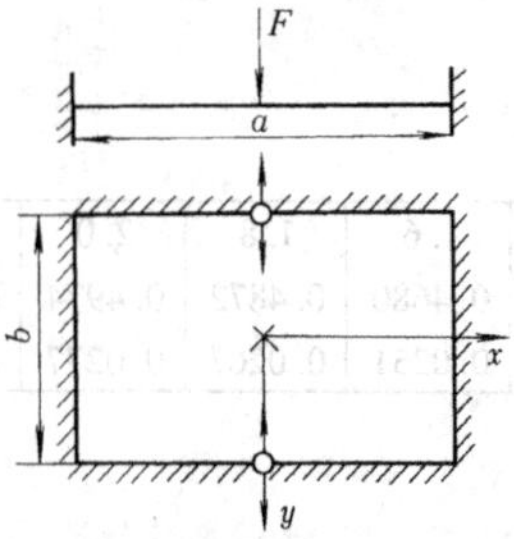

a/b	1.0	1.2	1.4	1.6	1.8	2.0	∞
α	0.7542	0.8940	0.9624	0.9906	1.0000	1.004	1.008
β	0.06115	0.07065	0.07545	0.07775	0.07862	0.07884	0.07917

集中载荷作用在自由边中点

$$\sigma_{max}=\alpha\frac{F}{t^2}\qquad w_{max}=\beta\left(\frac{b}{t}\right)^2\frac{F}{Et}$$

7　受载边自由，一边固定一对边简支

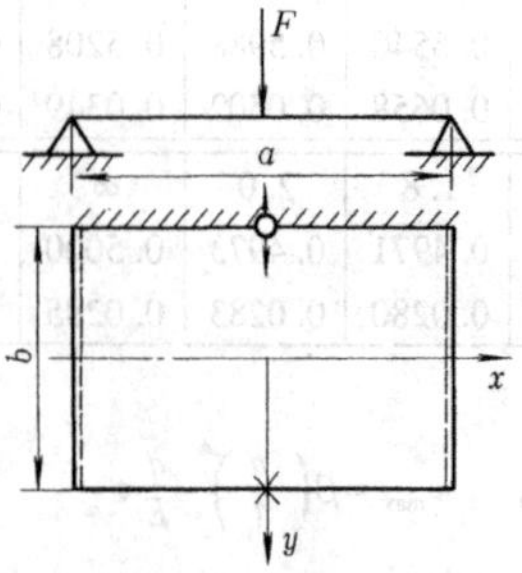

a/b	0.25	0.5	0.667	1.0	1.5	2.0	3.0	4.0	∞
α	0.0002	0.0702	0.2730	0.9780	2.196	2.616	2.988	3.042	3.054

当 $a\gg b$　$\beta=1.835$

说明

σ_{max}—最大弯曲正应力；　w_{max}—最大挠度；　t—板厚

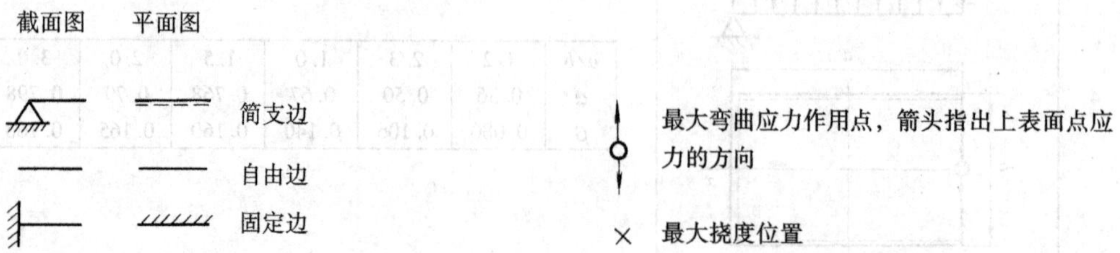

表 1.4-36　等厚椭圆板和三角形板的应力与位移（$\nu = 0.3$）

序号	约束条件，σ_{max}、w_{max} 位置	最大应力与最大位移
	椭圆板，均布载荷 q	

1　周边简支

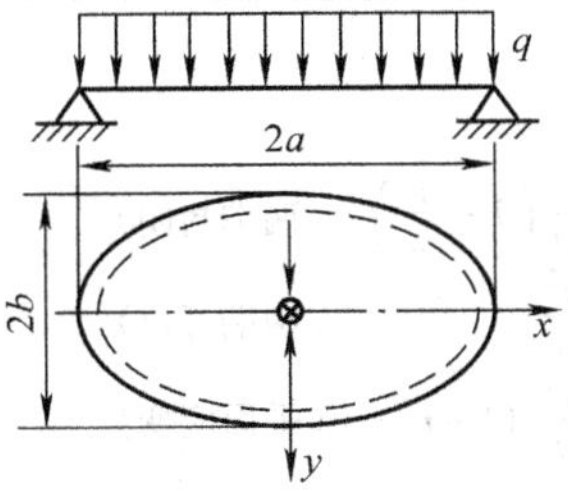

$$\sigma_{max} = \alpha \left(\frac{b}{t}\right)^2 q$$

$$w_{max} = \beta \left(\frac{b}{t}\right)^4 \frac{q}{E}t$$

a/b	1.0	1.1	1.2	1.3	1.4	1.5
α	1.236	1.410	1.566	1.692	1.818	1.926
β	0.70	0.83	0.96	1.07	1.17	1.26

a/b	2.0	3.0	4.0	5.0	∞	
α	2.274	2.598	2.790	2.880	3.000	
β	1.58	1.88	2.02	2.10	2.28	

2　周边固定

$$\sigma_{max} = \alpha \left(\frac{b}{t}\right)^2 q$$

$$\left(\alpha = \frac{6}{\left(3 + \frac{2b^2}{a^2} + \frac{3b^4}{a^4}\right)}\right)$$

$$w_{max} = \beta \left(\frac{b}{t}\right)^4 \frac{q}{E}t$$

$$(\beta = 0.228\alpha)$$

a/b	1.0	1.1	1.2	1.3	1.4	1.5	2.0	3.0	4.0	5.0	∞
α	0.750	0.895	1.028	1.146	1.250	1.334	1.627	1.841	1.913	1.945	2.000
β	0.171	0.204	0.234	0.261	0.284	0.305	0.370	0.419	0.435	0.442	0.455

| | 等边三角形板，均布载荷 | |

3　周边简支

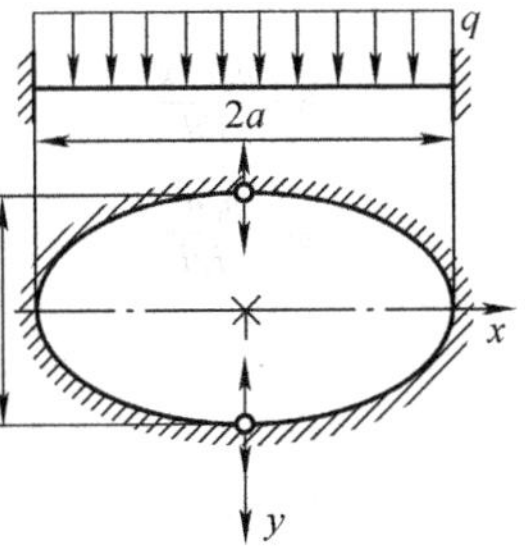

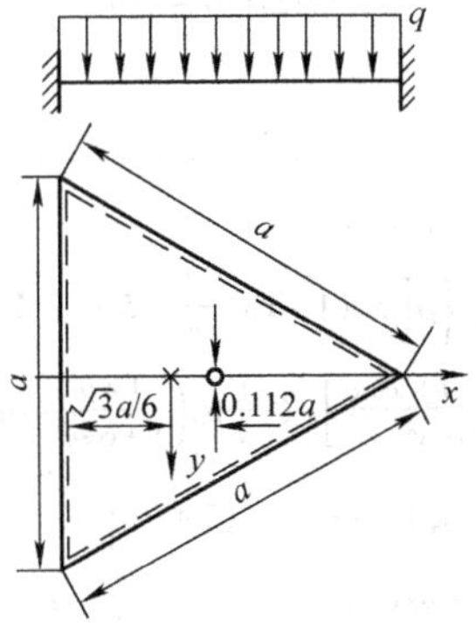

$$\sigma_{max} = 0.1166 \frac{a^2}{t^2} q$$

$$w_{max} = 0.00632 \left(\frac{a}{t}\right)^4 \frac{q}{E}t$$

注：支座约束示意图和符号说明与表 1.4-35 同。

9　薄壳的内力与位移计算公式（线弹性范围）（见表1.4-37～表1.4-40）

表1.4-37　旋转面薄壳的内力与位移（无矩理论）

序号	壳体类型、载荷及边界条件	内　力	位　移
1	圆柱壳、均匀内压 p （$a/t>10$） 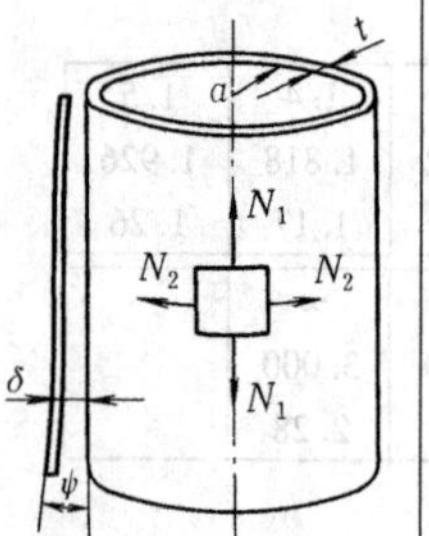 	$N_1=\begin{cases}\frac{pa}{2}（两端封闭）\\ 0（两端开口）\\ \nu pa（平面应变）\end{cases}$ $N_2=pa$	$\delta=\begin{cases}\frac{pa^2}{Et}\left(1-\frac{\nu}{2}\right)（两端封闭）\\ \frac{pa^2}{Et}（两端开口）\\ \frac{pa^2}{Et}(1-\nu^2)（平面应变）\end{cases}$ $\psi=0$
2	两端开口圆柱壳($a/t>10$)，线性变化内压 $p_0\frac{x}{l}$ 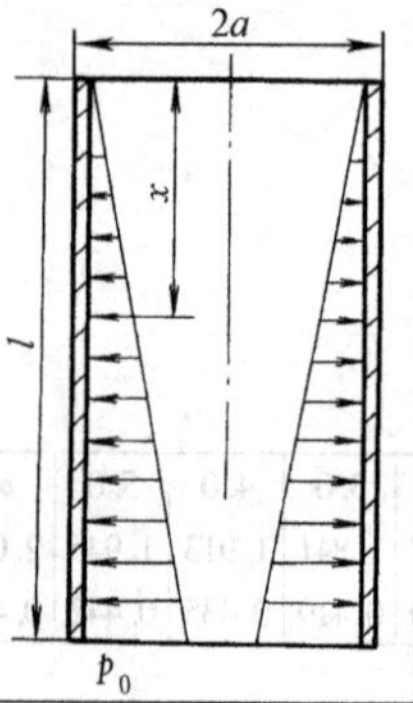 	$N_1=0$ $N_2=\frac{p_0ax}{l}$	$\delta=\frac{p_0a^2x}{Etl}$ $\psi=\frac{p_0a^2}{Etl}$
3	球壳（$a/t>10$），均匀内压 p 或外压（p 取负值）边界切向支承 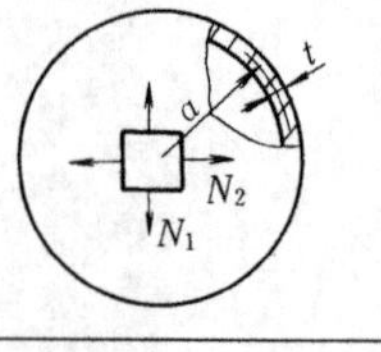 	$N_1=N_2=\frac{pa}{2}$	$\delta=\frac{pa^2(1-\nu)\sin\varphi}{2Et}$ $\psi=0$ （φ 角见序号4图）
4	球壳（$a/t>10$），装有深 d，密度为 ρ 的液体或松散物料，壳体密度 ρ_0，边界切向支承 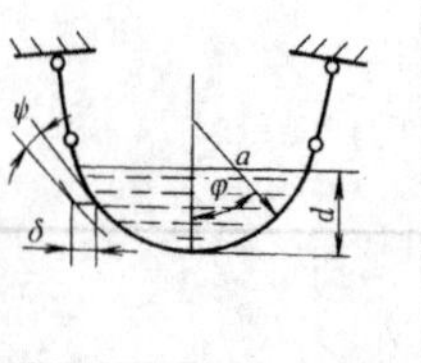 	$\cos\varphi\geqslant(1-d/a)$： $N_1=\frac{ga^2}{6}\left[\rho\left(3\frac{d}{a}-1+\frac{2\cos^2\varphi}{1+\cos\varphi}\right)+6\rho_0\frac{t}{a}\left(\frac{1}{1+\cos\varphi}\right)\right]$ $N_2=\frac{ga^2}{6}\left\{\rho\left[3\frac{d}{a}-5+\frac{(3+2\cos\varphi)2\cos\varphi}{(1+\cos\varphi)}\right]+6\rho_0\frac{t}{a}\left(\cos\varphi-\frac{1}{1+\cos\varphi}\right)\right\}$ $\cos\varphi\leqslant(1-d/a)$： $N_1=\frac{F}{2\pi a\sin^2\varphi}+\frac{\rho_0gat}{1+\cos\varphi}$ $N_2=\frac{-F}{2\pi a\sin^2\varphi}+\rho_0ga\left(\cos\varphi-\frac{1}{1+\cos\varphi}\right)t$ （F 为物料重）	$\cos\varphi\geqslant(1-d/a)$： $\delta=\frac{ga^3}{6Et}\sin\varphi\left\{\rho\left[3(1-\nu)\frac{d}{a}-5+\nu+2\cos\varphi\times\frac{3+(2-\nu)\cos\varphi}{1+\cos\varphi}\right]-6\frac{t}{a}\rho_0\left(\frac{1+\nu}{1+\cos\varphi}-\cos\varphi\right)\right\}$ $\psi=-\frac{ga^2}{Et}\sin\varphi\left[\rho+\frac{t}{a}\rho_0(2+\nu)\right]$ $\cos\varphi\leqslant(1-d/a)$： $\delta=\frac{-(1+\nu)F}{2\pi Et\sin\varphi}-\frac{\rho_0a^2g}{E}\sin\varphi\left(\frac{1+\nu}{1+\cos\varphi}-\cos\varphi\right)$ $\psi=-\frac{\rho_0ga}{E}(2+\nu)\sin\varphi$

（续）

序号	壳体类型、载荷及边界条件	内　力	位　移
5	球壳（$a/t>10$），载荷及边界条件同序号4 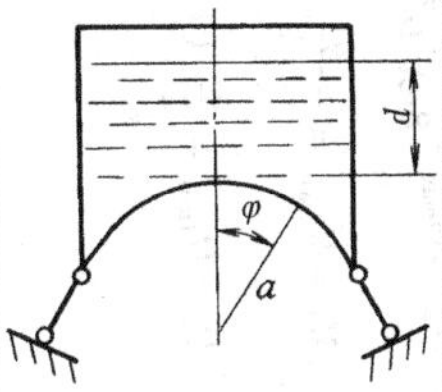	$N_1=-\frac{ga^2}{6}\left[\rho\left(-1+3\frac{d}{a}-\frac{2\cos^2\varphi}{1+\cos\varphi}\right)+6\rho_0\frac{t}{a}\times\left(\frac{1}{1+\cos\varphi}\right)\right]$ $N_2=-\frac{ga^2}{6}\left[\rho\left(-1+3\frac{d}{a}-\frac{4\cos^2\varphi-6}{1+\cos\varphi}\right)+6\rho_0\frac{t}{a}\left(\cos\varphi-\frac{1}{1+\cos\varphi}\right)\right]$	$\delta=-\frac{ga^3}{6Et}\sin\varphi\left\{\rho\left[3\left(1+\frac{d}{a}\right)(1-\nu)-6\cos\varphi-\frac{2(1+\nu)}{\sin^2\varphi}(\cos^3\varphi-1)\right]-6\rho_0\frac{t}{a}\left(\frac{1+\nu}{1+\cos\varphi}-\cos\varphi\right)\right\}$ $\psi=\frac{ga^2}{Et}\sin\varphi\left[\rho+\rho_0\frac{t}{a}(2+\nu)\right]$
6	圆锥壳（$R/t>10$），均匀内压 p 或外压（p 取负值），边界切向支承 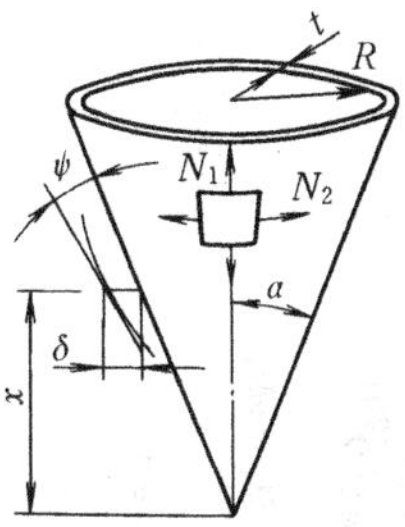	$N_1=\frac{px\tan\alpha}{2\cos\alpha}$ $N_2=\frac{px\tan\alpha}{\cos\alpha}$	$\delta=\frac{px^2\tan^2\alpha}{Et\cos\alpha}\left(1-\frac{\nu}{2}\right)$ $\psi=\frac{3px\tan^2\alpha}{2Et\cos\alpha}$
7	圆锥壳（$R/t>10$），装有深 d，密度为 ρ 的液体或松散物料，壳体密度为 ρ_0，边界切向支承 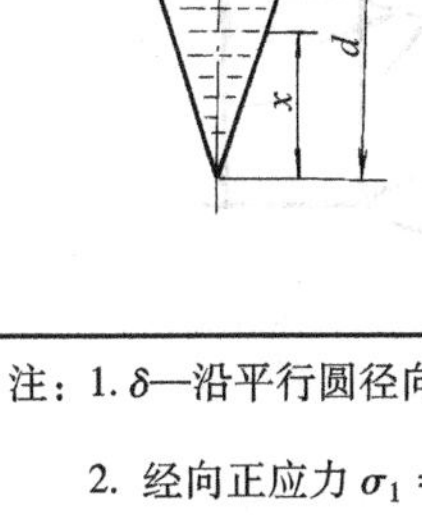	$x\leqslant d$： $N_1=\frac{gx}{2\cos^2\alpha}\left[\rho\sin\alpha\left(d-\frac{2x}{3}\right)+\rho_0 t\right]$ $N_2=gx\tan^2\alpha\left[\rho\frac{(d-x)}{\sin\alpha}+\rho_0 t\right]$ $x>d$ $N_1=\frac{g}{\cos^2\alpha}\left(\frac{\rho d^3\sin\alpha}{6x}+\frac{\rho_0 xt}{2}\right)$ $N_2=\rho_0 gxt\tan^2\alpha$	$x\leqslant d$： $\delta=\frac{gx^2\tan^2\alpha}{E\cos\alpha}\left\{\frac{\rho}{t}\left[d\left(1-\frac{\nu}{2}\right)-x\left(1-\frac{\nu}{3}\right)\right]+\rho_0\left(\sin\alpha-\frac{\nu}{2\sin\alpha}\right)\right\}$ $\psi=\frac{gx\sin\alpha}{E\cos^3\alpha}\left\{\frac{\rho}{6t}\sin\alpha(9d-16x)+2\rho_0\times\left[\sin^2\alpha\left(1+\frac{\nu}{2}\right)-\frac{1}{4}(1+2\nu)\right]\right\}$ $x\geqslant d$： $\delta=\frac{g\tan^2\alpha}{E\cos\alpha}\left[-\frac{\rho\nu d^3}{6t}+\rho_0 x^2\left(\sin\alpha-\frac{\nu}{2\sin\alpha}\right)\right]$ $\psi=\frac{g\tan\alpha}{E\cos^2\alpha}\left\{-\frac{\rho d^3}{6tx}\sin\alpha+2\rho_0 x\left[\sin^2\alpha\times\left(1+\frac{\nu}{2}\right)-\frac{1}{4}(1+2\nu)\right]\right\}$

注：1. δ—沿平行圆径向位移；ψ—经线切向转角；各位移、内力按图示方向为正；g—重力加速度；t—壁厚。

2. 经向正应力 $\sigma_1=\frac{N_1}{t}$；环向正应力 $\sigma_2=\frac{N_2}{t}$。

表 1.4-38 旋转面薄壳的内力与位移（有矩理论解）

载荷	位移与内力	特定截面的位移与内力
圆柱壳 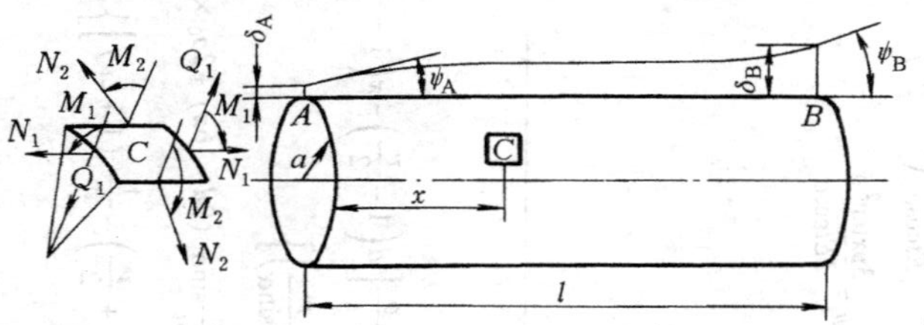 	$\lambda=\left[\frac{3(1-\nu^2)}{a^2t^2}\right]^{\frac{1}{4}}$ $D=\frac{Et^3}{12(1-\nu^2)}$	$\eta_1=e^{-\lambda x}(\sin\lambda x+\cos\lambda x)$ $\eta_2=e^{-\lambda x}\sin\lambda x$ $\eta_3=e^{-\lambda x}(\cos\lambda x-\sin\lambda x)$ $\eta_4=e^{-\lambda x}\cos\lambda x$
$y_1=\cosh\lambda x\cos\lambda x$ $y_2=\frac{1}{2}(\cosh\lambda x\sin\lambda x+\sinh\lambda x\cos\lambda x)$ $y_3=\frac{1}{2}\sinh\lambda x\sin\lambda x$ $y_4=\frac{1}{4}(\cosh\lambda x\sin\lambda x-\sinh\lambda x\cos\lambda x)$ $\eta_1\sim\eta_4$，$y_1\sim y_4$，$c_1\sim c_4$，$c_{11}\sim c_{14}$的数值查表 1.4-39	$c_1=y_1(\lambda l)$ $c_2=y_2(\lambda l)$ $c_3=y_3(\lambda l)$ $c_4=y_4(\lambda l)$	$c_{11}=\sinh^2\lambda l-\sin^2\lambda l$ $c_{12}=\cosh\lambda l\sinh\lambda l+\cos\lambda l\sin\lambda l$ $c_{13}=\cosh\lambda l\sinh\lambda l-\cos\lambda l\sin\lambda l$ $c_{14}=\sinh^2\lambda l+\sin^2\lambda l$
（1）在中截面沿圆周径向均匀分布载荷 q（两端自由） 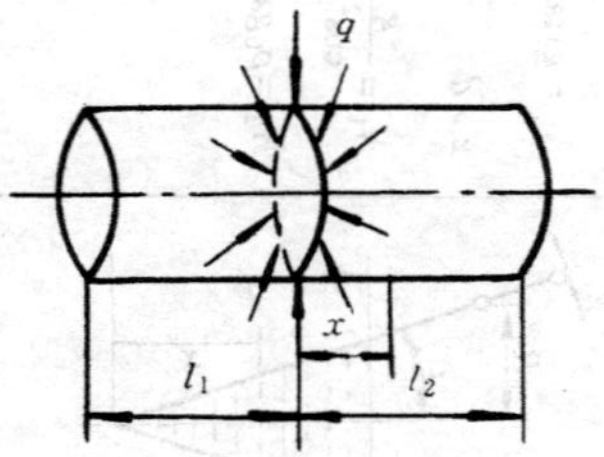 	对于长壳$\left(\begin{matrix}\lambda l_1\\\lambda l_2\end{matrix}\geqslant 3\right)$的近似解 $\delta=-\frac{q}{8\lambda^3 D}\eta_1$，$\psi=\frac{q}{4\lambda^2 D}\eta_2$ $N_1=0$，$N_2=\frac{-Et}{8a\lambda^3 D}q\eta_1$ $M_1=-\frac{q}{4\lambda}\eta_3$，$M_2=\nu M_1$ $Q_1=\frac{q}{2}\eta_4$，$Q_2=0$	$x=0$： $\delta=\delta_{max}=-\frac{q}{8\lambda^3 D}$，$\psi=0$ $N_2=N_{2max}=\frac{-Et}{8a\lambda^3 D}q$ $M_1=M_{1max}=-\frac{q}{4\lambda}$ $Q_1=Q_{1max}=\frac{q}{2}$（$x=0$ 偏右截面）

<table>
<tr>
<td>（2）沿左端周边均匀分布径向力 Q_0 和弯矩 M_0（右端自由）
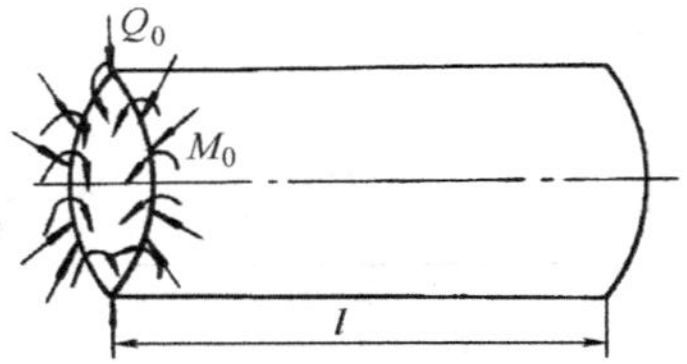
</td>
<td>精确解：
$\delta=\delta_A y_1+\frac{\psi_A}{\lambda}y_2-\frac{Q_0}{D\lambda^3}y_4-\frac{M_0}{D\lambda^2}y_3$
$\psi=\psi_A y_1-4\delta_A\lambda y_4-\frac{Q_0}{D\lambda^2}y_3-\frac{M_0}{D\lambda}y_2$
$N_1=0$，$N_2=\frac{Et}{a}\delta$
$M_1=4D\lambda^2\delta_A y_3+4D\lambda\psi_A y_4+\frac{Q_0}{\lambda}y_2+M_0 y_1$，$M_2=\nu M_1$
$Q_1=4D\lambda^3\delta_A y_2+4D\lambda^2\psi_A y_3+Q_0 y_1-4\lambda M_0 y_4$，$Q_2=0$
对于长壳（$\lambda l\geqslant 3$）的近似解：
$\delta=\frac{-Q_0}{2\lambda^3 D}\eta_4-\frac{M_0}{2\lambda^2 D}\eta_3$，$\psi=\frac{Q_0}{2\lambda^2 D}\eta_1+\frac{M_0}{\lambda D}\eta_4$
$N_1=0$，$N_2=\frac{Et}{a}\delta$
$M_1=\frac{Q_0}{\lambda}\eta_2+M_0\eta_1$，$M_2=\nu M_1$
$Q_1=Q_0\eta_3-2\lambda M_0\eta_2$，$Q_2=0$</td>
<td>精确解：
$x=0$，$\delta_A=\delta_{max}=\frac{-Q_0 c_{13}}{2D\lambda^3 c_{11}}-\frac{M_0\ c_{14}}{2D\lambda^2 c_{11}}$
$\psi_A=\psi_{max}=\frac{Q_0\ c_{14}}{2D\lambda^2 c_{11}}+\frac{M_0 c_{12}}{\lambda D c_{11}}$
$x=l$，$\delta_B=\frac{Q_0\ 4c_4}{2D\lambda^3 c_{11}}+\frac{M_0\ 2c_3}{D\lambda^2 c_{11}}$
$\psi_B=\frac{Q_0\ 4c_3}{2D\lambda^2 c_{11}}+\frac{M_0\ 2c_2}{D\lambda^2 c_{11}}$
对于长壳（$\lambda l\geqslant 3$）的近似解：
$x=0$，$\delta_A=\delta_{max}=\frac{-Q_0}{2\lambda^3 D}-\frac{M_0}{2D\lambda^2}$
$\psi_A=\psi_{max}=\frac{Q_0}{2\lambda^2 D}+\frac{M_0}{\lambda D}$
$N_{2A}=N_{2max}=\frac{-Et}{2a\lambda^3 D}Q_0-\frac{EtM_0 c_{14}}{2aD\lambda^2 c_{11}}$
$M_{1A}=M_{1max}=M_0$，$M_{2A}=M_{2max}=\nu M_0$
$Q_{1A}=Q_{1max}=Q_0$</td>
</tr>
<tr>
<td>球壳
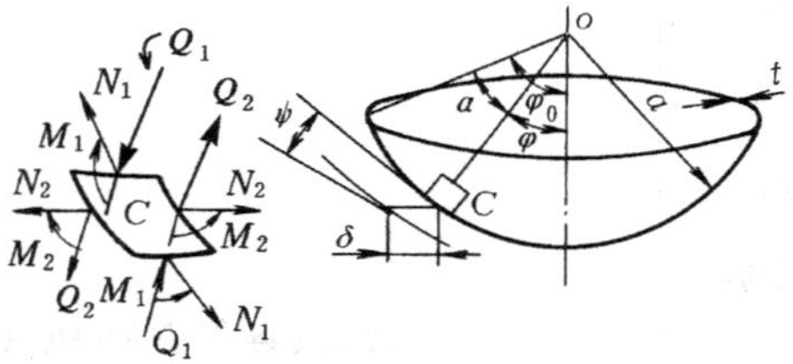
</td>
<td colspan="2">$m=\left[\frac{3(1-\nu^2)a^2}{t^2}\right]^{\frac{1}{4}}$，$D=\frac{Et^3}{12(1-\nu^2)}$
η_1，η_2，η_3，η_4 与圆柱壳同，但要以 $m\alpha$ 代替 λx</td>
</tr>
</table>

（续）

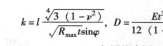

载　荷	位移与内力	特定截面的位移与内力
沿边缘均匀分布径向力 Q_0 和弯矩 M_0 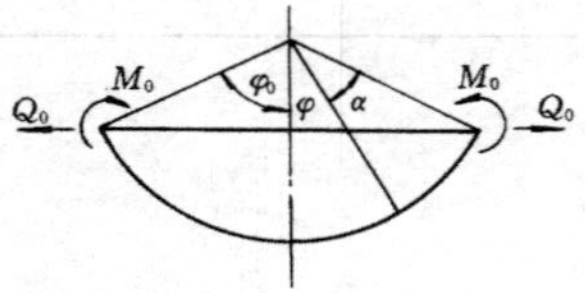	近似解 $\delta = aQ_0\sin\varphi\ \sin\varphi_0(2m\eta_4 - \nu\eta_3\cot\varphi)\frac{1}{Et} -$ $2mM_0\sin\varphi(m\eta_3 + \nu\eta_2\cot\varphi)\frac{1}{Et}$ $\psi = \frac{2m^4}{Et}Q_0\eta_1\sin\varphi_0 - \frac{4m^3M_0}{Eta}\eta_4$ $N_1 = \cot\varphi\left(\eta_3 Q_0\sin\varphi_0 + \frac{2mM_0}{a}\eta_2\right)$ $N_2 = 2Q_0 m\eta_4\sin\varphi_0 - \frac{2m^2M_0}{a}\eta_3$ $M_1 = -\frac{aQ_0}{m}\eta_2\sin\varphi_0 + \eta_1 M_0$，$M_2 = \nu M_1$ $Q_1 = Q_0\eta_3\sin\varphi_0 + 2M_0\frac{m}{a}\eta_2$，$Q_2 = 0$	在 $\alpha = 0$ 处： $\delta = \frac{aQ_0\sin\varphi_0}{Et}$（$2m\sin\varphi_0 - \nu\cos\varphi_0$）$- \frac{2m^2M_0}{Et}$ $\sin\varphi_0$ $\psi = \frac{2m^4Q_0}{Et}\sin\varphi_0 - \frac{4m^3}{Eta}M_0$ $N_1 = Q_0\cos\varphi_0$ $N_2 = 2Q_0 m\sin\varphi_0 - \frac{2m^2M_0}{a}$ $Q_1 = Q_0\sin\varphi_0$，$Q_2 = 0$ $M_1 = M_0$，$M_2 = \nu M_1$
圆锥壳 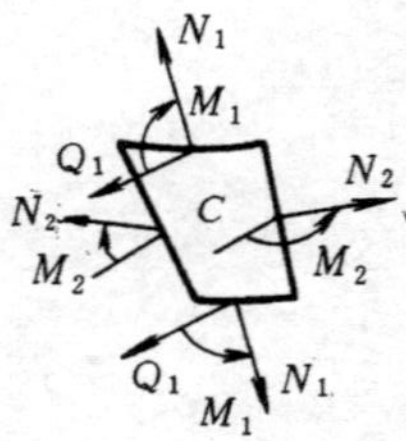 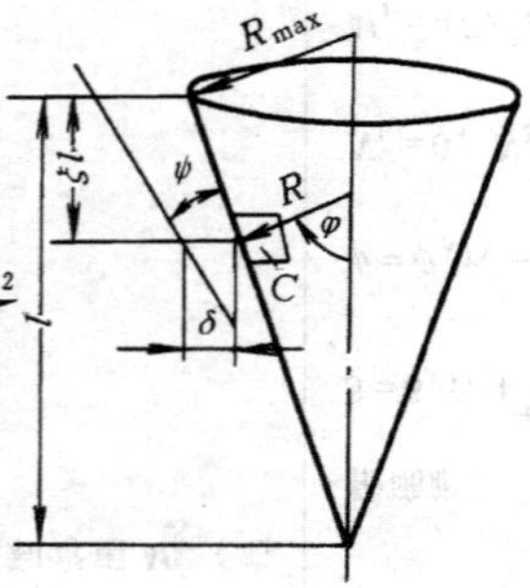	$k = l\frac{\sqrt[4]{3(1-\nu^2)}}{\sqrt{R_{max}t\sin\varphi}}$，$D = \frac{Et^3}{12(1-\nu^2)}$ η_1，η_2，η_3，η_4 与圆柱壳同，但要以 $k\xi$ 代替 λx	

沿边缘均匀分布径向力 Q_0 和弯矩 M_0 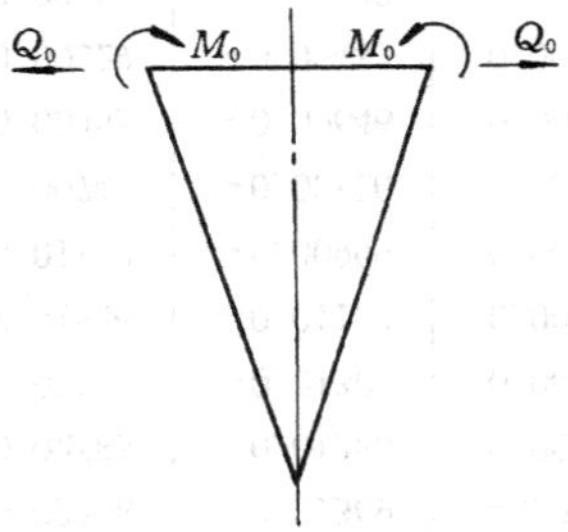	近似解 $\delta=\frac{l^3Q_0}{2Dk^3\sin\varphi}\left(\eta_4-\frac{\nu l\cot\varphi}{2kR\sin\varphi}\eta_3\right)-\frac{l^2M_0}{2Dk^2\sin\varphi}\left(\eta_3+\frac{\nu\cos\varphi}{Rk\sin^2\varphi}\eta_2\right)$ $\psi=\frac{l^2Q_0}{2Dk^2\sin\varphi}\eta_1-\frac{lM_0}{Dk\sin\varphi}\eta_4$ $N_1=-Q_0\eta_3\cos\varphi-\frac{2kM_0}{l}\eta_2\cos\varphi$ $N_2=-\frac{2kQ_0R\sin^2\varphi}{l}\eta_4+\frac{2M_0Rk^2\sin^2\varphi}{l^2}\eta_3$ $M_1=\frac{l}{k}Q_0\eta_2-M_0\eta_1$ $M_2=\frac{l^2Q_0\cot\varphi}{2Rk^2\sin\varphi}\eta_1-\frac{l\cot\varphi}{Rk\sin\varphi}M_0\eta_4+\nu M_1$ $Q_1=-Q_0\eta_3\sin\varphi-\frac{2k\sin\varphi}{l}M_0\eta_2$，$Q_2=0$	$\xi=0$ $\delta=\frac{l^3Q_0}{2Dk^3\sin\varphi}\left(1-\frac{\nu l\cot\varphi}{2Rk\sin\varphi}\right)-\frac{l^2}{2Dk^2\sin\varphi}M_0$ $\psi=\frac{l^2Q_0}{2Dk^2\sin\varphi}-\frac{l}{Dk\sin\varphi}M_0$

注：1. δ、ψ 同表 1.4-37，各位移、内力按图示方向为正；t—壳厚。

2. 壳外、里面经向正应力 $\sigma_1=N_1/t\pm 6M_1/t^2$；环向正应力 $\sigma_2=N_2/t\pm 6M_2/t^2$。

表 1.4-39　函数 $\eta_1\sim\eta_4$，$y_1\sim y_4$ 和 $c_{11}\sim c_{14}$ 的数值

λx	η_1	η_2	η_3	η_4	y_1	y_2	y_3	y_4	c_{11}	c_{12}	c_{13}	c_{14}
0.00	1.0000	0.0000	1.0000	1.0000	1.00000	0.00000	0.00000	0.00000	0.00000	0.00000	0.00000	0.00000
0.10	0.9907	0.0903	0.8100	0.9003	0.99998	0.10000	0.00500	0.00017	0.00007	0.20000	0.00133	0.02000
0.20	0.9651	0.1627	0.6398	0.8024	0.99973	0.19990	0.02000	0.00133	0.00107	0.40009	0.01067	0.08001
0.30	0.9267	0.2189	0.4888	0.7077	0.99865	0.29992	0.04500	0.00450	0.00540	0.60065	0.03601	0.18006
0.40	0.8784	0.2610	0.3564	0.6174	0.99573	0.39966	0.07998	0.01067	0.01707	0.80273	0.08538	0.32036
0.50	0.8231	0.2908	0.2415	0.5323	0.98958	0.49896	0.12491	0.02083	0.04169	1.00834	0.16687	0.50139
0.60	0.7628	0.3099	0.1431	0.4530	0.97841	0.59741	0.17974	0.03598	0.08651	1.22075	0.28871	0.72415
0.70	0.6997	0.3199	0.0599	0.3708	0.96001	0.69440	0.24435	0.05710	0.16043	1.44488	0.45943	0.99047
0.80	0.6354	0.3223	-0.0093	0.3131	0.93180	0.78908	0.31854	0.08517	0.27413	1.68757	0.68800	1.30333
0.90	0.5712	0.3185	-0.0657	0.2527	0.89082	0.88033	0.40205	0.12112	0.44014	1.95801	0.98416	1.66734
1.00	0.5083	0.3096	-0.1108	0.1988	0.83373	0.96671	0.49445	0.16587	0.67302	2.26808	1.35878	2.08917
1.10	0.4476	0.2967	-0.1457	0.1510	0.75683	1.04642	0.59517	0.22029	0.98970	2.63280	1.82430	2.57820
1.20	0.3899	0.2807	-0.1716	0.1091	0.65611	1.11728	0.70344	0.28516	1.40978	3.07085	2.39538	3.14717
1.30	0.3355	0.2626	-0.1897	0.0729	0.52722	1.17670	0.81825	0.36119	1.95606	3.60512	3.08962	3.81295
1.40	0.2849	0.2430	-0.2011	0.0419	0.36558	1.22164	0.93830	0.44898	2.65525	4.26345	3.92847	4.59748

（续）

λx	η_1	η_2	η_3	η_4	y_1	y_2	y_3	y_4	c_{11}	c_{12}	c_{13}	c_{14}
1.50	0.2384	0.2226	−0.2063	0.0158	0.16640	1.24857	1.06197	0.54897	3.53884	5.07950	4.93838	5.52883
1.60	0.1959	0.2018	−0.2077	−0.0059	−0.07526	1.25350	1.18728	0.66143	4.64418	6.09376	6.15213	6.64247
1.70	0.1576	0.1812	−0.2047	−0.0235	−0.36441	1.23193	1.31179	0.78640	6.01597	7.35491	7.61045	7.98277
1.80	0.1234	0.1610	−0.1985	−0.0376	−0.70602	1.17887	1.43261	0.92267	7.70801	8.92147	9.36399	9.60477
1.90	0.0932	0.1415	−0.1899	−0.0484	−1.10492	1.08882	1.54633	1.07269	9.78541	10.86378	11.47563	11.57637
2.00	0.0667	0.1231	−0.1794	−0.0563	−1.56563	0.95582	1.64895	1.23257	12.32730	13.26656	14.02336	13.98094
2.10	0.0439	0.1057	−0.1675	−0.0618	−2.09224	0.77350	1.73585	1.40196	15.43020	16.23205	17.10362	16.92046
2.20	0.0244	0.0896	−0.1548	−0.0652	−2.68822	0.53506	1.80178	1.57904	19.21212	19.88385	20.83545	20.51946
2.30	0.0080	0.0748	−0.1416	−0.0668	−3.35618	0.23345	1.84076	1.76142	23.81752	24.37172	25.36541	24.92967
2.40	−0.0056	0.0613	−0.1282	−0.0669	−4.09766	−0.13862	1.84612	1.94607	29.42341	29.87747	30.87363	30.33592
2.50	−0.0166	0.0491	−0.1149	−0.0658	−4.91284	−0.58854	1.81044	2.12927	36.24681	36.62215	37.58107	36.96315
2.60	−0.0254	0.0383	−0.1019	−0.0636	−5.80028	−1.12360	1.72557	2.30652	44.55370	44.87496	45.75841	45.08519
2.70	−0.0320	0.0287	−0.0895	−0.0608	−6.75655	−1.75089	1.58264	2.47245	54.67008	54.96410	55.73686	55.03539
2.80	−0.0369	0.0204	−0.0777	−0.0573	−7.77591	−2.47702	1.37210	2.62079	66.99532	67.29005	67.92132	67.21975
2.90	−0.0403	0.0132	−0.0666	−0.0534	−8.84988	−3.30790	1.08375	2.74428	82.01842	82.34184	82.80645	82.13290
3.00	−0.04226	0.00703	−0.05632	−0.04929	−9.96691	−4.24844	0.70686	2.83459	100.3379	100.7169	100.9963	100.3778
3.20	−0.04307	−0.00238	−0.03831	−0.04069	−12.26569	−6.47111	−0.35742	2.87694	149.9583	150.5191	150.4026	149.9651
3.40	−0.04079	−0.00853	−0.02374	−0.03227	−14.50075	−9.15064	−1.91213	2.65892	223.8968	224.7086	224.2145	224.0274
3.60	−0.03659	−0.01209	−0.01241	−0.02450	−16.42214	−12.25071	−4.04584	2.07346	334.1621	335.2544	334.4607	334.5538
3.80	−0.03138	−0.01369	−0.00401	−0.01770	−17.68744	−15.67599	−6.83427	0.99688	498.6748	500.0329	499.0649	499.4235
4.00	−0.02583	−0.01386	0.00189	−0.01197	−17.84985	−19.25241	−10.32654	−0.70726	744.1669	745.7342	744.7448	745.3124
4.20	−0.02042	−0.01307	0.00572	−0.00735	−16.35052	−22.70540	−14.52728	−3.18111	1110.507	1112.194	1111.340	1112.027
4.40	−0.01546	−0.01168	0.00791	−0.00377	−12.51815	−25.63731	−19.37428	−6.56147	1657.156	1658.854	1658.269	1658.967
4.60	−0.01112	−0.00999	0.00886	−0.00113	−5.57927	−27.50574	−24.71167	−10.96380	2472.795	2474.394	2474.171	2474.770
4.80	−0.00748	−0.00820	0.00892	0.00072	5.31638	−27.60531	−30.25904	−16.46049	3689.703	3691.109	3691.283	3691.688
5.00	−0.00455	−0.00646	0.00837	0.00191	21.05056	−25.05654	−35.57763	−23.05259	5505.198	5506.345	5506.889	5507.037
5.20	−0.00229	−0.00487	0.00746	0.00259	42.46583	−18.80605	−40.03523	−30.63465	8213.627	8214.493	8215.321	8215.188
5.40	−0.00063	−0.00349	0.00636	0.00287	70.26397	−7.64407	−42.77288	−38.95259	12254.10	12254.71	12255.69	12255.30
5.60	0.00053	−0.00232	0.00520	0.00287	104.8682	9.75428	−42.67721	−47.55552	18281.71	18282.12	18283.10	18282.51
5.80	0.00127	−0.00141	0.00409	0.00268	146.2447	34.75618	−38.36412	−55.74292	27273.74	27274.04	27274.86	27274.17
6.00	0.00169	−0.00069	0.00307	0.00238	193.6814	68.55825	−28.18089	−62.51036	40688.12	40688.43	40688.97	40688.28

注：对球壳以 $m\alpha$ 代替 λx；对圆锥壳以 $k\xi$ 代替 λx。

表 1.4-40　组合壳体连接处的弯曲内力及壳体应力

壳体与载荷	连接处的弯曲内力及壳体应力
(1) 受内压 p 或外压 $-p$ 的具有平底的长圆柱壳 ($\lambda l>3$) 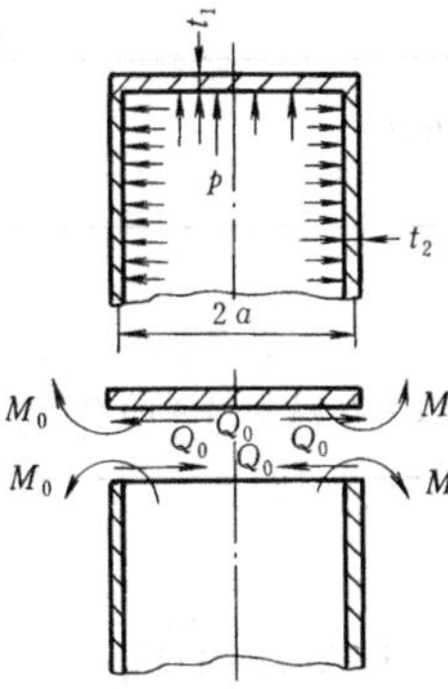	$M_0=\dfrac{\dfrac{pa^3\lambda^2D_2}{4D_1(1+\nu)}+\dfrac{2pa^2\lambda^3t_1D_2}{t_2\left(1-\dfrac{\nu}{2}\right)[Et_1+2aD_2\lambda^3(1-\nu)]}}{2\lambda+\dfrac{2a\lambda^2D_2}{D_1(1+\nu)}-\dfrac{\lambda Et_1}{Et_1+2D_2\lambda^3a(1-\nu)}}$ $Q_0=M_0\left[2\lambda+\dfrac{2a\lambda^2D_2}{D_1(1+\nu)}\right]-\dfrac{pa^3\lambda^2D_2}{4D_1(1+\nu)}$ $D_1=\dfrac{Et_1^3}{12(1-\nu^2)}$, $D_2=\dfrac{Et_2^3}{12(1-\nu^2)}$, $\lambda=\left[\dfrac{3(1-\nu^2)}{a^2t_2^2}\right]^{\frac{1}{4}}$ 柱壳的应力按表 1.4-37 序号 1 及表 1.4-38 序号 2 相应内力所引起的应力叠加求得 底板的应力由 p、M_0 产生的弯曲应力和 Q_0 产生的薄膜应力叠加
(2) 受均匀内压 p (或外压 $-p$) 的具有半球形壳底的长圆柱壳 ($\lambda l\geqslant3$) 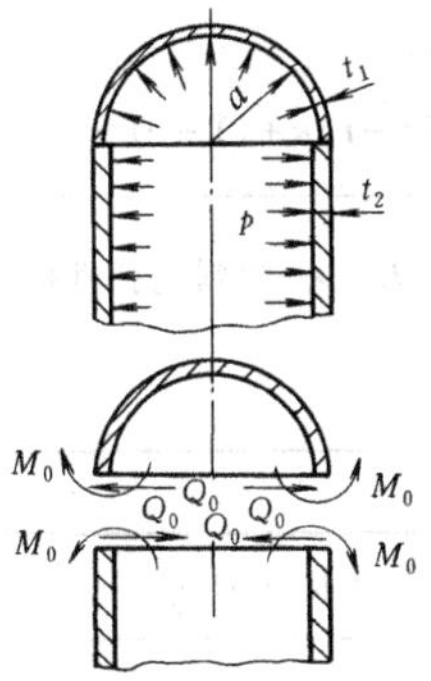	$M_0=\dfrac{pat_1}{4\sqrt{3(1-\nu^2)}}\times\dfrac{[c(2-\nu)-(1-\nu)](1-c^2)}{(1-c^2)^2-2(1+c^{2.5})(1+c^{1.5})}$ $Q_0=2M_0\lambda_1\left(\dfrac{c^{2.5}+1}{c^2-1}\right)$ $c=\dfrac{t_1}{t_2}$, $\lambda_1=\left[\dfrac{3(1-\nu^2)}{a^2t_1^2}\right]^{\frac{1}{4}}$ 当 $c=1$、$M_0=0$, $Q_0=\dfrac{p}{8\lambda_1}$ 当 $c=\dfrac{1-\nu}{2-\nu}$, $M_0=0$　$Q_0=0$ 圆柱壳的应力按表 1.4-37 序号 1 及表 1.4-38 序号 2 相应内力引起的应力叠加求得 球壳的应力，按表 1.4-37 序号 3 及表 1.4-38 序号 3 相应内力引起的应力叠加求得
(3) 装有密度为 ρ 液体的平底长圆柱壳 ($\lambda H\geqslant3$)，底面固定 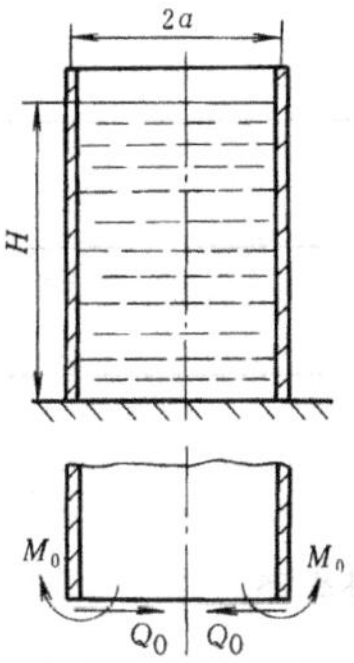	$M_0=\dfrac{-\rho gatH}{\sqrt{12(1-\nu^2)}}\left(1-\dfrac{1}{\lambda H}\right)$ $Q_0=\dfrac{\rho gat}{\sqrt{12(1-\nu^2)}}(2\lambda H-1)$ $\lambda=\left[\dfrac{3(1-\nu^2)}{a^2t^2}\right]^{\frac{1}{4}}$ 圆柱壳的应力按表 1.4-37 序号 2 及表 1.4-38 序号 2 相应内力所引起的应力叠加求得

10　厚壳的应力、位移计算公式和强度设计公式（见表 1.4-41 ~ 表 1.4-44）

表 1.4-41　在均匀内、外压单独作用下，厚壁圆筒的应力和位移的计算式

应力分量	端部条件	内压作用	外压作用
径向应力 σ_r	任　意	$\dfrac{\sigma_r}{p_i}=-\dfrac{(K^2/k^2-1)}{K^2-1}$	$\dfrac{\sigma_r}{p_o}=-\dfrac{(K^2-K^2/k^2)}{K^2-1}$
周向应力 σ_θ	任　意	$\dfrac{\sigma_\theta}{p_i}=\dfrac{K^2/k^2+1}{K^2-1}$	$\dfrac{\sigma_\theta}{p_o}=-\dfrac{(K^2+K^2/k^2)}{K^2-1}$
轴向应力 σ_z 和径向位移 u	两端封闭	$\dfrac{\sigma_z}{p_i}=\dfrac{1}{K^2-1}$ $\dfrac{u}{R_i}=\dfrac{[(1-2\nu)k+(1+\nu)K^2/k]}{E(K^2-1)}p_i$	$\dfrac{\sigma_z}{p_o}=-\dfrac{K^2}{K^2-1}$ $\dfrac{u}{R_i}=\dfrac{-K^2}{E(K^2-1)}[(1-2\nu)k+(1+\nu)/k]p_o$
	平面应变	$\dfrac{\sigma_z}{p_i}=\dfrac{2\nu}{K^2-1}$ $\dfrac{u}{R_i}=\dfrac{(1+\nu)}{E(K^2-1)}[(1-2\nu)k+K^2/k]p_i$	$\dfrac{\sigma_z}{p_o}=-\dfrac{2\nu K^2}{K^2-1}$ $\dfrac{u}{R_i}=\dfrac{-(1+\nu)K^2}{E(K^2-1)}[(1-2\nu)k+1/k]p_o$
	两端开口	$\dfrac{\sigma_z}{p_i}=0$ $\dfrac{u}{R_i}=\dfrac{1}{E(K^2-1)}[(1-\nu)k+(1+\nu)K^2/k]p_i$	$\dfrac{\sigma_z}{p_o}=0$ $\dfrac{u}{R_i}=\dfrac{-K^2}{E(K^2-1)}[(1-\nu)k+(1+\nu)/k]p_o$
	广义平面应变（$\varepsilon_z=\varepsilon_0$ = 常数）	$\dfrac{\sigma_z}{p_i}=\dfrac{2\nu}{K^2-1}+\dfrac{E\varepsilon_0}{p_i}$ $\dfrac{u}{R_i}=\dfrac{1}{E(K^2-1)}[(1-\nu)k+(1+\nu)K^2/k]p_i-\dfrac{\nu\sigma_z}{E}k$	$\dfrac{\sigma_z}{p_o}=-\dfrac{2\nu K^2}{K^2-1}+\dfrac{E\varepsilon_0}{p_o}$ $\dfrac{u}{R_i}=\dfrac{-K^2}{E(K^2-1)}[(1-\nu)k+(1+\nu)/k]p_o-\dfrac{\nu\sigma_z}{E}k$
说　明	p_i—内压；p_o—外压；$K=\dfrac{R_o}{R_i}$；$k=\dfrac{r}{R_i}$；r—所求点半径；R_i—内半径；R_o—外半径；E、ν—材料的弹性模量和泊松比；ε_0 由轴向的合力条件 $\int_A \sigma_z \mathrm{d}A=T$(给定) 确定($A$ 为横截面面积)		

表 1.4-42　双层组合圆筒的界面压力 p_f

内外筒的厚薄程度	引起界面压力的原因	界面压力 p_f
内外筒均为厚壁	过盈配合	$p_{f\delta}=\dfrac{E_i\delta}{AR_f}$
	均匀内压 p_i	$p_{fi}=\dfrac{p_i}{A}\left(\dfrac{2}{K_i^2-1}\right)$
内筒薄壁外筒厚壁	过盈配合	$p_{f\delta}=\dfrac{E_i}{B}\dfrac{s_i\delta}{R_f^2}$
	均匀内压 p_i	$p_{fi}=\dfrac{1}{B}p_i$
内，外筒均为薄壁	过盈配合	$p_{f\delta}=\dfrac{E_i}{C}\dfrac{s_i\delta}{R_f^2}$
	均匀内压 p_i	$p_{fi}=\dfrac{1}{C}p_i$
说　明	$A=\dfrac{K_i^2+1}{K_i^2-1}+\dfrac{E_i}{E_o}\left(\dfrac{K_o^2+1}{K_o^2-1}\right)+\dfrac{E_i}{E_o}\nu_o-\nu_i$；$B=1+\dfrac{E_i s_i}{E_o R_i}\left[\dfrac{K_o^2+1}{K_o^2-1}+\nu_o\right]$； $C=\dfrac{E_o s_o+E_i s_i}{E_o s_o}$；$K_o=\dfrac{R_o}{R_f}$；$K_i=\dfrac{R_f}{R_i}$；$R_i$—内筒内半径；$R_f$—界面半径；$R_o$—外筒外半径； s_i、s_o—内外筒壁厚；E_i、E_o—内、外筒材料的弹性模量；ν_i、ν_o—内、外筒材料的泊松比；δ—内、外筒界面半径的过盈量	

表1.4-43　厚壁球壳的应力和位移计算式

载　荷	应力计算式	径向位移计算式
均匀内压 p_i	$\frac{\sigma_r}{p_i}=-\frac{1}{K^3-1}(1/k'^3-1)$ $\frac{\sigma_\theta}{p_i}=\frac{1}{K^3-1}(1/2k'^3+1)$	$\frac{u}{R_o}=\frac{k'p_i}{E(K^3-1)}\left[(1-2\nu)+\frac{(1+\nu)}{2k'^3}\right]$
均匀外压 p_o	$\frac{\sigma_r}{p_o}=-\frac{K^3}{K^3-1}\left(1-\frac{1}{k^3}\right)$ $\frac{\sigma_\theta}{p_o}=-\frac{K^3}{K^3-1}\left(1+\frac{1}{2k^3}\right)$	$\frac{u}{R_o}=-\frac{kK^3p_o}{E(K^3-1)}\left[(1-2\nu)+\frac{(1+\nu)}{2k^3}\right]$
说　明	R_i、R_o—球壳内、外半径；r—任一点半径；$K=\frac{R_o}{R_i}$；$k=\frac{r}{R_i}$；$k'=\frac{r}{R_o}$；E—弹性模量；ν—泊松比；σ_r—径向应力；σ_θ—周向应力	

表1.4-44　在均匀内压作用下，厚壁圆筒和球壳的强度设计公式

壳体	导出条件	许用压力 [p]	许用外、内径比 [K]	计算壁厚 s'（不包括附加量）	适用范围
厚壁圆筒	第一强度理论	$\frac{K^2-1}{K^2+1}\varphi[\sigma]$	$\sqrt{\frac{\varphi[\sigma]+p}{\varphi[\sigma]-p}}$	$\left(\sqrt{\frac{\varphi[\sigma]+p}{\varphi[\sigma]-p}}-1\right)R_i$	脆性材料
	第三强度理论	$\frac{K^2-1}{2K^2}\varphi[\sigma]$	$\sqrt{\frac{\varphi[\sigma]}{\varphi[\sigma]-2p}}$	$\left(\sqrt{\frac{\varphi[\sigma]}{\varphi[\sigma]-2p}}-1\right)R_i$	屈强比较高的高强钢
	第四强度理论	$\frac{K^2-1}{\sqrt{3}K^2}\varphi[\sigma]$	$\sqrt{\frac{\varphi[\sigma]}{\varphi[\sigma]-\sqrt{3}p}}$	$\left(\sqrt{\frac{\varphi[\sigma]}{\varphi[\sigma]-\sqrt{3}p}}-1\right)R_i$	一般塑性材料
	中径公式（按薄壁容器）	$\frac{2(K-1)}{K+1}\varphi[\sigma]$	$\frac{2\varphi[\sigma]+p}{2\varphi[\sigma]-p}$	$\frac{2p}{2\varphi[\sigma]-p}R_i$	各种材料
厚壁球壳	第一强度理论	$\frac{2(K^3-1)}{K^3+2}\varphi[\sigma]$	$\sqrt[3]{\frac{p+\varphi[\sigma]}{\varphi[\sigma]-0.5p}}$	$\left(\sqrt[3]{\frac{p+\varphi[\sigma]}{\varphi[\sigma]-0.5p}}-1\right)R_i$	脆性材料
	第三、第四强度理论	$\frac{2(K^3-1)}{3K^3}\varphi[\sigma]$	$\sqrt[3]{\frac{\varphi[\sigma]}{\varphi[\sigma]-1.5p}}$	$\left(\sqrt[3]{\frac{\varphi[\sigma]}{\varphi[\sigma]-1.5p}}-1\right)R_i$	塑性材料
	按薄壁球壳的中径公式	$\frac{4(K-1)}{(K+1)}\varphi[\sigma]$	$\frac{4\varphi[\sigma]+p}{4\varphi[\sigma]-p}$	$\frac{2pR_i}{4\varphi[\sigma]-p}$	各种材料
说明	R_i、R_o—壳体内外半径；$K=R_o/R_i$；p—内压；$[\sigma]$—材料的设计温度下的许用应力；φ—焊缝系数，查有关设计规范				

11　旋转圆筒和旋转圆盘的应力和位移计算公式（见表1.4-45、表1.4-46）

表1.4-45　旋转长圆筒，圆轴的应力和位移计算公式

计算量 \ 筒体	空　心	实　心
周向应力 σ_θ	$\frac{\sigma_\theta}{q}=1+\frac{1}{K^2}\left(1+\frac{1}{k'^2}\right)-Hk'^2$	$\frac{\sigma_\theta}{q}=1-Hk'^2$

（续）

计算量＼筒体	空　心	实　心
周向应力 σ_θ	在内壁$\left(k'=\frac{1}{K}\right)$有最大值 $\left(\frac{\sigma_\theta}{q}\right)_{\max}=2+\frac{1}{K^2}\ (1-H)$ $K\to\infty$，$\left(\frac{\sigma_\theta}{q}\right)_{\max}=2$ $K\to1$，$\left(\frac{\sigma_\theta}{q}\right)_{\max}\overset{\nu=0.3}{=\!=\!=}2.33$	在 $k'=0$ 处有最大值 $\left(\frac{\sigma_\theta}{q}\right)_{\max}=1$
径向应力 σ_r	$\frac{\sigma_r}{q}=1+\frac{1}{K^2}\left(1-\frac{1}{k'^2}\right)-k'^2$ 在 $k'=\sqrt{\frac{1}{K}}$ 处有最大值 $\left(\frac{\sigma_r}{q}\right)_{\max}=\left(1-\frac{1}{K}\right)^2$	$\frac{\sigma_r}{q}=1-k'^2$ 在 $k'=0$ 处有最大值 $\left(\frac{\sigma_r}{q}\right)_{\max}=1$
轴向应力 σ_z	$\frac{\sigma_z}{q}=\begin{cases}\frac{2\nu}{3-2\nu}\left(1+\frac{1}{K^2}-2k'^2\right)\text{（两端无轴力）}\\2\nu\left(1+\frac{1}{K^2}-\frac{2}{3-2\nu}k'^2\right)\text{（平面应变）}\end{cases}$ 在 $k'=1/K$ 处，σ_z/q 最大	$\frac{\sigma_z}{q}=\begin{cases}\frac{2\nu}{3-2\nu}\ [1-2k'^2]\text{（两端无轴力）}\\2\nu\left(1-\frac{2}{3-2\nu}k'^2\right)\text{（平面应变）}\end{cases}$
径向位移 u	$\frac{u}{R_o}=\begin{cases}(1+\nu)\ \frac{q}{E}k'\left[\frac{(3-5\nu)}{(1+\nu)\ (3-2\nu)}\left(\frac{1}{K^2}+1\right)+\frac{1}{K^2k'^2}-\frac{(1-2\nu)}{(3-2\nu)}k'^2\right]\text{（两端无轴力）}\\(1+\nu)\ \frac{q}{E}k'\left[(1-2\nu)\ \left(\frac{1}{K^2}+1\right)+\frac{1}{K^2k'^2}-\frac{(1-2\nu)}{(3-2\nu)}k'^2\right]\text{（平面应变）}\end{cases}$	$\frac{u}{R_o}=\begin{cases}\frac{(1+\nu)}{3-2\nu}\ \frac{q}{E}k'\left[\frac{3-5\nu}{1+\nu}-\ (1-2\nu)\ k'^2\right]\text{（两端无轴力）}\\(1+\nu)\ (1-2\nu)\ \frac{q}{E}k'\left[1-\frac{1}{(3-2\nu)}k'^2\right]\text{（平面应变）}\end{cases}$
说　明	$K=\frac{R_o}{R_i}$；$k'=\frac{r}{R_o}$；R_i、R_o—筒体内、外半径；r—所求点半径；$q=\frac{3-2\nu}{8\ (1-\nu)}\rho\omega^2R_o^2$； $H=\frac{1+2\nu}{3-2\nu}\overset{\nu=0.3}{=\!=\!=}0.667$；$\omega$—角速度；$\rho$、$\nu$—材料的密度和泊松比	

表 1.4-46　等厚旋转圆盘的应力和位移计算式

载　荷	径向应力 σ_r、环向应力 σ_θ 和径向位移 u 的计算式	
	空心圆盘	实心圆盘
匀速 ω 转动	$\frac{\sigma_r}{q}=\left[1+\frac{1}{K^2}\left(1-\frac{1}{k'^2}\right)-k'^2\right]$ $\frac{\sigma_\theta}{q}=\left[1+\frac{1}{K^2}\left(1+\frac{1}{k'^2}\right)-\frac{(1+3\nu)}{(3+\nu)}k'^2\right]$ $\frac{u}{r}=\frac{q}{E}\left[(1-\nu)\ \frac{(K^2+1)}{K^2}+(1+\nu)\ \frac{1}{K^2k'^2}-\frac{(1-\nu^2)}{(3+\nu)}k'^2\right]k'$	$\frac{\sigma_r}{q}=(1-k'^2)$ $\frac{\sigma_\theta}{q}=\left(1-\frac{1+3\nu}{3+\nu}k'^2\right)$ $\frac{u}{r}=\frac{q}{E}\left[(1-\nu)\ -\frac{(1-\nu^2)}{(3+\nu)}k'^2\right]k'$
说　明	$K=\frac{R_o}{R_i}$；$k=\frac{r}{R_i}$；$k'=\frac{r}{R_o}$；R_i、R_o—内、外半径；r—所求点半径；$q=\frac{(3+\nu)\ \rho\omega^2R_o^2}{8}$；$\nu$—材料的泊松比；$\rho$—材料的密度；$\sigma_r$、$\sigma_\theta$—径向与周向应力；$u$—径向位移	

12　接触问题的应力、位移计算公式和强度计算（见表1.4-47～表1.4-51）

12.1　接触面上的应力和位移的计算公式

表1.4-47　弹性体接触面尺寸，接触应力和相对位移的计算式

序号	接触类型	椭圆方程系数 A	椭圆方程系数 B	接触面尺寸	最大应力 σ_{max}	接触相对位移 δ
1	球与平面 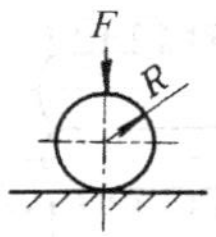	$\frac{1}{2R}$	$\frac{1}{2R}$	$a=b=0.909\sqrt[3]{FR\left(\frac{1-\nu_1^2}{E_1}+\frac{1-\nu_2^2}{E_2}\right)}$ 若 $E_1=E_2=E,\nu_1=\nu_2=0.3$，则 $a=b=1.109\sqrt[3]{\frac{FR}{E}}$	$0.578\sqrt[3]{\frac{F}{R^2\left(\frac{1-\nu_1^2}{E_1}+\frac{1-\nu_2^2}{E_2}\right)^2}}$ 若 $E_1=E_2=E,\nu_1=\nu_2=0.3$，则 $0.388\sqrt[3]{\frac{FE^2}{R^2}}$	$0.826\sqrt[3]{\frac{F^2}{R}\left(\frac{1-\nu_1^2}{E_1}+\frac{1-\nu_2^2}{E_2}\right)^2}$ 若 $E_1=E_2=E,\nu_1=\nu_2=0.3$，则 $1.231\sqrt[3]{\left(\frac{F}{E}\right)^2\frac{1}{R}}$
2	球与球 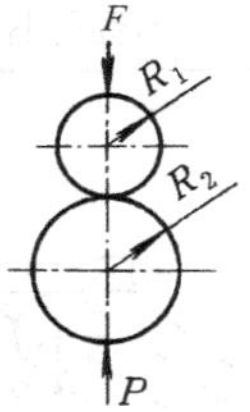	$\frac{R_1+R_2}{2R_1R_2}$	$\frac{R_1+R_2}{2R_1R_2}$	$a=b=0.909\times$ $\sqrt[3]{F\frac{R_1R_2}{(R_1+R_2)}\left(\frac{1-\nu_1^2}{E_1}+\frac{1-\nu_2^2}{E_2}\right)}$ 若 $E_1=E_2=E,\nu_1=\nu_2=0.3$，则 $a=b=1.109\sqrt[3]{\frac{F}{E}\frac{R_1R_2}{(R_1+R_2)}}$	$0.578\sqrt[3]{\frac{F\left(\frac{R_1+R_2}{R_1R_2}\right)^2}{\left(\frac{1-\nu_1^2}{E_1}+\frac{1-\nu_2^2}{E_2}\right)^2}}$ 若 $E_1=E_2=E,\nu_1=\nu_2=0.3$，则 $0.388\sqrt[3]{FE^2\left(\frac{R_1+R_2}{R_1R_2}\right)^2}$	$0.826\sqrt[3]{F^2\frac{(R_1+R_2)}{R_1R_2}\left(\frac{1-\nu_1^2}{E_1}+\frac{1-\nu_2^2}{E_2}\right)^2}$ 若 $E_1=E_2=E,\nu_1=\nu_2=0.3$，则 $1.231\sqrt[3]{\left(\frac{F}{E}\right)^2\frac{(R_1+R_2)}{R_1R_2}}$
3	球与凹形球面 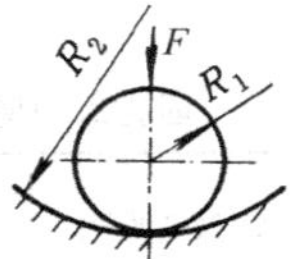 $R_2>R_1$	$\frac{R_2-R_1}{2R_1R_2}$	$\frac{R_2-R_1}{2R_1R_2}$	$a=b=0.909\times$ $\sqrt[3]{F\frac{R_1R_2}{(R_2-R_1)}\left(\frac{1-\nu_1^2}{E_1}+\frac{1-\nu_2^2}{E_2}\right)}$ 若 $E_1=E_2=E,\nu_1=\nu_2=0.3$，则 $a=b=1.109\sqrt[3]{\frac{F}{E}\frac{R_1R_2}{(R_2-R_1)}}$	$0.578\sqrt[3]{\frac{F\left(\frac{R_2-R_1}{R_1R_2}\right)^2}{\left(\frac{1-\nu_1^2}{E_1}+\frac{1-\nu_2^2}{E_2}\right)^2}}$ 若 $E_1=E_2=E,\nu_1=\nu_2=0.3$，则 $0.388\sqrt[3]{FE^2\left(\frac{R_2-R_1}{R_1R_2}\right)^2}$	$0.826\sqrt[3]{F^2\frac{(R_2-R_1)}{R_1R_2}\left(\frac{1-\nu_1^2}{E_1}+\frac{1-\nu_2^2}{E_2}\right)^2}$ 若 $E_1=E_2=E,\nu_1=\nu_2=0.3$，则 $1.231\sqrt[3]{\left(\frac{F}{E}\right)^2\frac{(R_2-R_1)}{R_1R_2}}$

（续）

序号	接触类型	椭圆方程系数		接触面尺寸	最大应力 $\sigma_{\max}$	接触相对位移 δ
		A	B			
4	圆柱与平面 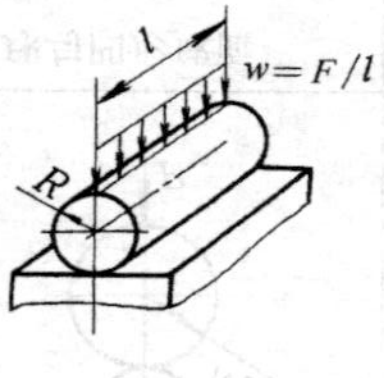	—	$\frac{1}{2R}$	$b=1.131\sqrt{\frac{FR}{l}\left(\frac{1-\nu_1^2}{E_1}+\frac{1-\nu_2^2}{E_2}\right)}$ 若 $E_1=E_2=E,\nu_1=\nu_2=0.3$，则 $b=1.526\sqrt{\frac{FR}{lE}}$	$0.564\sqrt{\frac{\frac{F}{lR}}{\frac{1-\nu_1^2}{E_1}+\frac{1-\nu_2^2}{E_2}}}$ 若 $E_1=E_2=E,\nu_1=\nu_2=0.3$，则 $0.418\sqrt{\frac{FE}{Rl}}$	圆柱体两个受压边界之间直径减小量 若 $E_1=E_2=E,\nu_1=\nu_2=0.3$，则 $\Delta D=1.159\frac{F}{lE}\left(0.41+\ln\frac{4R}{b}\right)$
5	圆柱与圆柱 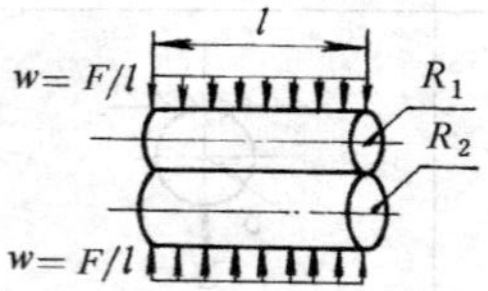	—	$\frac{1}{2}\left(\frac{1}{R_1}+\frac{1}{R_2}\right)$	$b=1.128\sqrt{\frac{F}{l}\frac{R_1R_2}{(R_1+R_2)}\left(\frac{1-\nu_1^2}{E_1}+\frac{1-\nu_2^2}{E_2}\right)}$ 若 $E_1=E_2=E,\nu_1=\nu_2=0.3$，则 $b=1.522\sqrt{\frac{F}{lE}\frac{R_1R_2}{(R_1+R_2)}}$	$0.564\sqrt{\frac{F}{l}\frac{\frac{(R_1+R_2)}{R_1R_2}}{\frac{1-\nu_1^2}{E_1}+\frac{1-\nu_2^2}{E_2}}}$ 若 $E_1=E_2=E,\nu_1=\nu_2=0.3$，则 $0.418\sqrt{\frac{FE}{l}\frac{(R_1+R_2)}{R_1R_2}}$	两个圆柱中心距减小量 $\frac{2F}{\pi l}\left[\frac{1-\nu_1^2}{E_1}\left(\ln\frac{2R_1}{b}+0.407\right)+\frac{1-\nu_2^2}{E_2}\left(\ln\frac{2R_2}{b}+0.407\right)\right]$ 若 $E_1=E_2=E,\nu_1=\nu_2=0.3$，则 $0.580\frac{F}{lE}\left(\ln\frac{4R_1R_2}{b^2}+0.814\right)$
6	圆柱与凹形圆柱 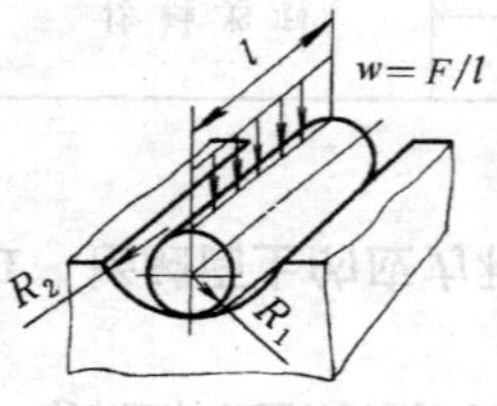	—	$\frac{1}{2}\left(\frac{1}{R_1}-\frac{1}{R_2}\right)$	$b=1.128\sqrt{\frac{F}{l}\frac{R_1R_2}{(R_2-R_1)}\left(\frac{1-\nu_1^2}{E_1}+\frac{1-\nu_2^2}{E_2}\right)}$ 若 $E_1=E_2=E,\nu_1=\nu_2=0.3$，则 $b=1.522\sqrt{\frac{F}{lE}\frac{R_1R_2}{(R_2-R_1)}}$	$0.564\sqrt{\frac{F}{l}\frac{\frac{(R_2-R_1)}{R_1R_2}}{\frac{1-\nu_1^2}{E_1}+\frac{1-\nu_2^2}{E_2}}}$ 若 $E_1=E_2=E,\nu_1=\nu_2=0.3$，则 $0.418\sqrt{\frac{FE}{l}\frac{(R_2-R_1)}{R_1R_2}}$	若 $E_1=E_2=E,\nu_1=\nu_2=0.3$，则 $1.82\frac{F}{lE}(1-\ln b)$

7	正交圆柱 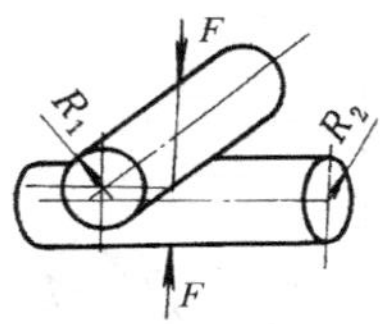 	$\frac{1}{2R_2}$	$\frac{1}{2R_1}$	$a=1.145n_1\sqrt[3]{F\frac{R_1R_2}{(R_1+R_2)}\left(\frac{1-\nu_1^2}{E_1}+\frac{1-\nu_2^2}{E_2}\right)}$ $b=1.145n_2\sqrt[3]{F\frac{R_1R_2}{(R_1+R_2)}\left(\frac{1-\nu_1^2}{E_1}+\frac{1-\nu_2^2}{E_2}\right)}$ 若 $E_1=E_2=E,\nu_1=\nu_2=0.3$，则 $a=1.397n_1\sqrt[3]{\frac{F}{E}\frac{R_1R_2}{(R_1+R_2)}}$ $b=1.397n_2\sqrt[3]{\frac{F}{E}\frac{R_1R_2}{(R_1+R_2)}}$	$0.365n_3\sqrt[3]{\frac{F\left(\frac{R_1+R_2}{R_1R_2}\right)^2}{\left(\frac{1-\nu_1^2}{E_1}+\frac{1-\nu_2^2}{E_2}\right)^2}}$ 若 $E_1=E_2=E,\nu_1=\nu_2=0.3$，则 $0.245n_3\sqrt[3]{FE^2\left(\frac{R_1+R_2}{R_1R_2}\right)^2}$	$0.655n_4\sqrt[3]{F^2\frac{(R_1+R_2)}{R_1R_2}\left(\frac{1-\nu_1^2}{E_1}+\frac{1-\nu_2^2}{E_2}\right)^2}$ 若 $E_1=E_2=E,\nu_1=\nu_2=0.3$，则 $0.977n_4\sqrt[3]{\left(\frac{F}{E}\right)^2\frac{(R_1+R_2)}{R_1R_2}}$
8	球与圆柱 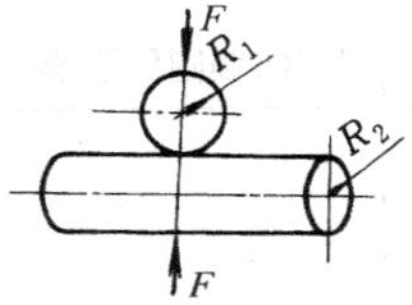 	$\frac{1}{2R_1}$	$\frac{1}{2}\left(\frac{1}{R_1}+\frac{1}{R_2}\right)$	$a=1.145n_1\sqrt[3]{F\frac{R_1R_2}{(R_1+2R_2)}\left(\frac{1-\nu_1^2}{E_1}+\frac{1-\nu_2^2}{E_2}\right)}$ $b=1.145n_2\sqrt[3]{F\frac{R_1R_2}{(R_1+2R_2)}\left(\frac{1-\nu_1^2}{E_1}+\frac{1-\nu_2^2}{E_2}\right)}$ 若 $E_1=E_2=E,\nu_1=\nu_2=0.3$，则 $a=1.397n_1\sqrt[3]{\frac{F}{E}\frac{R_1R_2}{(R_1+2R_2)}}$ $b=1.397n_2\sqrt[3]{\frac{F}{E}\frac{R_1R_2}{(R_1+2R_2)}}$	$0.365n_3\sqrt[3]{\frac{F\left(\frac{R_1+2R_2}{R_1R_2}\right)^2}{\left(\frac{1-\nu_1^2}{E_1}+\frac{1-\nu_2^2}{E_2}\right)^2}}$ 若 $E_1=E_2=E,\nu_1=\nu_2=0.3$，则 $0.245n_3\sqrt[3]{FE^2\left(\frac{R_1+2R_2}{R_1R_2}\right)^2}$	$0.655n_4\sqrt[3]{F^2\frac{(R_1+2R_2)}{R_1R_2}\left(\frac{1-\nu_1^2}{E_1}+\frac{1-\nu_2^2}{E_2}\right)^2}$ 若 $E_1=E_2=E,\nu_1=\nu_2=0.3$，则 $0.977n_4\sqrt[3]{\left(\frac{F}{E}\right)^2\frac{(R_1+2R_2)}{R_1R_2}}$
9	球与圆柱形凹面 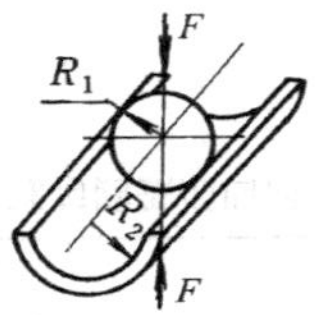 	$\frac{1}{2}\left(\frac{1}{R_1}-\frac{1}{R_2}\right)$	$\frac{1}{2R_1}$	$a=1.145n_1\sqrt[3]{F\frac{R_1R_2}{(2R_2-R_1)}\left(\frac{1-\nu_1^2}{E_1}+\frac{1-\nu_2^2}{E_2}\right)}$ $b=1.145n_2\sqrt[3]{F\frac{R_1R_2}{(2R_2-R_1)}\left(\frac{1-\nu_1^2}{E_1}+\frac{1-\nu_2^2}{E_2}\right)}$ 若 $E_1=E_2=E,\nu_1=\nu_2=0.3$，则 $a=1.397n_1\sqrt[3]{\frac{F}{E}\frac{R_1R_2}{(2R_2-R_1)}}$ $b=1.397n_2\sqrt[3]{\frac{F}{E}\frac{R_1R_2}{(2R_2-R_1)}}$	$0.365n_3\sqrt[3]{\frac{F\left(\frac{2R_2-R_1}{R_1R_2}\right)^2}{\left(\frac{1-\nu_1^2}{E_1}+\frac{1-\nu_2^2}{E_2}\right)^2}}$ 若 $E_1=E_2=E,\nu_1=\nu_2=0.3$，则 $0.245n_3\sqrt[3]{FE^2\left(\frac{2R_2-R_1}{R_1R_2}\right)^2}$	$0.655n_4\sqrt[3]{F^2\frac{(2R_2-R_1)}{R_1R_2}\left(\frac{1-\nu_1^2}{E_1}+\frac{1-\nu_2^2}{E_2}\right)^2}$ 若 $E_1=E_2=E,\nu_1=\nu_2=0.3$，则 $0.977n_4\sqrt[3]{\left(\frac{F}{E}\right)^2\frac{(2R_2-R_1)}{R_1R_2}}$

（续）

序号	接触类型	椭圆方程系数 A	椭圆方程系数 B	接触面尺寸	最大应力 σ_{max}	接触相对位移 δ
10	球与圆弧形凹面 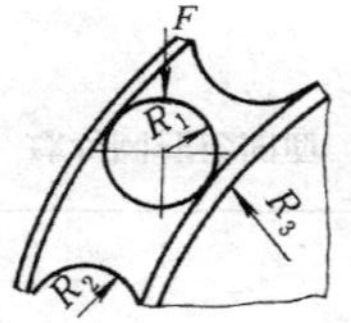 	$\frac{1}{2}\left(\frac{1}{R_1}-\frac{1}{R_2}\right)$	$\frac{1}{2}\left(\frac{1}{R_1}+\frac{1}{R_2}\right)$	$a=1.145n_1\sqrt[3]{\frac{F\left(\frac{1-\nu_1^2}{E_1}+\frac{1-\nu_2^2}{E_2}\right)}{\frac{2}{R_1}-\frac{1}{R_2}+\frac{1}{R_3}}}$ $b=1.145n_2\sqrt[3]{\frac{F\left(\frac{1-\nu_1^2}{E_1}+\frac{1-\nu_2^2}{E_2}\right)}{\frac{2}{R_1}-\frac{1}{R_2}+\frac{1}{R_3}}}$ 若 $E_1=E_2=E,\nu_1=\nu_2=0.3$，则 $a=1.397n_1\sqrt[3]{\frac{F/E}{2/R_1-1/R_2+1/R_3}}$ $b=1.397n_2\sqrt[3]{\frac{F/E}{2/R_1-1/R_2+1/R_3}}$	$0.365n_3\sqrt[3]{\frac{F(2/R_1-1/R_2+1/R_3)^2}{\left(\frac{1-\nu_1^2}{E_1}+\frac{1-\nu_2^2}{E_2}\right)^2}}$ 若 $E_1=E_2=E,\nu_1=\nu_2=0.3$，则 $0.245n_3\sqrt[3]{FE^2\left(\frac{2}{R_1}-\frac{1}{R_2}+\frac{1}{R_3}\right)^2}$	$0.655n_4\sqrt[3]{F^2\left(\frac{2}{R_1}-\frac{1}{R_2}+\frac{1}{R_3}\right)\times\left(\frac{1-\nu_1^2}{E_1}+\frac{1-\nu_2^2}{E_2}\right)^2}$ 若 $E_1=E_2=E,\nu_1=\nu_2=0.3$，则 $0.977n_4\sqrt[3]{\left(\frac{F}{E}\right)^2\left(\frac{2}{R_1}-\frac{1}{R_2}+\frac{1}{R_3}\right)}$
11	滚柱与圆弧形凹面 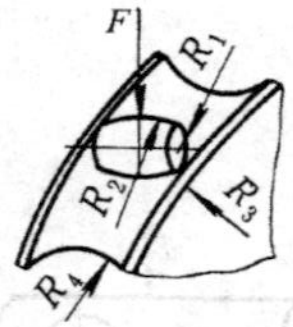 	$\frac{1}{2}\left(\frac{1}{R_2}-\frac{1}{R_4}\right)$	$\frac{1}{2}\left(\frac{1}{R_1}+\frac{1}{R_3}\right)$	$a=1.145n_1\sqrt[3]{\frac{F\left(\frac{1-\nu_1^2}{E_1}+\frac{1-\nu_2^2}{E_2}\right)}{1/R_1+1/R_2+1/R_3-1/R_4}}$ $b=1.145n_2\sqrt[3]{\frac{F\left(\frac{1-\nu_1^2}{E_1}+\frac{1-\nu_2^2}{E_2}\right)}{1/R_1+1/R_2+1/R_3-1/R_4}}$ 若 $E_1=E_2=E,\nu_1=\nu_2=0.3$，则 $a=1.397n_1\sqrt[3]{\frac{F/E}{1/R_1+1/R_2+1/R_3-1/R_4}}$ $b=1.397n_2\sqrt[3]{\frac{F/E}{1/R_1+1/R_2+1/R_3-1/R_4}}$	$0.365n_3\sqrt[3]{\frac{F(1/R_1+1/R_2+1/R_3-1/R_4)^2}{\left(\frac{1-\nu_1^2}{E_1}+\frac{1-\nu_2^2}{E_2}\right)^2}}$ 若 $E_1=E_2=E,\nu_1=\nu_2=0.3$，则 $0.245n_3\sqrt[3]{FE^2\left(\frac{1}{R_1}+\frac{1}{R_2}+\frac{1}{R_3}-\frac{1}{R_4}\right)^2}$	$0.655n_4\sqrt[3]{F^2\left(\frac{1}{R_1}+\frac{1}{R_2}+\frac{1}{R_3}-\frac{1}{R_4}\right)\times\left(\frac{1-\nu_1^2}{E_1}+\frac{1-\nu_2^2}{E_2}\right)^2}$ 若 $E_1=E_2=E,\nu_1=\nu_2=0.3$，则 $0.977n_4\times\sqrt[3]{\left(\frac{F}{E}\right)^2\left(\frac{1}{R_1}+\frac{1}{R_2}+\frac{1}{R_3}-\frac{1}{R_4}\right)}$

注：a、b—椭圆形接触面（当点接触时）的长、短半轴；b—矩形接触面（当线接触时）的半长；n_1、n_2、n_3、n_4—系数，见表1.4-48。

表 1.4-48　系数 n_1、n_2、n_3 和 n_4 的数值

A/B	n_1	n_2	n_3	n_4	A/B	n_1	n_2	n_3	n_4
1.0000	1.0000	1.0000	1.00000	1.0000	0.1603	1.979	0.5938	0.8504	0.8451
0.9623	1.013	0.9873	0.9999	0.9999	0.1462	2.053	0.5808	0.8386	0.8320
0.9240	1.027	0.9742	0.9997	0.9997	0.1317	2.141	0.5665	0.8246	0.8168
0.8852	1.042	0.9606	0.9992	0.9992	0.1166	2.248	0.5505	0.8082	0.7990
0.8459	1.058	0.9465	0.9985	0.9985	0.1010	2.381	0.5325	0.7887	0.7775
0.8059	1.076	0.9318	0.9974	0.9974	0.09287	2.463	0.5224	0.7774	0.7650
0.7652	1.095	0.9165	0.9960	0.9960	0.08456	2.557	0.5114	0.7647	0.7509
0.7238	1.117	0.9005	0.9942	0.9942	0.07600	2.669	0.4993	0.7504	0.7349
0.6816	1.141	0.8837	0.9919	0.9919	0.06715	2.805	0.4858	0.7338	0.7163
0.6384	1.168	0.8660	0.9890	0.9889	0.05797	2.975	0.4704	0.7144	0.6943
0.5942	1.198	0.8472	0.9853	0.9852	0.04838	3.199	0.4524	0.6909	0.6675
0.5489	1.233	0.8271	0.9805	0.9804	0.04639	3.253	0.4484	0.6856	0.6613
0.5022	1.274	0.8056	0.9746	0.9744	0.04439	3.311	0.4442	0.6799	0.6549
0.4540	1.322	0.7822	0.9669	0.9667	0.04237	3.373	0.4398	0.6740	0.6481
0.4040	1.381	0.7565	0.9571	0.9566	0.04032	3.441	0.4352	0.6678	0.6409
0.3518	1.456	0.7278	0.9440	0.9432	0.03823	3.514	0.4304	0.6612	0.6333
0.3410	1.473	0.7216	0.9409	0.9400	0.03613	3.594	0.4253	0.6542	0.6251
0.3301	1.491	0.7152	0.9376	0.9366	0.03400	3.683	0.4199	0.6467	0.6164
0.3191	1.511	0.7086	0.9340	0.9329	0.03183	3.781	0.4142	0.6387	0.6071
0.3080	1.532	0.7019	0.9302	0.9290	0.02962	3.890	0.4080	0.6300	0.5970
0.2967	1.554	0.6949	0.9262	0.9248	0.02737	4.014	0.4014	0.6206	0.5860
0.2853	1.578	0.6876	0.9219	0.9203	0.02508	4.156	0.3942	0.6104	0.5741
0.2738	1.603	0.6801	0.9172	0.9155	0.02273	4.320	0.3864	0.5990	0.5608
0.2620	1.631	0.6723	0.9121	0.9102	0.02033	4.515	0.3777	0.5864	0.5460
0.2501	1.660	0.6642	0.9067	0.9045	0.01787	4.750	0.3680	0.5721	0.5292
0.2380	1.693	0.6557	0.9008	0.8983	0.01533	5.046	0.3568	0.5555	0.5096
0.2257	1.729	0.6468	0.8944	0.8916	0.01269	5.432	0.3436	0.5358	0.4864
0.2132	1.768	0.6374	0.8873	0.8841	0.00993	5.976	0.3273	0.5112	0.4574
0.2004	1.812	0.6276	0.8766	0.8759	0.00702	6.837	0.3058	0.4783	0.4186
0.1873	1.861	0.6171	0.8710	0.8668	0.00385	8.609	0.2722	0.4267	0.3579
0.1739	1.916	0.6059	0.8614	0.8566					

12.2　接触强度计算

由于接触面附近材料处于三向应力状态，而且三个主应力都是压应力，在接触面中心处三个主应力大小几乎是相等的，所以，该处的材料能够承受很大的压力而不发生屈服，因此，接触面上的许用压应力较高。通常将接触强度条件，写成

$$\sigma_{\max} \leqslant \sigma_{Hp}$$

其中，$\sigma_{\max}$为接触面上最大压应力，σ_{Hp}为许用接触应力。

许用接触应力，与接触体形状、材质、受载状态以及判断准则等因素有关。

对于滚柱轴承或滚珠轴承

$$\sigma_{Hp} = 3500 \sim 5000\text{MPa}$$

对于铁轨钢

$$\sigma_{Hp} = 800 \sim 1000\text{MPa}$$

一些常用材料及零部件的许用接触应力，见表1.4-49～表1.4-51。

表 1.4-49　重型机械用钢的许用接触应力

钢号	热处理	截面尺寸/mm	许用面压应力/MPa	许用接触应力/MPa
35	正火回火	≤100	130	380
		>100～300	126	360
		>300～500	122	330
		>500～750	120	325
		>750～1000	118	310
	调质	≤100	140	430
		>100～300	134	400
45	正火回火	≤100	140	430
		>100～300	136	415
		>300～500	134	400
		>500～700	130	380
	调质	≤200	158	470
20MnMo	调质	100～300	142	445
		>300～500	134	400
20SiMn	正火回火	400～600	130	380
		>600～900	126	360
		>900～1200	124	350
35SiMn	调质	≤100	176	545
		>100～300	169	525
		>300～400	164	500
		>400～500	160	490
42SiMn	调质	≤100	176	545
		>100～200	171	530
		>200～300	169	525
		>300～500	160	490

钢号	热处理	截面尺寸/mm	许用面压应力/MPa	许用接触应力/MPa
38SiMnMo	调质	≤100	182	565
		>100～300	179	555
		>300～500	175	540
		>500～800	164	500
37SiMn2MoV	调质	≤200	187	525
		>200～400	185	490
		>400～600	182	465
42MnMoV	调质	100～300	182	565
		>300～500	179	555
		>500～800	175	540
18MnMoNb	调质	100～300	175	540
		>300～500	169	525
		>500～800	155	475
30CrMn2MoB		100～300	186	590
		>300～500	185	580
		>500～800	183	570
35CrMo	调质	≤100	179	550
		>100～300	175	540
		>300～500	169	525
		>500～800	164	500
40Cr	调质	≤100	179	550
		>100～300	175	540
		>300～500	169	525
		>500～800	155	475

注：表中的许用应力值，仅适用于表面粗糙度为 $Ra6.3 \sim Ra0.8\mu m$ 的轴，对于 $Ra12.5\mu m$ 以下的轴，许用应力应降低10%；$Ra0.4\mu m$ 以上的轴，许用应力可提高10%。

表 1.4-50　润滑良好的接触零件（如凸轮）的许用接触应力

材料	硬度 HBW	许用接触应力 /MPa	材料	硬度 HBW	许用接触应力 /MPa
钢-钢	150～150	352	钢-钢	500～350	1020
钢-钢	200～150	422	钢-钢	400～400	1195
钢-钢	250～150	492	钢-钢	500～400	1230
钢-钢	200～200	492	钢-钢	600～400	1266
钢-钢	250～200	562	钢-钢	500～500	1336
钢-钢	300～200	633	钢-钢	600～600	1617
钢-钢	250～250	633	钢-铸铁	150	352
钢-钢	300～250	703	钢-铸铁	200	492
钢-钢	350～250	773	钢-铸铁	≥250	633
钢-钢	300～300	773	钢-磷青铜	150	352
钢-钢	350～300	844	钢-磷青铜	200	492
钢-钢	400～300	879	钢-磷青铜	≥250	598
钢-钢	350～350	914	铸铁-铸铁	150～250	633
钢-钢	400～350	984	铸铁-铸铁	160～250	680

表 1.4-51　润滑一般的接触零部件（如走轮）的许用接触应力

材料	热处理	硬度 HBW	许用接触应力 /MPa	材料	热处理	硬度 HBW	许用接触应力 /MPa
35	正火	140～185	320～380	37SiMn2MoV	调质	240～290	500～560
	调质	155～205	400～430	42MnMoV	调质	220～260	500～550
45	正火	160～215	380～430	18MnMo	调质	190～230	480～540
	调质	215～255	440～470	18MnMoB	调质	240～290	500～580
20SiMn	正火	—	350～380	30CrMn2MoB	调质	240～300	570～590
35SiMn	调质	215～280	490～540	35CrMo	调质	220～265	500～550
42SiMn	调质	215～285	500～540	40Cr	调质	240～285	530～550
38SiMnMo	调质	195～270	500～540			215～260	480～530

13　构件的稳定性计算公式（见表 1.4-52～表 1.4-63）

表 1.4-52　中心压杆的临界载荷计算式

临界载荷计算式	适用范围
欧拉公式　$F_{cr}=\frac{\pi^2 EI}{(\mu l)^2}=\frac{\pi^2 E}{\lambda^2}A=\eta\frac{EI}{l^2}$	线弹性　$\lambda\geqslant\lambda_1=\pi\sqrt{\frac{E}{R_p}}$
抛物线经验公式　$F_{cr}=(a-b\lambda^2)A$ 直线经验公式　$F_{cr}=(c-d\lambda)A$	超过比例极限　$\lambda\leqslant\lambda_k=\pi\sqrt{\frac{E}{0.57R_{eL}}}$ $\lambda_1\geqslant\lambda\geqslant\lambda_2=\frac{c-R_{eL}}{d}$
说明	E—材料的弹性模量；I—横截面的形心主惯性矩；A—横截面面积；l—压杆的计算长度；λ—压杆的柔度，$\lambda=\mu l/\sqrt{\frac{I}{A}}$；$\mu$—长度系数；$\eta$ —稳定系数，$\eta=\frac{\pi^2}{\mu^2}$；某些受载压杆的μ、η值见表 1.4-53～表 1.4-57；a、b、c、d—与材料强度性能有关的系数，见表 1.4-58；R_p、R_{eL}分别为材料的比例极限和屈服强度。

表1.4-53　中心受压等截面直杆的长度系数μ及稳定系数η值

$$F_{cr}=\frac{\pi^2 EI}{(\mu l)^2}=\eta\frac{EI}{l^2};\ (ql)_{cr}=\frac{\pi^2 EI}{(\mu l)^2}=\eta\frac{EI}{l^2}$$

序号	1	2	3	4	5	6	7
载荷与支座	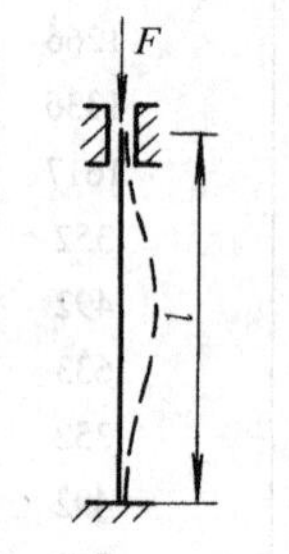	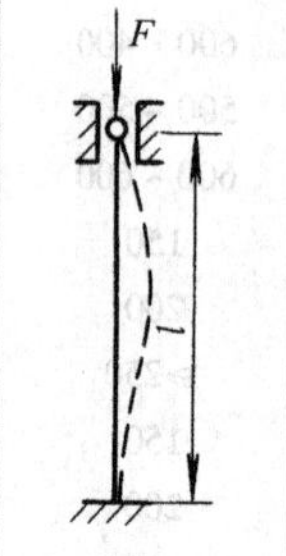	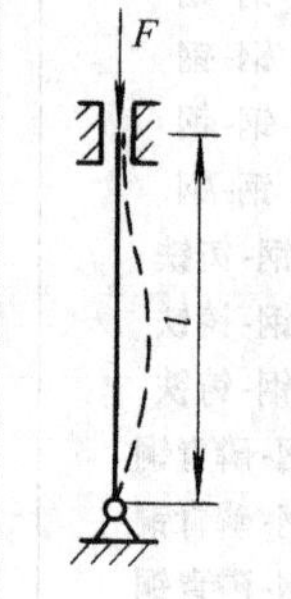	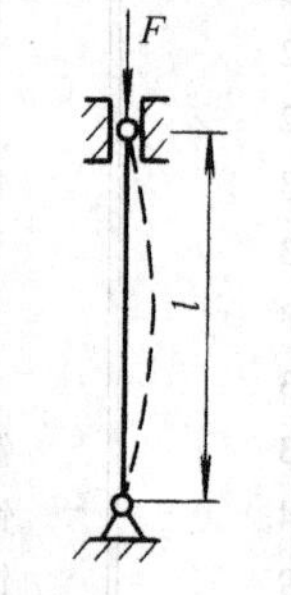	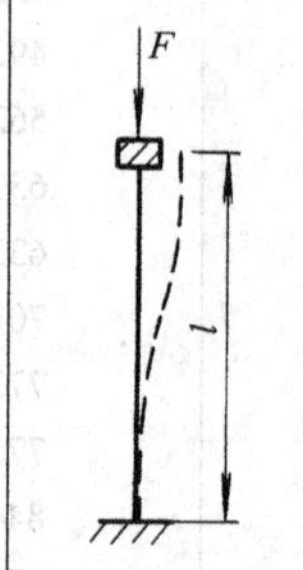	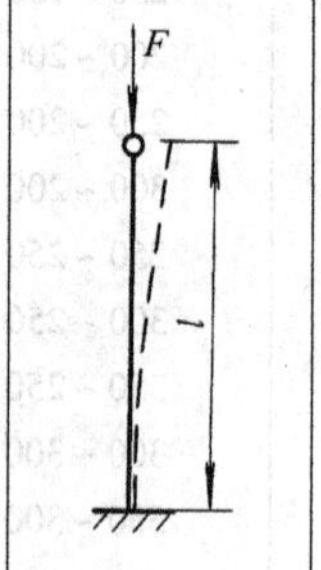	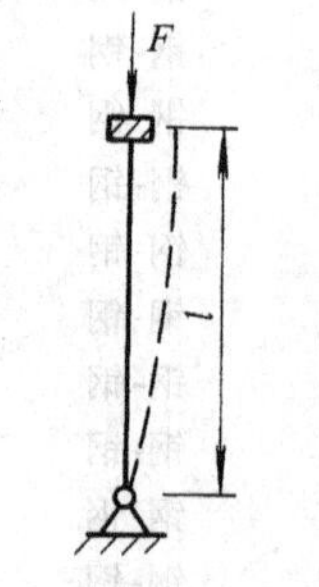
μ	0.5	0.699		1		2	
η	39.48	20.20		9.87		2.467	

序号	8	9	10	11	12	13
载荷与支座	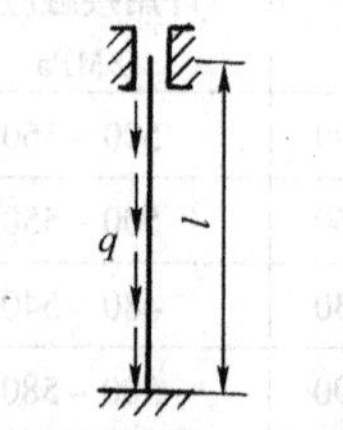	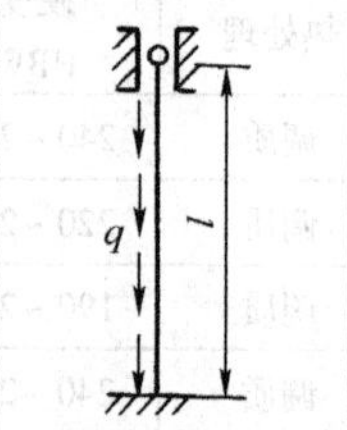	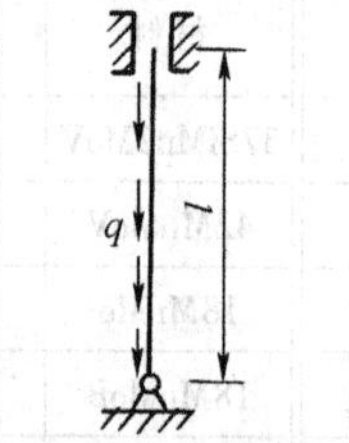	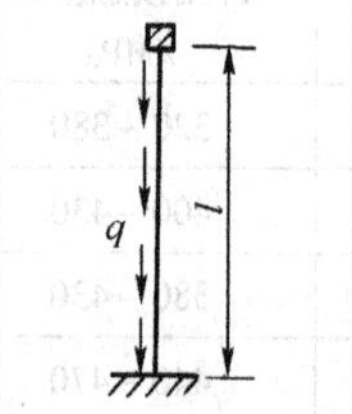	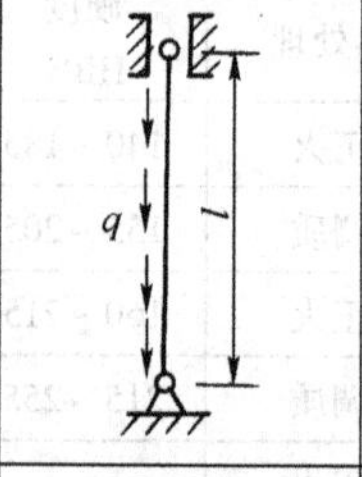	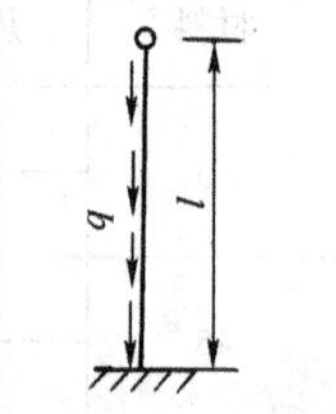
μ	0.366	0.434	0.577	0.723	0.725	1.122
η	73.68	52.40	29.64	18.88	18.78	7.84

支座简图含义		
		不允许转动与位移
	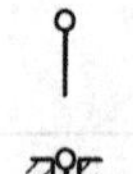	不允许转动与侧向位移，轴向位移自由
	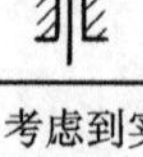	不允许转动，侧向与轴向位移自由
	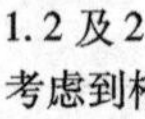	不允许位移，转动自由
	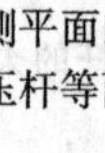	转动与位移均自由
		不允许侧移，允许转动和轴向位移

注：1. 考虑到实际固定端不可能对位移完全限制，可将表中序号1、2、5及6的μ值适当加大，分别取为0.65、0.8、1.2及2.1。

2. 考虑到桁架中有节点的腹杆，其两端非理想铰支，可适当减小μ值，取$\mu=0.8$（在桁架平面内）和$\mu=0.9$（在侧平面内）。

3. 压杆等两端如为滑动轴承支座，依轴套长l与内直径d的比值可取μ值为：

当两端轴承均有$l/d\leqslant1.5$时，$\mu=1.0$

当两端轴承均有$1.5<l/d<3$时，$\mu=0.75$

当两端轴承均有$l/d\geqslant3$时，$\mu=0.50$

当一端轴承$l/d\geqslant3$，另一端轴承$1.5<l/d<3$，$\mu=0.60$

表 1.4-54　受两种中心载荷的等截面压杆的稳定系数

<table>
<tr><th>序号</th><th>支座与荷类型</th><th>稳定系数</th></tr>
<tr><td>1</td><td>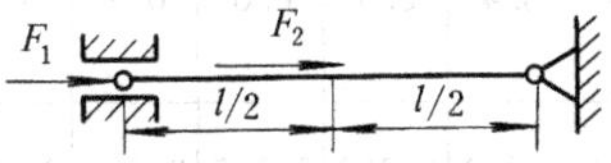
$F_{cr}=(F_1+F_2)_{cr}=\eta\frac{EI}{l^2}$</td><td><table><tr><td>$F_2/F_1$</td><td>0.5</td><td>1</td><td>2</td></tr><tr><td>η</td><td>11.9</td><td>13.0</td><td>14.7</td></tr></table></td></tr>
<tr><td>2</td><td>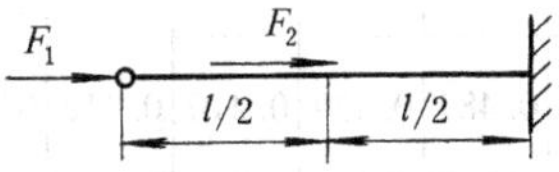
$F_{cr}=(F_1+F_2)_{cr}=\eta\frac{EI}{l^2}$</td><td><table><tr><td>$F_2/F_1$</td><td>0.5</td><td>1</td><td>2</td></tr><tr><td>η</td><td>3.38</td><td>4.14</td><td>5.27</td></tr></table></td></tr>
<tr><td>3</td><td>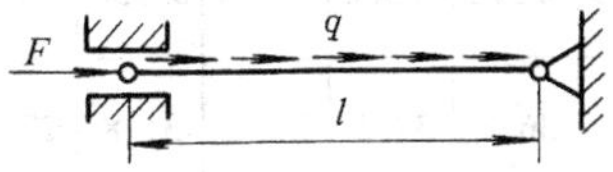
$F_{cr}=\eta\frac{EI}{l^2}$</td><td><table><tr><td>$ql/\frac{\pi^2EI}{l^2}$</td><td>1/4</td><td>1/2</td><td>3/4</td><td>1</td></tr><tr><td>η</td><td>8.62</td><td>7.40</td><td>6.08</td><td>4.77</td></tr></table>$\eta\approx\left(1-0.5ql\Big/\frac{\pi^2EI}{l^2}\right)\pi^2$
若 $F=0$，$(ql)_{cr}=\eta\frac{EI}{l^2}$，其中 $\eta=18.8$</td></tr>
<tr><td>4</td><td>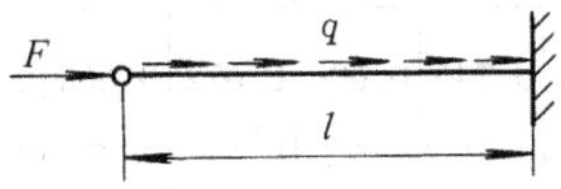
$F_{cr}=\eta\frac{EI}{l^2}$</td><td><table><tr><td>$ql/\frac{\pi^2EI}{4l^2}$</td><td>1/4</td><td>1/2</td><td>3/4</td><td>1</td></tr><tr><td>η</td><td>2.28</td><td>2.08</td><td>1.91</td><td>1.72</td></tr></table>$\eta\approx\left(1-0.3ql\Big/\frac{\pi^2EI}{4l^2}\right)\frac{\pi^2}{4}$
若 $F=0$，$(ql)_{cr}=\eta\frac{EI}{l^2}$，其中 $\eta=7.84$</td></tr>
</table>

注：支座的图示意义同表 1.4-53。

表 1.4-55　中心受压变截面直杆的稳定系数 η

<table>
<tr><th>序　号</th><th>支座与载荷类型</th><th>稳定系数 η</th></tr>
<tr><td>1</td><td>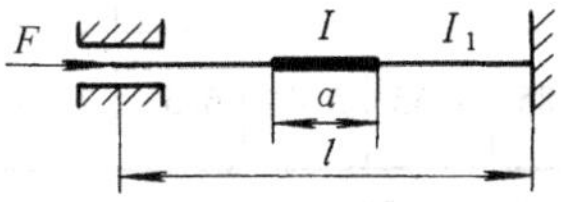
$F_{cr}=\eta\frac{EI}{l^2}$</td><td><table><tr><td>$I_1/I$ \ a/l</td><td>0.4</td><td>0.6</td><td>0.8</td></tr><tr><td>0.4</td><td>24.9</td><td>26.3</td><td>27.5</td></tr><tr><td>0.6</td><td>30.6</td><td>31.1</td><td>32.5</td></tr><tr><td>0.8</td><td>35.3</td><td>35.4</td><td>36.4</td></tr></table></td></tr>
<tr><td>2</td><td>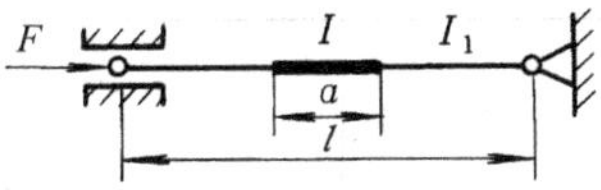
$F_{cr}=\eta\frac{EI}{l^2}$</td><td><table><tr><td>$I_1/I$ \ a/l</td><td>0.4</td><td>0.6</td><td>0.8</td></tr><tr><td>0.4</td><td>6.68</td><td>8.51</td><td>9.67</td></tr><tr><td>0.6</td><td>8.19</td><td>9.24</td><td>9.78</td></tr><tr><td>0.8</td><td>9.18</td><td>9.63</td><td>9.84</td></tr></table></td></tr>
<tr><td>3</td><td>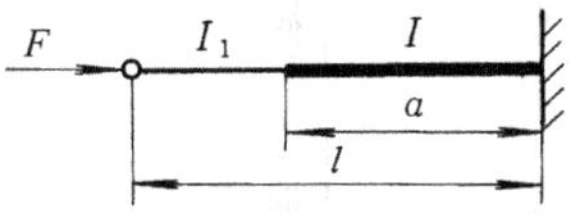
$F_{cr}=\eta\frac{EI}{l^2}$</td><td><table><tr><td>$I_1/I$ \ a/l</td><td>0.4</td><td>0.5</td><td>0.6</td><td>0.7</td><td>0.8</td></tr><tr><td>1/3</td><td>1.50</td><td>1.76</td><td>2.03</td><td>2.26</td><td>2.40</td></tr><tr><td>1/2</td><td>1.88</td><td>2.07</td><td>2.24</td><td>2.36</td><td>2.44</td></tr><tr><td>2/3</td><td>2.14</td><td>2.26</td><td>2.35</td><td>2.42</td><td>2.45</td></tr></table></td></tr>
</table>

注：支座的图示意义同表 1.4-53。

表1.4-56 具有中间支承中心受压等截面直杆的长度系数μ与稳定系数η

序号	支座与载荷类型	a/l ＼ μ与η	0	0.1	0.2	0.3	0.4	0.5	0.6	0.7	0.8	0.9	1.0
1	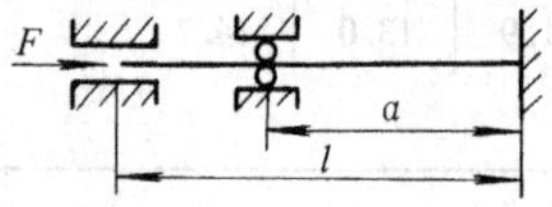	μ	0.500	0.463	0.426	0.391	0.362	0.350	0.362	0.391	0.426	0.463	0.500
		η	39.5	46.1	54.5	64.6	75.2	80.8	75.2	64.6	54.5	46.1	39.5
2	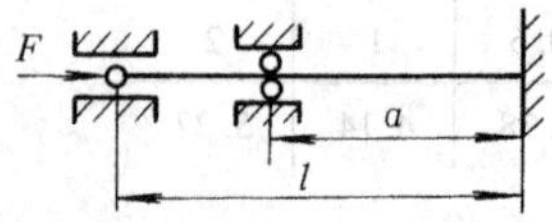	μ	0.699	0.646	0.593	0.539	0.487	0.439	0.410	0.412	0.436	0.467	0.500
		η	20.2	23.6	28.1	34.0	41.7	51.1	58.8	58.2	52.0	45.3	39.5
3	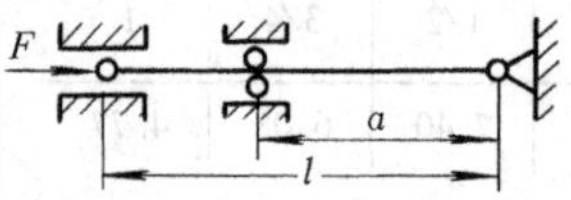	μ	0.699	0.652	0.604	0.558	0.518	0.500	0.518	0.558	0.604	0.652	0.699
		η	20.2	23.2	27.1	31.8	36.8	39.5	36.8	31.8	27.1	23.2	20.2
4	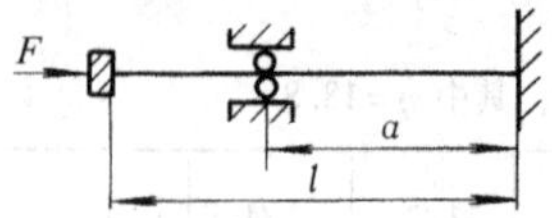	μ	1.00	0.925	0.850	0.776	0.704	0.636	0.575	0.530	0.507	0.501	0.500
		η	9.87	11.5	13.7	16.4	19.9	24.4	29.8	35.1	38.4	39.4	39.5
5	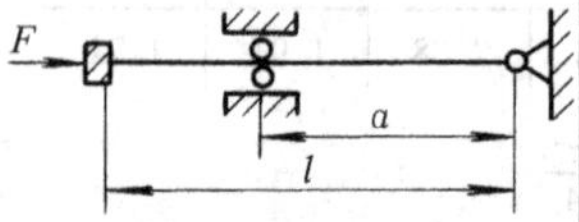	μ	1.00	0.933	0.868	0.804	0.746	0.699	0.672	0.668	0.679	0.693	0.699
		η	9.87	11.3	13.1	15.3	17.7	20.2	21.9	22.1	21.4	20.6	20.2
6	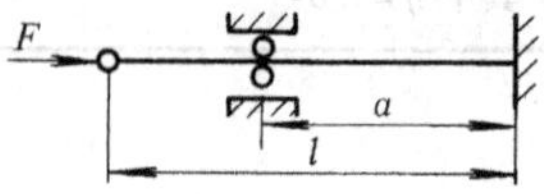	μ	2.00	1.85	1.70	1.55	1.40	1.26	1.11	0.975	0.852	0.757	0.699
		η	2.47	2.88	3.41	4.11	5.02	6.26	7.99	10.4	13.6	17.2	20.2
7	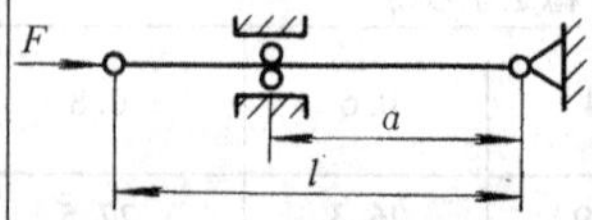	μ	2.00	1.87	1.73	1.60	1.47	1.35	1.23	1.13	1.06	1.01	1.00
		η	2.47	2.83	3.28	3.85	4.55	5.44	6.51	7.73	8.87	9.64	9.87

注：中间支座仅限制压杆在该处的侧向位移，其余支座图示的意义同表1.4-53。

表1.4-57 具有弹性支座中心压杆的临界载荷F_{cr}和稳定系数η

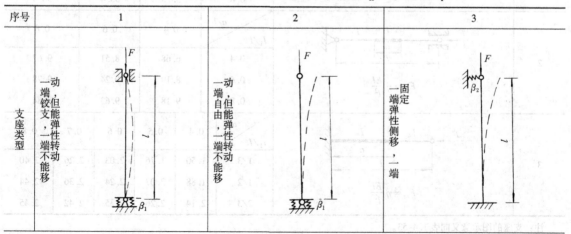

序号	1		2		3	
支座类型	一端铰支，一端不能移动，但能弹性转动	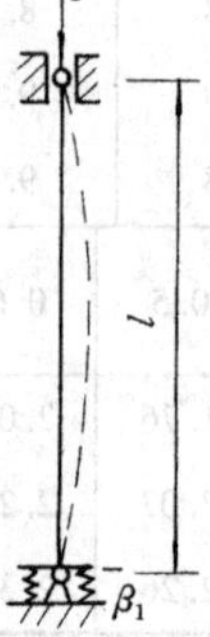	一端自由，一端不能移动，但能弹性转动	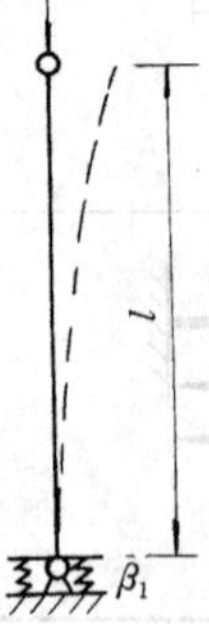	一端弹性侧移，一端固定	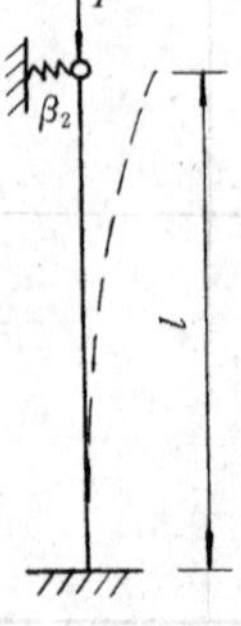

（续）

序号	1	2	3
稳定方程	$\tan nl=\dfrac{nl}{1+\dfrac{EI}{\beta_1 l}(nl)^2}$	$nl\tan nl=\dfrac{\beta_1 l}{EI}$	$\tan nl=nl-\dfrac{EI(nl)^3}{\beta_2 l^3}$
临界载荷稳定系数	$F_{cr}=(nl)^2\dfrac{EI}{l^2}=\eta\dfrac{EI}{l^2}$　（稳定系数 $\eta=(nl)^2$ 中的 nl 为由稳定方程解得的 nl 最小正根）		
说明	E—材料的弹性模量；I—压杆横截面的惯性矩；β_1—抗转动弹簧刚度；β_2—抗侧移弹簧刚度		

表 1.4-58　临界载荷经验公式中的系数 a、b、c 及 d 的取值及适用范围

材料	R_{eL}/MPa	R_m/MPa	a/MPa	b/MPa	c/MPa	d/MPa	λ 适用范围
Q235A	235.2	372.4	235.2	0.668×10^{-2}	304	1.12	0~123（抛物线公式） 61~100（直线公式）
Q275	274.4	490.0	274.4	0.855×10^{-2}	—	—	0~96（抛物线公式）
16Mn	343.0	509.6	343.0	1.418×10^{-2}	—	—	0~102（抛物线公式）
优质钢	304	≥471	—	—	460	2.57	60~100（直线公式）
硅钢	353	≥510	—	—	578	3.74	
铬钼钢			—	—	981	5.30	≥55（直线公式）
硬铝			—	—	373	2.14	≥50
铸铁		392	392	1.891×10^{-2}	331.9	1.45	0~102（抛物线公式）
松木			—	—	39.2	0.199	≥59

表 1.4-59　中心压杆的稳定性条件

稳定性条件　$n=\dfrac{F_{cr}}{F}\geqslant n_w$　　n—工作稳定安全系数；n_w—许用稳定安全系数

压杆类型	n_w	压杆类型	n_w
结构中的压杆和柱子	钢 1.8~3.0 铸铁 5~5.5 木材 2.8~3.2	机床走刀丝杆 水平长丝杆及精密丝杆	2.5~4 >4
矿山设备中的压杆	4~8	磨床等液压缸中的活塞杆	4~6
空压机及内燃机的连杆	3~8	起重螺旋	3.5~5
发动机的挺杆	低速 4~6 高速 2~5	拖拉机转向纵、横推杆	>5

表 1.4-60　矩形截面梁整体弯扭失稳的临界载荷（线弹性范围）

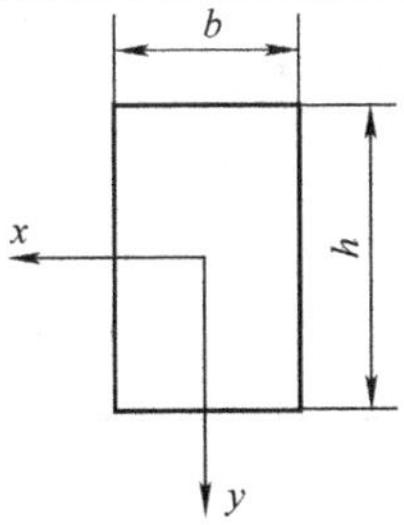

$S=\sqrt{EI_y GI_k}$

式中　EI_y—最小弯曲刚度

GI_k—扭转刚度

E、G—材料的弹性模量和剪切弹性模量

I_y—轴惯性矩，$I_y=\dfrac{hb^3}{12}$

I_k—扭转相当极惯性矩，$I_k=\dfrac{hb^3}{3}\left(1-0.630\dfrac{b}{h}\right)$

序号	载荷与支座约束	临界载荷
1	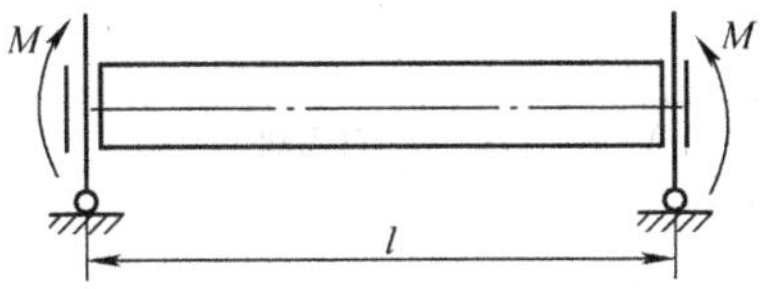	$M_{cr}=\dfrac{\pi S}{l}$

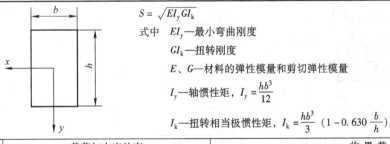

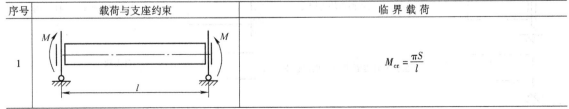

（续）

<table>
<tr><th>序号</th><th>载荷及支座约束</th><th>临界载荷</th></tr>
<tr><td>2</td><td>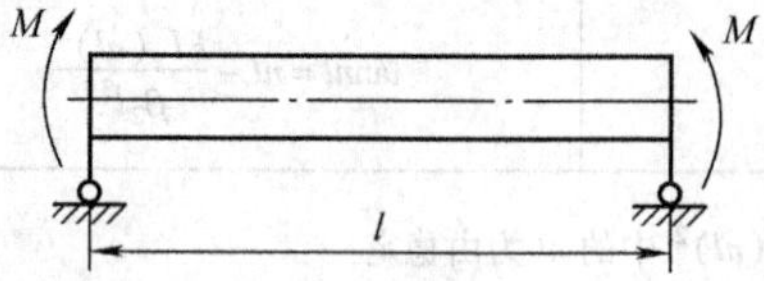</td><td>$M_{cr}=\frac{2\pi S}{l}$</td></tr>
<tr><td>3</td><td>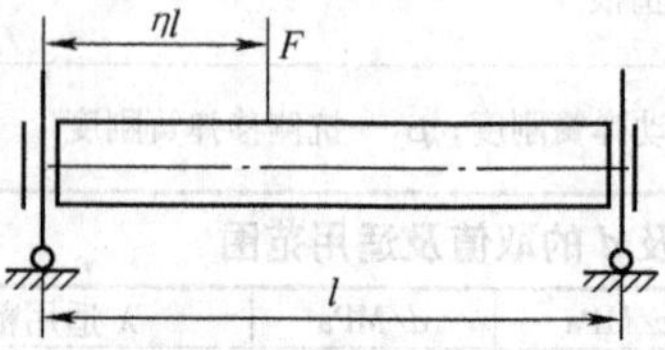</td><td>$F_{cr}=\frac{CS}{l^2}$<table><tr><td>η</td><td>0.1</td><td>0.15</td><td>0.20</td><td>0.25</td><td>0.30</td><td>0.35</td><td>0.40</td><td>0.45</td><td>0.50</td></tr><tr><td>C</td><td>56.01</td><td>37.88</td><td>29.11</td><td>24.1</td><td>21.01</td><td>19.04</td><td>17.82</td><td>17.15</td><td>16.94</td></tr></table></td></tr>
<tr><td>4</td><td>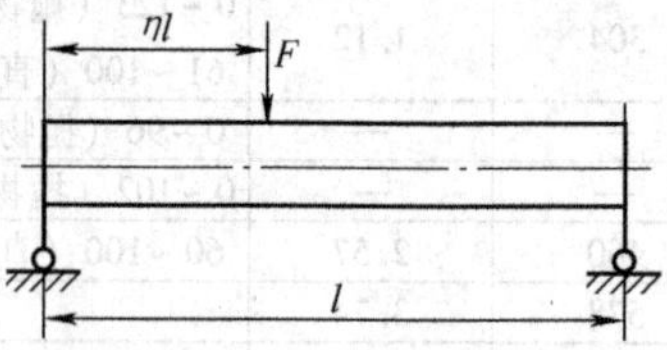</td><td>$F_{cr}=\frac{CS}{l^2}$<table><tr><td>η</td><td>0.1</td><td>0.2</td><td>0.3</td><td>0.4</td><td>0.5</td></tr><tr><td>c</td><td>117</td><td>53.2</td><td>35.2</td><td>28.5</td><td>26.7</td></tr></table></td></tr>
<tr><td>5</td><td>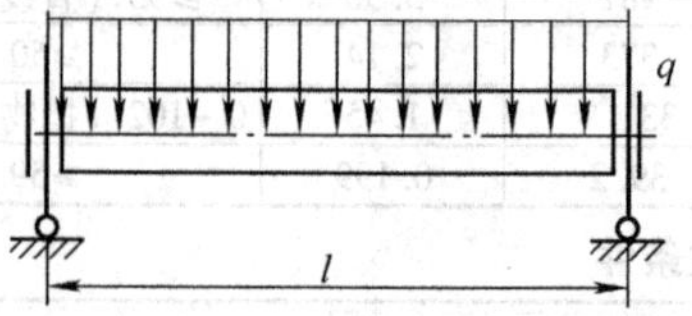</td><td>$(ql)_{cr}=28.31\frac{S}{l^2}$</td></tr>
<tr><td>6</td><td>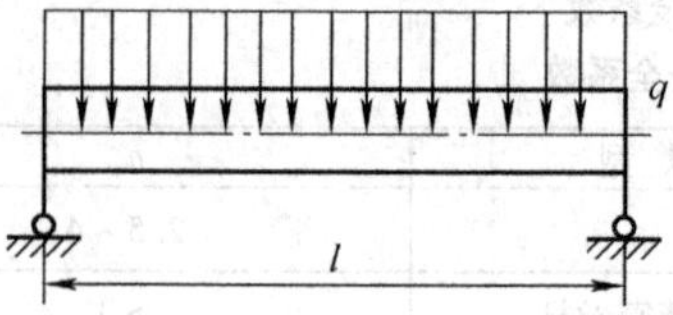</td><td>$(ql)_{cr}=48.6\frac{S}{l^2}$</td></tr>
<tr><td>7</td><td>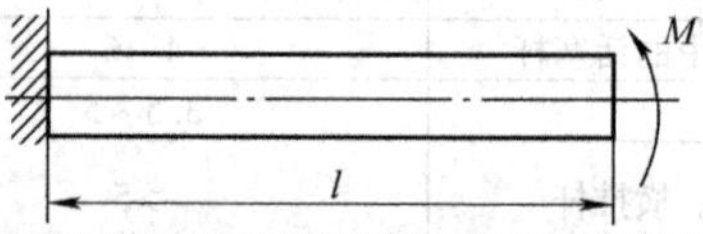</td><td>$M_{cr}=\frac{\pi S}{2l}$</td></tr>
<tr><td>8</td><td>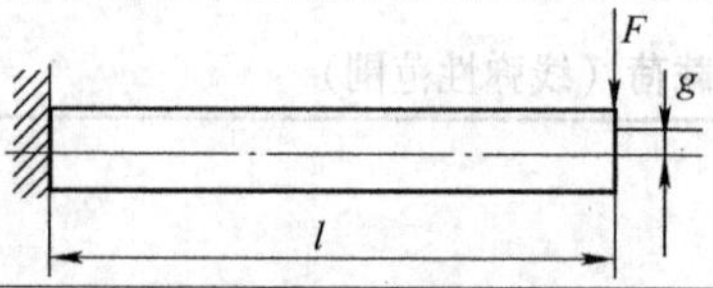</td><td>$F_{cr}=\frac{4.013}{l^2}\left(S-\frac{g}{l}EI_y\right)$
当 F 作用在轴线以上 g 为正，反之 g 为负</td></tr>
<tr><td>9</td><td>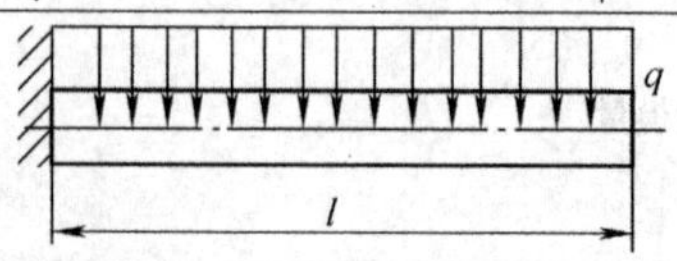</td><td>$(ql)_{cr}=\frac{12.85S}{l^2}$</td></tr>
</table>

支座约束图示

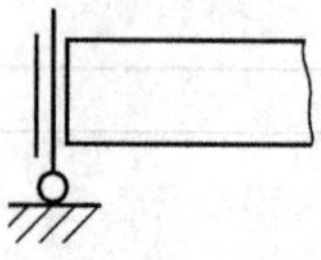

在水平及垂直面内均为铰支

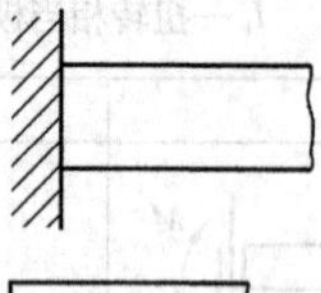

在水平及垂直面内均固定

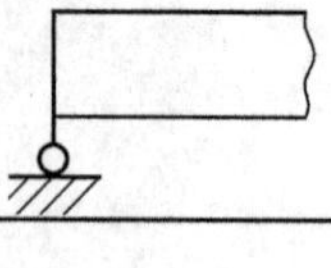

在水平面内固定,垂直面内铰支

自由端

表 1.4-61　工字形截面梁整体弯扭失稳的临界载荷（线弹性范围）

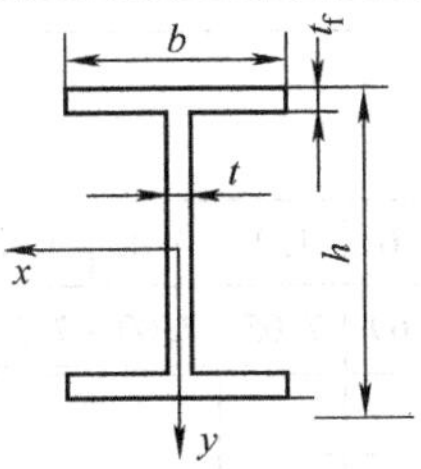

$S=\sqrt{EI_yGI_k}$—符号意义同上表

对板梁 $I_y=\dfrac{t_fb^3}{6}+\dfrac{(h-2t_f)}{12}t^3$，对型钢查型钢表

$I_k=\dfrac{\alpha}{3}(2bt_f^3+ht^3)$，其中板梁 $\alpha=1$，型钢 $\alpha=1.2$

$m=\dfrac{l^2}{h^2}\cdot\dfrac{2GI_k}{D}$（$D$ 为工字梁在其弯曲平面内的刚度）

序号	载荷及支座约束	临界载荷
1	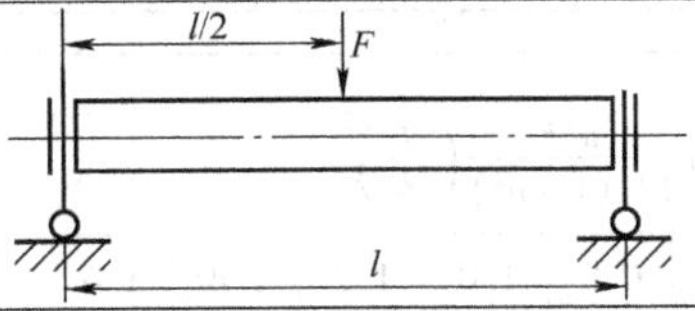	$F_{cr}=\dfrac{KS}{l^2}$

m	0.4	4	8	16	32	64	160	400
K	86.4	31.9	25.6	21.8	19.6	18.3	17.5	17.3

序号	载荷及支座约束	临界载荷
2	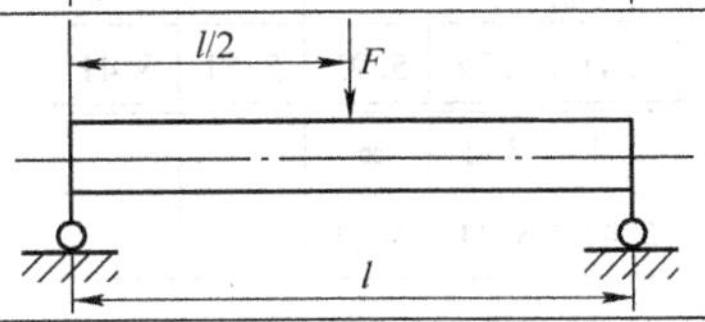	$F_{cr}=\dfrac{KS}{l^2}$

m	0.4	4	8	16	32	64	126	320
K	268	88.8	65.5	50.2	40.2	34.1	30.7	28.4

序号	载荷及支座约束	临界载荷
3	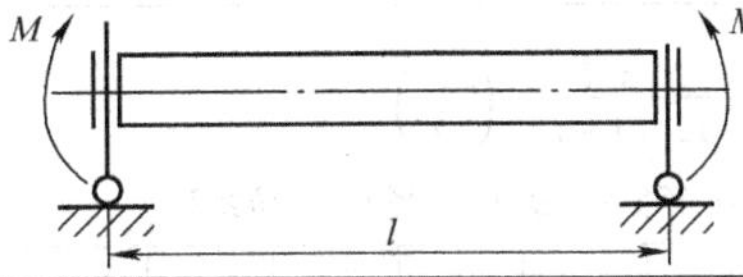	$M_{cr}=\dfrac{\pi S}{l}\sqrt{1+\left(\dfrac{\pi}{l}\right)^2\dfrac{Dh^2}{2GI_k}}$
4	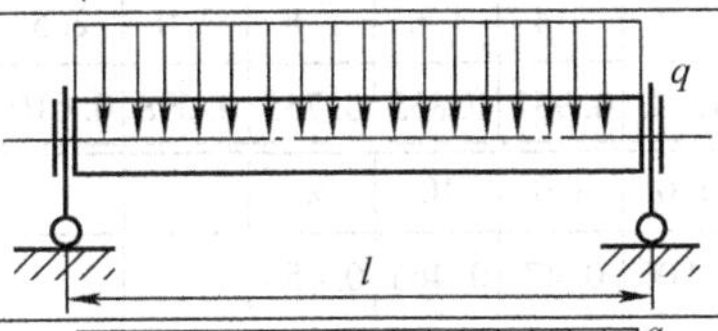	$(ql)_{cr}=\dfrac{KS}{l^2}$

m	0.4	4	8	16	32	64	160	400
K	143	53	42.6	36.3	32.6	30.5	29.4	28.6

序号	载荷及支座约束	临界载荷
5	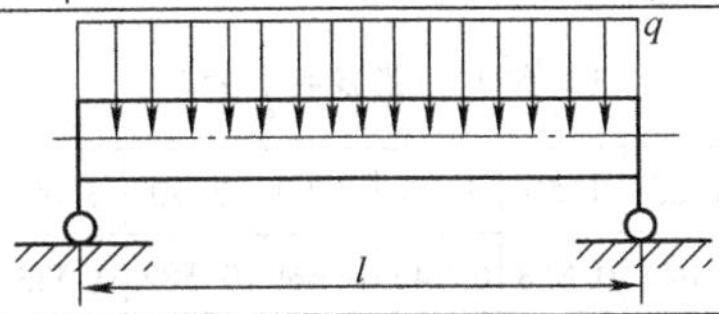	$(ql)_{cr}=\dfrac{KS}{l^2}$

m	0.4	4	8	16	32	96	128	400
K	488	161	119	91.3	73.0	58.0	55.8	51.2

序号	载荷及支座约束	临界载荷
6	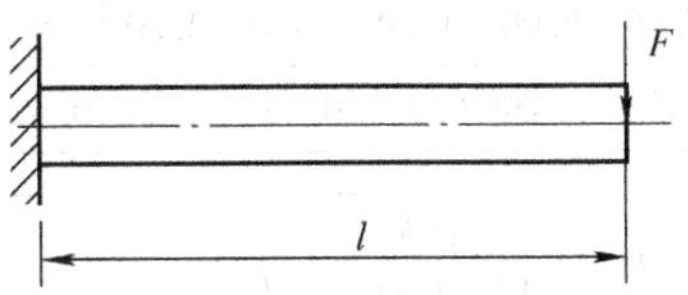	$F_{cr}=\dfrac{KS}{l^2}$

m	0.1	1	2	3	4	6	10	24	40
K	44.3	15.7	12.2	10.7	9.76	8.69	7.58	6.19	5.64

当 $m>40$ 时 $K=\dfrac{4.013}{\left(1-\dfrac{1}{\sqrt{m}}\right)^2}$

注：支座约束示意图与表 1.4-60 相同。

表 1.4-62　平板的临界载荷（线弹性范围）

序号	载荷与支座	临界载荷
1	面内单向均匀受压，四边简支 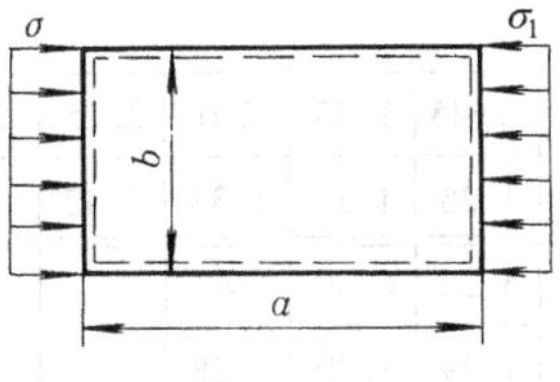	$\sigma_{cr}=k\dfrac{\pi^2E}{12(1-\nu^2)}\left(\dfrac{t}{b}\right)^2$

a/b	0.2	0.3	0.4	0.5	0.6	0.7	0.8	0.9	1.0
k	27	13.2	8.41	6.25	5.14	4.53	4.20	4.04	4.00
a/b	1.1	1.2	1.3	1.4	1.5	1.6	1.7	1.8	2.0
k	4.04	4.13	4.28	4.47	4.34	4.20	4.11	4.04	4.00
a/b	2.2	2.4	2.6	2.8	3.0	3.5	4.0～∞		
k	4.04	4.13	4.08	4.02	4.00	4.07	4.0		

$k=\left(\dfrac{\beta}{m}+\dfrac{m}{\beta}\right)^2$，$\beta=a/b$，$m$ 为沿 a 向的半波数

$\beta\leqslant\sqrt{2}$　　$m=1$　　$\sqrt{6}<\beta\leqslant\sqrt{12}$　$m=3$

$\sqrt{2}<\beta\leqslant\sqrt{6}$　　$m=2$　　$\sqrt{12}<\beta\leqslant\sqrt{20}$　$m=4$

（续）

序号	载荷与支座	临界载荷

2　面内单向均匀受压，加载边简支，非加载边固定

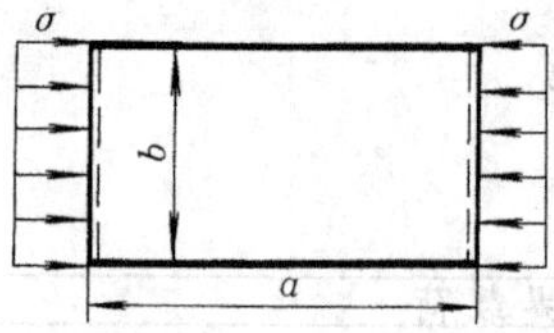

$$\sigma_{cr}=k\frac{\pi^2E}{12\ (1-\nu^2)}\left(\frac{t}{b}\right)^2$$

a/b	0.4	0.5	0.6	0.7	0.8	0.9	1.0	1.2	1.4	1.6
k	9.44	7.68	7.05	7.00	7.30	7.83	7.69	7.05	7.00	7.30
a/b	1.8	2.1	3.0	3.5	∞					
k	7.05	7.00	7.07	7.00	6.97					

3　面内单向均匀受压，加载边简支，非加载边一边固定，一边简支

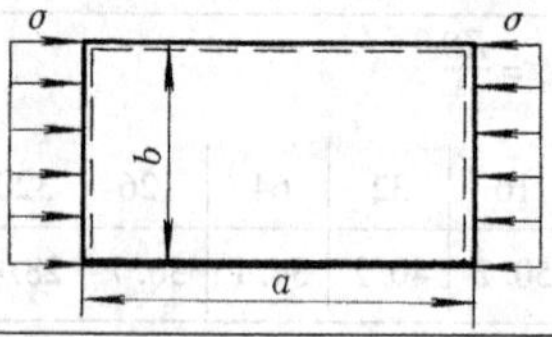

$$\sigma_{cr}=k\frac{\pi^2E}{12\ (1-\nu^2)}\left(\frac{t}{b}\right)^2$$

a/b	0.5	0.6	0.8	1.0	1.2	1.4	1.6
k	6.85	5.92	5.41	5.74	5.92	5.51	5.41
a/b	1.8	1.95	2.4	3.2	∞		
k	5.50	5.67	5.41	5.41	5.41		

4　面内单向均匀受压，受载边简支，非受载边一边简支，一边自由

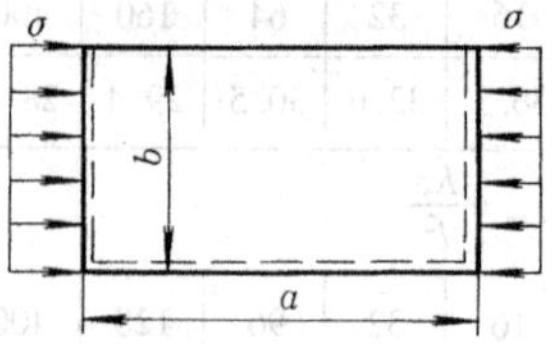

$$\sigma_{cr}=k\frac{\pi^2E}{12\ (1-\nu^2)}\left(\frac{t}{b}\right)^2$$

$\nu=0.25$　$k\approx(0.456+1/\beta^2)$　当 $\beta=a/b\geqslant2$

a/b	0.5	1.0	1.2	1.4	1.6	1.8	2.0	2.5
k	4.4	1.44	1.14	0.952	0.835	0.755	0.698	0.610
a/b	3.0	4.0	5.0	8.0	10	∞		
k	0.564	0.516	0.506	0.47	0.465	0.456		

$\nu=0.3$　$k\approx(0.425+1/\beta^2)$　当 $\beta=\frac{a}{b}\geqslant2$

a/b	0.8	0.9	1.00	1.25	1.50	1.75	2.00	2.50	3.00	3.50
k	1.954	1.631	1.402	1.047	0.858	0.742	0.669	0.582	0.533	0.505
a/b	4.00	5.00	6.00	7.00	9.00	11.0	15.0	25.0	∞	
k	0.486	0.464	0.451	0.445	0.438	0.434	0.428	0.426	0.425	

5　面内单向均匀受压，受载边简支，非受载边一边固定，一边自由

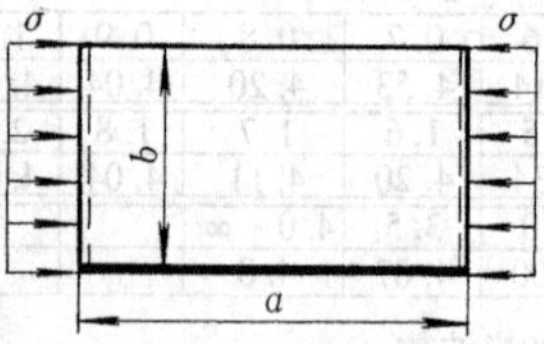

$\nu=0.25$　$\sigma_{cr}=k\frac{\pi^2E}{12\ (1-\nu^2)}\left(\frac{t}{b}\right)^2$

a/b	1.0	1.1	1.2	1.3	1.4	1.5	1.6	1.7
k	1.70	1.56	1.47	1.41	1.36	1.34	1.33	1.33
a/b	1.8	1.9	2.0	2.2	2.5	3	∞	
k	1.34	1.36	1.38	1.45	1.59	1.36	1.33	

$\nu=0.3$

a/b	0.8	0.9	1.0	1.25	1.5	1.645	1.75	2.0	2.25	2.5
k	2.15	1.85	1.66	1.39	1.29	1.28	1.29	1.34	1.42	1.39
a/b	3.0	3.5	4	4.5	4.94	5.25	6.00	∞		
k	1.29	1.29	1.34	1.29	1.28	1.29	1.29	1.28		

（续）

<table>
<tr><th>序号</th><th>载荷与支座</th><th>临界载荷</th></tr>
<tr><td>6</td><td>面内弯压组合作用，四边简支
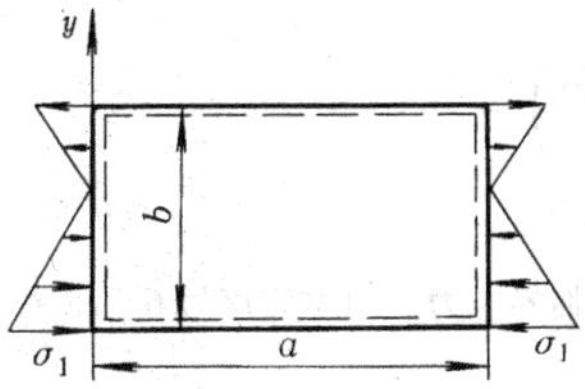

$\sigma_x=\sigma_1\ (1-\varphi y/b)$
$\varphi=2$ 纯弯
$\varphi=0$ 纯压</td><td>

$$\sigma_{1cr}=k\frac{\pi^2E}{12\ (1-\nu^2)}\ (t/b)^2$$

<table>
<tr><th>φ \ a/b</th><th>0.40</th><th>0.50</th><th>0.60</th><th>0.667</th><th>0.75</th><th>0.80</th><th>0.90</th><th>1.0</th><th>1.5</th><th>∞</th></tr>
<tr><td>2</td><td>29.1</td><td>25.6</td><td>24.1</td><td>23.9</td><td>24.1</td><td>24.4</td><td>25.6</td><td>25.6</td><td>24.1</td><td>23.9</td></tr>
<tr><td>4/3</td><td>18.7</td><td>—</td><td>12.9</td><td>—</td><td>11.5</td><td>11.2</td><td>—</td><td>11.0</td><td>11.5</td><td></td></tr>
<tr><td>1</td><td>15.1</td><td>—</td><td>9.7</td><td>—</td><td>8.4</td><td>8.1</td><td>—</td><td>7.8</td><td>8.4</td><td></td></tr>
<tr><td>4/5</td><td>13.3</td><td>—</td><td>8.3</td><td>—</td><td>7.1</td><td>6.9</td><td>—</td><td>6.6</td><td>7.1</td><td></td></tr>
<tr><td>2/3</td><td>10.8</td><td>—</td><td>7.1</td><td>—</td><td>6.1</td><td>6.0</td><td>—</td><td>5.8</td><td>6.1</td><td></td></tr>
</table>

$\varphi=2$，近似式 $a/b\leqslant\frac{2}{3}$ $k\approx15.87+1.87/\beta^2+8.6\beta^2$

$a/b>\frac{2}{3}$ $k\approx23.9$ $(\beta=a/b)$
</td></tr>
<tr><td>7</td><td>面内弯曲作用，受载边简支，非受载边固定
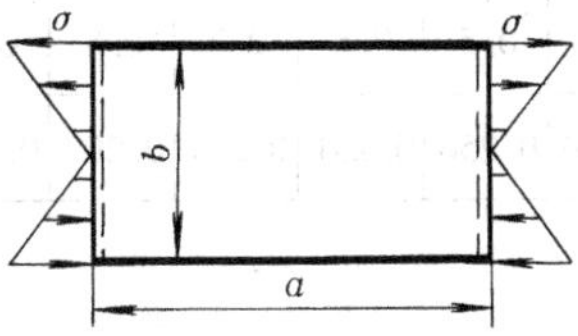
</td><td>

$$\sigma_{cr}=k\frac{\pi^2E}{12(1-\nu^2)}\left(\frac{t}{b}\right)^2$$

<table>
<tr><td>a/b</td><td>0.3</td><td>0.4</td><td>0.5</td><td>0.6</td><td>0.7</td><td>0.8</td><td>1.0</td><td>1.5</td><td>2.0</td></tr>
<tr><td>k</td><td>47.3</td><td>40.7</td><td>39.7</td><td>41.8</td><td>43.0</td><td>40.7</td><td>39.7</td><td>39.7</td><td>39.7</td></tr>
</table>

$a/b\geqslant1$ $k\approx39.7$
</td></tr>
<tr><td>8</td><td>面内受均匀剪切作用，四边简支
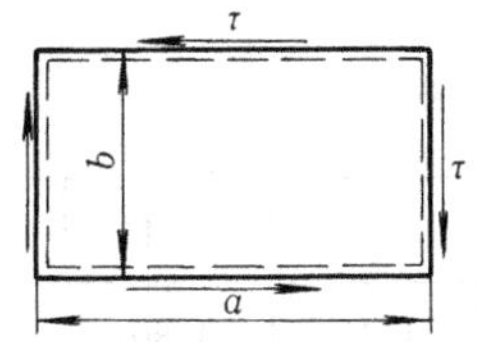
</td><td>

$$\tau_{cr}=k\frac{\pi^2E}{12\ (1-\nu^2)}\ (t/b)^2$$

$\beta=a/b\leqslant1$ $k\approx4.0+5.34/\beta^2$

$\beta=a/b\geqslant1$ $k\approx5.34+4.00/\beta^2$

精确解

<table>
<tr><td>a/b</td><td>1</td><td>2</td><td>3</td><td>∞</td></tr>
<tr><td>k</td><td>9.35</td><td>6.48</td><td>6.04</td><td>5.35</td></tr>
</table>
</td></tr>
<tr><td>9</td><td>面内压缩，剪切组合作用，四边简支
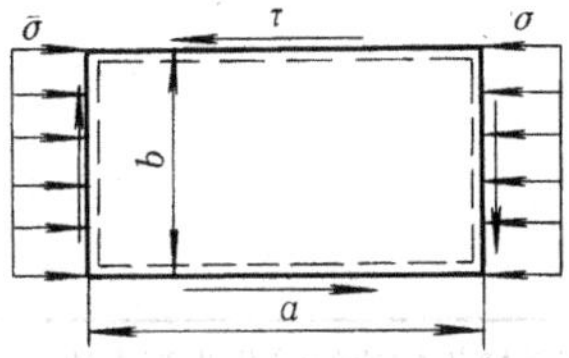
</td><td>

交叉影响公式

$$\left(\frac{\sigma_{cr}}{\sigma_{cr}^*}\right)^2+\left(\frac{\tau_{cr}}{\tau_{cr}^*}\right)^2=1$$

式中 σ_{cr}、τ_{cr}—压、剪组合作用时的临界应力；

σ_{cr}^*、τ_{cr}^*—仅有压缩或剪切作用时的临界应力，由本表序号1和8查得
</td></tr>
</table>

（续）

序号	载荷与支座	临界载荷

10 面内弯曲，剪切组合作用，四边简支

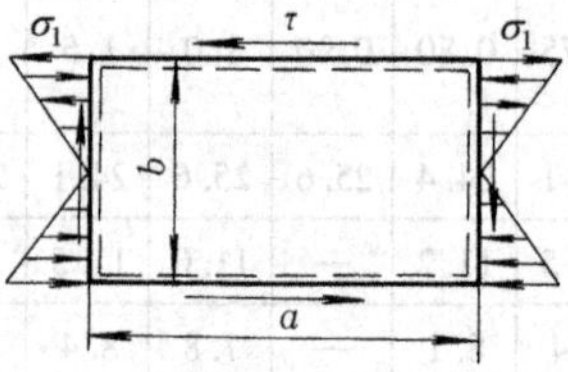

交叉影响公式

$$\left(\frac{\sigma_{1cr}}{\sigma_{1cr}^*}\right)^2+\left(\frac{\tau_{cr}}{\tau_{cr}^*}\right)^2=1$$

式中 σ_{1cr}、τ_{cr}—弯剪组合作用时的临界应力；

σ_{1cr}^*、τ_{cr}^*—仅有弯曲或剪切作用时的临界应力，由本表序号6和8查得

11 面内径向压缩，外周边简支内周边自由

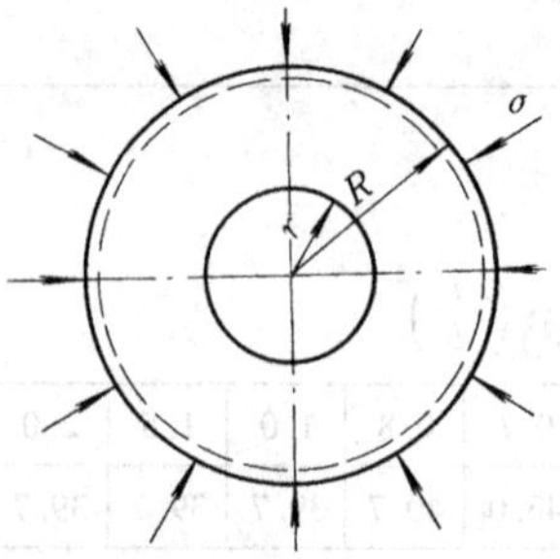

$$\sigma_{cr}=k\frac{\pi^2E}{12\ (1-\nu^2)}\ (t/R)^2$$

r/R	0	0.1	0.2	0.3	0.4	0.5	0.6	0.7	0.8	0.9
k	0.426	0.402	0.365	0.328	0.280	0.256	0.231	0.219	0.207	0.195

12 面内径向压缩，外周边固定，内周边自由

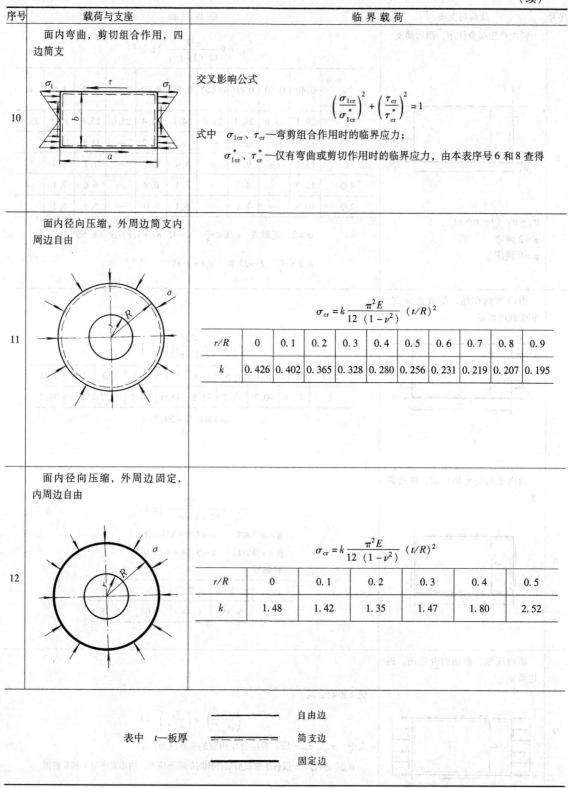

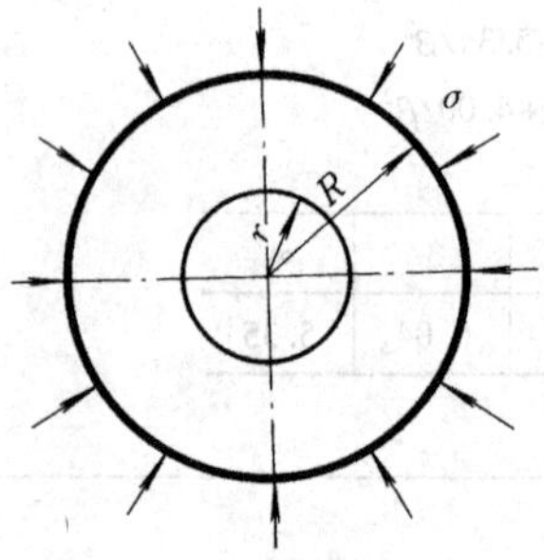

$$\sigma_{cr}=k\frac{\pi^2E}{12\ (1-\nu^2)}\ (t/R)^2$$

r/R	0	0.1	0.2	0.3	0.4	0.5
k	1.48	1.42	1.35	1.47	1.80	2.52

表中 t—板厚

—————— 自由边

－－－－－－ 简支边

━━━━━━ 固定边

注：本表也适用于薄壁杆件局部稳定临界载荷计算，通常将所计算的壁板部分与相邻壁板的边缘简化为简支边。

表 1.4-63　圆柱壳与球壳的临界载荷（线弹性）

序号	载荷与壳体	临界载荷
1	轴向均匀受压的圆柱壳 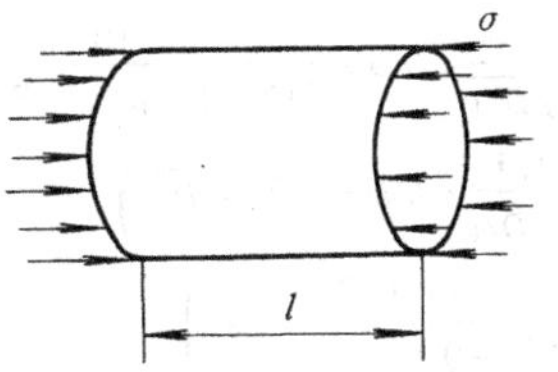 R—平均半径； t—厚度　　（下同）	$z=\left(\frac{l}{R}\right)^2(R/t)\sqrt{1-\nu^2}$ 短壳：$z<2.85$ $\sigma_{cr}=k_c\frac{\pi^2E}{12(1-\nu^2)(l/t)^2}$ $k_c=\begin{cases}\frac{1+12z^2}{\pi^4}（两端简支）\\ \frac{4+3z^2}{\pi^4}（两端固定）\end{cases}$ 中长壳：$z>2.85$ 经典理论解（理想圆柱壳）　$\sigma_{cr}=\frac{1}{\sqrt{3(1-\nu^2)}}\frac{Et}{R}$（两端简支或固定） 实测值（有缺陷圆柱壳）　$\sigma'_{cr}=\left(\frac{1}{5}\sim\frac{1}{3}\right)\sigma_{cr}$ 对精度较差的柱壳可取　$\sigma'_{cr}=\frac{1}{5}\sigma_{cr}$ 对精度较高的柱壳可取　$\sigma'_{cr}=\left(\frac{1}{4}\sim\frac{1}{3}\right)\sigma_{cr}$ 长壳：z 很大的细长壳 $\sigma_{cr}=\frac{\pi^2E}{\lambda^2}$ $\lambda=\frac{\sqrt{2}\mu l}{R}>\pi\sqrt{\frac{E}{R_{eL}}}$ μ 为长度系数，见表 1.4-53
2	纵向对称面内受弯矩作用圆柱壳 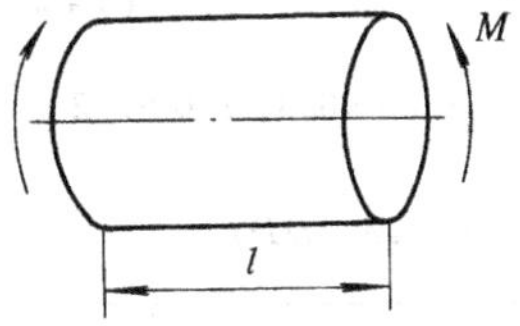 	中长壳：　$M_{cr}=\frac{\pi ERt^2}{\sqrt{3(1-\nu^2)}}$ 实测值　$M'_{cr}=(0.4\sim0.7)M_{cr}$
3	两端受扭圆柱壳 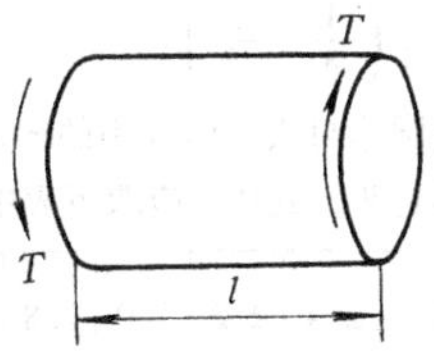 $\tau=\frac{T}{2\pi R^2t}$ D—平均直径	$\tau_{cr}=k_s\left(\frac{\pi^2E}{12(1-\nu^2)(l/t)^2}\right)\overset{\nu=0.3}{=\!=}\frac{0.904k_sE}{(l/t)^2}$ $z=(l/R)^2(R/t)\sqrt{1-\nu^2}$ 短壳：$z<50$ $k_s=\begin{cases}5.35+0.213z　（两端简支）\\ 8.98+0.101z　（两端固定）\end{cases}$ 中长壳：　$100\leqslant z\leqslant19.2(1-\nu^2)(D/t)^2\overset{\nu=0.3}{=\!=}17.5(D/t)^2$ $k_s=0.85z^{0.75}$（$\nu=0.3$，无论何边界） 考虑初始缺陷影响，建议取 k_s 比上式低 15% 长壳：　$k_s=\frac{0.416z}{(D/t)^{0.5}}$

（续）

<table>
<tr><th>序号</th><th>载荷与壳体</th><th>临 界 载 荷</th></tr>
<tr><td>4</td><td>静水外压，非加劲圆柱壳及环向加劲圆柱壳在环肋之间的屈曲
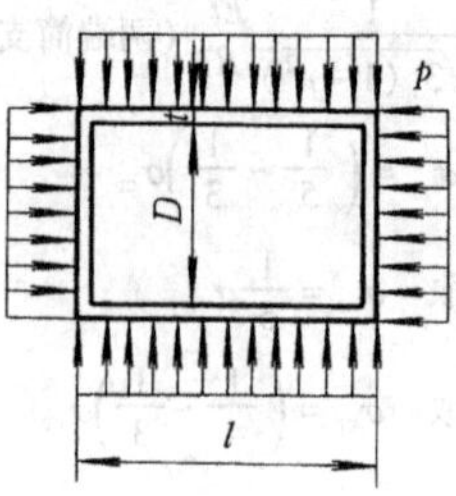

l为柱壳两相邻环肋之间或一端部与相邻环肋间的距离，若两端为半球状头壳，当柱壳段发生屈曲，头部仍保持稳定，则可当作较长的柱壳，每端各加长$\frac{\pi D}{2n}$</td><td>一般通用式：
$$p_{cr}=\frac{2E(t/D)}{n^2+(\lambda^2/2)-1}\left\{\frac{(t/D)^2}{3(1-\nu^2)}[(n^2+\lambda^2)^2-2n^2+1]+\frac{\lambda^4}{(n^2+\lambda^2)^2}\right\}$$
n：环向出现压陷时的瓣数（使p_{cr}最小的正整数）
$$\lambda=\frac{\pi D}{2l}$$
简化式：
当$\frac{2}{[12(1-\nu^2)]^{0.25}\sqrt{D/t}}<l/D\leqslant\frac{10}{[12(1-\nu^2)]^{0.25}\sqrt{D/t}}$
$\left(\nu=0.3,\ \frac{1.1}{\sqrt{D/t}}<l/D\leqslant 5.5/\sqrt{D/t}\right)$
$$p_{cr}=\frac{2.42E}{(1-\nu^2)^{0.75}}\left[\frac{(t/D)^{2.5}}{l/D-0.45(t/D)^{0.5}}\right]\overset{\nu=0.3}{=\!=}\frac{2.6E(t/D)^{2.5}}{l/D-0.45(t/D)^{0.5}}$$
当$\frac{10}{[12(1-\nu^2)]^{0.25}\sqrt{D/t}}<l/D\leqslant\frac{\sqrt{D/t}}{[12(1-\nu^2)]^{0.25}}$
$\left(\nu=0.3,\ \frac{5.5}{\sqrt{D/t}}<l/D\leqslant 0.55\sqrt{D/t}\right)$
$$p_{cr}=\frac{2.42E}{(1-\nu^2)^{0.75}(D/t)^{2.5}(l/D)}\overset{\nu=0.3}{=\!=}\frac{2.60E}{l/D\,(D/t)^{2.5}}$$
当$\frac{\sqrt{D/t}}{[12(1-\nu^2)]^{0.25}}<l/D\leqslant\frac{4\sqrt{D/t}}{[12(1-\nu^2)]^{0.25}}$
$(\nu=0.3,\ 0.55\sqrt{D/t}<l/D\leqslant 2.2\sqrt{D/t})$
$$p_{cr}=\frac{2E(t/D)}{3+\lambda^2/2}\left\{\frac{(t/D)^2}{3(1-\nu^2)}[(4+\lambda^2)^2-7]+\frac{\lambda^4}{(4+\lambda^2)^2}\right\}$$
当$l/D>\frac{4\sqrt{D/t}}{[12(1-\nu^2)]^{0.25}}$ $(\nu=0.3,\ l/D>2.2\sqrt{D/t})$
$$p_{cr}=\frac{2E(t/D)^3}{(1-\nu^2)}\overset{\nu=0.3}{=\!=}2.2E(t/D)^3$$</td></tr>
<tr><td>5</td><td>径向均匀外压球壳
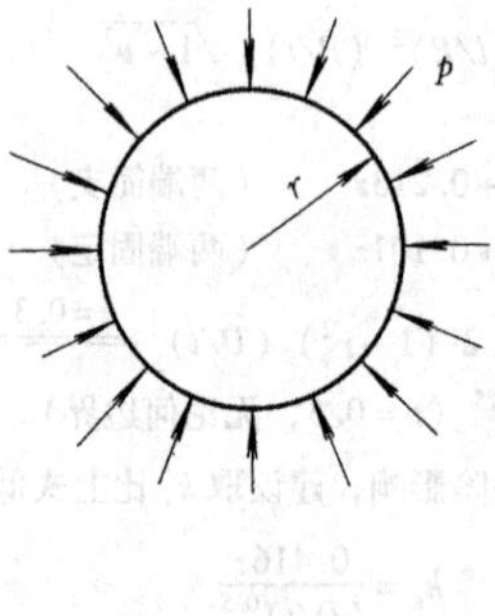
</td><td>经典理论解
$$p_{cr}=\frac{2Et^2}{r^2\sqrt{3(1-\nu^2)}}\overset{\nu=0.3}{=\!=}1.2E\left(\frac{t}{r}\right)^2$$
实测值
$$p'_{cr}=\left(\frac{1}{4}\sim\frac{2}{3}\right)p_{cr}$$
经典解也适用于碟形和椭圆形封头。但式中的r应为碟形封头球面部分的内半径；用于椭圆形封头，式中r应取下表中的当量半径r_0
<table><tr><td>长短半轴比 a/b</td><td>3.0</td><td>2.8</td><td>2.6</td><td>2.4</td><td>2.2</td><td>2.0</td><td>1.8</td><td>1.6</td><td>1.4</td><td>1.2</td></tr><tr><td>当量半径与容器外直径比 $\frac{r_0}{D}$</td><td>1.36</td><td>1.27</td><td>1.18</td><td>1.08</td><td>0.99</td><td>0.90</td><td>0.81</td><td>0.73</td><td>0.65</td><td>0.57</td></tr></table></td></tr>
</table>

注：若材料无下屈服强度R_{eL}，则用$R_{p0.2}$。

14　静态应变测量计算公式（见表1.4-64～表1.4～66）

表1.4-64　几种杆件受载方式下，所测应力和载荷的计算公式

载荷形式	载荷及布片图	接　桥　图	ε'/ε	所测应力及载荷计算公式
轴向拉伸或压缩	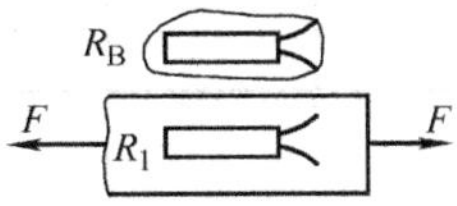	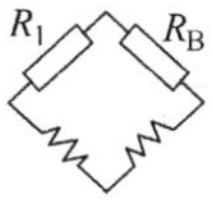	1	$\sigma=E\varepsilon'$ $F=EA\varepsilon'$
	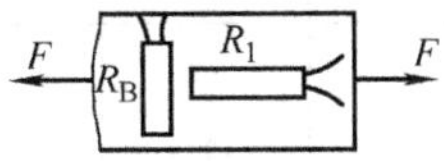		$1+\mu$	$\sigma=\dfrac{E\varepsilon'}{1+\mu}$ $F=\dfrac{EA\varepsilon'}{1+\mu}$
	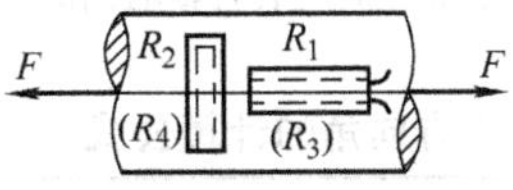	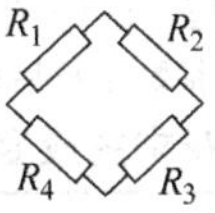	$2(1+\mu)$	$\sigma=\dfrac{E\varepsilon'}{2(1+\mu)}$ $F=\dfrac{EA\varepsilon'}{2(1+\mu)}$
平面弯曲	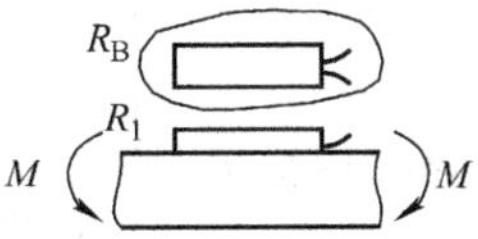	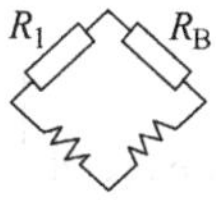	1	$\sigma=E\varepsilon'$ $M=EW\varepsilon'$
拉(压)弯组合	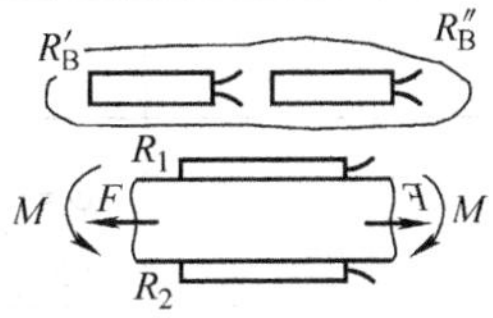	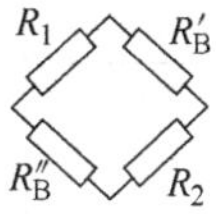	2	$\sigma=\dfrac{E\varepsilon'}{2}$ $F=\dfrac{EA\varepsilon'}{2}$
	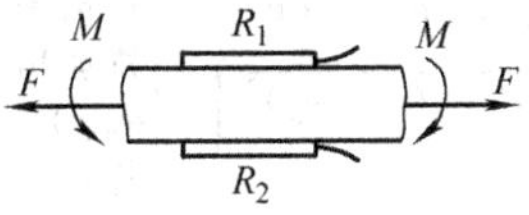	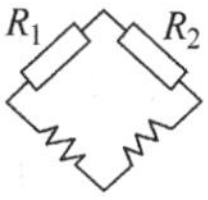	2	$\sigma=\dfrac{E\varepsilon'}{2}$ $M=\dfrac{EW\varepsilon'}{2}$
扭转	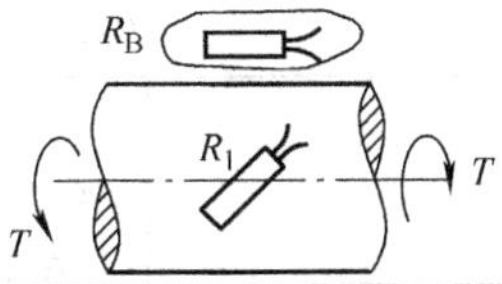	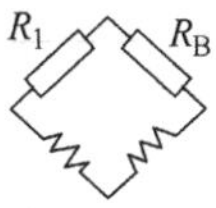	1	$\tau=\dfrac{E\varepsilon'}{1+\mu}$ $T=\dfrac{EW_n\varepsilon'}{1+\mu}$
	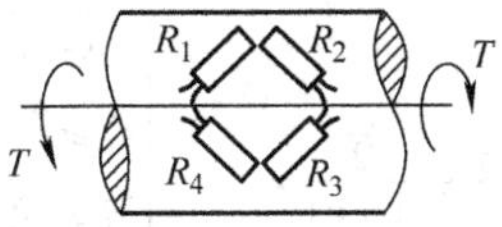	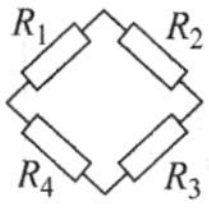	4	$\tau=\dfrac{E\varepsilon'}{4(1+\mu)}$ $T=\dfrac{EW_n\varepsilon'}{4(1+\mu)}$
拉(压)扭组合	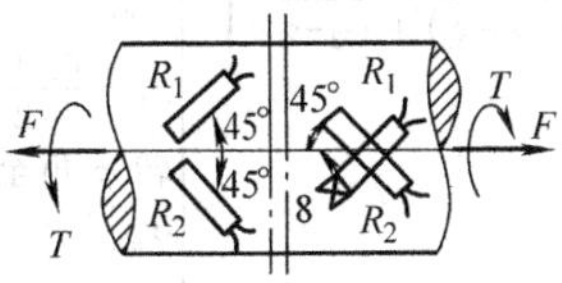	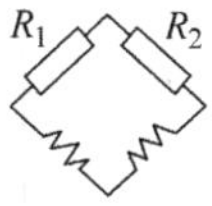	2	$\tau=\dfrac{E\varepsilon'}{2(1+\mu)}$ $T=\dfrac{EW_n\varepsilon'}{2(1+\mu)}$

（续）

载荷形式	载荷及布片图	接　桥　图	ε'/ε	所测应力及载荷计算公式
拉（压）弯扭组合（弯矩沿轴向无梯度）	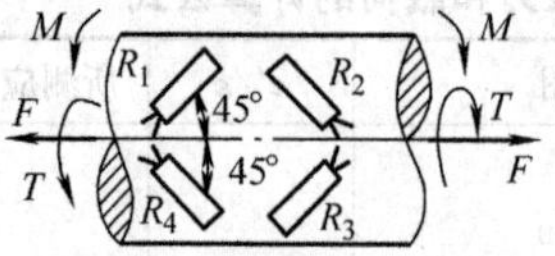	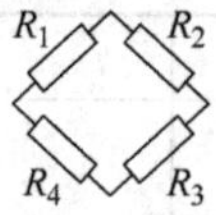	4	$\tau=\dfrac{E\varepsilon'}{4(1+\mu)}$ $T=\dfrac{EW_n\varepsilon'}{4(1+\mu)}$
拉（压）弯扭组合（弯矩沿轴向有梯度）	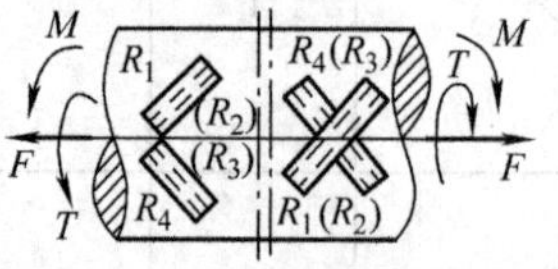	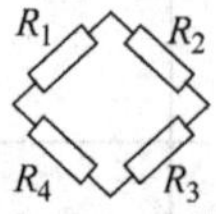	4	$\tau=\dfrac{E\varepsilon'}{4(1+\mu)}$ $T=\dfrac{EW_n\varepsilon'}{4(1+\mu)}$
剪切	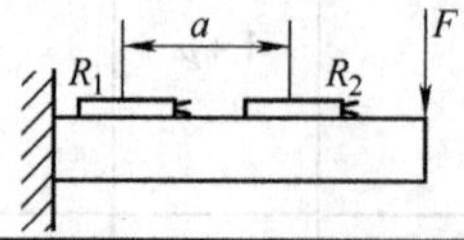	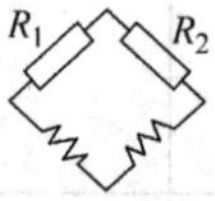	1	$F=\dfrac{EW\varepsilon'}{a}$

注：1. ε'—仪器测得指示应变；ε—试件实际应变；A—杆件横截面面积；W、W_n—杆件横截面的抗弯、抗扭截面系数。
2. 倾斜布片均为45°倾角。括号内电阻片粘贴于杆后面。

表1.4-65　常用应变花求主应变、主应力及主方向角的计算公式

序号	应变花类型	主应变 ε_{max}、ε_{min}	主应力 σ_{max}、σ_{min}	主方向角 φ	应用场合
1	二轴应变花 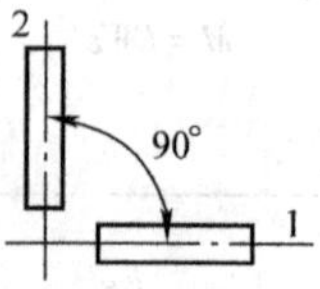	ε_1、ε_2 代数值大者为 ε_{max}，小者为 ε_{min}	$\sigma_{max}=\dfrac{E}{1-\nu^2}(\varepsilon_{max}+2\varepsilon_{min})$ $\sigma_{min}=\dfrac{E}{1-\nu^2}(\varepsilon_{min}+2\varepsilon_{max})$	$\varphi=0$	两主应变方向已知
2	三轴45°应变花 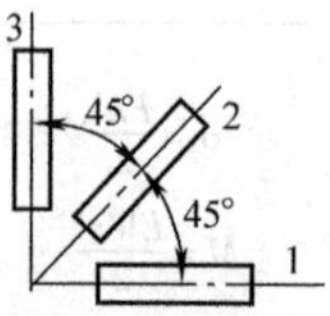	$\varepsilon_{\substack{max\\min}}=\dfrac{\varepsilon_1+\varepsilon_3}{2}\pm\dfrac{1}{\sqrt{2}}\times\sqrt{(\varepsilon_1-\varepsilon_2)^2+(\varepsilon_2-\varepsilon_3)^2}$	$\sigma_{\substack{max\\min}}=\dfrac{E}{2}\left[\dfrac{\varepsilon_1+\varepsilon_3}{1-\nu}\pm\dfrac{\sqrt{2}}{1+\nu}\times\sqrt{(\varepsilon_1-\varepsilon_2)^2+(\varepsilon_2-\varepsilon_3)^2}\right]$	$\varphi=\dfrac{1}{2}\arctan\dfrac{(2\varepsilon_2-\varepsilon_1-\varepsilon_3)}{\varepsilon_1-\varepsilon_3}$ 若 $\varepsilon_1\geqslant\varepsilon_3$，由1轴转 φ 角至 ε_{max}（或 σ_{max}） 若 $\varepsilon_1<\varepsilon_3$，由1轴转 φ 角至 ε_{min}（或 σ_{min}）	主要用于两应变主方向大致已知的场合
3	三轴60°应变花 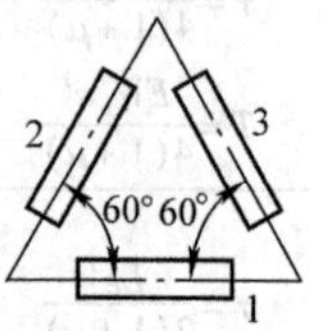	$\varepsilon_{\substack{max\\min}}=\dfrac{\varepsilon_1+\varepsilon_2+\varepsilon_3}{3}\pm\dfrac{\sqrt{2}}{3}\times\sqrt{(\varepsilon_1-\varepsilon_2)^2+(\varepsilon_2-\varepsilon_3)^2+(\varepsilon_3-\varepsilon_1)^2}$	$\sigma_{\substack{max\\min}}=\dfrac{E}{3}\times\left[\dfrac{\varepsilon_1+\varepsilon_2+\varepsilon_3}{(1-\nu)}\pm\dfrac{\sqrt{2}}{(1+\nu)}\times\sqrt{(\varepsilon_1-\varepsilon_2)^2+(\varepsilon_2-\varepsilon_3)^2+(\varepsilon_3-\varepsilon_1)^2}\right]$	$\varphi=\dfrac{1}{2}\arctan\times\dfrac{\sqrt{3}(\varepsilon_2-\varepsilon_3)}{(2\varepsilon_1-\varepsilon_2-\varepsilon_3)}$ $\varepsilon_1\geqslant\dfrac{\varepsilon_2+\varepsilon_3}{2}$ 由1轴转 φ 角至 ε_{max}（或 σ_{max}） $\varepsilon_1<\dfrac{\varepsilon_2+\varepsilon_3}{2}$ 由1轴转 φ 角至 ε_{min}（或 σ_{min}）	主要用于两应变主方向无法估计的场合

（续）

序号	应变花类型	主应变 ε_{max}、ε_{min}	主应力 σ_{max}、σ_{min}	主方向角 φ	应用场合
4	四轴45°/90°校核式应变花 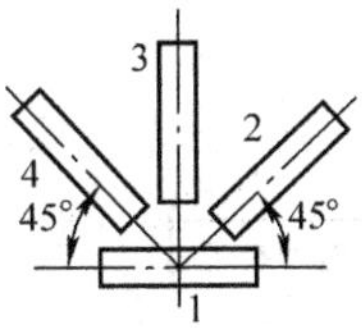 校核式 $\varepsilon_1+\varepsilon_3=\varepsilon_2+\varepsilon_4$	$\varepsilon_{\substack{max\\min}}=\dfrac{\varepsilon_1+\varepsilon_2+\varepsilon_3+\varepsilon_4}{4}\pm\dfrac{1}{2}\sqrt{(\varepsilon_1-\varepsilon_3)^2+(\varepsilon_2-\varepsilon_4)^4}$	$\sigma_{\substack{max\\min}}=\dfrac{E}{2}\times\left[\dfrac{(\varepsilon_1+\varepsilon_2+\varepsilon_3+\varepsilon_4)}{2(1-\nu)}\pm\dfrac{1}{(1+\nu)}\times\sqrt{(\varepsilon_1-\varepsilon_3)^2+(\varepsilon_2-\varepsilon_4)^2}\right]$	$\varphi=\dfrac{1}{2}\arctan\times\dfrac{\varepsilon_2-\varepsilon_4}{\varepsilon_1-\varepsilon_3}$ $\varepsilon_1\geqslant\varepsilon_3$ 由1轴转 φ 角至 ε_{max}（或 σ_{max}） $\varepsilon_1<\varepsilon_3$，由1轴转 φ 角至 ε_{min}（或 σ_{min}）	欲利用第四个应变读数检查其他三个应变读数准确度，两应变主方向大致已知的场合
5	四轴60°/90°校核式应变花 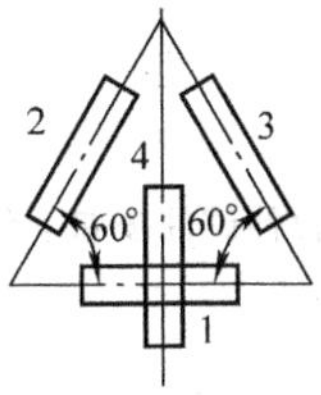 校核式 $\dfrac{(\varepsilon_1+\varepsilon_4)}{2}=\dfrac{(\varepsilon_1+\varepsilon_2+\varepsilon_3)}{3}$	$\varepsilon_{\substack{max\\min}}=\dfrac{(\varepsilon_1+\varepsilon_4)}{2}\pm\dfrac{1}{2}\sqrt{(\varepsilon_1-\varepsilon_4)^2+\dfrac{4}{3}(\varepsilon_2-\varepsilon_3)^2}$	$\sigma_{\substack{max\\min}}=\dfrac{E}{2}\times\left[\dfrac{(\varepsilon_1+\varepsilon_4)}{(1-\nu)}\pm\dfrac{1}{(1+\nu)}\times\sqrt{(\varepsilon_1-\varepsilon_4)^2+\dfrac{4}{3}(\varepsilon_2-\varepsilon_3)^2}\right]$	$\varphi=\dfrac{1}{2}\arctan\dfrac{2(\varepsilon_2-\varepsilon_3)}{\sqrt{3}(\varepsilon_1-\varepsilon_4)}$ $\varepsilon_1\geqslant\dfrac{(\varepsilon_2+_3)}{2}$，由1轴转 φ 角至 ε_{max}（或 σ_{max}） $\varepsilon_1<\dfrac{\varepsilon_2+\varepsilon_3}{2}$，由1轴转 φ 角至 ε_{min}（或 σ_{min}）	欲利用第四个应变读数检查其他三个应变读数准确度，两应变主方向无法估计的场合

注：1. 线应变（包括主应变）及主应力拉为正，压为负。

2. φ 角由1轴逆时针转为正，取值范围为 $-45°\leqslant\varphi\leqslant45°$。

3. E、ν 分别为材料的弹性模量和泊松比。

4. 表中主应力公式只适用线弹性各向同性材料，主应变公式与材质无关。

表1.4-66　电阻应变计测量残余应力的计算公式

序号	测量方法	被测残余应力状态及应变计布置	残余应力计算公式
1	切割法	残余应力方向已知的单向应力状态 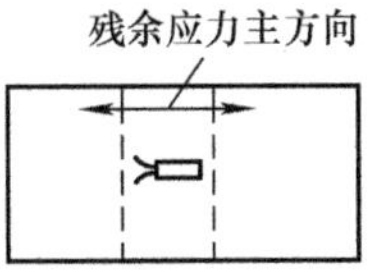 （虚线为切割线，下同）	$\sigma=-E\varepsilon$
2	切割法	残余应力主方向已知的平面应力状态 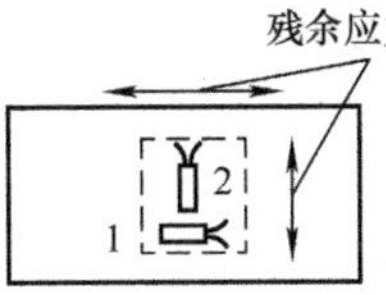	$\sigma_1=-\dfrac{E}{1-\nu^2}(\varepsilon_1+\nu\varepsilon_2)$ $\sigma_2=-\dfrac{E}{1-\nu^2}(\varepsilon_2+\nu\varepsilon_1)$

（续）

序号	测量方法	被测残余应力状态及应变计布置	残余应力计算公式
3	切割法	残余应力主方向未知的平面应力状态 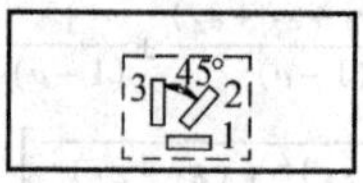	$\sigma_1=-\frac{E}{1-\nu^2}(\varepsilon_1+\nu\varepsilon_2)$ $\sigma_2=-\frac{E}{1-\nu^2}(\varepsilon_2+\nu\varepsilon_1)$ $\tau_{12}=-\frac{E}{2(1+\nu)}(2\varepsilon_2-\varepsilon_1-\varepsilon_3)$ $\sigma_{\substack{max\\min}}=-\frac{E}{2}\times\left[\frac{\varepsilon_1+\varepsilon_3}{1-\nu}\mp\frac{\sqrt{2}}{1+\nu}\sqrt{(\varepsilon_1-\varepsilon_2)^2+(\varepsilon_2-\varepsilon_3)^2}\right]$ 主方向角 $\varphi=\frac{1}{2}\arctan\frac{2\varepsilon_2-\varepsilon_1-\varepsilon_3}{\varepsilon_1-\varepsilon_3}$ 若$\varepsilon_1\geqslant\varepsilon_3$，由1转$\varphi$至$\sigma_{min}$ $\varepsilon_1<\varepsilon_3$，由1转$\varphi$至$\sigma_{max}$
4	钻孔法	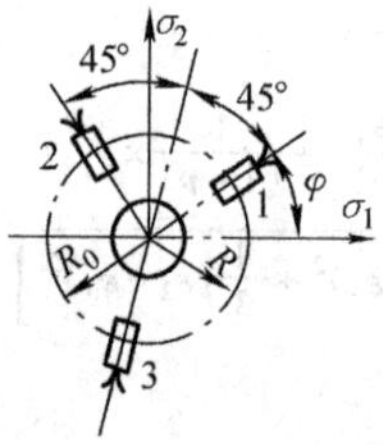 σ_1、σ_2为两主应力值（未规定哪个大），σ_1的方向由ε_1转至σ_1的φ角确定，顺时针为正	$\begin{matrix}\sigma_1\\\sigma_2\end{matrix}=\frac{\varepsilon_1+\varepsilon_2}{4A}\pm\frac{\sqrt{2}}{4B}\sqrt{(\varepsilon_1-\varepsilon_3)^2+(\varepsilon_2-\varepsilon_3)^2}$ $\varphi=\frac{1}{2}\arctan\frac{2\varepsilon_3-\varepsilon_1-\varepsilon_2}{\varepsilon_2-\varepsilon_1}$ 式中应力释放系数A、B由下图拉伸试件按如下公式标定： $A=\frac{\varepsilon_1^0+\varepsilon_2^0}{2\sigma}$，$B=\frac{\varepsilon_1^0-\varepsilon_2^0}{2\sigma}$ ε_1^0、ε_2^0分别为钻孔后的释放应变，σ为试样钻孔前同一拉伸载荷F作用下的应力 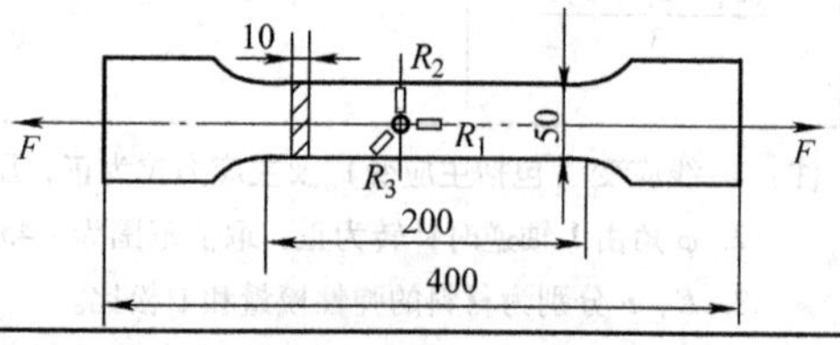

注：1. E、ν分别为被测材料的弹性模量及泊松比。

2. 序号3中φ的取值范围为$-45°\leqslant\varphi\leqslant45°$，规定由1轴逆时针转为正。

3. 所测释放残余应变ε_1、ε_2、ε_3及算得的残余应力σ_1、σ_2和σ_{max}、σ_{min}，拉为正，压为负。

4. 标定释放系数A、B的试件必须采用与测试残余应力的结构相同的材料。试件经退火处理，不存在初始应力。施加应力应小于$\frac{1}{3}R_{eL}$。当孔深大于孔直径，A、B与孔深无关。

5. 有专门用于钻孔法的应变花和钻孔装置。

参考文献

[1] 机械工程手册电机工程手册编辑委员会. 机械工程手册：基础理论卷［M］.2 版. 北京：机械工业出版社，1997.

[2] 闻邦椿. 机械设计手册：第 1 卷［M］.5 版. 北京：机械工业出版社，2010.

[3] 闻邦椿. 现代机械设计师手册：上册［M］. 北京：机械工业出版社，2012.

[4] 闻邦椿. 现代机械设计实用手册［M］. 北京：机械工业出版社，2015.

[5] 机械设计手册编辑委员会. 机械设计手册：第 1 卷［M］. 新版. 北京：机械工业出版社，2004.

[6] 成大先. 机械设计手册：第 1 卷［M］.6 版. 北京：化学工业出版社，2016.

[7] 王启义. 机械设计大典：第 2 卷［M］. 南昌：江西科学技术出版社，2002.

[8] 汪恺. 机械设计标准应用手册：第 1 卷［M］. 北京：机械工业出版社，1997.

[9] 日本机械学会. 机械技术手册：上册［M］. 北京：机械工业出版社，1984.

[10] 全国量和单位标准化技术委员会. 量和单位：GB3100～3102—1993［S］. 北京：中国标准出版社，1994.

[11] 全国产品尺寸和几何技术规范标准化技术委员会. 优先数和优先数系：GB/T 321—2005［S］. 北京：中国标准出版社，2005.

[12] 全国产品尺寸和几何技术规范标准化技术委员会. 优先数和优先数系的应用指南：GB/T 19763—2005［S］. 北京：中国标准出版社，2005.

[13] 全国产品尺寸和几何技术规范标准化技术委员会. 优先数和优先数化整值系列的选用指南：GB/T 19764—2005［S］. 北京：中国标准出版社，2005.

[14] 严蕊琪. 机械工程师工作手册［M］. 北京：机械工业出版社，1985.

[15] 杜荷聪，王启尧，袁楠. 物理量与单位［M］. 北京：中国计量出版社，1986.

[16] 国家计量局单位办公室. 中华人民共和国法定计量单位资料汇编［M］. 北京：中国计量出版社，1984.

[17] 杜荷聪，陈维新. 法定计量单位宣贯手册（修订本）［M］. 北京：国防工业出版社，1986.

[18] 李慎安. 法定计量单位手册［M］. 南京：江苏科技出版社，1984.

[19] 杜荷聪，陈维新，张振威. 计量单位及其换算［M］. 北京：中国计量出版社，1982.

[20] 张秀田，等. 法定计量单位换算手册［M］. 北京：石油工业出版社，1985.

[21] 国际单位制推行委员会办公室. 常用单位换算表［M］. 北京：中国计量出版社，1986.

[22] 王元，文兰，陈木法，等. 数学大辞典［M］. 北京：科学出版社，2010.

[23] Eberhard Zeidler（埃伯哈德·蔡德勒），等. 数学指南：实用数学手册［M］. 李文林，等译. 北京：科学出版社，2012.

[24] 叶其孝，沈永欢. 实用数学手册［M］.2 版. 北京：科学出版社，2006.

[25] 欧阳光中，朱学炎，金福临，等. 数学分析［M］.3 版. 北京：高等教育出版社，2007.

[26] 居余马，等. 线性代数［M］.2 版. 北京：清华大学出版社，2002.

[27] 丘维声. 解析几何［M］.3 版. 北京：北京大学出版社，2015.

[28] 酒井高男，等. 齿车便览：基础［M］. 东京：日本工业新闻出版社，1969.

[29] Robert C Weast，et al. Handbook of Tables for Mathematics［M］. The Chemical Rubber Co.，1970.

[30] Cabriel Klambauer. Problems and Propositions in Analysis［M］. NewYork：Marcel Dekker，Inc.，1979.

[31] 哈尔滨工业大学理论力学教研组. 理论力学［M］.7 版. 北京：高等教育出版社，2009.

[32] 徐芝纶. 弹性力学［M］.4 版. 北京：高等教育出版社，2013.

[33] 刘鸿文. 材料力学［M］.5 版. 北京：高等教育出版社，2011.

[34] Γ C 皮萨连柯. 材料力学手册［M］. 宋俊杰，刘茂江，译. 石家庄：河北科学出版社，1984.

[35] R J 罗克，等. 应力应变公式［M］. 汪一麟，汪一骏，译. 北京：中国建筑工业出版社，1985.

[36] 铁摩辛柯，等. 板壳理论［M］.《板壳理论》翻译组，译. 北京：科学出版社，1977.

[37] 西拉德. 板的理论和分析［M］. 陈太平，等译. 北京：中国铁道出版社，1984.

[38] 陈铁云，陈伯真. 弹性薄壳力学［M］. 武汉：华中工学院出版社，1981.

[39] 范钦珊. 轴对称应力分析［M］. 北京：高等教育出版社，1985.

[40] Johnston B G. 金属结构稳定性设计解说［M］. 董其震，等译. 北京：中国铁道出版社，1981.

[41] 吴宗岱，陶宝祺. 应变测量原理及技术［M］. 北京：国防出版社，1982.

[42] 张如一，沈观林. 应变测量与传感器［M］. 北京：清华大学出版社，1991.